建筑工程安全控制技术

宋功业 著

中国建材工业出版社

图书在版编目（CIP）数据

建筑工程安全控制技术／宋功业著．—北京：
中国建材工业出版社，2015.4
ISBN 978-7-5160-0333-6

Ⅰ．①建… Ⅱ．①宋… Ⅲ．①建筑工程－安全管理
Ⅳ．①TU714

中国版本图书馆 CIP 数据核字（2012）第 048173 号

内 容 简 介

本书根据《建筑施工安全检查标准》（JGJ 59—2011）对建筑施工现场检查评分的要求，重点就"施工作业安全控制"、"脚手架安全控制技术"、"起重设备与施工机具安全控制技术"和"现场文明施工控制技术"四个章节的内容，进行了施工现场安全控制阐述。

该书可以帮助施工企业进行施工现场安全控制，也可以作为高职院校建筑安全员培训教材。通过理论教学和实训活动，使从业者可以快速适应安全员管理岗位工作要求。

建筑工程安全控制技术

宋功业　著

出版发行：中国建材工业出版社
地　　址：北京市海淀区三里河路 1 号
邮　　编：100044
经　　销：全国各地新华书店
印　　刷：北京鑫正大印刷有限公司
开　　本：787mm×1092mm　1/16
印　　张：22
字　　数：548 千字
版　　次：2015 年 4 月第 1 版
印　　次：2015 年 4 月第 1 次
定　　价：**64.00 元**

本社网址：www.jccbs.com.cn
本书如出现印装质量问题，由我社营销部负责调换。联系电话：（010）88386906

前　　言

建筑施工现场的安全控制主要有两大目标，一是保证安全生产，二是按照《建筑施工安全检查标准》（JGJ 59—2011）进行检查评分能确保达标。当然，按照《建筑施工安全检查标准》（JGJ 59—2011）进行检查评分能确保达标也是为了安全生产。

为此，作者根据建筑施工现场实际，撰写了本书。本书共有四个章节，第一章为施工作业安全控制，主要是阐述施工现场怎样进行基坑开挖支护、模板安全、三宝四口防护和施工临时用电安全等安全控制；第二章为脚手架安全控制技术，主要阐述钢管落地脚手架、悬挑脚手架等安全控制技术；第三章为起重设备与施工机具安全控制技术，主要阐述物料提升机、施工井架、施工电梯、塔吊等吊装机具以及搅拌机、打桩机等施工机具设备的安全控制技术；第四章为现场文明施工控制技术，主要阐述施工现场安全管理与文明施工方法。本书除了与《建筑施工安全检查标准》（JGJ 59—2011）设置的次序不同外，内容大多能对应。因此，可以直接帮助施工现场安全员和其他人员进行建筑施工现场安全控制。

由于著者水平有限，本书缺点错误在所难免，希望读者不吝指正。

作者
2015 年 1 月

目　录

第一章　施工作业安全控制 ……………………………………………… 1

　第一节　基坑支护安全技术控制 ………………………………………… 1

　　一、基坑工程安全技术要求 …………………………………………… 1

　　二、基坑工程的设计原则与基坑安全等级 …………………………… 2

　　三、基坑工程勘察 ……………………………………………………… 3

　　四、支护结构的类型和选型 …………………………………………… 7

　　五、荷载与抗力计算 …………………………………………………… 17

　　六、基坑施工安全技术要求 …………………………………………… 20

　　七、基坑开挖支护施工监测 …………………………………………… 21

　第二节　模板工程安全控制技术 ………………………………………… 26

　　一、组合钢框木(竹)胶合板模板的安装与拆除 ……………………… 26

　　二、组合钢模板安装 …………………………………………………… 37

　第三节　"三宝""四口"防护 ………………………………………… 43

　　一、安全帽 ……………………………………………………………… 44

　　二、安全网 ……………………………………………………………… 47

　　三、安全带 ……………………………………………………………… 48

　　四、楼梯口、电梯井口防护 …………………………………………… 49

　　五、预留洞口坑井防护 ………………………………………………… 50

　　六、通道口防护 ………………………………………………………… 53

　　七、阳台楼板屋面等临边防护 ………………………………………… 55

　第四节　施工用电安全控制技术 ………………………………………… 57

　　一、外电保护安全技术 ………………………………………………… 57

　　二、接地与接零保护系统 ……………………………………………… 72

　　三、配电箱开关箱 ……………………………………………………… 75

　　四、现场照明安全技术控制 …………………………………………… 77

　　五、配电线路安全技术控制 …………………………………………… 81

　　六、电器装置安全技术控制 …………………………………………… 94

　　七、变配电装置安全技术控制 ………………………………………… 103

　　八、用电档案 …………………………………………………………… 112

第二章 脚手架安全控制技术 114

第一节 脚手架工程技术 114

一、脚手架工程安全技术 114

二、脚手架构架与设置和使用要求的一般规定 123

三、脚手架设计和计算的一般方法 131

第二节 落地式外脚手架 136

一、落地脚手架搭设的材料及荷载要求 136

二、落地脚手架搭设的构造要求 138

三、脚手架工程施工 146

四、脚手架施工安全技术要求 148

五、脚手架工程作业安全教育 149

六、脚手架工程的安全管理工作 151

第三节 悬挑式脚手架 153

一、悬挑脚手架的种类 153

二、悬挑脚手架的搭设 155

第三章 起重设备与施工机具安全控制技术 157

第一节 物料提升机龙门架井字架 157

一、物料提升机安全技术 157

二、龙门架安全技术 164

三、井字架安全技术 169

第二节 外用电梯（人货两用电梯） 175

一、施工电梯的安装 175

二、施工电梯安全技术 179

第三节 塔吊安全技术控制 181

一、塔吊安全管理责任 182

二、塔吊安装安全技术措施 184

三、塔吊使用、维修、保养技术措施 186

四、塔式起重机常见安全事故及其预防 189

第四节 起重吊装安全 191

一、起重机吊装作业安全技术规定 192

二、正确使用吊索具吊运大型工件 196

三、起重吊装的事故防范 197

第五节 施工机具安全控制技术 201

一、平刨安全控制技术 201

二、圆盘锯安全控制技术 202

三、手持电动工具安全控制技术 ·································· 204

四、钢筋机械安全控制技术 ·································· 212

五、电焊机安全控制技术 ·································· 219

六、搅拌机安全控制技术 ·································· 221

七、气瓶安全控制技术 ·································· 225

八、翻斗车安全控制技术 ·································· 233

九、潜水泵安全控制技术 ·································· 234

十、打桩机械安全控制技术 ·································· 238

第四章　现场文明施工控制技术 ·································· 242

第一节　安全管理 ·································· 242

一、安全生产责任制 ·································· 242

二、目标管理 ·································· 249

三、安全目标管理 ·································· 253

四、施工组织设计 ·································· 256

五、分部（分项）工程安全技术交底 ·································· 258

六、安全检查 ·································· 270

七、安全教育 ·································· 286

八、班前安全活动 ·································· 291

九、特种作业持证上岗 ·································· 292

十、工伤事故处理 ·································· 294

十一、安全标志 ·································· 297

第二节　文明施工 ·································· 301

一、现场围挡与封闭管理 ·································· 301

二、施工场地建设安全控制 ·································· 308

三、材料堆放安全 ·································· 314

四、现场住宿管理 ·································· 316

五、现场防火 ·································· 317

六、施工现场治安综合治理 ·································· 330

七、施工现场标牌 ·································· 332

八、生活设施安全控制 ·································· 336

九、施工现场的卫生与防疫 ·································· 339

十、社区服务与环境保护 ·································· 340

参考文献 ·································· 344

中国建材工业出版社
China Building Materials Press

我们提供

图书出版、图书广告宣传、企业/个人定向出版、设计业务、企业内刊等外包、代选代购图书、团体用书、会议、培训，其他深度合作等优质高效服务。

编 辑 部	宣传推广	出版咨询	图书销售	设计业务
010-88386119	010-68361706	010-68343948	010-88386906	**010-68361706**

邮箱：jccbs-zbs@163.com 网址：www.jccbs.com.cn

发展出版传媒　服务经济建设

传播科技进步　满足社会需求

第一章　施工作业安全控制

第一节　基坑支护安全技术控制

近年来随着我国经济建设和城市建设的快速发展，地下工程越来越多。高层建筑的多层地下室、地铁车站、地下车库、地下商场、地下仓库和地下人防工程等施工时都需开挖较深的基坑，有的高层建筑多层地下室平面面积达数万平方米，深度有的达 26.68m，施工难度较大。

大量深基坑工程的出现，促进了设计计算理论的提高和施工工艺的发展，通过大量的工程实践和科学研究，逐步形成了基坑工程这一新的学科，它涉及多个学科，是土木工程领域内目前发展最迅速的学科之一，也是工程实践要求最迫切的学科之一。对基坑工程进行正确的设计和施工，能带来巨大的经济和社会效益，对加快工程进度和保护周围环境能发挥重要作用。

一、基坑工程安全技术要求

基坑开挖的施工工艺一般有两种：放坡开挖（无支护开挖）和在支护体系保护下开挖（有支护开挖）。前者既简单又经济，在空旷地区或周围环境允许时能保证边坡稳定的条件下应优先选用。但是在城市中心地带、建筑物稠密地区，往往不具备放坡开挖的条件。因为放坡开挖需要基坑平面以外有足够的空间供放坡之用，如在此空间内存在邻近建（构）筑物基础、地下管线、运输道路等，都不允许放坡，此时就只能采用在支护结构保护下进行垂直开挖的施工方法。对支护结构的要求，一方面是创造条件便于基坑土方的开挖，但在建（构）筑物稠密地区更重要的是保护周围的环境。

基坑土方的开挖是基坑工程的一个重要内容，基坑土方如何组织开挖，不但影响工期、造价，而且还影响支护结构的安全和变形值，直接影响环境的保护。为此，对较大的基坑工程一定要编制较详细的土方工程的施工方案，确定挖土机械、挖土的工况、挖土的顺序、土方外运方法等。

在软土地区地下水位往往较高，采用的支护结构一般要求降水或挡水。在开挖基坑土方过程中坑外的地下水在支护结构阻挡下，一般不会进入坑内，但如土质含水量过高、土质松软，挖土机械下坑挖土和浇筑围护墙的支撑有一定困难。此外，在围护墙的被动土压力区，通过降低地下水位还可使土体产生固结，有利于提高被动土压力，减少支护结构的变形。所以在软土地区对深度较大的大型基坑，在坑内都进行降低地下水位，以便利基坑土方开挖和有利于保护环境。

支护结构的计算理论和计算手段，近年虽有很大提高，但由于影响支护结构的因素众多，土质的物理力学性能、计算假定、土方开挖方式、降水质量、气候因素等都对其产生影响。因此其内力和变形的计算值和实测值往往存在一定差距。为有利于信息化施工，在基坑土方开挖过程中，随时掌握支护结构内力和变形的发展情况、地下水位的变化、基坑周围保护对象（邻近的地下管线、建筑物基础、运输道路等）的变形情况，对重要的基坑工程都要进行工程监测，它亦成为基坑工程的内容之一。为此，基坑工程包括勘测、支护结构的设计和施工、基坑土方工程的开挖和运输、控制地下水位、基坑土方开挖过程中的工程监测和环境保护等。

二、基坑工程的设计原则与基坑安全等级

（一）基坑支护结构的极限状态

根据中华人民共和国行业标准《建筑基坑支护技术规程》（JGJ 120—2012）的规定，基坑支护结构应采用以分项系数表示的极限状态设计方法进行设计。

基坑支护结构的极限状态，可以分为下列两类：

1. 承载能力极限状态

（1）支护结构构件或连接因超过材料强度而破坏，或因过度变形而不适于继续承受荷载或出现压屈、局部失稳。

（2）支护结构及土体整体滑动。

（3）坑底土体隆起而丧失稳定。

（4）对支挡式结构，坑底土体丧失嵌固能力而使支护结构推移或倾覆。

（5）对拉锚式支挡结构或土钉墙，土体丧失对锚杆或土钉的锚固能力。

（6）重力式水泥土墙整体倾覆或滑移。

（7）重力式水泥土墙、支挡式结构因其持力土层丧失承载能力而破坏。

（8）地下水渗流引起的土体渗透破坏。

这种极限状态，对应于支护结构达到最大承载能力或土体失稳、过大变形导致支护结构或基坑周边环境破坏。

2. 正常使用极限状态

（1）造成基坑周边建（构）筑物、地下管线、道路等损坏或影响其正常使用的支护结构位移。

（2）因地下水位下降、地下水渗流或施工因素而造成基坑周边建（构）筑物、地下管线、道路等损坏或影响其正常使用的土体变形。

（3）影响主体地下结构正常施工的支护结构位移。

（4）影响主体地下结构正常施工的地下水渗流。

这种极限状态，对应于支护结构的变形已妨碍地下结构施工，或影响基坑周边环境的正常使用功能。

基坑支护结构均应进行承载能力极限状态的计算，对于安全等级为一级及对支护结构变形有限定的二级建筑基坑侧壁，尚应对基坑周边环境及支护结构变形进行验算。

（二）基坑支护结构的安全等级

1. 《建筑基坑支护技术规程》（JGJ 120—2012）规定，其支护结构的安全等级分为三级，不同等级采用相对应的重要性系数 γ，支护结构的安全等级如表 1-1 所示。

表 1-1 支护结构的安全等级

安全等级	破坏后果
一级	支护结构失效、土体过大变形对基坑周边环境或主体结构施工安全的影响很严重
二级	支护结构失效、土体过大变形对基坑周边环境或主体结构施工安全的影响严重
三级	支护结构失效、土体过大变形对基坑周边环境或主体结构施工安全的影响不严重

注：有特殊要求的建筑基坑侧壁安全等级可根据具体情况另行确定。

2. 支护结构设计，应考虑其结构水平变形、地下水的变化对周边环境的水平与竖向变形的影响。对于安全等级为一级的和对周边环境变形有限定要求的二级建筑基坑侧壁，应根据周边环境的重要性，对变形适应能力和土的性质等因素，确定支护结构的水平变形限值。

3. 当地下水位较高时，应根据基坑及周边区域的工程地质条件、水文地质条件、周边环境情况和支护结构形式等因素，确定地下水的控制方法。当基坑周围有地表水汇流、排泄或地下水管渗漏时，应对基坑采取妥善保护措施。

4. 对于安全等级为一级及对支护结构变形有限定的二级建筑基坑侧壁，应对基坑周边环境及支护结构变形进行验算。

5. 基坑工程分级的标准，各种规定和各地不尽相同，各地区、各城市应根据自己的特点和要求作相应规定，以便于进行岩土勘察、支护结构设计和审查基坑工程施工方案等。

6. 《建筑地基基础工程施工质量验收规范》（GB 50202—2002）对基坑分级和变形监控值的规定见表 1-2。

表 1-2 基坑变形的监控值（mm）

基坑类别	围护结构墙顶位移监控值	围护结构墙体最大位移监控值	地面最大沉降监控值
一级基坑	30	50	30
二级基坑	60	80	60
三级基坑	80	100	100

注：1. 符合下列情况之一，为一级基坑：
   （1）重要工程或支护结构做主体结构的一部分；
   （2）开挖深度大于 10m 的；
   （3）与邻近建筑物、重要设施的距离在开挖深度以内的基坑；
   （4）基坑范围内有历史文物、近代优秀建筑、重要管线等需严加保护的基坑。
  2. 三级基坑为开挖深度小于 7m，周围环境无特别要求的基坑。
  3. 除一级和三级外的基坑属二级基坑。
  4. 对周围已有的设施有特殊要求时，均应符合这些要求。

位于地铁、隧道等大型地下设施安全保护区范围内的基坑工程，以及城市生命线工程或对位移有特殊要求的精密仪器使用场所附近的基坑工程，应遵照有关的专门文件或规定执行。

三、基坑工程勘察

为了正确进行支护结构设计和合理组织施工，在进行支护结构设计之前，需要对影响基坑支护结构设计和施工的基础资料全面进行收集，并加以深入了解和分析，以便能很好地为基坑支护结构的设计和施工服务。

在进行支护结构设计之前，主要需要收集下述三方面的资料：工程地质和水文地质资料，场地周围环境及地下管线状况，地下结构设计资料。现分述如下。

（一）岩土勘察

基坑工程的岩土勘察一般不单独进行，应与主体建筑的地基勘察同时进行。在制定地基勘察方案时，除满足主体建筑设计要求外，亦应同时满足基坑工程设计和施工要求，因此，宜统一布置勘察要求。如果已经有了勘察资料，但不能满足基坑工程设计和施工要求时，宜再进行补充勘察。

1. 基坑工程的岩土勘察一般应提供的资料

（1）场地土层的成因类型、结构特点、土层性质及夹砂情况。

（2）基坑及围护墙边界附近，场地填土、暗浜、古河道及地下障碍物等不良地质现象的分布范围与深度，并表明其对基坑的影响。

（3）场地浅层潜水和坑底深部承压水的埋藏情况，土层的渗流特性及产生管涌、流砂的可能性。

（4）支护结构设计和施工所需的土、水等参数。

2. 参数要求

（1）岩土勘察测试的土工参数，应根据基坑等级、支护结构类型、基坑工程的设计和施工要求而定，一般基坑工程设计和施工要求提供的勘探资料和土工参数见表1-3。

表1-3 基坑工程设计和施工所需的勘探资料和土工参数

标高（m）	压缩指数 C_c	
深度（m）	固结系数 C_v	
层厚（m）	回弹系数 C_s	
土的名称	超固结比 OCR	
土天然重度 γ_c（kN/m³）	内摩擦角 ϕ（°）	
天然含水量 w（%）	黏聚力 c（kPa）	
液限 w_L（%）	总应力抗剪强度	
塑限 w_P（%）	有效抗剪强度	
塑性指数 I_P	无侧限抗压强度 q_u（kPa）	
孔隙比 e	十字板抗剪强度 c_u（kPa）	
不均匀系数（d_{60}/d_{10}）	渗透系数（cm/s）	水平 k_h
压缩模量 E_s（MPa）		垂直 k_v

（2）对特殊的不良土层，尚需查明其膨胀性、湿陷性、触变性、冻胀性、液化势等参数。

（3）在基坑范围内土层夹砂变化较复杂时，宜采用现场抽水试验方法，测定土层的渗透系数。

（4）内摩擦角和黏聚力，宜采用直剪固结快剪试验取得，要提供峰值和平均值。

4

（5）总应力抗剪强度（ϕ_{cu}、c_{cu}）、有效抗剪强度（ϕ'、c'），宜采用三轴固结不排水剪试验、直剪慢剪试验取得。

（6）当支护结构设计需要时，还可采用专门原位测试方法，测定设计所需的基床系数等参数。

3. 地下水位

基坑范围及附近的地下水位情况，对基坑工程设计和施工有直接影响，尤其在软土地区和附近有水体时。为此在进行岩土勘察时，应提供下列数据和情况：

（1）地下各含水层的初见水位和静止水位。

（2）地下各土层中水的补给情况和动态变化情况，与附近水体的连通情况。

（3）基坑坑底以下承压水的水头高度和含水层的界面。

（4）当地下水对支护结构有腐蚀性影响时，应查明污染源及地下水流向。

4. 地下障碍物

地下障碍物的勘察，对基坑工程的顺利进行十分重要。在基坑开挖之前，要弄清基坑范围内和围护墙附近地下障碍物的性质、规模、埋深等，以便采用适当措施加以处理。勘察重点内容如下：

（1）是否存在旧建（构）筑物的基础和桩。

（2）是否存在废弃的地下室、水池、设备基础、人防工程、废井、驳岸等。

（3）是否存在厚度较大的工业垃圾和建筑垃圾。

（二）周围环境勘察

基坑开挖带来的水平位移和地层沉降会影响周围邻近建（构）筑物、道路和地下管线，该影响如果超过一定范围，则会影响正常使用或带来较严重的后果。所以基坑工程设计和施工时，一定要采用措施保护周围环境，将该影响限制在允许范围内。

为限制基坑施工的影响，在施工前要对周围环境进行应有的调查，做到心中有数，以便采取针对性的有效措施。

1. 基坑周围邻近建（构）筑物状况调查

在大中城市建筑物稠密地区进行基坑工程施工，需对下述内容进行调查：

（1）周围建（构）筑物的分布及其与基坑边线的距离。

（2）周围建（构）筑物的上部结构形式，基础结构及埋深，有无桩基和对沉降差异的敏感程度。必要时要收集和参阅有关的设计图纸。

（3）周围建筑物是否属于历史文物或近代优秀建筑，或对使用有特殊严格的要求。

（4）如周围建（构）筑物在基坑开挖之前已经存在倾斜、裂缝、使用不正常等情况，需通过拍片、绘图等手段收集有关资料。必要时要请有资质的单位事先进行分析鉴定。

2. 基坑周围地下管线状况调查

在大中城市进行基坑工程施工，基坑周围的主要管线为煤气、上水、下水和电缆。

（1）煤气管道。应调查掌握下述内容：与基坑的相对位置、埋深、管径、管内压力、接头构造、管材、每个管节长度、埋设年代等。

煤气管的管材一般为钢管和铸铁管，管节长度 4～6m，管径常用（mm）100、150、200、250、300、400、500。铸铁管接头构造为承插连接、法兰连接和机械连接；钢管多为焊接或法兰连接。

（2）上水管道。应调查掌握下述内容：与基坑的相对位置、埋深、管径、管材、管节长度、接头构造、管内水压、埋设年代等。

上水管常用的管材有铸铁管、钢筋混凝土管和钢管，管节长度 3～5m，管径为 100～2000mm。铸铁管接头多为承插式接头和法兰接头；钢筋混凝土管多为承插式接头；钢管多用焊接。

（3）下水管道。应调查掌握下述内容：与基坑的相对位置、管径、埋深、管材、管内水压、管节长度、基础形式、接头构造、窨井间距等。

下水管道多用预制钢筋混凝土管，其接头有承插式、企口式、平口式等，管径为300～2400mm。

（4）电缆。电缆种类很多，有高压电缆、通讯电缆、照明电缆、防御设备电缆等。有的放在电缆沟内，有的架空。有的用共同沟，多种电缆放在一起。

电缆有普通电缆与光缆之分，光缆的要求更高。

对电缆应通过调查掌握下述内容：与基坑的相对位置、埋深（或架空高度）、规格型号、使用要求、保护装置等。

3. 基坑周围邻近的地下构筑物及设施的调查

如基坑周围邻近有地铁隧道、地铁车站、地下车库、地下商场、地下通道、人防、管线共同沟等，应调查其与基坑的相对位置、埋设深度、基础形式与结构形式、对变形与沉降的敏感程度等。这些地下构筑物及设施往往有较高的要求，进行邻近深基坑施工时要采取有效措施。

4. 周围道路状况调查

在城市繁华地区进行基坑工程，邻近常有道路。道路的重要性不同，有些是次要道路，而有些则属城市干道，一旦因为变形过大而破坏，会产生严重后果。道路状况与施工运输亦有关。为此，在进行深基坑施工之前应调查下述内容：

（1）周围道路的性质、类型，与基坑的相对位置。

（2）交通状况与重要程度。

（3）交通通行规则（单行道、双行道、禁止停车等）。

（4）道路的路基与路面结构。

5. 周围的施工条件调查

基坑现场周围的施工条件，对基坑工程设计和施工有直接影响，事先必须加以调查了解。

（1）施工现场周围的交通运输、商业规模等特殊情况。了解在基坑工程施工期间对土方和材料、混凝土等运输有无限制，是否允许必要时进行阶段性封闭施工等，这对选择施工方案有影响。

（2）了解施工现场附近对施工产生的噪声和振动的限制。如对施工噪声和振动有严格的限制，则影响桩型选择和支护结构混凝土支撑的爆破拆除。

（3）了解施工场地条件，是否有足够场地供运输车辆运行、堆放材料、停放施工机械、加工钢筋等，以便确定是全面施工、分区施工还是用逆作法施工。

（三）施工工程的地下结构设计资料调查

主体工程地下结构设计资料是基坑工程设计的重要依据之一，应周密进行收集和了解。

基坑工程设计多在主体工程设计结束施工图完成之后、基坑工程施工之前进行。但为了使基坑工程设计与主体工程之间协调，使基坑工程的实施能更加经济，对大型深基坑工程的设计，应在主体结构设计阶段就着手进行，以便协调基坑工程与主体工程结构之间的关系，如地下结构用逆作法施工，则围护墙和中间支承柱（中柱桩）的布置就需与主体工程地下结构设计密切结合；如大型深基坑工程支护结构的设计，其立柱的布置、多层支撑的布置和换撑等，皆与主体结构工程桩的布置、地下结构底板和楼盖标高等密切有关。

进行基坑工程设计之前，应对下述地下结构设计资料进行了解：

1. 主体工程地下室的平面布置和形状以及与建筑红线的相对位置。这是选择支护结构形式、进行支撑布置等必须参考的资料。如基坑边线贴近建筑红线，便需选择厚度较小的支护结构的围护墙；如平面尺寸大、形状复杂，则在布置支撑时需加以特殊处理。

2. 主体工程基础的桩位布置图。在进行围护墙布置和确定立柱位置时，必须了解桩位布置。尽量利用工程桩作为立柱桩，以降低支护结构费用。实在无法利用工程桩时才另设立柱桩。

3. 主体结构地下室的层数、各层楼板和底板的布置与标高以及地面标高。根据天然地面标高和地下室底板底标高，便可确定基坑开挖深度，这是选择支护结构形式、确定降水和挖土方案的重要依据。

了解各层楼盖和底板的布置，便于确定支撑的竖向布置和支撑的换撑方案。如楼盖局部缺少时，还需考虑水平支撑换撑时如何传力等。

四、支护结构的类型和选型

（一）支护结构的类型和组成

支护结构（包括围护墙和支撑）按其工作机理和围护墙的形式分为下列几种类型（图1-1）

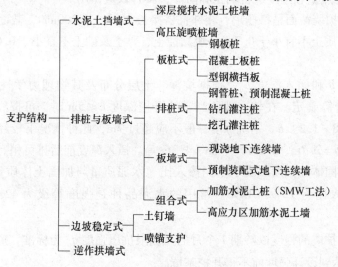

图1-1　支护结构的类型

水泥土挡墙式，依靠其本身自重和刚度保护坑壁，一般不设支撑，特殊情况下经采取措施后亦可局部加设支撑。

排桩式与板墙式，通常由围护墙、支撑（或土层锚杆）及防渗帷幕等组成。

土钉墙由密集的土钉群、被加固的原位土体、喷射的混凝土面层等组成。

（二）支护结构的选型

1. 围护墙选型

（1）深层搅拌水泥土桩墙支护

深层搅拌水泥土桩墙围护墙是用深层搅拌机就地将土和输入的水泥浆强制搅拌，形成连续搭接的水泥土柱状加固体挡墙（图 1-2）。

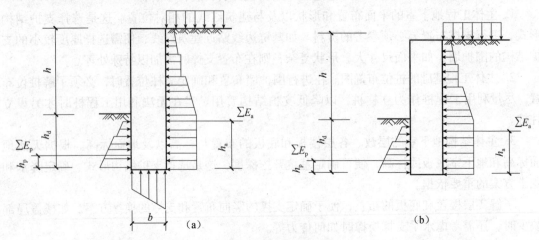

图 1-2　水泥土围护墙
（a）砂土及碎石土；（b）黏性土及粉土

1）水泥土加固体的渗透系数不大于 10^{-7} cm/s，能止水防渗，因此这种围护墙属重力式挡墙，利用其本身质量和刚度进行挡土和防渗，具有双重作用。

2）水泥土围护墙截面呈格栅形，相邻桩搭接长宽不小于 200mm，截面置换率对淤泥不宜小于 0.8，淤泥质土不宜小于 0.7，一般黏性土、黏土及砂土不宜小于 0.6。格栅长度比不宜大于 2。

3）墙体宽度 b 和插入深度 h_d，根据坑深、土层分布及其物理力学性能、周围环境情况、地面荷载等计算确定。在软土地区当基坑开挖深度 $h \leqslant 5m$ 时，可按经验取 $b = (0.6 \sim 0.8)h$，$h_d = (0.8 \sim 1.2)h$。基坑深度一般不应超过 7m，此种情况下较经济。墙体宽度以 500mm 进位，即 $b = 2.7m$、3.2m、3.7m、4.2m 等。插入深度前后排可稍有不同。

4）水泥土加固体的强度取决于水泥掺入比（水泥质量与加固土体质量的比值），围护墙常用的水泥掺入比为 12% ~ 14%。常用的水泥品种是强度等级为 42.5 的普通硅酸盐水泥。

5）水泥土围护墙的强度以龄期 1 个月的无侧限抗压强度 q_u 为标准，应不低于 0.8MPa。水泥土围护墙未达到设计强度前不得开挖基坑。

如为改善水泥土的性能和提高早期强度，可掺加木钙、三乙醇胺、氯化钙、碳酸钠等。

6）水泥土的施工质量对围护墙性能有较大影响。要保证设计规定的水泥掺合量，要严格控制桩位和桩身垂直度；要控制水泥浆的水灰比≤0.45，否则桩身强度难以保证；要搅拌均匀，采用二次搅拌工艺，喷浆搅拌时控制好钻头的提升或下沉速度；要限制相邻桩的施工间歇时间，以保证搭接成整体。

7）水泥土围护墙的优点：由于坑内无支撑，便于机械化快速挖土，具有挡土、挡水的双重功能，一般比较经济。其缺点是不宜用于深基坑，一般不宜大于6m；位移相对较大，尤其在基坑长度大时。当基坑长度大时可采取中间加墩、起拱等措施以限制过大的位移。其次是厚度较大，红线位置和周围环境要做得出才行，而且水泥土搅拌桩施工时要注意防止影响周围环境。水泥土围护墙宜用于基坑侧壁安全等级为二、三级者；地基土承载力不宜大于150kPa。

8）高压旋喷桩所用的材料亦为水泥浆，只是施工机械和施工工艺不同。它是利用高压经过旋转的喷嘴将水泥浆喷入土层与土体混合形成水泥土加固体，相互搭接形成桩排，用来挡土和止水。高压旋喷桩的施工费用要高于深层搅拌水泥土桩，但它可用于空间较小处。施工时要控制好上提速度、喷射压力和水泥浆喷射量。

（2）钢板桩支护

1）槽钢钢板桩支护

是一种简易的钢板桩围护墙，由槽钢正反扣搭接或并排组成。槽钢长6~8m，型号由计算确定。打入地下后顶部接近地面处设一道拉锚或支撑。由于其截面抗弯能力弱，一般用于深度不超过4m的基坑。由于搭接处不严密，一般不能完全止水。如地下水位高，需要时可用轻型井点降低地下水位。一般只用于一些小型工程。其优点是材料来源广，施工简便，可以重复使用。

2）热轧锁口钢板桩支护（图1-3）

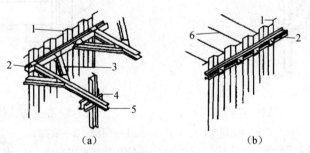

图1-3　钢板桩支护结构
（a）内撑方式；（b）锚拉方式
1—钢板桩；2—围檩；3—角撑；4—立柱与支撑；5—支撑；6—锚拉杆

热轧锁口钢板桩的形式有U型、L型、一字型、H型和组合型。建筑工程中常用前两种，基坑深度较大时才用后两种，但我国较少用。我国生产的鞍Ⅳ型钢板桩为"拉森式"（U型），其截面宽400mm、高310mm，重77kg/m，每延米桩墙的截面模量为2042cm³。除国产品外，我国也使用一些从日本、卢森堡等国进口的钢板桩。

钢板桩由于一次性投资大，施工中多以租赁方式租用，用后拔出归还。

钢板桩的优点是材料质量可靠，在软土地区打设方便，施工速度快而且简便；有一定的挡水能力（小趾口者挡水能力更好）；可多次重复使用；一般费用较低。其缺点是一般的钢板桩刚度不够高，用于较深的基坑时支撑（或拉锚）工作量大，否则变形较大；在透水性较好的土层中不能完全挡水；拔除时易带土，如处理不当会引起土层移动，可能危害周围的环境。

常用的 U 型钢板桩，多用于对周围环境要求不甚高的深 5~8m 的基坑，视支撑（拉锚）加设情况而定。

（3）型钢横挡板支护（图1-4）

型钢横挡板围护墙亦称桩板式支护结构。这种围护墙由工字钢（或 H 型钢）桩和横挡板（亦称衬板）组成，再加上围檩、支撑等的一种支护体系。施工时先按一定间距打设工字钢或 H 型钢桩，然后在开挖土方时边挖边加设横挡板。施工结束拔出工字钢或 H 型钢桩，并在安全允许条件下尽可能回收横挡板。

横挡板直接承受土压力和水压力，由横挡板传给工字钢桩，再通过围檩传至支撑或拉锚。横挡板长度取决于工字钢桩的间距和厚度，由计算确定，多用厚度 60mm 的木板或预制钢筋混凝土薄板。

型钢横挡板围护墙多用于土质较好、地下水位较低的地区，我国北京地下铁道工程和某些高层建筑的基坑工程曾使用过。

（4）钻孔灌注桩支护（图1-5）

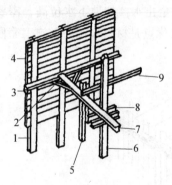

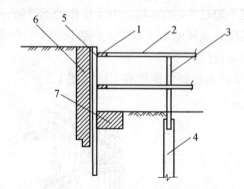

图 1-4　型钢横挡板支护结构

1—工字钢（H 型钢）；2—八字撑；3—腰梁；
4—横挡板；5—垂直联系杆件；6—立柱；
7—横撑；8—立柱上的支撑件；9—水平联系杆

图 1-5　钻孔灌注桩排围护墙

1—围檩；2—支撑；3—立柱；4—工程桩；
5—钻孔灌注桩围护墙；6—水泥土搅拌桩挡水帷幕；
7—坑底水泥土搅拌桩加固

根据目前的施工工艺，钻孔灌注桩为间隔排列，缝隙不小于 100mm，因此它不具备挡水功能，需另做挡水帷幕。目前我国应用较多的是厚 1.2m 的水泥土搅拌桩。用于地下水位较低地区则不需做挡水帷幕。

钻孔灌注桩施工无噪声、无振动、无挤土，刚度高，抗弯能力强，变形较小，几乎在全国都有应用。多用于基坑侧壁安全等级为一、二、三级，坑深 7~15m 的基坑工程，在土质较好地区已有 8~9m 悬臂桩，在软土地区多加设内支撑（或拉锚），悬臂式结构不宜大于 5m。桩径和配筋经计算确定，常用直径（mm）600、700、800、900、1000。

有的工程为简化施工不用支撑，采用相隔一定距离的双排钻孔灌注桩与桩顶横梁组成空间结构围护墙，使悬臂桩围护墙可用于 −14.5m 的基坑（图 1-6）。

如基坑周围狭窄，不允许在钻孔灌注桩后再施工 1.2m 厚的水泥土桩挡水帷幕时，可考虑在水泥土桩中套打钻孔灌注桩。

（5）人工挖孔桩支护

挖孔桩围护墙也属桩排式围护墙，多在我国东南沿海地区使用。其成孔是人工挖土，多为大直径桩，宜用于土质较好地区。如土质松软、地下水位高时，需边挖土边施工衬圈。衬圈多为混凝土结构。在地下水位较高地区施工挖孔桩，还要注意挡水问题，否则地下水大量流入桩孔，大量的抽排水会引起邻近地区地下水位下降，因土体固结而出现较大的地面沉降。

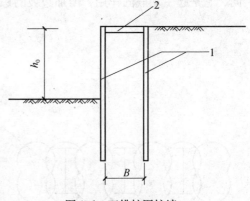

图 1-6　双排桩围护墙
1—钻孔灌注桩；2—联系横梁

挖孔桩由于人下孔开挖，便于检验土层，亦易扩孔；可多桩同时施工，施工速度可保证；大直径挖孔桩用作围护桩可不设或少设支撑。但挖孔桩劳动强度高，施工条件差，如遇有流砂还有一定危险。

（6）地下连续墙支护

地下连续墙是于基坑开挖之前，用特殊挖槽设备，在泥浆护壁之下开挖深槽，然后下钢筋笼浇注混凝土形成的地下土中的混凝土墙。

我国于 20 世纪 70 年代后期开始出现壁板式地下连续墙，此后用于深基坑支护结构。目前常用的厚度（mm）为 600、800、1000，多用于 −12m 以下的深基坑。

地下连续墙用作围护墙的优点是：施工时对周围环境影响小，能紧邻建（构）筑物等进行施工；刚度高、整体性好，变形小，能用于深基坑；处理好接头能较好地抗渗止水；如用逆作法施工，可实现两墙合一，降低成本。

由于具备上述优点，我国一些重大、著名的高层建筑的深基坑，多采用地下连续墙作为支护结构围护墙。适用于基坑侧壁安全等级为一、二、三级者；在软土中悬臂式结构不宜大于 5m。

地下连续墙如单纯用作围护墙，只为施工挖土服务则成本较高；泥浆需妥善处理，否则影响环境。

（7）加筋水泥土桩法（SMW 工法）支护

即在水泥土搅拌桩内插入 H 型钢，使之成为同时具有受力和抗渗两种功能的支护结构围护墙（图 1-7）。坑深大时亦可加设支撑。国外已用于坑深 −20m 的基坑，我国已开始应用，用于 8 ~ 10m 基坑。

加筋水泥土桩法施工机械应为三根搅拌轴的深层搅拌机，全断面搅拌，H 型钢靠自重可顺利下插至设计标高。

加筋水泥土桩法围护墙的水泥掺入比达 20%，因此水泥土的强度较高，与 H 型钢粘结好，能共同作用。

（8）土钉墙支护

土钉墙（图 1-8）是一种边坡稳定式的支护，其作用与被动起挡土作用的上述围护墙不同，它是起主动嵌固作用，增加边坡的稳定性，使基坑开挖后坡面保持稳定。

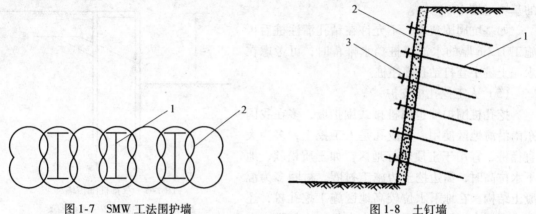

图 1-7　SMW 工法围护墙
1—插在水泥土桩中的 H 型钢；2—水泥土桩

图 1-8　土钉墙
1—土钉；2—喷射细石混凝土面层；3—垫板

施工时，每挖深 1.5m 左右，挂细钢筋网，喷射细石混凝土面层厚 50～100mm，然后钻孔插入钢筋（长 10～15m，纵、横间距 1.5m×1.5m 左右），加垫板并灌浆，依次进行直至坑底。基坑坡面有较陡的坡度。

土钉墙用于基坑侧壁安全等级宜为二、三级的非软土场地；基坑深度不宜大于 12m；当地下水位高于基坑底面时，应采取降水或截水措施。目前在软土场地亦有应用。

（9）逆作拱墙支护

当基坑平面形状适合时，可采用拱墙作为围护墙。拱墙有圆形闭合拱墙、椭圆形闭合拱墙和组合拱墙。对于组合拱墙，可将局部拱墙视为两铰拱。

拱墙截面宜为 Z 字型（图 1-19），拱壁的上、下端宜加肋梁（图 1-9a）；当基坑较深，一道 Z 字型拱墙不够时，可由数道拱墙叠合组成（图 1-9b），或沿拱墙高度设置数道肋梁（图 1-9c），肋梁竖向间距不宜小于 2.5m。亦可不加设肋梁而用加厚肋壁（图 1-9d）的办法解决。

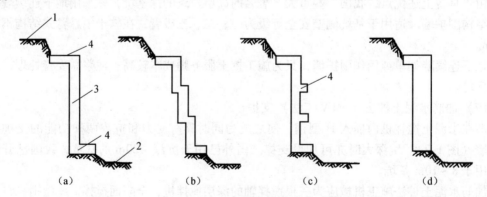

（a）　　　　　　（b）　　　　　　（c）　　　　　　（d）

图 1-9　拱墙截面示意图
1—地面；2—基坑底；3—拱墙；4—肋梁

圆形拱墙壁厚不宜小于 400mm，其他拱墙壁厚不宜小于 500mm。混凝土强度等级不宜低于 C25。拱墙水平方向应通长双面配筋，钢筋总配筋率不小于 0.7%。

拱墙在垂直方向应分道施工，每道施工高度视土层直立高度而定，不宜超过 2.5m。待上道拱墙合龙且混凝土强度达到设计强度的 70% 后，才可进行下道拱墙施工。上下两道拱墙的竖向施工缝应错开，错开距离不宜小于 2m。拱墙宜连续施工，每道拱墙施工时间不宜超过 36h。

逆作拱墙宜用于基坑侧壁安全等级为三级者；淤泥和淤泥质土场地不宜应用；拱墙轴线的矢跨比不宜小于 1/8；基坑深度不宜大于 12m；地下水位高于基坑底面时，应采取降水或截水措施。

2. 支撑体系选型

对于排桩、板墙式支护结构，当基坑深度较大时，为使围护墙受力合理和将受力后变形控制在一定范围内，需沿围护墙竖向增设支承点，以减小跨度。如在坑内对围护墙加设支承称为内支撑；如在坑外对围护墙设拉支承，则称为拉锚（土锚）。

内支撑受力合理、安全可靠、易于控制围护墙的变形，但内支撑的设置给基坑内挖土和地下室结构的支模和浇注带来一些不便，需通过换撑加以解决。用土锚拉结围护墙时，坑内施工无任何阻挡，位于软土地区土锚的变形较难控制，且土锚有一定长度，在建筑物密集地区如超出红线尚需专门申请。一般情况下，在土质好的地区，如具备锚杆施工设备和技术，应发展土锚；在软土地区为便于控制围护墙的变形，应以内支撑为主。对撑式的内支撑如图 1-10 所示。

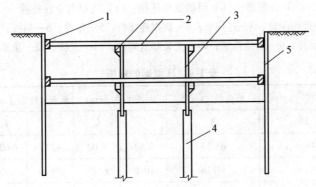

图 1-10 对撑式的内支撑
1—腰梁；2—支撑；3—立柱；4—桩（工程桩或专设桩）；5—围护墙

支护结构的内支撑体系包括腰梁或冠梁（围檩）、支撑和立柱。腰梁固定在围护墙上，将围护墙承受的侧压力传给支撑（纵、横两个方向）。支撑是受压构件，长度超过一定限度时稳定性不好，所以中间需加设立柱，立柱下端需稳固，立即插入工程桩内，实在对不准工程桩，只得另外专门设置桩（灌注桩）。

（1）内支撑类型

内支撑按照材料分为钢支撑和混凝土支撑两类。

1）钢支撑

钢支撑常用钢管支撑和型钢支撑两种。钢管支撑多用 ϕ609mm 钢管，有多种壁厚

（10、12、14mm）可供选择，壁厚大者承载能力高。亦有用较小直径钢管者，如ϕ580mm、ϕ406mm钢管等；型钢支撑（图1-11）多用H型钢，有多种规格（表1-4）以适应不同的承载力。不过作为一种工具式支撑，要考虑能适应多种情况。在纵、横向支撑的交叉部位，可用上下叠交固定（1-11）；亦可用专门加工的"十"字形定型接头，以便连接纵、横向支撑构件。前者纵、横向支撑不在一个平面上，整体刚度差；后者则在一个平面上，刚度高，受力性能好。在端头的活络头子和琵琶斜撑的具体构造如图1-12所示。

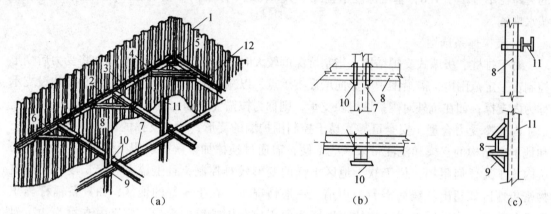

图1-11　型钢支撑构造

（a）示意图；（b）纵横支撑连接；（c）支撑与立柱连接

1—钢板桩；2—型钢围檩；3—连接板；4—斜撑连接件；5—角撑；6—斜撑；7—横向支撑；
8—纵向支撑；9—三角托架；10—交叉部紧固件；11—立柱；12—角部连接件

表1-4　H型钢的规格

尺寸（mm）	单位质量（kg/m）	断面积（cm²）	回转半径（cm）		截面惯性矩（cm⁴）		截面抵抗矩（cm³）	
$A \times B \times t_1 \times t_2$	W	A	i_x	i_y	I_x	I_y	W_x	W_y
$200 \times 200 \times 8 \times 12$	49.9	63.53	8.62	5.02	4720	1600	472	160
$250 \times 250 \times 9 \times 14$	72.4	92.18	10.8	6.29	10800	3650	867	292
$300 \times 300 \times 10 \times 15$	94.0	119.8	13.1	7.51	20400	6750	1360	450
$350 \times 350 \times 12 \times 19$	137	173.9	15.2	8.84	40300	13600	2300	776
$400 \times 400 \times 13 \times 21$	172	218.7	17.5	10.10	66600	22400	3330	1120
$594 \times 302 \times 14 \times 23$	175	222.4	24.9	6.90	137000	10600	4620	701
$700 \times 300 \times 13 \times 24$	185	235.5	29.3	6.78	201000	10800	5760	722
$800 \times 300 \times 14 \times 23$	210	267.4	33.0	6.62	292000	11700	7290	782
$900 \times 300 \times 16 \times 28$	243	309.8	36.4	6.39	411000	12600	9140	843
$600 \times 200 \times 12 \times 24$	131	166.4	24.5	4.39	99500	3210	3320	321
$600 \times 200 \times 15 \times 34$	173	220.0	24.4	4.55	131000	4550	4370	456

注：A—型钢断面高度；B—型钢断面宽度；t_1—型钢腹板厚度；t_2—上、下翼缘厚度。

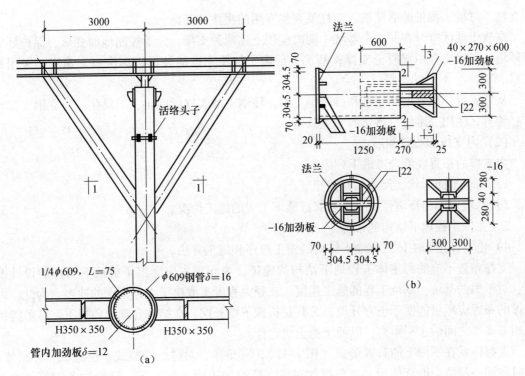

图 1-12 琵琶撑与活络头子

(a) 琵琶撑；(b) 活络头子

钢支撑的优点是安装和拆除方便、速度快，能尽快发挥支撑的作用，减小时间效应，使围护墙因时间效应增加的变形减小；可以重复使用，多为租赁方式，便于专业化施工；可以施加预紧力，还可根据围护墙变形发展情况，多次调整预紧力值以限制围护墙变形的发展。其缺点是整体刚度相对较低，支撑的间距相对较小；由于两个方向施加预紧力，使纵、横向支撑的连接处处于铰接状态。

2）混凝土支撑

是随着挖土的加深，根据设计规定的位置现场支模浇筑而成。其优点是形状多样性，可浇注成直线、曲线构件，可根据基坑平面形状，浇注成最优化的布置型式；整体刚度高，安全可靠，可使围护墙变形小，有利于保护周围环境；可方便地变化构件的截面和配筋，以适应其内力的变化。其缺点是支撑成型和发挥作用时间长，时间效应大，使围护墙因时间效应而产生的变形增大；属一次性，不能重复利用；拆除相对困难，如用控制爆破拆除，有时周围环境不允许，如用人工拆除，时间较长、劳动强度大。

混凝土支撑的混凝土强度等级多为 C30，截面尺寸经计算确定。腰梁的截面尺寸常用 600mm×800mm（高×宽）、800mm×1000mm 和 1000mm×1200mm；支撑的截面尺寸常用 600mm×800mm（高×宽）、800mm×1000mm、800mm×1200mm 和 1000mm×1200mm。支撑的截面尺寸在高度方向要与腰梁高度相匹配。配筋要经计算确定。

对平面尺寸大的基坑，在支撑交叉点处需设立柱，在垂直方向支承平面支撑。立柱可为四个角钢组成的格构式钢柱、圆钢管或型钢。考虑到承台施工时便于穿钢筋，格构式钢柱较好，应用较多。立柱的下端最好插入作为工程桩使用的灌注桩内，插入深度不宜小于 2m，如立柱不对准工程桩的灌注桩，立柱就要作专用的灌注桩基础。

在软土地区有时在同一个基坑中同时应用上述两种支撑。为了控制地面变形，保护好周围环境，上层支撑用混凝土支撑；基坑下部为了加快支撑的装拆、加快施工速度，采用钢支撑。

从发展看，应该继续完善和推广钢支撑，使钢支撑实现标准化、工具化，建立钢支撑制作、装拆、使用、维修一体化的专业队伍。

（2）内支撑的布置和形式

内支撑的布置要综合考虑下列因素：

1）基坑平面形状、尺寸和开挖深度。

2）基坑周围的环境保护要求和邻近地下工程的施工情况。

3）主体工程地下结构的布置。

4）土方开挖和主体工程地下结构的施工顺序和施工方法。

支撑布置不应妨碍主体工程地下结构的施工，为此事先应详细了解地下结构的设计图纸。对于大的基坑，基坑工程的施工速度，在很大程度上取决于土方开挖的速度，为此，内支撑的布置应尽可能便于土方开挖，尤其是机械下坑开挖。在结构合理的前提下，尽可能扩大相邻支撑之间的水平距离，以便于挖土机运作。

支撑体系在平面上的布置形式（图 1-13），有角撑、对撑、桁架式、框架式、环形等。有时在同一基坑中混合使用，如角撑加对撑、环梁加边桁（框）架、环梁加角撑等。主要是因地制宜，根据基坑的平面形状和尺寸设置最适合的支撑。

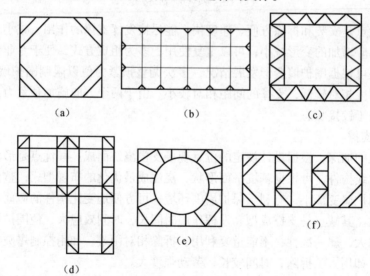

图 1-13　支撑的平面布置形式

（a）角撑；（b）对撑；（c）边桁架式；（d）框架式；（e）环梁与边框架；（f）角撑加对撑

一般情况下，对于平面形状接近方形且尺寸不大的基坑，宜采用角撑，使基坑中间有较大的空间，便于组织挖土。对于形状接近方形但尺寸较大的基坑，采用环形或桁架式、边框架式支撑，受力性能较好，亦能提供较大的空间便于挖土。对于长片形的基坑宜采用对撑或对撑加角撑，安全可靠，便于控制变形。

16

钢支撑多为角撑、对撑等直线杆件的支撑。混凝土支撑由于为现浇，任何型式的支撑皆便于施工。

支撑在竖向的布置（图 1-14），主要取决于基坑深度、围护墙种类、挖土方式、地下结构各层楼盖和底板的位置等。基坑深度越大，支撑层数应越多，以使围护墙受力合理，不产生过大的弯矩和变形。支撑设置的标高要避开地下结构楼盖的位置，以便于支模浇注地下结构时换撑，支撑多数布置在楼盖之下和底板之上，其间净距离 B 最好不小于 600mm。支撑竖向间距还与挖土方式有关，如人工挖土，支撑竖向间距 A 不宜小于 3m，如挖土机下坑挖土，图 1-14 中 A 最好不小于 4m，特殊情况例外。

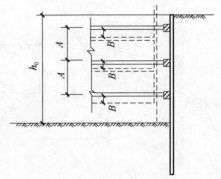

图 1-14　支撑竖向布置

在支模浇注地下结构时，在拆除上面一道支撑前，先设换撑，换撑位置都在底板上表面和楼板标高处。如靠近地下室外墙附近楼板有缺失时，为便于传力，在楼板缺失处要增设临时钢支撑。换撑时需要在换撑（多为混凝土板带或间断的条块）达到设计规定的强度、起支撑作用后才能拆除上面一道支撑。换撑工况在计算支护结构时亦需加以计算。

五、荷载与抗力计算

作用于围护墙上的水平荷载，主要是土压力、水压力和地面附加荷载产生的水平荷载。

围护墙所承受的土压力，要精确地计算有一定困难，因为影响土压力的因素很多，不仅取决于土质，还与围护墙的刚度、施工方法、空间尺寸、时间长短、气候条件等有关。

目前计算土压力多用朗肯土压力理论。朗肯土压力理论的墙后填土为匀质无黏性砂土，非一般基坑的杂填土、黏性土、粉土、淤泥质等，不呈散粒状；朗肯理论土体应力是先筑墙后填土，土体应力是增加的过程，而基坑开挖是土体应力释放过程，完全不同；朗肯理论将土压力视为定值，实际上在开挖过程中土压力是变化的。所解决的围护墙土压力为平面问题，实际上土压力存在显著的空间效应；朗肯理论属极限平衡原理，属静态设计原理，而土压力处于动态平衡状态，开挖后由于土体蠕变等原因，会使土体强度逐渐降低，具有时间效应；另外，在朗肯计算公式中土工参数（ϕ、c）是定值，不考虑施工效应，实际上在施工过程中由于打设预制桩、降低地下水位等施工措施，会引起挤土效应和土体固结，使 ϕ、c 值得到提高。因此，要精确地计算土压力是困难的，只能根据具体情况选用较合理的计算公式，或进行必要的修正，供设计支护结构用。

根据我国《建筑基坑支护技术规程》（JGJ 120—2012），水平荷载标准值和水平抗力标准值可按下列公式进行计算。

（一）水平荷载标准值

作用于围护墙上的土压力、水压力和地面附加荷载产生的水平荷载标准值 e_{ajk}（图 1-15），应按当地可靠经验确定，当无经验时按下列规定计算：

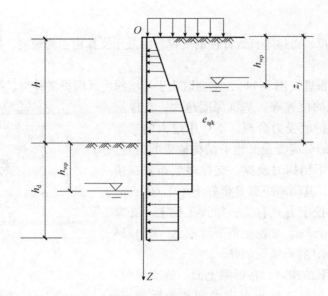

图 1-15 水平荷载标准值计算图

1. 对于碎石土和砂土：

（1）当计算点位于地下水位以上时

$$e_{ajk} = \sigma_{ajk}K_{ai} - 2c_{ik}\sqrt{K_{ai}} \tag{1-1}$$

（2）当计算点位于地下水位以下时

$$e_{ajk} = \sigma_{ajk}K_{ai} - 2c_{ik}\sqrt{K_{ai}} + \left[(z_i - h_{wa}) - (m_j - h_{wa})\eta_{wa}K_{ai}\right]\gamma_w \tag{1-2}$$

式中　σ_{ajk}——作用于深度 z_j 处的竖向应力标准值；

K_{ai}——第 i 层土的主动土压力系数：

$$K_{ai} = \mathrm{tg}^2\left(45° - \frac{\phi_{ik}}{2}\right)$$

ϕ_{ik}——第 i 层土的内摩擦角标准值；

c_{ik}——三轴试验（当有可靠经验时，可采用直接剪切试验）确定的第 i 层土固结不排水（快）剪黏聚力标准值；

z_j——计算点深度；

m_j——计算参数，当 $z_j < h$ 时，取 z_j；当 $z_j \geqslant h$ 时，取 h；

h_{wa}——基坑外侧地下水位深度；

η_{wa}——计算系数，当 $h_{wa} \leqslant h$ 时，取 1；当 $h_{wa} > h$ 时，取零；

γ_w——水的重度。

2. 对于粉土和黏土：

$$e_{ajk} = \sigma_{ajk}K_{ai} - 2c_{ik}\sqrt{K_{ai}} \tag{1-3}$$

当按上述公式计算的基坑开挖面以上水平荷载标准值小于零时，则取其值为零。

3. 基坑外侧竖向应力标准值 σ_{ajk} 按下式规定计算：

$$\sigma_{ajk} = \sigma_{rk} + \sigma_{ok} + \sigma_{1k} \tag{1-4}$$

（1）计算点深度 z_i 处自重竖向应力 σ_{rk}：

18

当计算点位于基坑开挖面以上时：

$$\sigma_{rk} = \gamma_{mj}z_j \tag{1-5}$$

当计算点位于基坑开挖面以下时：

$$\sigma_{rk} = \gamma_{mh}h \tag{1-6}$$

式中　γ_{mj}——深度 z_j 以上土的加权平均天然重度；

　　　γ_{mh}——开挖面以上土的加权平均天然重度。

（2）当支护结构外侧地面作用均布荷载 q_0 时（图1-16），基坑外侧任意深度处竖向应力标准值 σ_{ok} 按下式计算：

$$\sigma_{ok} = q_0 \tag{1-7}$$

（3）当距离支护结构外侧 b_1 处地表作用有宽度为 b_0 的条形附加荷载 q_1 时（图1-17），基坑外侧深度 CD 范围内的附加竖向应力标准值 σ_{1k} 按下式计算：

$$\sigma_{1k} = q_1 \frac{b_0}{b_0 + 2b_1} \tag{1-8}$$

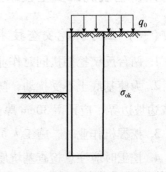

图 1-16　地面均布荷载时基坑外侧附加竖向应力计算简图

（二）水平抗力标准值

1. 基坑内侧水平抗力标准值 e_{pjk} 宜按下列规定计算（图1-18）：

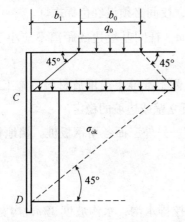

图 1-17　局部荷载作用下基坑外侧附加竖向应力计算简图

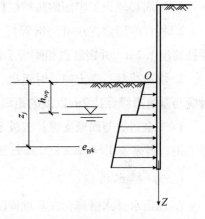

图 1-18　水平抗力标准值计算简图

（1）对于砂土和碎石土

$$e_{pjk} = \sigma_{pjk}K_{pi} + 2c_{ik}\sqrt{K_{pi}} + (z_j - h_{wp})(1 - K_{pi})\gamma_w \tag{1-9}$$

式中　σ_{pjk}——作用于基坑底面以下深度 z_j 处的竖向应力标准值：

$$\sigma_{pjk} = \gamma_{mj}z_j \tag{1-10}$$

　　　K_{pi}——第 i 层土的被动土压力系数：

$$K_{pi} = \mathrm{tg}^2\left(45° + \frac{\phi_{ik}}{2}\right)$$

（2）对于黏性土及粉土：

$$e_{pjk} = \sigma_{pjk}K_{pi} + 2c_{ik}\sqrt{K_{pi}} \tag{1-11}$$

19

2. 作用于基坑底面以下深度 z_j 处的竖向应力标准值 σ_{pjk} 可按下式计算：

$$\sigma_{pjk} = \gamma_{mj}z_j \tag{1-12}$$

式中　γ_{mj}——深度 z_j 以上土的加权平均天然重度。

六、基坑施工安全技术要求

（一）土方开挖安全技术

1. 两台反铲挖掘机同时作业，方向自东向西，按挖土顺序图。

2. 为使基底土不受扰动，防止超挖，保证边坡坡度正确，机械开挖至接近设计坑底标高或边坡边界，应预留 30cm 厚土层，用人工开挖和修坡。

3. 挖掘机作业时，施工人员不得进入挖土机作业半径之内，应在作业半径外 2m 处。

4. 挖土时应注意检查基坑底是否有古墓、洞穴、暗沟等存在，如发现迹象应及时汇报，并进行探察处理。

5. 基坑挖至设计标高后，应立即通知勘察和设计质监部门，经共同验槽后，方可进行基础工程施工。

（二）临边防护安全技术

1. 四周必须设置牢固的防护栏杆，并挂设立网，夜间必须设红色标志灯。

2. 栏杆的固定方法可用钢管打入地面 50～70cm，杆间基坑边的距离不应小于 150cm。栏杆高度 1.2m，并刷红白相间警示色。

3. 坑边荷载：弃土应及时运出，在基坑边缘上侧不准堆土或堆放材料，施工机械作业时应与基坑边缘保持 2m 以上的距离，以保证坑边直立壁或边坡的稳定。

4. 安全边坡与固壁支撑：放坡系数采用 1：0.67。另外三面各用钢板桩。挡地板采用 10 号槽钢，斜撑条用 $\phi48mm \times 3.5mm$ 钢管。

（三）排水措施

1. 地面水排水措施：在基坑周围设一道土堤或挖排水沟，水沟坡度 3‰，沟宽 500mm，沟深 200mm（最浅处）处。

2. 坑内排水措施：设排水沟及积水井，用水泵随时将积水抽到坑外。

3. 上下通道：基坑开挖期间，用简易梯子作为人员上下基坑的通道。基坑开挖完毕之后，在基坑一角搭设专用的人员、材料及料具上下的运输通道，通道两边设置护身栏杆和挡脚板。

（四）作业环境

1. 在基坑内作业要有保证作业人员安全可靠的立足点和足够的安全活动空间。

2. 垂直作业上下要设置隔离防护措施。

3. 对光线不足的基坑要设置足够的安全照明装置。

七、基坑开挖支护施工监测

（一）监测一般要求

1. 施工前在待建建筑物及重大管线间打设回灌井及跟踪注浆孔，当监测数据异常时，及时采取地下水回灌或补偿注浆措施，以确保建筑物和施工作业人员、周围居民的安全。

2. 项目有一支由具有丰富施工经验、监测经验，有结构受力计算、分析能力的工程技术人员组成的监控量测施工队伍，专门进行施工的测量放线、现场监控量测，随时为施工提供准确的监控量测数据，并对每个数据进行精确分析，为施工提供决策依据。

3. 监测人员对收集、整理观测所获得的检测资料及时进行计算、分析、对比：

（1）预测基坑及结构的稳定性和安全性，提出工序施工的调整意见及应该采取的安全措施，确保整个工程安全、可靠进行；

（2）优化设计，使围护结构工程达到优质、经济合理、施工快捷的要求；

（3）对基坑开挖进行监控，防止出现坍塌等安全事故；

（4）对初期支护进行监控，及时提供信息，确保主体结构及时跟进。

4. 对需要布设观测点的监测作业，提出监测方案，经过业主和工程师同意后，及时布设观测点，以便于施工作业。

5. 按照业主规定的方法进行监测设备安装调试，记录在工作状态下的初始数据；按照项目总工程师的要求进行定期观测，并将数据等报送项目总工程师和设计院。

（二）监测内容

施工方法不同，监测施工内容和项目也不尽相同，但其目的是一致的，即利用科学的施工监测方法和手段，在科学计算和数据的指导下，确保施工安全和邻近建筑物的安全。考虑到基坑工程周围环境的性质和安全等级，基坑检测主要内容如下：

1. 维护结构的监测

（1）围护结构水平位移监测。

（2）围护结构倾斜监测。

（3）围护结构沉降监测。

（4）围护结构应力监测。

（5）支撑轴力监测。

2. 周围环境的监测

（1）基坑周围建筑物的沉降及倾斜观测。

（2）相邻地表、地下管线的沉降监测及位移监测。

（3）围护结构侧向土压力观测。

（4）地下水位动态观测。

（5）基坑边坡土体分层沉降观测。

（6）基坑底部回弹观测。

（7）孔隙水压力监测。

（8）裂缝观测。

（三）现场监控量测项目及量测频率、监测方法

1. 监控量测项目（表1-5）

表1-5　监控量测项目

序号	监测项目	数量	单位	型号
1	围护结构水平位移	65	个	ϕ18mm 钢筋观测点
2	围护结构倾斜	240	m	PVC 倾斜管
3	围护结构沉降	65	个	ϕ18mm 钢筋观测点
4	围护结构应力	144	支	LKX 型钢筋计（量程 0～200MPa）
5	支撑轴力监测	48	支	钢筋计、应变计
6	基坑周围建筑物的沉降及倾斜观测	沉降28 倾斜7	个	ϕ18mm 钢筋观测点 2mm 金属片
7	相邻地表、地下管线的沉降监测及位移监测	地表48 管线10	个	ϕ18mm 钢筋观测点 抱箍式管线观测点
8	围护结构侧向土压力观测	72	个	TYJ20 型（量程 0～0.4MPa）
9	地下水动态观测	192	m	ϕ50PVC 水位管
10	基坑边坡土体分层沉降	480	m	PVC 倾斜管
11	基坑底部回弹观测	18	条	回弹观测杆件
12	孔隙水压力监测	18	个	KXR 型弦式孔隙水压力计
13	裂缝观测	20	组	2mm 金属片
14	基准点	7	个	ϕ18mm 钢筋
15	工作基点	4	个	ϕ18mm 钢筋

2. 监测项目频率（表1-6）

表1-6　监测项目频率

项目	预计次数	监测频率（次/天）		
围护结构裂缝及渗漏水观察	180	视具体情况		
基坑周围地表沉降	70	基坑开挖深度≤5m 1 次/2 天	基坑开挖深度 5～15m 1 次/1 天	基坑开挖深度≥15m 2 次/1 天
基坑建筑物沉降与倾斜	70			
建筑物裂缝观测	70			
基坑周围地下管线沉降	70			
围护墙顶水平位移及沉降	70			
基坑底部回弹	70			
墙体倾斜	70			
地下水位量测	50	1 次/1～2 天		
支撑轴力	50			
围护结构内力监测	50			
分层沉降	30	埋设 1 周后开始观测，1 次/1 周		
墙后侧向土压力	30			
孔隙水压力	30			
基点联测	30			

3. 监测方法

（1）水平位移监测

1）水平位移监测根据现场情况采用方向观测法和垂距法进行监测，按照二级位移观测精度进行观测，二级测角网各项技术要求见表1-7。

表1-7　测角控制网技术要求

等级	最弱边边长中误差	平均边长	测角中误差	最弱边边长中误差
二级	±3.0mm	300m	±1.5″	1:100000

2）水平角观测宜采用方向观测法。当方向数不多于3个时，可不归零；对位移观测点的观测，宜采用2″级全站仪，按照1测回观测。方向观测法的限差应符合表1-8规定。

表1-8　方向观测法限差

仪器类别	两次照准目标读数差	半测回归零差	一测回内2C互差	同一方向值各测回互差
DJ2	6″	8″	13″	8″

3）垂距法观测，如图1-19所示，在基坑边方向上选定固定轴线点AB（A、B坐标已知，AB距离为D），在位移点P处架设仪器，测β值。按式（1-13）计算P点到AB线的垂距：

$$E = \frac{ab}{D}\sin\beta \qquad (1-13)$$

求出P点的位移。该方法可使位移测量误差 $m_E < \pm2mm$。

图1-19　垂距观测示意图

（2）沉降监测

沉降观测所使用的仪器应为DS1级的精密水准仪，配合2m铟钢水准尺进行。

沉降观测的等级应为二等，相邻观测点间的高差中误差为±0.5mm，观测点的高程相对于起算点的高程中误差为±1mm。为此，对外业观测应满足表1-9的要求。

1-9　水准外业观测要求

视线长度	前后视距差	前后视距差累积	基辅分划读数差	基辅分划所测高差之差	符合水准线路闭合差
≤35m	≤1m	≤3m	≤0.3mm	≤0.5mm	≤0.5$\sqrt{n}$ mm（n 为测站数）

另外，必须定期进行仪器 i 角（视准轴与水准轴间夹角应不大于10″）检验，以确保仪器的性能。

监测设备见表1-10。

表1-10　监控量测主要仪器设备

序号	量测项目	测试元件和仪器
	一、测试仪器	
1	建筑物、地表、管线、围护桩沉降、位移量测，基坑底部回弹、建筑物倾斜观测	Laica-N3 全站仪，铟钢水准尺 Nikon-T2 精密经纬仪

23

序号	量测项目	测试元件和仪器
2	建筑物裂缝	游标卡尺
		钢卷尺
3	水位	钢尺水位计
4	主筋应力、轴力、孔隙水压力、土压力	SDP-Z 振弦频率测定仪
5	倾斜	CX-03 型倾斜仪
二、测试元件		
1	钢筋应力、混凝土支撑轴力	钢筋应力计
2	钢管支撑轴力	应变计
3	孔隙水压力	振弦式水压力计
4	分层沉降	倾斜管、沉降磁环
5	孔隙水压力	孔隙水压力计
6	土压力	钢弦式压力盒

（3）倾斜监测

倾斜监测采用 CX-03 型倾斜仪，观测精度 1mm，倾斜管应在测试前 5 天装设完毕，在 3~5 天内重复测量不少于 3 次，判明处于稳定状态后，进行测试工作。观测方法，使倾斜仪处于工作状态，将测头导轮插入倾斜管导槽内，缓慢放置于管底，然后由管底自下而上沿导槽每隔 1m 读数一次，并按记录键。测读完毕后，将探头旋转 180°插入同一导槽内，按上述方法再测一次，测点深度同第一次。将观测数据输入计算机，利用倾斜仪数据处理软件计算结果。

（4）建筑物倾斜监测

倾斜观测使用 2″全站仪进行观测，将建筑物主要边角顶部投影到底部，然后通过观测投影点到边角底部的距离，得出建筑的倾斜量，倾斜量与建筑物高度的比值就是建筑物的倾斜度。建筑物主要边角的倾斜方向和倾斜度略有不同，可以同时标注在倾斜观测结果中，综合考虑建筑物的倾斜状态。

（5）主筋应力、轴力、孔隙水压力、土压力监测

采用振弦式频率测定仪进行主筋应力、轴力、孔隙水压力、土压力的应力数据观测。仪器型号为 SDP-Z 振弦频率测定仪。在监测元件布设完毕以后，立即测试，读取钢筋计的频率读数，记录作为初始数据。初始数据最少测试 3 次，取稳定读数作为初始值。通过相应的公式计算出测试元件的受力状况，监测精度 ≤1/100（F·S）。

（6）水位监测

采用钢尺水位计进行观测。将水位计探头缓慢放入水位管，当探头接触到水位时，启动讯响器，此时，读取测量钢尺与管顶的距离，根据管顶高程即可计算地下水位的高程。监测精度 ≤5mm。

（7）基坑边坡分层沉降监测

采用分层沉降仪进行分层沉降观测。在基坑开挖前，至少进行 2 次观测，以确定监测初始值。测试时将分层沉降仪探头缓慢放入倾斜管内，当探头经过沉降磁环时，仪器发出鸣声，此时记录分层沉降仪导线尺上的读数，作为观测值。观测完毕后，记录观测时天气和工况，然后将倾斜管的管口密封好，防止泥沙等杂物进入。监测精度 ≤2mm。

（8）基坑底部回弹监测

在基坑开挖前，对回弹观测点进行高程观测，仪器使用 S05 水准仪，观测精度采用三等

水准进行观测。基坑开挖后，根据基坑开挖的深度，每开挖2m后，卸下一根杆件，继续观测回弹点的高程，比较前次高程，得出基坑底部沉降变化。

（9）裂缝监测

在基坑开挖前做好裂缝调查，并做好记录和观测标识。基坑开挖后，除了对已有的裂缝进行观测外，还要重点检查有可能出现裂缝的部位，及时发现新的裂缝，并做好记录和观测标识跟踪观测。裂缝观测采用精密钢尺，在裂缝标示上直接丈量，当裂缝两端的标示距离增大时，裂缝的变化值就可以计算出来。观测精度为1mm。

（10）基点联测

位移监测基点采用导线测量方法，按一级测量的精度施测，其观测点坐标中误差≤1mm。沉降监测基点按二级水准要求施测，往返较差或环闭合差≤$1.0\sqrt{n}$。

（四）监测程序

工程监控量测是施工组织的一部分，属动态管理范畴，包括了预测、监控和反馈等几个主要阶段，见图1-20"监测工作流程图"。

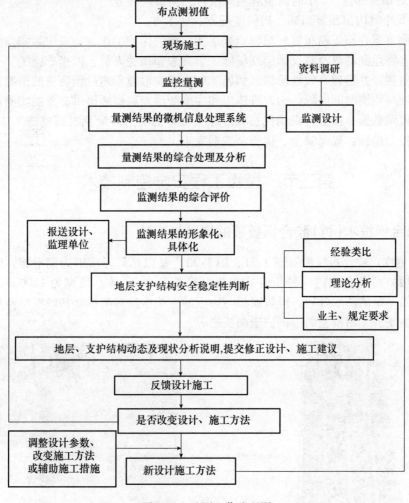

图1-20　监测工作流程图

（五）监测数据分析、预测与险情报告

1. 监测工作应分阶段、分工序对量测结果进行总结和分析

（1）数据处理

用频率分布的形式把原始数据分布情况显示出来，计算数据的数值特征值，舍掉离群数据。

（2）曲线拟合

根据常规寻找一种能较好反映数据变化规律和趋势的函数表达式，进行曲线拟合，可对下一阶段的监测数据进行预测。

2. 险情预报

各监测项目达到预警值时，首先应复测，以确保监测数据的正确性；其次应与附近其他项目监测及基坑的施工情况进行对比分析，证实确为达到预警值时，方可预警。监测项目达到预警值时，应加密观测。

预警步骤为：

（1）监测数据经过复测超过预警值时，立刻口头通知监理方。

（2）针对预警部位，2 小时内整理监测报告，提供监理方。

（3）在 6 小时内出预警通知，提供监理方、业主方。

根据监测方案在施工前布置好监测点并落实监测的保护工作，按规定频率监测。建立信息反馈制度，将监测信息及时反馈给现场施工负责人和相关人员，以指导施工。必须紧跟每步工况进行监测，并迅速有效地反馈。如施工中出现变形速率超过预警值的情况，应进一步加强监测，缩短监测时间间隔，为改进施工和实施变形控制措施提供必要的实测数据。及时整理、分析监测数据。按业主现场代表和监理工程师批准的对策及时调整施工工序、工艺，或实施变形控制措施，确保安全、优质、按期完工。

第二节 模板工程安全控制技术

一、组合钢框木(竹)胶合板模板的安装与拆除

钢框木（竹）胶合板模板（图 1-21、图 1-22）是以热轧异型钢为钢框架，以木、竹胶合板等做面板，而组合成的一种组合式模板。最长为 2400mm，最宽为 1200mm。制作时，面板表面应做一定的防水处理，模板面板与边框的连接构造有明框型和暗框型两种。明框型的框边与面板平齐，暗框型的边框位于面板之下。

图 1-21 钢框木模板

图 1-22 钢框覆塑竹胶合模板

（一）施工准备

1. 钢框木（竹）胶合板块规格

长度为（mm）900、1200、1500、1800 和 2400；宽度为（mm）300、450、600 和 750。宽度为（mm）100、150 和 200 的窄条，配以组合钢模板。

2. 定型钢角模

阴角模（mm）150×150×900（1200、1500、1800）；阳角模（mm）150×150×900（1200、1500、1800）；可调阴角模（mm）250×250×900（1200、1500、1800）及可调 T 型调节模板、L 型可调模板和连接角模等。

3. 连接附件

U 形卡（图 1-23）、扣件、紧固螺栓、钩头螺栓（图 1-24）、L 形插销、穿墙螺栓、防水穿墙对拉螺栓（图 1-25）、柱模定型箍。

图 1-23　U 形卡　　　　　　图 1-24　钩头螺栓　　　　　　图 1-25　对拉螺栓

4. 支撑系统

定型空腔龙骨（桁架梁）、碗扣立杆、横杆、斜杆、双可调早拆翼托、单可调早拆翼托、立杆垫座、立杆可调底座、模板侧向支腿、木方。

5. 脱模剂

水质隔离剂。

6. 工具

铁木榔头、活动（套口）板子、水平尺、钢卷尺、托线板、轻便爬梯、脚手板、吊车等。

（二）作业条件

1. 模板设计

（1）确定所建工程的施工区、段的划分

根据工程结构的形式、特点及现场条件，合理确定模板工程施工的流水区段，以减少模板投入，增加周转次数，均衡工序工程（钢筋、模板、混凝土工序）的作业量。

（2）确定结构模板平面施工总图

在总图中标示出各种构件的型号、位置、数量、尺寸、标高及相同或略加拼补即相同的构件的替代关系并编号，以减少配板的种类、数量，并明确模板的替代流向与位置。

（3）确定模板配板平面布置及支撑布置

根据总图，对梁、板、柱等尺寸及编号设计出配板图，应标示出不同型号、尺寸单块模板平面布置，纵横龙骨规格、数量及排列尺寸；柱箍选用的形式及间距；支撑系统的竖向支撑、侧向支撑、横向拉接件的型号、间距。预制拼装时，还应绘制标示出组装定型的尺寸及其与周边的关系。

2. 绘图与验算

在进行模板配板布置及支撑系统布置的基础上，要严格对其强度、刚度及稳定性进行验算，合格后要绘制全套模板设计图，其中包括：模板平面布置配板图、分块图、组装图、节点大样图、零件及非定型拼接件加工图。

3. 轴线、模板线（或模边借线）放线完毕

水平控制标高引测到预留插筋或其他过渡引测点，并办好预检手续。

4. 涂缝

模板承垫底部，沿模板内边线用1:3水泥砂浆，根据给定标高线准确找平。外墙、外柱的外边根部，根据标高线设置模板承垫木方，与找平砂浆上平交圈，以保证标高准确和不漏浆。

5. 设置模板（保护层）定位基准

即在墙、柱主筋上距地面5~8cm处，根据模板线，按保护层厚度焊接水平支杆，以防模板发生水平位移。

6. 柱子、墙、梁模板钢筋绑扎完毕

水电管线、预留洞、预埋件已安装完毕，绑好钢筋保护层垫块，并办完隐预检手续。

7. 预组拼装模板

（1）拼装模板的场地应夯实平整，条件允许时应设拼装操作平台。

（2）按模板设计配板图进行拼装，所有卡件连接件应有效固紧。

（3）柱子、墙体模板在拼装时，应预留清扫口、振捣口。

（4）组装完毕的模板，要按图纸要求检查其对角线、平整度、外形尺寸及紧固件数量是否有效、牢靠，并涂刷脱模剂，分规格放置。

（三）模板安装施工工艺

1. 柱模板安装工艺（图1-26）

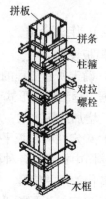

图1-26 柱模板

（1）单块就位组拼工艺流程

搭设安装架子→第一层模板安装就位→检查对角线、垂直和位置→安装柱箍第二、三等层柱模板及柱箍安装→安有梁口的柱模板→全面检查校正→群体固定

（2）单块安装柱模板施工要点

1）先将柱子第一层四面模板就位组拼好，每面带一阴角模或连接角模，用 U 形卡反正交替连接。

2）使模板四面按给定柱截面线就位，并使之垂直，对角线相等。

3）用定型柱套箍固定，楔板到位，销铁插牢。

4）以第一层楼板为基准，以同样方法组拼第二、三层，直至到带梁口柱模板。用 U 形卡对竖向、水平接缝反正交替连接。在适当高度进行支撑和拉结，以防倾倒。

5）对模板的轴线位移、垂直偏差、对角线及扭向等全面校正，并安装定型斜撑，或将一般拉杆和斜撑固定在预先埋在楼板中的钢筋环上，每面设两个拉（支）杆，与地面呈 45°。

以上述方法安装一定流水段的模板。检查安装质量，最后进行群体的水平拉（支）杆及剪刀支杆的固定。

6）将柱根模板内清理干净，封闭清理口。

（3）单片预组拼柱模板工艺流程

单片预组拼柱组拼→第一片柱模就位→第二片柱模就位用角模连接→安装第三、四片柱模→检查柱模对角线及位移并纠正→自下而上安装柱箍并做斜撑→全面检查安装质量→群体柱模固定

（4）单片组拼模板安装施工要点

1）单片模板，一柱四片，每片带一角模。组拼时相邻两块板的每一孔都要用 U 形卡卡紧。大截面柱模设圆型龙骨时，用钩头螺栓外垫碟形扣件与平板边肋孔卡紧。设空腹方钢龙骨时，用定型钢卡与平面板边肋长孔卡紧。模板组拼要按图留设清扫口，组装完毕要检查模板的对角线、平整度和外形尺寸，并编号、涂刷脱模剂、分规格堆放。

2）吊装就位第一片模板，并设临时支撑或用铅丝与柱主筋绑扎临时固定。

3）随即吊装第二片柱模，用阴角模（或连接角模）与第一块柱模连接呈 L 形，并用 U 形卡卡紧模板边肋与角模一翼，做好支撑或固定。

4）如上述完成第三、四片柱模的吊装就位与连接，使之呈方桶型。

5）自下而上安装柱套箍，校正柱模轴线位移、垂直偏差、截面、对角线，并做支撑。

6）以上述方法安装一定流水段柱模后，全面检查安装质量后，并做群体的水平拉（支）杆及剪力支杆的固定。

（5）整体预组拼柱模板安装工艺流程

组拼整体柱模板并检查→吊装就位→安装支撑→全面质量检查→柱模群体固定

（6）整体预组拼柱模板安装施工要点

1）吊装前，先检查整体预组拼的柱模板上下口的截面尺寸、对角线偏差，连接件、卡件、柱箍的数量及紧固程度。检查柱筋是否妨碍柱模的套装，并用铅丝将柱顶筋先绑拢在一起，以利柱模从顶部套入。

2）当整体柱模安装于基准面上，模板下口服线后，用四根斜撑或带有花篮螺栓的缆风

绳与柱顶四角连接，另一端锚于地面，校正其中心线、柱边线、柱模桶体扭向及垂直后，支撑固定。当柱高超过 6m 时，不宜单根支撑，宜几根柱同时支撑连成构架。

3）梁柱模板分两次支设时，最上一层模板应保留不拆，以利于二次支梁柱模板的连接，与接槎通顺。

2. 墙模板（图 1-27）安装工艺

图 1-27　墙体模板

（1）墙模板单块就位组拼安装工艺流程

组装前检查→安装门窗口模板→安装第一步模板（两侧）→安装内钢楞→调整模板平直→安装第二步至顶部两侧模板→安装内钢楞调平直→安装穿墙螺栓→安装外钢楞→加斜撑并调模板平直→与柱、墙、楼板模板连接

（2）墙模板单块就位组拼安装施工要点

1）在安装模板前，按位置线安装门窗洞口模板，与墙体钢筋固定，并安装好预埋件或木砖等。

2）墙两侧模板宜同时安装。第一步模板边安装锁定边插入穿墙或对拉螺栓和套管，并将两侧模对准墙线使之稳定，然后用钢卡或碟形扣件与钩头螺栓固定于模板边肋上，调整两侧模的平直。

3）用同样方法安装其他若干步模板直到墙的顶部，在内钢楞外侧安装外钢楞，并将其用方钢卡或碟形扣件与钩头螺栓和内钢楞固定，穿墙螺栓由内外钢楞中间插入，用螺母将碟形扣件拧紧，使两侧模板成为一体。安装斜撑，调整模板垂直，合格后与墙、柱、楼板模板连接。

4）钩头螺栓、穿墙螺栓、对接螺栓等连接件都要连接牢靠，松紧力度一致。

（3）预拼装墙模板工艺流程

安装前检查→安装门窗口模板→一侧墙模吊装就位→安装斜撑→插入穿墙螺栓及塑料套

管→清扫墙内杂物→安装就位另一侧墙模板→安装斜撑→穿墙螺栓穿过另一侧墙模→调整模板位置→紧固穿墙螺栓→斜撑固定→与相邻模板连接

（4）预拼装墙模板安装施工要点

1）检查墙模板安装位置的定位基准面墙线及墙模板编号，符合图纸后安装门窗口等模板及预埋件或木砖。

2）将一侧预拼装墙模板按位置线吊装就位，安装斜撑或将工具型斜撑调整至模板与地面呈75°，使其稳定坐落于基准面上。

3）安装穿墙或对拉螺栓和支固塑料套管。要使螺栓杆端向上，套管套于螺杆上，清除模内杂物。

4）以同样方法就位另一侧墙模板，使穿墙螺栓穿过模板并在螺栓杆端戴上扣件和螺母，然后调整两块模板的位置和垂直，与此同时调整斜撑角度，合格后固定斜撑，紧固全部穿墙螺栓的螺母。

5）模板安装完毕后，全面检查扣件、螺栓、斜撑是否紧固、稳定，模板拼缝及下口是否严密。

3. 梁模板安装（图1-28）工艺

图1-28　梁模板的支设

（1）梁模板单块就位安装工艺流程

弹出梁轴线及水平线并复核→搭设梁模支架→安装梁底楞或梁卡具→安装梁底模板→梁底起拱→绑扎钢筋→安装侧梁模→安装另一侧梁模→安装上下锁口楞、斜撑楞及腰楞和对拉螺栓→复核梁模尺寸、位置→与相邻模板连固

31

（2）梁模板单块就位安装施工要点

1）在柱子混凝土上弹出梁的轴线及水平线（梁底标高引测用），供复核。

2）安装梁模支架之前，首层为土壤地面时应平整夯实，无论首层是土壤地面或楼板地面，在专用支柱下脚要铺设通长脚手板，并且楼层间的上下支座应在一条直线上。支柱一般采用双排（设计定），间距以 60～100cm 为宜。支柱上连固 10cm×10cm 木楞（或定型钢楞）或梁卡具。支柱中间和下方加横杆或斜杆，立杆加可调底座。

3）在支柱上调整预留梁底模板的厚度，符合设计要求后，拉线安装梁底模板并找直，底模上应拼上连接角模。

4）在底模上绑扎钢筋，经验收合格后，清除杂物，安装梁侧模板，将两侧模板与底板连接角模用 U 形卡连接。用梁卡具或安装上下锁口楞及外竖楞，附以斜撑，其间距一般宜为 75cm。当梁高超过 60cm 时，需加腰楞，并穿对拉螺栓（或穿墙螺栓）加固。侧梁模上口要拉线找直，用定型夹子固定。

5）复核检查梁模尺寸，与相邻梁柱模板连接固定。有楼板模板时，在梁上连接阴角模，与板模拼接固定。

（3）梁模板单片预组合模板安装工艺流程

弹出梁轴线及水平线并做复核→搭设梁模支架→预组拼模板检查→底模吊装就位安装起拱→侧模安装→安装侧向支撑或梁夹固定→检查梁口平直模板尺寸→卡梁口卡→与相邻模板连固

（4）梁模板单片预组合模板安装施工要点

1）检查预组拼模板的尺寸、对角线、平整度、钢楞的连接、吊点的位置及梁的轴线及标高，符合设计要求后，先把梁底模吊装就位于支架上，与支架连固并起拱。

2）分别吊装梁两侧模板，与底模连接。

3）安装侧支撑固定，检查梁模位置、尺寸无误后，再将钢筋骨架吊装就位，或在梁模上绑扎入模就位。

4）卡上梁上口卡，与相邻模板连固。其操作细节要点同单块就位安装工艺。

（5）梁模整体预组合模板安装工艺流程

弹出梁轴线及水平线并做复核→搭设梁模支架→梁模整体吊装就位→梁模与支架连固→复核梁模位置尺寸→侧模斜撑固定→上梁目口

（6）梁模整体预组合模板安装施工要点

1）复核梁模标高及轴线，搭设双排梁模支架。

2）短向两支柱间安装木（钢）楞。

3）梁底模长向连固通长钢（木）楞，以增加底模整体性，便于吊装。

4）复核预组合梁模的尺寸。

5）连接件、钢楞及吊点位置，进行试吊。

6）吊运时，梁模上口加支撑，以增加整体刚度。

7）吊装就位，校正梁轴线、标高、梁模底两边长纵楞，与支架横楞固定。

8）梁侧模用斜撑固定。

4. 楼板模板安装（图1-29、图1-30）工艺

图1-29 用定型钢模板支设楼板模板

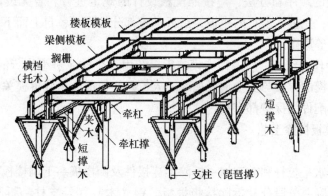

图1-30 楼板模板安装

（1）楼板模板单块就位安装工艺流程

搭设支架→安装横纵钢（木）楞→调整楼板下皮标高及起拱→铺设模板块→检查模板上皮标高、平整度

（2）楼板模板单块就位安装工艺施工要点

1）支架的支柱可用早拆翼托支柱从边跨一侧开始，依次逐排安装，同时安装钢（木）楞及横拉杆，其间距按模板设计的规定。一般情况下支柱间距为80～120cm，钢（木）楞间距为60～120cm，需要装双层钢（木）楞时，上层钢（木）楞间距一般为40～60cm。

2）支架搭设完毕后，要认真检查板下钢（木）楞与支柱连接及支架安装的牢固与稳定，根据给定的水平线，认真调节支模翼托的高度，将钢（木）楞找平。

3）铺设定型组合钢框竹（木）模板块：先用阴角模与墙模或梁模连接，然后向跨中铺设平模。相邻两块模板用U形卡满安连接。U形卡紧方向应反正相间，并用一定数量的钩

头螺栓（或按设计）与钢楞连接。亦可用 U 形卡预组拼单元片模再铺设，以减少仰面，在板面下作业。最后对于不够整模数的模板和窄条缝，采用拼缝模或木方嵌补，但拼缝应严密。

4）平模铺设完毕后，用靠尺、塞尺和水平仪检查平整度与楼板底标高，并进行校正。

（四）钢框木（竹）胶合板模板拆除施工工艺

1. 模板拆除的一般要点

（1）侧模拆除：在混凝土强度能保证其表面及棱角不因拆除模板而受损时，方可拆除。

（2）底模及冬季施工模板的拆除，必须执行《混凝土结构工程施工质量验收规范》（GB 50204）的有关条款。作业班组必须进行拆模申请，经技术部门批准后方可拆除。

（3）预应力混凝土结构构件模板的拆除，除执行《混凝土结构工程施工质量验收规范》（GB 50204）中的规定外，侧模应在预应力张拉前拆除；底模应在结构构件建立预应力后拆除。

（4）已拆除模板及支架的结构，在混凝土达到设计强度等级后方允许承受全部使用荷载；当施工荷载所产生的效应比使用荷载的效应更不利时，必须经核算，加设临时支撑。

2. 模板拆除的一般要点

（1）拆装模板的顺序和方法，应按照配板设计的规定进行。若无设计规定，应遵循先支后拆，后支先拆；先拆不承重的模板，后拆承重部分的模板；自上而下，支架先拆侧向支撑，后拆竖向支撑等原则。

（2）模板工程作业组织，应遵循支模与拆模统由一个作业班组执行的原则。其好处是，支模时就考虑到拆模的方便与安全，拆模时，人员熟知情况，易找拆模关键点位，对拆模进度、安全、模板及配件的保护都有利。

3. 楼板、梁模板拆除工艺

（1）工艺流程

拆除支架部分水平拉杆和剪刀撑→拆除梁连接件及侧模板→下调楼板模板支柱顶翼托螺旋 2～3m，使模下降→分段分片拆除楼板模板、钢（木）楞及支柱→拆除梁底模板及支撑系统。

（2）拆除工艺施工要点

1）拆除支架部分水平拉杆和剪刀撑，以便作业。而后拆除梁与楼板模板的连接角模及梁侧模板，以使两相邻模板断连。

2）下调支柱顶翼托螺杆后，先拆钩头螺栓，以使钢框竹编平模与钢楞脱开。然后拆下 U 形卡和 L 形插销，再用钢钎轻轻撬动钢框竹编模板，或用木锤轻击，拆下第一块，然后逐块逐段拆除。切不可用钢棍或铁锤猛击乱撬。每块竹编模板拆下时，或用人工托扶放于地上，或将支柱顶翼托螺杆再下调相等高度，在原有钢楞上适量搭设脚手板，以托住拆下的模板。严禁使拆下的模板自由坠落于地面。

3）拆除梁底模板的方法大致与楼板模板相同。但拆除跨度较大的梁底模板时，应从跨中开始下调支柱顶翼托螺杆，然后向两端逐根下调，再按《混凝土结构工程施工质量验收规范》（GB 50204）要求进行后续作业。拆除梁底模支柱时，亦从跨中向两端作业。

4. 柱子模板拆除工艺

（1）分散拆除工艺流程

拆除拉杆或斜撑→自上而下拆掉穿柱螺栓或柱箍→拆除竖楞，自上而下拆除钢框竹编模板→模板及配件运输维护

（2）分片拆模工艺流程

拆掉拉杆或斜撑→自上而下拆掉柱箍→拆掉柱连接角一侧 U 形卡，分二片或四片拆离→吊运片模板

（3）柱模拆除要点

1）分散拆除柱模时，应自上而下分层拆除。拆除第一层时，用木锤或带橡皮垫的锤向外侧轻击模板上口，使之松动，脱离柱混凝土。依次拆下一层模板时，要轻击模边肋，切不可用撬棍从柱角撬离。拆掉的模板及配件用滑板滑到地面或用绳子绑扎吊下。

2）分片拆除柱模板时，要从上口向外侧轻击和轻撬连接角模，使之松动。要适当加设临时支撑或在柱上口留一个松动穿墙螺栓，以防整片柱模倾倒伤人。

5. 墙模拆除工艺

（1）墙模分散拆除工艺流程

拆除斜撑→自上而下拆掉穿墙螺栓及外楞→分层自上而下拆除内楞及竹编模板→模板及配件运输及维护

（2）墙模整体拆除工艺流程

拆除穿墙螺栓→调节三角斜支腿丝杠使底脚离开地面→拆除组拼大模板端接缝处连接窄条模板→敲击组拼大模立楞上端，使之脱离墙体→用撬棍撬组拼大模底边肋，使之全部脱离墙体→吊运组拼大模

（3）墙模拆除工艺施工要点

1）分散拆除墙模的施工要点与柱模分散拆除相同。只是在拆各层单块模板时，先拆墙两端接缝窄条模板，然后再向墙中心方向逐块拆除。

2）整拆墙体组拼大模板，在调节三角斜支腿丝杠使地脚离地时，以模板脱离墙体后与地面呈 75°为宜。无工具型斜支腿时，拆掉斜撑后，拆除穿墙螺栓时，要留下最上排和中排的部分螺栓，使之松开但不退掉螺母和扣件，以防在模板撬离时倾倒。

（五）钢框木（竹）胶合板安装质量标准

1. 保证项目

模板及其支架必须具有足够的强度、刚度和稳定性；其支承部分应有足够的支承面积。如安装在基土上，基土必须坚实，并有排水措施。对湿陷性黄土，必须有防水措施；对冻胀土，必须有防冻融措施。

检查方法：对照模板设计，现场观察或尺量检查。

2. 基本项目

（1）接缝宽度不得大于 1.5mm。

检查方法：观察和用楔形塞尺检查。

（2）模板表面清理干净，并采取防止粘结措施。模板上粘浆和满刷隔离剂的累计面积，墙板应不大于 $1000cm^2$；柱、梁应不大于 $400cm^2$。

检查方法：观察和用尺量计算统计。

3. 允许偏差项目，见表 1-11。

表 1-11　允许偏差（mm）

项目	单层、多层	高层框架	多层大模	高层大模	检查方法
墙、梁、柱轴线位移	5	3	5	3	尺量检查
标高	±5	+2　−5	±5	±5	用水准仪或拉线和尺量检查
墙、柱、梁截面尺寸	+4　−5	+2　−5	±2	±2	尺量检查
每层垂直度	3	3	3	3	用2m托线板检查
相邻两板表面高低差	2	2	2	2	用直尺和尺量检查
表面平整度	5	5	2	2	用2m靠尺和塞尺检查
预埋钢板中心线位移	3	3	3	3	
埋管预留孔中心线位移	3	3	3	3	拉线和尺量检查
外露长度	+10　0	+10　0	+10　0	+10　0	
截面内部尺寸	+10　0	+10　0	+10　0	+10　0	

（六）成品保护

1. 预组拼的模板要有存放场地，场地要平整夯实。模板平放时，要有木方垫架。立放时，要搭设分类模板架，模板触地处要垫木方，以保证模板不扭曲不变形。不可乱堆乱放或在组拼的模板上堆放分散模板和配件。

2. 工作面已安装完毕的墙、柱模板，不准在吊运其他模板时碰撞，不准在预拼装模板就位前作为临时倚靠，以防止模板变形或产生垂直偏差。工作面已安装完毕的平面模板，不可做临时堆料和作业平台，以保证支架的稳定，防止平面模板标高和平整度产生偏差。

3. 拆除模板时，不得用大锤、撬棍硬碰猛撬，以免混凝土的外形和内部受到损伤。

（七）应注意的质量与安全问题

1. 梁、板模板

（1）现象：

1）梁、板底不平、下挠。

2）梁侧模板不平直。

3）梁上下口涨模。

（2）防治方法：

1）梁、板底模板的龙骨、支柱的截面尺寸及间距应通过设计计算决定，使模板的支撑系统有足够的强度和刚度。

2）作业中应认真执行设计要求，以防混凝土浇筑时模板变形。

3）模板支柱应立在垫有通长木板的坚实的地面上，防止支柱下沉，使梁、板产生下挠。

4）梁、板模板应按设计或规定起拱。

5）梁模板上下口应设销口楞，再进行侧向支撑，以保证上下口模板不变形。

2. 柱模板

（1）现象：涨模、断面尺寸不准。

防治方法：根据柱高和断面尺寸设计核算柱箍自身的截面尺寸和间距，以及对大断面柱使用穿柱螺栓和竖向钢楞，以保证柱模的强度、刚度足以抵抗混凝土的侧压力。施工应认真按设计要求作业。

（2）现象：柱身扭向。

防治方法：支模前先校正柱筋，使其首先不扭向。安装斜撑（或拉锚），吊线找垂直时，相邻两片柱模从上端每面吊两点，使线坠到地面，线坠所示两点到柱位置线距离均相等，即使柱模不扭向。

（3）现象：轴线位移，一排柱不在同一直线上。

防治方法：成排的柱子，支模前要在地面上弹出柱轴线及轴边通线，然后分别弹出每柱的另一方向轴线，再确定柱的另两条边线。支模时，先立两端柱模，校正垂直与位置无误后，柱模须拉通线，再支中间各柱模板。柱距不大时，通排支设水平拉杆及剪刀撑；柱距较大时，每柱分别四面支撑，保证每柱垂直和位置正确。

3. 墙模板

（1）现象：墙体厚薄不一，平整度差。

防治方法：模板设计应有足够的强度和刚度，龙骨的尺寸和间距、穿墙螺栓间距、墙体的支撑方法等在作业中要认真执行。

（2）现象：墙体烂根，模板接缝处跑浆

防治方法：模板根部砂浆找平塞严，模板间卡固措施牢靠。

（3）现象：门窗洞口混凝土变形

产生原因：门窗模板与墙模或墙体钢筋固定不牢，门窗模板内支撑不足或失效。

4. 加强管理

钢框木竹胶合板模板在使用过程中应加强管理。支、拆模及运输时，应轻搬轻放；若发现钢框和加劲肋有损坏变形，应及时修理；模板分类分规格码放，对钢框、钢肋要定期涂刷防锈漆；对木竹胶合板的侧面、切割面、孔壁，应用封边漆封闭。

（八）质量记录

1. 模板工程技术交底记录。

2. 模板工程预检记录。

3. 模板工程质量评定。

二、组合钢模板安装

（一）组合钢模板配板原则

1. 要保证构件的形状尺寸及相互位置的正确。

2. 要使模板具有足够的强度、刚度和稳定性，能够承受新浇混凝土的质量和侧压力，以及各种施工荷载。

3. 力求构造简单，装拆方便，不妨碍钢筋绑扎，保证混凝土浇筑时不漏浆。

4. 配制的模板，应优先选择通用、大块模板，使其种类和块数量少，木模镶拼量最少。设置对拉螺栓的模板，为了减少钢模板的钻孔损耗，可在螺栓部位改用55mm×100mm刨光方木代替。

5. 模板长向拼接宜采用错开布置，以增加模板的整体刚度。

6. 模板的支承系统应根据模板的荷载和部件的刚度进行布置。

（1）内钢楞应与钢模板的长度方向垂直，直接承受钢模板传来的荷载；外钢楞应与内钢楞互相垂直，承受内钢楞传来的荷载，用以加强钢模板结构的整体刚度，其规格不得小于内钢楞。

（2）内钢楞悬挑长度不宜大于400mm，支柱应着力在外钢楞上。

（3）一般柱、梁模板，宜采用柱箍和梁卡具作支件；断面较大的柱、梁，宜用对拉螺栓和钢楞。

（4）模板端缝齐平布置时，一般每块钢模板应有两处钢楞支承；错开布置时，其间距可不受端缝位置的限制。

（5）在同一工程中可多次使用的预组装模板，宜采用模板与支承系统连成整体的模架。

（6）支承系统应经过设计计算，保证具有足够的强度和稳定性。当支柱或其节间的长细比大于110时，应按临界荷载进行核算，安全系数可取3～3.5。

（7）对于连续形式或排架形式的支柱，应适当配置水平撑与剪刀撑，以保证其稳定性。

7. 模板的配板设计应绘制配板图，标出钢模板的位置、规格型号和数量。预组装大模板，应标绘出其分界线。预埋体和预留孔洞的位置，应在配板图上标明，并注明固定方法。

（二）模板安装前的准备工作

1. 模板安装前由项目技术负责人向作业班组长做书面安全技术交底，再由作业班组长向操作人员进行安全技术交底和安全教育，有关施工及操作人员应熟悉施工图及模板工程的施工设计。

2. 施工现场设可靠的能满足模板安装和检查需用的测量控制点。

3. 现场使用的模板及配件应按规格和数量逐项清点和检查，未经修复的部件不得使用。

4. 钢模板安装前应涂刷脱膜剂。

5. 梁和楼板模板的支柱支设在土壤地面时，应将地面事先整平夯实，并准备柱底垫板。

6. 竖向模板的安装底面应平整坚实，并采取可靠的定位措施。

（三）模板的运输、维修与保管

1. 钢模板运输时，不同规格的模板不得混装，并必须采取有效措施，防止模板滑动。

2. 钢模板和配件拆除后，应及时清除粘结的灰浆，对变形及损坏的钢模板及配件应及时修理校正，并宜采用机械整形和清理。

3. 对暂不使用的钢模板，板面应涂刷脱模剂或防锈油，背面油漆脱落处，应补涂防锈漆，并按规格分类堆放。

4. 钢模板宜放在室内或敞棚内，模板的底面应垫离地面100mm以上，露天堆放时，地面应平整、坚实，高度不超过2m。

5. 操作人员需经过环境保护教育，并按操作要求进行操作。

6. 模板支拆及维修时应轻拿轻放，清理与修复时禁止用大锤敲打，防止噪声扰民。

（四）模板工程施工质量及验收要求

1. 基本规定

（1）模板及其支架应根据工程结构形式、荷载大小、地基土类别、施工设备和材料供应等条件进行设计。模板及其支架应具有足够的承载能力、刚度和稳定性，能可靠地承受浇筑混凝土的质量、侧压力以及施工荷载。

（2）在浇筑混凝土之前，应对模板工程进行验收。

安装模板和浇筑混凝土时，应对模板及其支架进行观察和维护。发生异常情况时，应按施工技术方案及时进行处理。

（3）拆除模板及其支架的顺序及安全措施应按施工技术方案执行。

2. 模板安装

（1）主控项目

1）安装现浇结构的上层模板及其支架时，下层楼板应具有承受上层荷载的承载能力，或加设支架；上、下层支架的立柱应对准，并铺设垫板。

检查数量：全数检查。

检验方法：对照模板设计文件和施工技术方案观察。

2）在涂刷模板隔离剂时，不得沾污钢筋和混凝土接茬处。

检查数量：全数检查。

检验方法：观察。

（2）一般项目

1）模板安装的要求。

①模板的接缝不应漏浆；在浇筑混凝土前，木模板应浇水湿润，但模板内不应有积水。

②模板与混凝土的接触面应清理干净并涂刷隔离剂，但不得采用影响结构性能或妨碍装饰工程施工的隔离剂。

③浇筑混凝土前，模板内的杂物应清理干净。

④对清水混凝土工程及装饰混凝土工程，应使用能达到设计效果的模板。

检查数量：全数检查。

检验方法：观察。

2）用作模板的地坪、胎模等应平整光洁，不得产生影响构件质量的下沉、裂缝、起砂或起鼓。

检查数量：全数检查。

检验方法：观察。

3）对跨度不小于4m的现浇钢筋混凝土梁、板，其模板应按设计要求起拱；当设计无具体要求时，起拱高度宜为跨度的1/1000～3/1000。

检查数量：在同一检验批内，对梁，应抽查构件数量的10%，且不少于3件；对板，应按有代表性的自然间抽查10%，且不少于3间；对大空间结构，板可按纵、横轴线划分检查面，抽查10%，且不少于3面。

检验方法：水准仪或拉线、钢尺检查。

4）固定在模板上的预埋件、预留孔和预留洞均不得遗漏，且应安装牢固，其偏差应符合表 1-12 的规定。

表 1-12 预埋件和预留孔洞的允许偏差

项目		允许偏差（mm）
预埋钢板中心线位置		3
预埋管、预留孔中心线位置		3
插筋	中心线位置	5
	外露长度	+10，0
预埋螺栓	中心线位置	2
	外露长度	+10，0
预留洞	中心线位置	10
	尺寸	+10，0

注：检查中心线位置时，应沿纵、横两个方向量测，并取其中的较大值。

检查数量：在同一检验批内，对梁、柱和独立基础，应抽查构件数量的 10%，且不少于 3 件；对墙和板，应按有代表性的自然间抽查 10%，且不少于 3 间；对大空间结构，墙可按相邻轴线间高度 5m 左右划分检查面，板可按纵横轴线划分检查面，抽查 10%，且均不少于 3 面。

检验方法：钢尺检查。

5）现浇结构模板安装的偏差应符合表 1-13 的规定。

表 1-13 现浇结构模板安装的允许偏差及检验方法

项目		允许偏差（mm）	检验方法
轴线位置		5	钢尺检查
底模上表面标高		±5	水准仪或拉线、钢尺检查
截面内部尺寸	基础	±10	钢尺检查
	柱、墙、梁	+4，−5	钢尺检查
层高垂直度	不大于 5m	6	经纬仪或吊线、钢尺检查
	大于 5m	8	经纬仪或吊线、钢尺检查
相邻两板表面高低差		2	钢尺检查
表面平整度		5	2m 靠尺和塞尺检查

注：检查轴线位置时，应沿纵、横两个方向量测，并取其中的较大值。

检查数量：在同一检验批内，对梁、柱和独立基础，应抽查构件数量的 10%，且不少于 3 件；对墙和板，应按有代表性的自然间抽查 10%，且不少于 3 间；对大空间结构，墙可按相邻轴线间高度 5m 左右划分检查面，板可按纵、横轴线划分检查面，抽查 10%，且均不少于 3 面。

6）预制构件模板安装的偏差应符合表 1-14 的规定。

检查数量：首次使用及大修后的模板应全数检查；使用中的模板应定期检查，并根据使用情况不定期抽查。

表 1-14　预制构件模板安装的允许偏差及检验方法

项目		允许偏差（mm）	检验方法
长度	板、梁	±5	钢尺量两角边，取其中较大值
	薄腹梁、桁架	±10	
	柱	0，−10	
	墙板	0，−5	
宽度	板、墙板	0，−5	钢尺量一端及中部，取其中较大值
	梁、薄腹梁、桁架、柱	+2，−5	
高（厚）度	板	+2，−3	钢尺量一端及中部，取其中较大值
	墙板	0，−5	
	梁、薄腹板、桁架、柱	+2，−5	
侧向弯曲	梁、板、柱	$l/1000$ 且 $\leqslant 15$	拉线、钢尺量最大弯曲处
	墙板、薄腹梁、桁架	$l/1500$ 且 $\leqslant 15$	
	板的表面平整度	3	2m 靠尺和塞尺检查
	相邻两板表面高低差	1	钢尺检查
对角线差	板	7	钢尺量两个对角线
	墙板	5	
翘曲	板、墙板	$l/1500$	调平尺在两端量测
设计起拱	薄腹梁、桁架梁	±3	拉线、钢尺量跨中

注：1 为构件长度（mm）。

（五）模板安装安全技术措施

1. 模板的安装必须按模板的施工设计进行，严禁任意变动。

2. 配件必须装插牢固，支柱和斜撑下的支承面应平整垫实，并有足够的受力面积。支撑件应着力于外钢楞，预埋件与预留孔洞必须位置准确，安设牢固。基础模板必须支拉牢固，防止变形，侧模斜撑的底部应加设垫木。墙和柱子模板的底面应找平，下端应与事先做好的定位基准靠紧垫平，在墙、柱上继续安装模板时，模板应有可靠的支撑点，其平直度应进行校正。

3. 只有当下层楼板结构的强度达到能承受上层模板、支撑和新浇筑混凝土的重量时，方可安装模板，否则下层楼板结构的支撑系统不能拆除，同时上下支柱应在同一垂直线上。

4. 安装模板必须按模板的施工设计进度，严禁任意变动。

5. 模板及其支撑系统在安装过程中，必须设置临时固定设施，严防倾覆。

6. 支柱全部安装完毕后，应及时沿横向和纵向加设水平撑和垂直剪刀撑，并与支柱固定牢靠，水平撑设上、下两道，两道水平撑之间，在纵横向加设剪刀撑。

7. 支架立杆竖直设置，下部严禁垫砖及其他易碎物，2m 高度的垂直允许偏差为 15mm。

8. 当梁模板支架立杆采用单根立杆时，立杆应设在梁模板中心线处，其偏心距不大于 25mm。

9. 满堂模板四边与中间每隔四排支架立杆设置一道纵向剪刀撑，由底至顶连续设置。

10. 支模应按施工工序进行，模板没有固定前，不得进行下道工序。

11. 支设立柱模板和梁模板时，必须搭设施工层。脚手板铺严，外侧设防护栏杆，不准站在柱模板上操作和在梁模板上行走，更不允许利用拉杆支撑攀登上下。

12. 墙模板在未装对接螺栓前，板面要向后倾斜一定角度并撑牢，以防倒塌。安装过程中要随时拆换支撑或增加支撑，以保持墙模处于稳定状态。

13. 安装墙模板时，从内、外墙角开始，向相互垂直的两个方向拼装，连接模板的 U 形齿要正反交替安装，同一道墙的两侧模板要同时组合，以确保模板安装时的稳定。

14. 楼板模板的安装就位，要在支架搭设稳固、板下横楞与支架连接牢固后进行。

15. 遇五级以上大风时，必须停止模板的安装工作。

16. 模板安装完毕，必须进行检查验收后，方可浇筑混凝土，验收单内容要量化。

（六）模板拆除

1. 主控项目

（1）底模及其支架拆除时的混凝土强度应符合设计要求；当设计无具体要求时，混凝土强度应符合表 1-15 的规定。

检查数量：全数检查。

检验方法：检查同条件养护试件强度试验报告。

表 1-15　底模拆除时的混凝土强度要求

构件类型	构件跨度（m）	达到设计的混凝土立方体抗压强度标准值的百分率（%）
板	≤2	≥50
	>2，≤8	≥75
	>8	≥100
梁、拱、壳	≤8	≥75
	>8	≥100
悬臂构件	—	≥100

（2）对后张法预应力混凝土结构构件，侧模宜在预应力张拉前拆除；底模支架的拆除应按施工技术方案执行。当无具体要求时，不应在结构构件建立预应力前拆除。

检查数量：全数检查。

检验方法：观察。

（3）后浇带模板的拆除和支顶应按施工技术方案执行。

检查数量：全数检查。

检验方法：观察。

2. 一般项目

（1）侧模拆除时的混凝土强度应能保证其表面及棱角不受损伤。

检查数量：全数检查。

检验方法：观察。

（2）模板拆除时，不应对楼层形成冲击荷载。拆除的模板和支架宜分散堆放并及时清运。

检查数量：全数检查。

检验方法：观察。

3. 模板拆除安全技术措施

（1）模板拆除前必须确认混凝土强度达到规定，并经拆模申请批准后方可进行，要有混凝土强度报告混凝土强度未达到规定前，严禁提前拆模。

（2）模板拆除前应向操作班组进行安全技术交底，在作业范围设安全警戒线并悬挂警示牌，拆除时派专人（监护人）看守。

（3）模板拆除的顺序和方法：按先支的后拆，后支的先拆，先拆不承重部分，后拆承重部分，自上而下的原则进行。

（4）在拆模板时，要有专人指挥并采取切实的安全措施，在相应的部位设置工作区，严禁非操作人员进入作业区。

（5）工作前要事先检查所使用的工具是否牢固，扳手等工具必须用绳链系挂在身上，工作时思想要集中，防止钉子扎脚和从空中滑落。

（6）遇六级以上大风时，要暂停室外的高处作业，有雨、雪、霜时要先清扫施工现场，不滑时再进行作业。

（7）拆除模板要用长撬杠，严禁操作人员站在正拆除的模板上。

（8）在楼层临边、楼梯楼板有预留洞时，要在模板拆除后，随时在相应的部位做好安全防护栏杆，或将板的洞盖严。

（9）拆模间隙时，要将已活动的模板、拉杆、支撑等固定牢固，严防突然掉落，倒塌伤人。

（10）拆除基础及地下室模板时，要先检查基模、土壁的情况，发现有松软、龟裂等不安全因素时，必须在采取措施后，方可下人作业。拆下的模板和支撑件不得在离槽上1m以内处堆放，并随拆随运。

（11）拆除板、梁、柱、墙模板时要注意：

1）在拆除高度2m以上模板时，要搭脚手架或操作平台，脚手板铺严，并设防护栏杆。

2）严禁在同一垂直面上操作。

3）拆除时要逐块拆卸，不得成片松动和撬落、拉倒。

4）拆除梁阳台楼层板的底模时，要设临时支撑，防止大片模板坠落。

5）严禁站在悬臂结构、阳台上面敲拆底模。

（12）每人要有足够的工作面，数人同时操作时要明确分工，统一信号。

第三节　"三宝""四口"防护

建筑安全工程中所谓的"三宝"是指安全帽（图1-31）、安全带（图1-32）、安全网（图1-33）。

图1-31 安全帽

图1-32 安全带

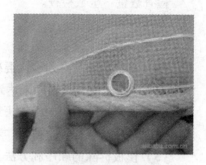
图1-33 安全网

一、安全帽

安全帽是防止冲击物伤害头部的防护用品，由帽壳、帽衬、下颏带和后箍组成。帽壳呈半球形，坚固、光滑并有一定的弹性，打击物的冲击和穿刺动能主要由帽壳承受。帽壳和帽衬之间留有一定空间，可缓冲、分散瞬时冲击力，从而避免或减轻对头部的直接伤害。冲击吸收性能、耐穿刺性能、侧向刚性、电绝缘性、阻燃性是对安全帽基本技术性能的要求。矿工和地下工程人员等用来保护头顶而戴的是钢制或类似原料制的浅圆顶帽子。

工人们在工业生产环境中戴的通常是金属或加强塑料制成的轻型保护头盔，用以保护头部，免受坠落物件的伤害。

（一）安全帽的特点

1. 透气性良好的轻型低危险安全帽

通风好，质轻，为佩戴者提供全面的舒适性。

2. 安全帽的防护作用

当作业人员头部受到坠落物的冲击时，安全帽帽壳、帽衬在瞬间先将冲击力分解到头盖骨的整个面积上，然后安全帽各部位缓冲结构发生弹性变形、塑性变形和允许的结构破坏将大部分冲击力吸收，使最后作用到人员头部的冲击力降低到4900N以下，从而起到保护作业人员头部的作用。安全帽的帽壳材料对安全帽整体抗击性能起着重要的作用。

（二）安全帽的结构形式要求

1. 帽壳顶部应加强

（1）可以制成光顶或有筋结构。

（2）帽壳制成无沿、有沿或卷边。

2. 塑料帽衬应制成有后箍的结构，能自由调节帽箍大小（分抽拉调节、按钮调节、旋钮调节等）。

3. 无后箍帽衬的下颏带制成"Y"型；有后箍的，允许制成单根下颚带。

4. 接触头前额部的帽箍，要透气、吸汗。

5. 帽箍周围的衬垫，可以制成条形或块状，并留有空间使空气流通。

6. 安全帽生产厂家必须严格按照GB 2811—2007国家标准进行生产。

7. Y类安全帽不允许侧压，因为Y类安全帽只是防止由上到下的直线冲击所造成的伤害，不能防止由侧面带来的压力的伤害。

44

（三）安全帽的采购、监督和管理

1. 安全帽的采购

企业必须购买有产品检验合格证的产品，购入的产品经验收后，方准使用。

2. 安全帽不应贮存在酸、碱、高温、日晒、潮湿等处所，更不可和硬物放在一起。

3. 安全帽的使用期

（1）从产品制造完成之日起计算。

（2）植物枝条编织帽不超过两年。

（3）塑料帽、纸胶帽不超过两年半。

（4）玻璃钢（维纶钢）橡胶帽不超过三年半。

4. 企业安技部门根据规定对到期的安全帽要进行抽查测试，合格后方可继续使用。以后每年抽验一次，抽验不合格则该批安全帽即应报废。

5. 省、市劳动局主管部门对到期的安全帽要监督并督促企业安全技术部门进行检验，合格后方可使用。

（四）安全帽的标志和包装

1. 每顶安全帽应有以下四项永久性标志：

（1）制造厂名称、商标、型号。

（2）制造年、月。

（3）生产合格证和验证。

（4）生产许可证编号。

2. 安全帽出厂装箱时，应将每顶帽用纸或塑料薄膜做衬垫包好后放入纸箱内。装入箱中的安全帽必须是成品。

3. 箱上应注有产品名称、数量、重量、体积和其他注意事项等标记。

4. 每箱安全帽均要附说明书。

5. 安全帽上如标有"D"标记，是表示具有绝缘性能的安全帽。

（五）安全帽的分类

安全帽产品按用途分为一般作业类（Y类）安全帽和特殊作业类（T类）安全帽两大类，其中T类中又分成五类：

T1 类适用于有火源的作业场所。

T2 类适用于井下、隧道、地下工程、采伐等作业场所。

T3 类适用于易燃易爆作业场所。

T4（绝缘）类适用于带电作业场所。

T5（低温）类适用于低温作业场所。

每种安全帽都具有一定的技术性能指标和适用范围，消费者要根据所使用的行业和作业环境选用安全帽。例如，建筑行业一般选用 Y 类安全帽；在电力行业，因接触电网和电器设备，应选用 T4（绝缘）类安全帽；在易燃易爆的环境中作业，应选择 T3 类安全帽。

安全帽颜色的选择随意性比较大，一般以浅色或醒目的颜色为宜，如白色、浅黄色等，也可以按有关规定的要求选用，遵循安全心理学的原则选用，按部门区分来选用，按作业场所和环境来选用。

（六）各类安全帽应用范围

1. 玻璃钢安全帽

主要用于冶金高温作业场所、油田钻井、森林采伐、供电线路、高层建筑施工以及寒冷地区施工。

2. 聚碳酸酯塑料安全帽

主要用于油田钻井、森林采伐、供电线路、建筑施工等作业使用。

3. ABS 塑料安全帽

主要用于采矿、机械工业等冲击强度高的室内常温作业场所。

4. 超高分子聚乙烯塑料安全帽

适用范围较广，如冶金化工、矿山、建筑、机械、电力、交通运输、林业和地质等作业的工种均可使用。

5. 改性聚丙烯塑料安全帽

主要用于冶金、建筑、森林、电力、矿山、井上、交通运输等作业的工种。

6. 胶质矿工安全帽

主要用于煤矿、井下、隧道、涵洞等场所的作业。佩戴时，不设下颚系带。

7. 塑料矿工安全帽

产品性能除耐高温大于胶质矿工帽外，其他性能与胶质矿工帽基本相同。

8. 防寒安全帽

适于寒冷地区冬季野外和露天作业人员使用，如矿山开采、地质钻探、林业采伐、建筑施工和港口装卸搬运等作业。

9. 纸胶安全帽

适用于户外作业，防太阳辐射、风沙和雨淋。

10. 竹编安全帽

主要用于冶金、建筑、林业、矿山、码头、交通运输等作业的工种。

11. 其他编织安全帽

适于南方炎热地区而无明火的作业场所使用。

（七）规格要求

1. 垂直间距

按规定条件测量，其值应在 25～50mm 之间。

2. 水平间距

按规定条件测量，其值应在 5～20mm 之间。

3. 佩戴高度

按规定条件测量，其值应在 80～90mm 之间。

4. 帽箍尺寸

分下列三个号码

（1）小号：51～56cm

（2）中号：57～60cm

（3）大号：61～64cm

5. 质量

一顶完整的安全帽，质量应尽可能减轻，不应超过 400g。

6. 帽沿尺寸：最小 10mm，最大 35mm。

7. 帽沿倾斜度：以 20°~60° 为宜。

8. 通气孔：安全帽两侧可设通气孔。

9. 帽舌：最小 10mm，最大 55mm。

10. 颜色：安全帽的颜色一般以浅色或醒目的颜色为宜，如白色、浅黄色等。

二、安全网

（一）建筑安全网材料（图 1-34）

图 1-34　建筑安全网

1. 材质

聚乙烯。

2. 网目密度

≥2600 目/100cm^2。

3. 抗冲击力

100kg 沙包从 1.5m 高度冲击网体，冲击裂断直线长度 ≤200mm 或曲线长度 ≤150mm。

4. 阻燃性

续燃 ≤4 秒，阻燃 ≤4 秒。

5. 型号规格

（1）密目安全立网：ML1.8×6　ML1.5×6　ML2.0×6　ML1.2×6。

（2）安全立网（小眼网）：L-1.2×6 L-1.5×6 L-1.8×6 L-3×6。

（3）安全网（平网）：P-3×6。

（二）特点

1. 网目密度高。普通立式安全网只有 800 目/100cm^2，而密目安全立网网目密度高达 2000 目/100cm^2。因而可以阻挡碎石、砖块等底部面积 100cm^2 以下物体的坠落，其安全性能远大于其他同类产品。

2. 采用直链多门结构的特殊编结方法，即由一组直链线圈和另一组贯穿三个直线链线圈的往复圈所构成的网目。其网结牢固不打滑，网目不易变形，网体尺寸稳定；牢固耐用，挺括轻便，价格也低于普通安全网。

3. 透气性好，并且不影响采光，可实现封闭式作业，美化施工现场。

（三）用途

1. 用于各种建筑工地，特别是高层建筑，可全封闭施工。

2. 能有效地防止电焊火花所引起的火灾，降低噪声和灰尘污染，达到文明施工、保护环境、美化城市的效果。

3. 主要用来防止人、物坠落或用来避免、减轻坠落物伤害，保护高处作业人员和行人的安全及维护工地清洁。

（四）注意事项及保养

1. 避免把网拖过粗糙的表面或锐边。

2. 严禁人依靠或将物品堆积压向安全网。

3. 避免人跳进或把物品投入网内。

4. 避免大量焊接火星或其他火星落入安全围网。

5. 避免围网周围有浓厚的酸、碱烟雾。

6. 必须经常清理安全网上的附着物，保持安全网工作表面清洁。

7. 当安全网受到化学品的污染或网体嵌入粗砂粒及其他可能引起磨损的异物时，应进行冲洗，洗后自然干燥。

8. 搭接处如脱开有轻微损伤，必须及时修补。

三、安全带

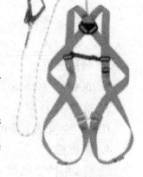

（一）建筑安全带（图1-35）

建筑安全带是防止高处坠落的安全用具。高度超过1.5m，没有其他防止坠落的措施时，必须使用安全带。使用原则为：高挂低用。

过去安全带用皮革、帆布或化纤材料制成，按国家标准现已生产了锦纶安全带。按工作情况分为：高空作业锦纶安全带、架子工用锦纶安全带、电工用锦纶安全带等种类。

安全带要正确使用，拉平，不要扭曲。三点式腰部安全带应系得　图1-35　建筑安全带
尽可能低些，最好系在髋部，不要系在腰部；肩部安全带不能放在胳膊下面，应斜挂胸前。

（二）电工安全带

电工安全带是电工作业时防止坠落的安全用具。

1. 安全带使用期限一般为3~5年，发现异常时应提前报废。

2. 安全带的腰带和保险带、绳应有足够的机械强度，材质应有耐磨性，卡环（钩）应具有保险装置。保险带、绳使用长度在3m以上的应加缓冲器。

3. 使用安全带前应进行外观检查

（1）组件完整，无短缺，无伤残破损。

（2）绳索、编带无脆裂、断股或扭结。

（3）金属配件无裂纹，焊接无缺陷，无严重锈蚀。

（4）挂钩的钩舌咬口平整不错位，保险装置完整可靠。

（5）铆钉无明显偏位，表面平整。

4. 安全带应系在牢固的物体上，禁止系挂在移动或不牢固的物件上。不得系在棱角锋利处。安全带要高挂和平行拴挂，严禁低挂高用。

5. 在杆塔上工作时，应将安全带后备保护绳系在安全牢固的构件上（带电作业视其具体任务决定是否系后备安全绳），不得失去后备保护。

（三）安全带使用要求

1. 施工现场搭架、支模等高处作业均应系安全带。

2. 安全带高挂低用，挂在牢固可靠处，不准将绳打结使用。安全带使用后由专人负责，存放在干燥、通风的仓库内。

3. 安全带应符合（GB 6095—2009）《安全带》标准并有合格证书，生产厂家经劳动部门批准，并做好定期检验。积极推广使用可卷式安全带。

四、楼梯口、电梯井口防护

（一）楼梯口、电梯井口安全防护要求

1. 楼梯口、边设置 1.2m 高防护栏杆和 300mm 高踢脚杆，杆件里侧挂密目式安全网（图1-36）。

图1-36　楼梯口防护

2. 电梯井口设置 1.2～1.5m 高防护栅门，其中底部 180mm 为踢脚板。

3. 电梯井内自二层楼面起不超过二层（不大于10m）拉设一道安全平网（图1-37）。

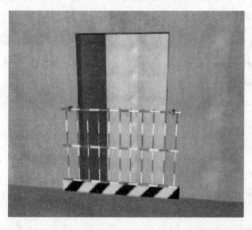

图1-37　电梯井口防护

4. 电梯井口、楼梯口边的防护设施应形成定型化、工具化，牢固可靠，防护栏杆漆刷红白相间色。

（二）电梯井道清除垃圾安全技术

1. 进入电梯井道内清除垃圾必须正确佩戴安全带。

2. 清除电梯井道内垃圾要从上至下，一层一清。

3. 清除电梯井道内垃圾，必须将上部电梯井口封闭，并悬挂醒目的"禁止抛物"的标志。

4. 清除电梯井道内安全网中的垃圾时，操作者不准站在安全网内。

5. 在电梯井道内使用气泵，要注意安全用电，操作面要安全可靠，不能有空档。

6. 用劳动车装运垃圾时，操作者不能倒拉劳动车。

（三）电梯井口安全防护的有关技术要求

1. 要严格按照安全技术强制性标准要求设置电梯井口防护措施。电梯井口必须设防护栏杆或固定栅门，防护栏杆或固定栅门应做到定型化、工具化，其高度在 1.5m 至 1.8m 范围内。

2. 电梯井口内必须在正负零层楼面设置首道安全网，上部每隔两层并最多每隔 10m 设一道安全平网，安全网的质量必须符合（GB 5725—2009）《安全网》标准中安全平网的要求，进场必须按照有关规定进行检验。安装、拆卸电梯井内安全平网时，作业人员应按规定佩戴安全带。对楼层和屋面短边尺寸大于 1.5m 的孔洞，孔洞周边应设置符合要求的防护栏杆，底部应加设安全平网。

3. 在电梯井口处要设置符合国家标准的安全警示标志；安全警示标志要醒目、明显，夜间应设置红灯示警。

4. 电梯井口的防护栏杆和门栅应以黄黑相间的条纹标示，并按照《建筑施工高处作业安全技术规范》有关标准进行制作。

5. 电梯井口防护设施需要临时拆除或变动的，需经项目负责人和项目专职安全员签字认可，并做好拆除或变动后的安全应对措施，同时要告知现场所有作业人员；安全设施恢复后必须经项目负责人、专职安全员等有关现场管理人员检查，验收合格后方可继续使用。

6. 在施工现场进行安全生产教育时，应将电梯井口等危险场所和部位具体情况，如实告知全体作业人员，使现场作业人员了解电梯井口的危害性、危险性，熟悉掌握电梯井口坠落防范措施，避免因不熟悉作业环境，误入电梯井口造成坠落事故的发生。

五、预留洞口坑井防护

（一）建筑施工洞口防护安全技术

1. 进入现场，必须戴好安全帽，扣好帽带，并正确使用个人劳动防护用具。

2. 悬空作业处应有牢靠的立足处，并必须视具体情况，配置防护网、栏杆或其他安全设施。

3. 悬空作业所用的索具、脚手板、吊篮、吊笼、平台等设备，均需经过技术鉴定或检证方可使用。

4. 洞口根据具体情况采取设防护栏杆、加盖件、张挂安全网与装栅门等措施时，必须符合下列要求：

（1）楼板、屋面和平台等面上短边尺寸小于 25cm 但大于 2.5cm 的孔口，必须用坚实盖板盖没，盖板应能防止挪动移位。

（2）楼板面等处边长为 25～50cm 的洞口、安装预制构件时的洞口以及缺件临时形成的洞口，可用竹、木等作盖板，盖住洞口。盖板须能保持四周搁置均衡，并有固定其位置的措施（图1-38）。

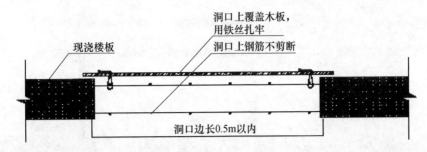

图1-38 0.5m以内的洞口防护

（3）边长为50～150cm以上的洞口，必须设置以扣件扣接钢管制成的网格，并在其上满铺竹笆或脚手板。也可采用贯穿于混凝土板内的钢筋构成防护网，钢筋网格间距不得大于20cm（图1-39）。

（4）边长在150cm以上的洞口，四周设防护栏杆，洞口下张设安全平网（图1-40）。

图1-39 大于500mm小于1500mm的洞口防护　　　　　图1-40 大于1500mm的洞口防护

（5）垃圾井道和烟道，应随楼层的砌筑或安装而消除洞口，或参照预留洞口作防护。管道井施工时，除按上款办理外，还应加设明显的标志。如有临时性拆移，需经施工负责人核准，工作完毕后必须恢复防护设施（图1-41）。

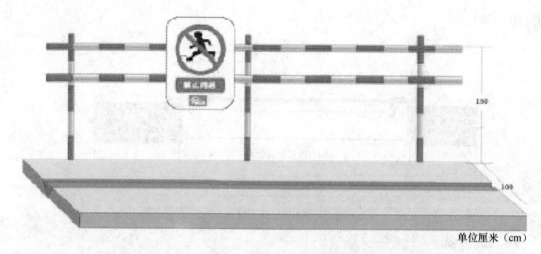

单位厘米（cm）

图 1-41　大于 2m 的洞口防护

（6）位于车辆行驶道旁的洞口、深沟与管道坑、槽，所加盖板应能承受不小于当地额定卡车后轮有效承载力 2 倍的荷载。

（7）墙面等处的竖向洞口，凡落地的洞口应加装开关式、工具式或固定的防护门，门栅网格的间距不应大于 15cm，也可采用防护栏杆，下设挡脚板（笆）。

（8）下边沿至楼板或底面低于 80cm 的窗台等竖向洞口，如侧边落差大于 2m 时，应加设 1.2m 高的临时护栏。

（9）对邻近的人与物有坠落危险的其他竖向的孔、洞口，均应予以覆盖或加以防护，并采取固定措施。

（二）临边与洞口作业的安全防护

1. 主要规定

（1）施工现场中，工作面沿边无围护设施的，或者虽有围护设施但高度低于 800mm（低于一般人体重心高度）时，此时的高处作业称临边作业，必须设置临边防护，否则会有发生高处坠落的危险。

（2）防护栏杆的作用是防止人员在各种情况下（站立和下蹲作业）的坠落，故设上下两道横杆。其作法必须保障意外情况身体外挤时（按 1000N 外力）的构造要求。当特殊情况考虑发生人群拥挤或车辆冲击时，应单独设计加大栏杆及柱的截面。另外，考虑作业时，可能由于人体失稳，脚部可能从栏杆下面滑出或脚手板上的钢筋、钢管、木杆等物料滚落，故规定设置挡脚板，也可采用立网封闭，防止人员或物料坠落。

（3）地面通道上部应装设安全防护棚。主要指有可能造成落物伤害的地面人员密集处。如建筑物的出入口、井架及外用电梯的地面进料口以及距在建施工的建筑物较近（在落物半径范围以内）的人员通道的上方，应设置防落物伤害的防护棚。

2. 注意事项

（1）临边防护栏杆可采用立网封闭，也可采用底部设置挡脚板两种作法。当采用立网封闭时，应在底部再设置一道大横杆，将安全立网下边沿的系绳与大横杆系牢，封严下口缝隙。

（2）临边防护栏杆不能流于形式。一些工地采用截面过细的竹竿，甚至采用麻绳等材料；也有利用阳台周边栏板的钢筋代替防护栏杆，但有的高度不够，有的钢筋也未作必要的横向连接；一些框架结构的各层沿边，只设置一道大横杆，既无立网防护也无挡脚板等，极不规范，虽然作了临边防护，仍然存在事故隐患。

（3）当外脚手架已采用密目网全封闭时，脚手架的各作业层仍需设置挡脚板。因脚手架的作业层宽度小，在人员作业、材料存放、材料搬运等操作过程中，与立网相碰撞的情况不会避免，设置挡脚板增加了安全度，避免将立网撞破或因立网连接不严而发生的事故。

（4）当临边防护高度低于 800mm 时，必须补设防护栏杆，否则仍然有发生高处坠落的危险。

（三）实施与检查的控制

1. 实施

（1）凡施工过程中已形成临边的作业场所，其周边要搭设临边防护后再继续施工。

（2）临边防护必须符合搭设要求，选用合格材料，符合搭设高度，且满足上下两道栏杆，或采用立网封密或在下部设挡脚板的规定。

（3）有一定的牢固性，选材及连接应符合要求。

（4）对采用外脚手架施工的建筑物，应在脚手架外排立杆用密目网封闭；对采用里脚手架施工的建筑物，应在建筑物外侧周边搭设防护架，防护架与建筑物外墙距离应不大于150mm，用密目网封闭。

（5）防护棚的搭设除应牢固外，其搭设尺寸还应满足在上方落物半径以外的要求。

2. 检查

（1）建筑物外围已用密目网封闭的同时，还应注意建筑物各楼层周边是否已设临边防护。

（2）建筑物外围已用密目网封闭的同时，还应注意阳台等凸出部位的周边是否已设临边防护。

（3）检查各种临边防护的搭设是否符合要求，安全网封挂是否严密，安全网质量是否有合格证。

（4）检查搭设的防护棚是否具有防落物伤害的能力，包括防护棚的选用材料和搭设的防护面积。严禁在防护棚上面存放物料。

六、通道口防护

（一）通道口安全防护的一般要求

1. 在进出建筑物主体通道口、井架或物料提升机进口处、外用升降机进口处等均应搭设防护棚。棚宽大于道口，两端各长出 1m，垂直长度 2m，棚顶搭设两层（采取脚手片的，铺设方向应互相垂直），间距大于 30cm（图 1-42）。

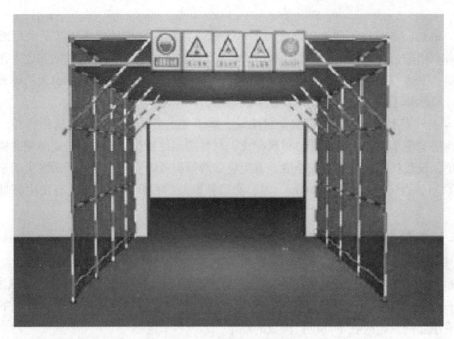

图 1-42　安全通道口的防护

2. 场地内、外道路中心线与建筑物（或外架）边缘距离分别小于 5m 和 7.5m 的，应搭设通道防护棚，棚顶搭设两层（采取脚手片的，铺设方向应互相垂直），间距大于 30cm，并且底层下方张挂安全网。

3. 砂浆机、拌和机和钢筋加工场地等应搭设操作简易防护棚。

4. 各类防护棚应有单独的支撑体系，固定可靠安全，严禁用毛竹搭设，且不得悬挑在外架上。

5. 底层非进入建筑物通道口的地方应采取禁止出入（通行）措施和设置禁行标志。

（二）"通道口"通病与防治措施

通道口是施工现场安全防护中最多的部位，其防护措施是否可靠，直接影响施工现场的安全。

1. 施工现场"通道口防护"存在的主要通病

（1）建筑物出入口布设不合理。一些施工单位为节省资金投入，避开安全检查评分项目，有意识地将整幢建筑物用立网围护，不设立通道口，检查后又将立网收起作为建筑物出入口，作业人员随便出入，这样极易造成安全事故的发生。

（2）施工现场通道口的防护棚不能真正起到防护作用。材质不符合要求、搭设方法不够科学、搭设宽度和长度不符合要求等现象较为突出，同时也未能有机结合外脚手架密目式安全网的挂设进行防护。

（3）对《建筑施工安全检查标准》（JGJ 59—2011）中的"通道口防护"存在认识上的错误。检查中发现部分现场安全管理人员管理意识仍停留在旧标准上，对运输天桥等专业性较强的项目不编制安全技术措施，或安全防护措施不落实，特别是运输天桥两侧密目式立网的防护以及剪刀撑存在搭接方式不规范等现象。

（4）对架子工的安全教育不够重视，安全技术交底、班前活动等安全教育只停留在文

54

字表述上，架子工的安全防护意识并未有真正提高；特种作业人员持证上岗、培训和再教育仍存在一定差距；部分架子工虽年审合格，但对新知识的掌握程度并未有相应的提高，对新标准的严格要求思想不理解。

2. 通病的防治措施

（1）因地制宜，选好建筑物的出入口。不设外用电梯（人货两用电梯）的多层建筑物至少应设有一个出入口；长度大于 50m 的必须有三个以上的出入口。出入口一般宜设在作业人员易出入的地方，如楼梯口等。

（2）根据建筑物的高度、体形、配合密目式安全网的挂设采取灵活多变的防护措施。须按表 1-16 搭设，防护宽度根据通道口宽度适当加宽。

表 1-16　通道口防护棚坠落半径（单位：m）

作业高度	2～5	5～15	15～30	＞30
坠落半径 R	2	3	4	5

七、阳台楼板屋面等临边防护

（一）阳台的临边防护

1. 阳台、楼板、屋面等临边应设置 1.2m 和 0.6m 两道水平杆，并在立杆里侧用密目式安全网封闭，防护栏杆漆红白相间色。

2. 防护栏杆等设施与建筑物固定拉结，确保防护设施安全可靠。

3. 阳台栏杆设计应防儿童攀登。

4. 垂直杆件间净空不应大于 0.11m。

5. 在放置花盆处，必须采取防坠落措施。

6. 高层住宅的阳台栏杆不应低于 1.10m 且宜采用实体栏板。

7. 采用实心栏板的理由，一是防止冷风从阳台门灌入室内，二是防止物品从栏杆缝隙处坠落伤人。

8. 根据人体重心和心理要求，但阳台栏杆应随建筑高度增高而增高，封闭阳台虽无这一要求，但也应满足阳台栏杆净高要求。

9. 没有邻接阳台或平台的外窗窗台，如距地面净高较低，容易发生儿童坠落事故，所以当窗台距地面低于 0.90m 时要求采取防护措施，有效的防护高度应保证净高 0.90m。距离楼（地）面 0.45m 以下的台面、横栏杆等容易造成无意识攀登的可踏面，不应计入窗台净高。

（二）楼层的临边防护

1. 楼层临边在施工过程中及栏杆安装前必须设置临时栏杆。

2. 栏杆用钢管搭设，高度不小于 1000mm，分两道设置。两端用钢管固定在混凝土柱上。

3. 当防护栏杆的长度大于 2000mm 时，栏杆应加设立柱。

4. 栏杆搭设好后，栏杆用红白油漆相间涂刷，以示醒目，同时加以标识。

5. 栏杆在使用过程中严禁随意拆除。

（三）屋面临边防护要求

1. 将$\phi 48 \times 3.5$mm的钢管，锯成长300mm的短管，根据所埋部位圈梁或女儿墙上部现浇带的高度，在有利于管焊接的前提下，做锚固筋。短管的作用是预埋墙中，固定临边防护栏杆柱。

2. 栏杆柱的直径与短节管相同，柱杆长度视女儿墙高度而定。防护栏杆自上而下由两道横杆及栏杆柱组成，上横杆离地高度为1.0~1.2m，下横杆离地高度为0.5~0.6m，用扣件固定。无女儿墙或坡度大于1:2.2的屋面，防护栏杆高度为1.5m。例如，女儿墙高度为0.5m时栏杆柱的加工长度为1.0m，无女儿墙或坡屋面时为1.5m。

3. 当建筑物坡屋面外墙砌筑或平屋面砌筑女儿墙距封顶还有0.25m垂直高度时，将已加工好的短管沿外墙四周垂直埋入墙内，并适当靠外，避免日后安装避雷线与栏杆柱发生矛盾。短管埋深为250mm（包括抹灰面层），出墙顶面50mm，管与管间距为2m。如果短管是全部埋入现浇混凝土内，必须将短管底部焊堵严密，防止混凝土进入管内，同时管上口也要用塑料堵口帽堵严，防止杂物进入管内。

4. 在平屋面的女儿墙或坡屋面的挑檐抹灰或装饰完毕，准备拆除顶层外墙脚手架前，用已加工成型的钢管用对接扣件插入已预先埋入墙内的短管内作为栏杆柱，并将对接扣件螺帽拧紧，再用相同规格的钢管沿杆柱搭设横杆，四周全部搭设完毕并张挂好安全网后，再拆除墙脚手架。

5. 临边防护栏杆的拆除时间，必须在屋面的所有工种彻底完工之后。必要时，还应根据建筑物的结构情况，充分考虑工程竣工验收时设计、监督、监理、建设、施工等部门验收人员上到屋顶时的人身安全，宜在工程竣工验收合格之后，施工单位向业主交钥匙之前拆除。

6. 拆除栏杆必须由专业工种完成，操作人员必须系好安全带，并将安全带的一端系在屋面安全、牢固、可靠的地方。拆卸下来的钢管禁止从上往下扔，要用绳子系牢后，选择合适的地方，由上向下轻放，地面要设警卫人员和接应人员，严禁违章操作。

7. 防护栏杆拆除后，埋入墙内的短管留作以后维修屋面时再次做防护用，也可用作固定彩旗的旗杆，所以，短管上口必须用塑料帽堵严，防止雨水或杂物进入。

（四）设置临边防护栏杆的效果

1. 不影响女儿墙或外墙顶的结构质量。因为女儿墙和外墙厚度一般为240mm以上，顶部设有钢筋混凝土现浇带，栏杆高度较低（只有1.0m或1.50m），除栏杆自身重量外，无任何附加荷载。

2. 防护栏杆柱底部埋于墙内，扣件对接固定，上、下两道横杆连接，四周形成整体，稳定性好。

3. 设置了临边防护栏杆后，不论是预防瞬时突至大风，还是各工种临边操作，在人身安全上都有了可靠的保证。

4. 在工程上稍微增加了材料及人工费。但是，增加这点费用与发生任何一个安全事故支出的费用相比，都是微不足道的。从人身安全、企业形象考虑，增加这点费用是很有必要的。

第四节　施工用电安全控制技术

一、外电保护安全技术

电气线路往往因为短路、过载运行、接触电阻过大等原因，产生电火花、电弧或引起电线、电缆过热，从而造成火灾。

（一）短路

电气线路上，由于各种原因相接和相碰，电流突然增大的现象叫短路。一般可分为相间短路和对地短路。短路时能放出大量的热，不仅能使绝缘层烧毁，而且会使金属熔化，引燃附近可燃物造成火灾。

产生原因

（1）绝缘层因受高温、潮湿或腐蚀等作用的影响，失去了绝缘能力。

（2）线路年久失修，绝缘层老化或受损。

（3）电压过高，使电线绝缘层被击穿。

（4）安装修理时接错线路，或带电作业时造成人为碰线短路。

（5）裸导线安装太低，搬运金属物件时不慎碰在电线上；线路上有金属或小动物，发生电线之间的跨接。

（6）架空线路间距离太小，或档距过大，电线松弛，有可能发生两相相碰；架空导线与建筑物、树木距离太小，使导线与建筑物或树木接触。

（7）导线机械强度不够，导致导线断落接触大地，或断落在另一根导线上。

（8）不按规程要求私接乱拉，管理不善，维护不当造成短路。

（9）高压架空线路的支持绝缘子耐压程度过低，引起线路的对地短路。

（二）过载

导线允许连续通过而不致使导线过热的电流量，称为导线的安全电流。导线中流动的电流超过了安全电流值，叫做过载。一般导线的最高允许工作温度为65℃。发生过载时，导线的温度超过这一温度值，会使绝缘层加速老化，甚至损坏，引起短路火灾事故。

1. 产生原因

（1）导线截面选择过小，实际负荷超过了导线的安全载流量。

（2）在线路中接入了过多或功率过大的电气设备，超过了配电线路的负载能力。

2. 超负荷防止方法

（1）根据负载情况，选择合适的电线。

（2）严禁滥用铜丝、铁丝代替熔断器的熔丝。

（3）不准乱拉电线和接入过多或功率过大的电气设备。

（4）检查并去掉线路上过多的用电设备，或者根据线路负荷的发展及时更换成容量较大的导线，或者根据生产程序和需要，采取排列先后控制使用的方法，把用电时间错开，使线路不超过负荷。

（三）接触电阻过大

导线连接时，在接触面上形成的电阻称为接触电阻。接头处理良好，则接触电阻小；连接不牢或其他原因，使接头接触不良，则会导致局部接触电阻过大，发生过热，加剧接触面的氧化，接触电阻更大，发热更剧烈，温度不断升高，造成恶性循环，致使接触处金属变色甚至熔化，引起绝缘材料燃烧。

1. 产生原因

（1）安装质量差，造成导线与导线、导线与电气设备连接不牢。

（2）导线的连接处有杂质，如氧化层、泥土、油污等。

（3）连接点由于长期震动或冷热变化，使接头松动。

（4）铜铝接头处理不当，在电腐蚀作用下接触电阻会很快增大。

2. 接触电阻过大防止方法

（1）导线与导线、导线与电气设备的连接必须牢固可靠。

（2）铜、铝线相接，宜采用铜铝过渡接头。也可采用在铜铝接头处垫锡箔，或在铜线接头处搪锡。

（3）通过较大电流的接头，不允许用本线做接头，应采用氧焊接头，在连接时加弹力片后拧紧。

（4）要定期检查和检测接头，防止接触电阻增大，对重要的连接接头要加强监视。

（四）电火花和电弧

电火花是电极间放电的结果，电弧是由大量密集的电火花构成的。线路产生的火花或电弧能引起周围可燃物质的燃烧，在爆炸危险场所可以引起燃烧或爆炸。

1. 架空线路、屋内布线的火灾危险性

（1）架空线路的火灾危险性

1）电杆倒折、电线断落或搭在易燃物上，易造成线路的短路，出现电火花、电弧。

2）电杆档距过大，线间距过小或布线过松，没有拉紧，在大风和外力作用下，容易碰在一起造成短路，此外，布线时把导线拉得过紧，也易发生导线断裂事故，引起火灾或触电事故。

3）架空线路遭到雷击，会使线路绝缘损坏，并产生下频短路电弧，从而使线路跳闸，影响电力系统的正常供电。

（2）屋内布线的火灾危险性

1）由于机械损伤，如摩擦、撞击使绝缘层损坏，导致短路等引起火灾。

2）线路年久失修，绝缘陈旧老化或受损失，使线芯裸露，导致短路引发火灾。

3）使用金属线捆扎绝缘导线，或把绝缘导线挂在钉子上，由于日久磨损和生锈腐蚀使绝缘受到破坏，导致短路引发火灾。

4）雷击时产生的电压，线路空载时的电压升高等，也会使导线绝缘薄弱的地方造成绝缘被击穿而发生短路导致火灾。

2. 架空线路、屋内布线的防火措施

（1）架空线路的防火措施

1）为了防止倒杆断线，对电杆要加强维修，不要在电线杆附近挖土和在电线杆上拴牲畜。

2）架空电线穿过通航的河流、公路时，应加装警示标志，以引起通行车、船的注意。

3）架空线路不应跨越屋顶为燃烧材料做成的建、构筑物。

4）架空线路与甲类物品库房、可燃易燃、液体贮罐、燃助燃气体贮罐、易燃材料堆场等的防火间距，不应小于电杆高度的 1.5 倍；与散发可燃气体的甲类生产厂房的防火间距，不应小于 30m。

5）架空线路的边导线与建筑物之间的距离，导线与树木之间的垂直、净空距离，架空配电线路的导线与导线之间的距离，必须符合有关安全规定。

6）平时对电气线路附近的树木要及时修剪，以保持足够的安全距离，防止树枝拍打电线而引起事故。

（2）屋内布线的防火措施

1）设计安装屋内线路时，要根据使用电气设备的环境特点，正确选择导线类型。

2）明敷绝缘导线要防止绝缘受损引起危险，在使用过程中要经常检查、维修。

3）布线时，导线与导线之间、导线的固定点之间，要保持合适的距离。

4）为防止机械损伤，绝缘导线穿过墙壁或可燃建筑构件时，应穿过砌在墙内的绝缘管，每根管宜只穿一根导线，绝缘管（瓷管）两端的出线口伸出墙面的距离宜不小于10mm，这样可以防止导线与墙壁接触，以免墙壁潮湿而产生漏电等现象。

5）沿烟囱、烟道等发热构件表面敷设导线时，应采用以石棉、玻璃丝、瓷珠、瓷管等作为绝缘的耐热线。

6）有条件的单位在设置屋内电气线路时，宜尽量采用难燃电线和金属套管或阻燃塑料套管。

（五）电缆火灾

1. 电缆的火灾危险性

（1）电缆的保护铅皮、铝皮受到损伤，或在运行中电缆的绝缘受到机械破坏，能引起电缆芯与电缆芯之间或电缆芯与铅皮、铝皮之间的绝缘被击穿，而产生电弧，可使电缆的绝缘材料和电缆外层的黄麻护层等发生燃烧。

（2）电缆长时间超负荷使用，可能造成电缆的绝缘物过分干枯，绝缘性能降低，甚至失去绝缘，发生绝缘击穿，而沿着电缆的走向，在较长一段的线路上，或在一段线路的几个地方同时发生电缆的绝缘物燃烧。

（3）在三相电力系统中，采用单相电缆或以三芯电缆当做单芯电缆使用时，会产生涡流，而使铅皮、铝皮发热，严重时可能发生铅皮、铝皮熔化，电缆外层的销装钢带也会发热，铅皮、铝皮和钢带发热严重时，会引起电缆的绝缘物发生燃烧。

2. 电缆的防火措施

（1）采用电缆布线时，电缆应尽量明敷，明敷电缆宜采用有黄麻外护层的裸电缆。电缆明敷在有可能受到机械损伤的地方时，应采用销装电缆。

（2）敷设在电缆沟、电缆隧道内，及明敷在有火灾、爆炸场所内的电缆，应采用不带黄麻外护层的电缆。如果是有黄麻外护层的电缆，应剥去黄麻外护层，以减少发生火灾的危险性。

（3）电缆引入及引出建、构筑物的墙壁、楼板处，以电缆沟道引出至电杆或墙上表面敷设的电缆距地面 2m 高以上或埋入地下 0.25m 深处，应将电缆穿套钢管保护，钢管的内径一般不小于电缆外径的 2 倍。

（4）在有可能进水的电缆沟中，电缆应放在支架上。

（5）电缆直接埋地敷设时，宜采用有黄麻或聚氯乙烯外护层的电缆，埋地深度应小于 0.7 米。

（6）有条件的单位应尽量采用难燃电缆或耐火电缆。

（六）电动机运行时的防火

电动机是一种将电能转变为机械能的电气设备，因其具有效率高、造价低、占地少、构造简单、使用和维护方便、易于远程控制等优点，在工农业生产中应用十分广泛。电动机通常可分为直流电动机和交流电动机两大类。

1. 火灾危险性

（1）电动机功率选择过小，产生"小马拉大车"的现象，可导致电动机烧毁。不根据场所环境条件错误选择电动机型式，也会造成火灾危险。此外，使用时启动方法不正确，也具有瞬间发生火灾的危险性。

（2）电动机的负载是有一定限度的，若负载超过电动机的额定功率，或者长期电压过低以及电动机单相运行（或称缺相运行），都会造成电动机过热、振动、冒火花、声音异常、同步性差等现象，有时甚至烧毁电动机，引燃周围可燃物。

（3）电动机长期过载运行或短时间内重复启动，加之散热不良，均会加速绝缘层的老化，降低绝缘强度。其他如制造、修理时不慎，人为破坏绝缘层，过电压或雷击等都会使绝缘损坏，导致短路起火。

（4）各线圈接点和电动机接地接点接触不良，会引起局部升温损坏绝缘，产生火花、电弧甚至发生短路等引燃可燃物，造成火灾。同时，接地不良的电动机在发生漏电时，人体或其他导体接触带电机壳极易发生触电伤害事故。

（5）电动机是高速旋转的设备，若润滑不良或结构不精确，如转轴偏斜，在高速旋转时，剧烈的机械摩擦可使轴承磨损并产生巨大热量，进一步加剧旋转阻力，轻则使电动机工作失常，重则使电动机转轴被卡，烧毁电动机，引起火灾。

（6）电动机的铁芯硅钢片质量不合要求，铁损消耗过大，电动机可能发生过载事故。

（7）开启式电动机由于吸入纤维、粉尘、堵塞通风道，散热不良而引起火灾。

2. 防火措施

（1）在购置电动机时，要参照其额定功率、工作方式、绝缘温升以及防爆等级等参数，并结合其设置的环境条件和实际工作需要来进行合理选型，做到既安全又经济。

（2）电动机应安装在牢固的机座上，周围应留有不小于 2 米的空间或通道，附近也不可堆放任何杂物，室内保持清洁。所配用的导线必须符合安全规定，连接电动机的一段，应用金属软管或塑料套管加以保护，并须扎牢、固定。

（3）鼠笼式电动机的启动方法有全压启动和降压启动两种，一般优先选用全压启动。但当电动机功率大于变压器容量的 20% 或电动机功率超过 14kWh，可采用星—三角（Y-A）转换启动、电抗降压启动和自耦变压器启动等几种降压启动方法。绕线式转子电动机在其启动时其转子绕组的回路中常接入变阻器，通过改变回路电阻值来调整启动电流。常用的变阻器有启动变阻器、频敏变阻器。

（4）电动机在运行中，由于自身或外部的原因均可能出现故障，因此应根据电动机性能和实际工作需要设置可靠有效的保护装置。为防止发生短路，可采用各种类型的熔断器作为短路保护；为防止发生过载，可采用热继电器作为过载保护；为防止电动机因漏电而引发事故，可采用良好的接地保护，且接地必须牢固可靠。其他还有失压保护、温度保护等安全保护设施。

（5）电动机在运行中正常与否，可以从电流大小、温度高低及温升大小、声音差异等特征来观察。因此在分析和判断电动机运行状况时，工作人员应进行必要的监控和维护，包括对电动机的电流、电压、温升情况，特别是容易发热和起火部位进行监控。当发现冒青烟、闻到焦糊味、听到声音异常等现象，以及发生皮带打滑、轴向窜动冲击、扫膛、转速突然下降等故障时，应立即停机，查明原因，及时修复。

（6）要经常对电动机进行维修保养，停电时应将各电动机的分开关和总开关断开，防止复电时无人在场发生危险。下班或无人工作时，应将电动机的电源插头拔下，确保安全。

（七）电气开关装置的防火

在电力输配、电气传动和自动控制等系统中，经常需要运用电气开关接通和隔离电源。电气开关在发电厂、变电所、工矿、交通企业及农业等单位和部门有着广泛的应用，是电能生产、输送、分配及应用等环节中不可缺少的电气装置。

1. 自动开关的防火

（1）火灾危险性

自动开关主要用于分合和保护交、直流电气设备的低压供电系统，如果选型不当、操作失误、缺乏维护，出现机构失灵、接触不良、缺相运行或因整定值过大在被保护设备过载时不能动作等现象时，会失去保护作用，而导致电气设备的损坏，并且伴随着电气设备烧毁、爆炸等现象，还会引燃可燃物，酿成火灾。此外，自动开关一般控制着一定范围内的整个用电系统，因此，由于开关故障造成的损失和灾害可能很大。

（2）防火措施

1）自动开关的型号应根据使用场所、额定电流与负载、脱扣器额定电流，长、短延时动作电流值大小等参数来选择，必须符合安全要求。

2）自动开关不应安装在易燃、受震、潮湿、高温、多尘的场所，而应装在干燥、明亮，便于维修和施工的地方，并应配备电柜箱。安装完毕启用前，要保证电磁铁接触良好。

3）操作机构、脱扣器、触点和转动部分是自动开关易出故障的地方，在使用1/4机械寿命时，必须进行添润滑油、清除毛刺灰垢、补焊触点、紧固螺钉等维护工作。

2. 闸刀开关、铁壳开关及倒顺开关的防火

（1）火灾危险性

这三种开关主要用于照明、电热、电机控制等小型电气装置的电流分合控制中，由于其使用对象的普遍性和广泛性，其发生火灾的危险性也相对较大。一旦发生超载发热、绝缘损坏、缺相运行、机构故障等引起短路、电击和由于刀口接触不良，闸刀开关与导线连接松弛，都将引起局部升温、电弧等现象，轻则破坏电气系统的正常运行，重则导致电力网发生火灾。

（2）防火措施

1）闸刀开关应根据额定电流与额定电压合理选用，严禁超载。其额定电流应为电动机额定电流的2.5倍以上。安装时，应选择干燥明亮处，并配备专用配电箱。电源接在静触点上，开关按规定安装成正装形式，而且应保证拉、合闸刀的动作方便灵活。使用过程中定期检查各开关刀口与导线及刀触点处是否接触良好，开关胶盒、瓷底座、手柄等处有无损坏等。

2）使用铁壳开关时，应合理选择开关型号，严禁长时间过载使用。保证开关铁壳接地良好。插入式熔断器损坏后应及时更换。严禁使用其他导体代替熔体使用。机械连锁装置及外盖损坏后勿冒险使用。

3）倒顺开关应根据电动机的容量和工作情况选用。在倒顺开关前级应加装能切断三相电源的控制开关和熔断器。倒顺开关每月至少检修一次。若发现触点接触不良、厚度磨损或不足原来的一半以及有裂痕、松动等现象时，应停电进行更换和修复。

4）潮湿场所应选用拉线开关。存放易燃、易爆、腐蚀性物品的房间应把开关安在室外或合适的地方，也可采用相应的防爆、防腐开关。

5）在中性点接地的系统中，单级开关必须接在火线上，以防在火线接地时发生短路引起火灾。

3. 接触器的防火

（1）火灾危险性

1）接触器的触头弹簧压力过小、触头熔焊、机构卡死、铁芯极表面积累油垢等现象都会导致接触器不释放，使电源长期导通，极易引起线路短路发生火灾，并且可能造成人员触电等恶性事故。

2）接触器的电源电压过高或过低、线圈参数与实际不符、操作频率过高、环境条件不良（如潮湿、高温有腐蚀气体等）、运动部分卡住、交流铁芯不平或间隙太大等现象都会引起线圈过热或烧毁，导致火灾。

3）造成相间短路的原因主要有：可逆转换接触器的连锁不可靠，错误操作使两台不同时序的接触器同时投入运行；接触器动作时间同步性差；转换过程中产生电弧；触点尘埃堆积、部件损坏等。

（2）防火措施

1）接触器安装前应检查铭牌及线圈上的技术数据是否符合实际使用要求。检查并按要求调整触头的工作参数，并使各极触头动作同步。确保接触器各活动部分动作无阻滞。

2）注意擦净铁芯极面上的防锈油。接线时要防止螺钉、垫圈等零件落入内部间隙造成卡壳与短路。各接点需保证牢固无松动。

3）使用前应先在不接通主触头的情况下使吸引线圈通电，分合数次，以检查接触器动作是否确实可靠。可逆转换的接触器还可考虑加装机械连锁机构，以保证连锁可靠。

4）针对接触器频繁分、合的工作特点，应每月检查维修一次接触器各部件，紧固各接点，及时更换损坏的零件，保证各触点清洁无垢。

5）接触器一般应安装在干燥、少尘的控制箱内，其灭弧装置不能随意拆开，以免损坏。

4. 控制继电器的防火

（1）火灾危险性

控制继电器本身火灾危险性并不太大，但由于它在自动控制和供电系统中都具有重要作用，一旦操作人员动作失误或机械失灵，后果将十分严重。

（2）防火措施

1）控制继电器在选用时，除线圈电压、电流应满足要求外，还应考虑被控对象的延迟时间、脱扣电流倍数、触点个数等因素。

2）控制继电器要安装在少震、少尘、干燥的场所，现场严禁有易燃、易爆物品存在。安装完毕后必须检查各部分接点是否牢固、触点接触是否良好、有无绝缘损坏等，确认安装无误后方可投入运行。

3）由于控制继电器的动作十分频繁，回此必须做到每月至少检修两次。除例行检查外，重点应检查各触点的接触是否良好，有无绝缘老化，必要时应测其绝缘电阻值。另外还应注意保持控制继电器清洁无积尘，以确保其正常工作。

（八）电气照明的防火

电气照明是利用电能发光的一种光源。按发光原理可分为热辐射光源和气体发光光源。按使用性质可分为工作照明、装饰照明和事故照明。随着科学技术的发展和人民生活水平的不断提高，各种电气照明和装饰装置在生产、生活中得到广泛的应用。由于其使用的普遍性和多样性，人们对在日常生活中使用较多的白炽灯、荧光灯、高压汞灯、卤钨灯等照明灯具的火灾危险性应有足够的重视。

1. 火灾危险性

（1）照明或装饰灯具在工作时，其玻璃灯泡、灯管等表面温度很高。若灯具选用不当，发生故障产生电火花、电弧或局部高温，都极可能引起灯具附近的可燃物起火燃烧，酿成火灾。

（2）由于照明灯具一般安装在人员生产、居住的场所，装饰灯具一般安装在人员密集的场合，一旦发生火灾除了造成巨大财产损失外，还会造成重大人员伤亡。

（3）白炽灯在工作时，其表面都会发热。且功率越大，连续使用时间越长，温度越高，若其表面与可燃物接触或靠近，在散热不良时，累积的热量能烤燃可燃物。另外，白炽灯的灯泡耐震性差易破碎而使高温灯丝外露，高温的灯泡碎片也易引起火灾。

（4）荧光灯的火险隐患主要在镇流器上。如果由于制造质量不合格、散热条件不好或额定功率与灯管的不配套等原因，其内部温度会急剧上升，长期高温会破坏线圈的绝缘，形成匝间短路，产生瞬间巨大热量，引燃周围可燃物。

（5）高压汞灯和钠灯的功率较高，一般在几百瓦以上，照明时灯具的表面温度很高。温升过高是这两种灯具的主要火险隐患。其次，高压汞灯的镇流器和高压钠灯的电子触发器都存在火险隐患。镇流器的火险隐患如上述荧光灯的镇流器，而电子触发器则可能由于内部电容漏电等原因产生热量而引起燃烧。

（6）卤钨灯处于正常工作状态时，石英玻璃管壁温度高达 $500 \sim 800℃$，不仅能在短时间内烤燃附着的可燃物，亦可能将一定距离内的可燃物烤燃，其火灾危险性较之其他一般照明电器更大。

（7）特效舞厅灯主要包括蜂巢灯、扫描灯、太阳灯、宇宙灯、双向飞碟灯及本身不发光的雪球灯等，其特点是为装饰和渲染气氛，灯具往往带有驱动灯具旋转用的电动机。当旋转阻力增大或传动机构被卡住时，电动机便会迅速发热升温，加之舞台等场所的道具幕景多为可燃物，在电机高温作用下极易起火。

（8）霓虹灯的引发电压在1万伏以上，需通过专门的变压器升压来取得。若变压器高压输出端的绝缘接线柱上积有尘垢，在潮湿天气下可能会发生漏电打火，引发火灾。同时长时间通电亦会因温升过高，熔化变压器上封灌的沥青而发生意外。

（9）电气照明和装饰过程中，除了各种照明和装饰灯具外，尚需大量的开关、保护器、导线、挂线盒、灯座、灯箱、支架等附件，这些设施如果由于容量选择不当、长期过载运行等原因导致绝缘损坏、短路起火等故障，亦会造成火灾事故。

2. 防火措施

（1）合理选用灯具类型。在有爆炸性混合物或生产中易于产生爆炸介质的场所，应采用整体防爆装置。在有腐蚀性气体及特别潮湿的场所，应采用密封型或防潮型灯具，其部件还应进行防腐处理。在灼热多尘的场所（如炼钢、炼铁、轧钢等场所）可采用投光灯。户外照明可采用封闭型灯具或有防火灯座的开启型灯具。

（2）应正确安装照明、装饰灯具

1）灯具与可燃物间距不小于50cm（卤钨灯为大于50cm），离地面高度不应低于2m，当低于此高度时，应加装防护设施。灯泡下方不宜堆放可燃物品。

2）灯具的防护罩必须完好无损，严禁用纸、布或其他可燃物遮挡灯具。

3）可燃吊顶上所有暗装、明装的灯具功率不宜过高，并应以白炽灯或荧光灯为主；暗装灯具及其发热附件的周围应有良好的散热条件。舞台暗装彩灯、舞池脚灯、可燃吊顶内灯具的导线均应穿钢管或阻燃硬塑套管敷设；卤钨灯灯管附近的导线应采用耐热绝缘护套；吊装彩灯的导线穿过龙骨处应有胶圈保护。

4）选用质量可靠的低温镇流器，不准将升温高的镇流器直接固定在可燃天花板等物体上，其电容与容量必须与灯管一致。

5）0级、10级爆炸危险场所（0级区，是指爆炸性气体，10级区是指爆炸性粉尘），选用开启型灯具做成嵌墙式壁龛时，其检修门应向墙外开启，并保证通风良好；向室内照明的一侧应有双层玻璃严密封闭。其距门、窗框的水平距离不少于3m，距排风口水平距离不小于5m。

（3）各类照明供电的附件必须符合电流、电压等级要求。在爆炸危险场所使用的灯具和零件，应符合《中华人民共和国爆炸危险场所电气安全规程》规定的要求。开关应装在相线上，螺口灯座必须接地良好，设施的金属外壳应接地。灯火线不得有接头，在天棚挂线盒内应做保险扣。质量超过1kg的悬吊灯具应用金属吊链等将其固定，质量超过3kg时应固定在预埋的吊钩、螺栓或主龙骨上。在可燃材料装修的场所敷线时，应穿金属套管、阻燃硬塑套管，转弯处应装接线盒，套管超过30m长时中间应加接拉线盒做好保护。在重要场所安装暗装灯具和安装特制大型吊装灯具时，应在全面安装前做出同类型"试装样板"，经核定无误后再组织专业人员全面安装。

（4）合理控制电气照明。照明电流应分别有各自的分支回路，而不应接在动力总开关之后。各分支回路都要设置短路保护设施。为避免过载发热引起事故，一些重要场所及易燃易爆物品集中地还必须加装过载保护装置。非防爆型的照明配电箱及控制开关严禁在 0 级、10 级爆炸危险场所使用。配电盘后尽量减少接头，盘面应有良好的接地。

（5）严格照明电压等级和负载量。照明电压一般采用220V，携带式照明灯具的供电电压不应超过36V，在潮湿地区作业则不应超过12V，且禁止使用自耦变压器。36伏以下的和220V以上的电源插座应有明显的差别和标记。一个分支回路内灯具的个数不应超过 20 个，民用照明电流应小于15A，工业用应小于20A。由负载量确定导线规格（每一插座以 2～3A 负载计）。三相四线制照明电路还应做好三相负荷的平衡配置。

（6）在商场、码头、车站、机场、医院、影剧院、控制室及各类大型建筑物和重要工作场所中一般应当安装事故应急照明灯具，以备发生事故正常电力系统无法使用时能及时处理现场、进行救护。事故照明灯具应设在易发生事故场所、建筑物主要出入口、重要工作场所等地方，并标以明显的颜色标记以备事故发生时能及时方便地启用。事故照明灯具不能采用启动缓慢的类型（如镇流器启动灯具等）。事故照明灯具应有独立的应急电池供电以保证在正常电力系统受到损坏时能不受影响地正常开启使用。

（九）爆炸危险场所的电气设备

电气设备和线路所产生的电火花或电气设备表面的温度过高，能引起爆炸性混合物爆炸。为保证安全，需根据电气设备和线路产生电火花及电气设备表面的发热温度，采取各种防爆措施，使这些电气设备和线路能在有爆炸危险的场所使用。

1. 爆炸危险场所的类型和等级

爆炸危险场所，是指在易燃易爆物质的生产、使用和贮存过程中，能够形成爆炸性混合物，或爆炸性混合物能够侵入的场所。根据发生事故的可能性及其后果、危险程度及物质状态的不同，将爆炸危险场所划分为二类五级，以便采取相应措施，防止由于电气设备及线路引起爆炸和发生火灾。

第一类：有气体或蒸气爆炸性混合物的爆炸危险场所，划分为三级。

Q-1 级场所：

是指在正常情况下能形成爆炸性混合物的场所，包括正常的开车、运转、停车，例如敞开装料、卸料等。

Q-2 级场所：

是指在正常情况下不能形成爆炸性混合物的场所。即在正常情况下不能形成，而仅在不正常情况下才能形成爆炸性混合物的场所。不正常情况包括装置或设备的事故损坏、误操作、维护不当及装置或设备的拆卸、检修等。

Q-3 级场所：

是指在不正常情况下整个空间形成爆炸性混合物可能性较小的场所。

第二类：有粉尘或纤维爆炸性混合物的爆炸危险场所，划分为二级。

G-1 级场所：

是指在正常情况下能形成爆炸性混合物的场所。例如：铝粉、面粉、硫磺粉等生产设备的内部空间，粉状塑料、树脂等的气流干燥设备内的空间。

G-2 级场所：

是指正常情况下不能形成爆炸性混合物的场所。即在有 G-1 生产设备的厂房内部空间划为 G-2 级场所。

2. 防爆电器设备的应用

防爆电气设备的类型，有防爆安全型（标志 A）、隔爆型（标志 B）、防爆充油型（标志 G）、防爆通风充气型（标志 E）、防爆安全火花型（标志 H）、防爆特殊型（标志 T）。按爆炸性混合物的性质选用防爆电气设备：

如果在同一场所范围内有多种爆炸性混合物，应按危险性大的选定防爆电气设备。对于一般有爆炸危险的场所，还可选用最普遍的型号，如 B3c、B3d 型电动机，B3c、B4c 型照明灯具和 COe 型、AOd 型防爆开关。

这样，只对少数几种物质，如水煤气、氢、乙炔、二硫化碳等，在选型时需进一步考虑外，对绝大多数的爆炸性混合物都合乎要求。这也正是比较普遍生产这些型号的重要原因。

（十）雷电的危害及预防措施

在雷雨季节里，常会出现强烈的光和声，这就是人们常见的雷电。雷电是一种大气中放电的现象，虽然放电作用时间短，但放电时产生数万伏至数十万伏冲击电压，放电电流可达几十到几十万安，电弧温度也可达几千度以上，对建筑群中高耸的建筑物及尖形物、空旷区内孤立物体以及特别潮湿的建筑物、屋顶内金属结构的建筑物及露天放置的金属设备等有很大威胁，可能引起倒塌、起火等事故。特别是在华南地区，年雷暴日常会达到 80 天甚至更多，频繁的雷击会造成生命和财产的巨大损失。

雷电的危害一般分为两类：一是雷直接击在建筑物上发生热效应作用和电动力作用；二是雷电的二次作用，即雷电流产生的静电感应和电磁感应。因此要做好防雷措施。

1. 火灾危险性

（1）雷电流高压效应。雷电会产生高达数万伏甚至数十万伏的冲击电压，如此巨大的电压瞬间冲击电气设备，足以击穿绝缘使设备发生短路，导致燃烧、爆炸等直接灾害。

（2）雷电流高热效应。雷电会放出几十至上千安的强大电流，并产生大量热能，在雷击点可导致金属熔化，引发火灾和爆炸。

（3）雷电流机械效应，主要表现为被雷击物体发生爆炸、扭曲、崩溃、撕裂等现象导致财产损失和人员伤亡。

（4）雷电流静电感应，可使被击物导体感生出与雷电性质相反的大量电荷，当雷电消失来不及流散时，即会产生很高电压发生放电现象从而导致火灾。

（5）雷电流电磁感应，会在雷击点周围产生强大的交变电磁场，其感生出的电流可引起变电器局部过热而导致火灾。

（6）雷电波的侵入和防雷装置上的高电压对建筑物的反击作用也会引起配电装置或电气线路短路而燃烧导致火灾。

2. 预防措施

（1）防雷装置

防雷装置由接闪器、引下线和接地体三部分组成，其作用是防止直接雷击或将雷电流引入大地，以保证人身及建（构）筑物安全。

接闪器包括避雷针、避雷线、避雷网、避雷带、避雷器等，是直接接受雷击的金属部分。避雷针一般设在高层建筑物的顶端和烟囱上，保护建筑物免受直接雷击；避雷线常用来架设在高压架空输电线路上，以保护架空线路免受直接雷击，也可用来保护较长的单层建（构）筑物；避雷网和避雷带普遍用来保护建筑物免受直接雷击和感应雷。避雷器是防止雷电过电压侵袭配电和其他电气设备的保护装置。避雷器安装在被保护设备的引入端，其上端接在架空输电线路上，下端接地。其中，阀型避雷器是保护变、配电装置常用的一种避雷装置；管型避雷器一般是用于线路上；保护间隙是最简单最经济的防雷装置，俗称简单避雷器，一般安装在线路的进户处，用来保护电度表等设备。

引下线是避雷保护装置的中段部分。上接接闪器，下接接地装置。一般敷设在建筑物的外墙，并经最短线路接地。每座建筑物的引下线一般不少于两根。

接地装置包括埋设在地下的接地线和接地体。在腐蚀性较强的土壤中，接地装置应采取镀锌等防腐措施或加大截面。

（2）防雷装置在工业与民用建（构）筑物上的具体应用

1）工业建筑按防雷要求划分

第一类工业建筑指在建筑物中制造、使用或储存大量的爆炸性物质，因电火花而引起爆炸，会造成巨大破坏和人员伤亡者；O区或10区爆炸危险场所。

第二类工业建筑是指在建筑物中制造、使用或储存爆炸性物质，但电火花不易引起爆炸或不致造成巨大破坏和人身伤亡者。

第三类工业建筑物是根据雷击后对工业生产的影响，并结合当地气象、地形、地质及周围环境等因素，建筑物体计算雷击次数 $N>0.01$ 的 2 区爆炸危险场所；根据建筑物体计算雷击次数 $N>0.05$，并结合当地雷击情况，确定需要防雷的建筑物；多雷地区较重要的建筑物；高度在 15m 及 15m 以上的烟囱、水塔等孤立高耸建筑物；每年平均雷暴日天数不超过 15 天的地区，高度可限为 20 米。

2）民用建筑物按防雷要求划分

第一类是指国家级重点文物保护的建筑物，具有特别重要用途的建筑物，建筑物体计算雷击次数 $N>0.04$ 的重要或人员密集的公共建筑物和建筑物体计算雷击次数 $N>0.2$ 的一般性民用建筑物。

第二类民用建筑物是指省、市级重点文物保护的建筑物及档案馆；建筑物体计算雷击次数为 $0.04>N>0.01$ 的公共建筑物或人员密集场所；建筑物体计算雷击次数为 $0.2>N>0.05$ 的一般性民用建筑物。

3）防雷装置的检查

①对于重要场所或消防重点保护单位，应在每年雷雨季节以前作定期检查。对于一般性场所或单位，应每 2~3 年在雷雨季节以前作定期检查。如有特殊情况，还要进行临时性的检查。特别是对避雷针、避雷器要进行定期校验。

②当防雷装置各部分导体出现因腐蚀或其他原因引起的折断、锈蚀达 30% 以上时，必须进行更换。

③检查是否由于维修建筑物或建筑物本身形状有变动而使防雷装置的保护范围出现缺口。

④检查接闪器有无因雷击而熔化和折断，避雷器瓷套有无裂纹、碰伤等情况，并应定期进行预防性试验。

⑤检查明装引下线有无在验收后又装设了交叉或平行电气线路；检查断接卡子有无接触不良情况和木结构的接闪器支杆有无腐朽现象；并检查接地装置周围的土壤有无沉陷现象等。

⑥测量全部接地装置的接地电阻,应符合安全要求。若发现接地电阻值有很大变化,应对接地系统进行全面检查。必要时可补打电极。

⑦检查有无因挖土、敷设其他管道或种植树木而挖断接地装置等。

⑧独立的避雷针及其接地装置不得设在行人经常通过或堆放易燃物的地方。对装有避雷针或避雷带的构架,不准装设低压线或通讯线等。避雷针、避雷带与引下线应采用焊接方法。

（十一）静电的危害及预防措施

任何物体内部都是带有电荷的,一般状态下,其正、负电荷数量是相等的,对外不显出带电现象,但当两种不同物体接触或摩擦时,一种物体带负电荷的电子就会越过界面,进入另一种物体内,从而产生静电现象。如果它们所带电荷发生积聚,便会产生很高的静电压。当带有不同电荷的两个物体分离或接触时出现电火花,这就是静电放电的现象。产生静电现象的原因主要有摩擦、压电效应、感应起电、吸附带电等。

在工农业生产中,静电具有很大的作用,如静电植绒、静电喷漆、静电除虫等,同时由于静电的存在,也往往会产生一些危害,如静电放电造成的火灾事故等。随着石化工业的飞速发展,以及易产生静电的材料的应用日益广泛,其火灾危险性也随之加大。

1. 火灾危险性

（1）当物体产生的静电荷越积越多,形成很高的电位时,与其他不带电的物体接触时,就会形成很高的电位差,并发生放电现象。当电压达到300V以上时,所产生的静电火花即可引燃周围的可燃气体、粉尘。此外,静电对工业生产也有一定危害,还会对人体造成伤害。

（2）固体物质在搬运或生产工序中会受到大面积摩擦和挤压,如传动装置中皮带与皮带轮之间的摩擦;固定物质在压力下接触聚合或分离;固体物质在挤出、过滤时与管道、过滤器发生摩擦;固体物质在粉碎、研磨和搅拌过程及其他类似工艺过程中,均可产生静电。而且随着转速加快。所受压力的增大,以及摩擦、挤压时的接触面积过大、空气干燥且设备无良好接地等原因,致使静电荷聚集放电,出现火灾危险性。

（3）一般可燃液体都有较大的电阻,在灌装、输送、运输或生产过程中,由于相互碰撞、喷溅、与管壁摩擦或受到冲击时,都能产生静电。特别是当液体内没有导电颗粒、输送管道内表面粗糙、液体流速过快时,都会产生很强的摩擦,所产生的静电荷在没有良好的导除静电装置时,便积聚电压而发生放电现象,极易引发火灾。

（4）粉尘在研磨、搅拌、筛分等工序中高速运动,使粉尘与粉尘之间,粉尘与管道壁、容器壁或其他器具、物体之间产生碰撞和摩擦而产生大量的静电,轻则妨碍生产,重则引起爆炸。

（5）压缩气体和液化气体,因其中含有液体或固体杂质,从管道口或破损处高速喷出时,都会在强烈摩擦下产生大量的静电,导致燃烧或爆炸事故。

2. 预防措施

（1）为管道、储罐、过滤器、机械设备、加油站等能产生静电的设备设置良好的接地装置,以保证所产生的静电能迅速导入地下。装设接地装置时应注意,接地装置与冒出液体蒸气的地点要保持一定距离,接地电阻不应大于10Ω,敷设在地下的部分不宜涂刷防腐油漆。土壤有强烈腐蚀性的地区,应采用铜或镀锌的接地体。

（2）为防止设备与设备之间、设备与管道之间、管道与容器之间产生电位差，在其连接处，特别是在静电放电可引起燃烧的部位，用金属导体将其连接在一起，以消除电位差，达到安全的目的。对非导体管道，应在其连接处的内部或外部的表面缠绕金属导线，以消除部件之间的电位差。

（3）在不导电或低导电性能的物质中，掺入导电性能较好的填料和防静电剂，或在物质表层涂抹防静电剂等方法增加其导电性，降低其电阻，从而消除生产过程中产生静电的火灾危险性。

（4）减少摩擦的部位和降低摩擦的强度也是减少和抑制静电产生的有效方法。如在传动装置中，采用三角皮带或直接用轴传动，以减少或避免因平面皮带摩擦面积和强度过大产生过多静电。限制和降低易燃液体、可燃气体在管道中的流速，也可减少和预防静电的产生。

（5）检查盛装高压水蒸汽和可燃气体容器的密封性，以防其喷射。漏泄引起爆炸，倾倒或灌注易燃液体时，应用导管沿容器壁伸至底部输出或注入，并需在静置一段时间后才可进行采样、测量、过滤、搅拌等操作。同时，要注意轻取轻放，不得使用未接地的金属器具操作。严禁用易燃液体作清洗剂。

（6）在有易燃易爆危险的生产场所，应严防设备、容器和管道漏油、漏气。勤打扫卫生清除粉尘，加强通风，以降低可燃蒸气、气体、粉尘的浓度。不得携带易燃易爆危险品进入易产生静电的场所。

（7）可采用旋转式风扇喷雾器向空气中喷射水雾等方法，提高空气相对湿度，增强空气导电性能，防止和减少静电的产生与积聚。在有易燃易爆蒸气存在的场所，喷射水雾应由房外向内喷射。

（8）在易燃易爆危险性较高的场所工作的人员，应先以触摸接地金属器件等方法导除人体所带静电后，方可进入。同时还要避免穿化纤衣物和导电性能低的胶底鞋，以预防人体产生的静电在易燃易爆场所引发火灾以及当人体接近另一高压静电体时造成电击伤害。

（9）可在产生静电较多的场所安装放电针（静电荷消除器），使放电范围内的空气发生电离，空气成为导体，中和静电荷使其无法积聚。但在使用这种装置时应注意采取一定的安全措施，因它的电压较高，要防止伤人。

（10）预防和消除静电危害的方法还有金属屏蔽法（将带电体用间接的金属导体加以屏蔽可防止静电荷向人体放电造成击伤）；惰性气体保护法（向输送或储存易燃、易爆液体、气体及粉尘的管道、储罐中充入二氧化碳或氮气等惰性气体以防止静电火花引起爆燃等）。

（十二）家用电器的防火

家用电器种类繁多，但从其工作原理看，大致可分为电热式（如电热炉、电烤箱、热水器、电饭锅等）和非电热式（如收音机、电视机、录像机、录音机、电冰箱、洗衣机、空调机等）两大类。电热式家用电器发生火灾的频率较高，原因之一是用户使用不当。本节以电热式家用电器为主，叙述家电产品在使用过程中应注意的防火措施。

1. 电热式家用电器的防火

（1）电热炉具

1）火灾危险性

①电源未及时切断，电热丝持续加热使炉具可燃部分或所接触物品升温起火。使用电热

炉具由于在使用时未专人守护而造成火灾是家庭用电引起火灾的主要原因。

②电热炉具长期使用，绝缘器件长期经受高温而老化，绝缘强度降低，发生短路，从而导致火灾。

③接头、插头、插座受潮或接触不良致使通电后局部发热，温升过高而起火。

2）防火措施

①购买电热炉具时，应买合格产品。

②电热炉具在使用过程中，应有人看护。

③电炉、电热壶在使用时，其下方的台面必须为不燃材料制作。附近不得有可燃物质存放。

④注意电热炉具的功率和导线型号的匹配，防止由于导线过负荷而发热熔化，引起火灾。

⑤接、插部分保持接触良好，并保持干燥。

⑥防止电热炉具余热接触可燃物引起火灾。

（2）电热取暖器

1）火灾危险性

①电压波动或长期过载使用，使电热取暖用具的绝缘强度降低，或击穿绝缘引起短路导致火灾。

②电热取暖用具散热不良，局部热能累积升温引起火灾。

③电热取暖用具与导线接触不良，接头处急剧升温引燃可燃物品。

2）电热取暖器具的防火措施

①避免电热器具与周围物品靠得太近，以免热能积聚而升温起火。

②注意接线型号与电器功率的配套。

③防止过电压或低电压长期运行。

④防止绝缘物长期受热老化引起短路。

⑤设置短路、漏电保护装置。

2. 非电热式家用电器的防火

（1）空调器

1）火灾危险性

①空调器中油浸电容器被击穿起火。空调器油浸电容器质量太差或超负荷使用都会导致电容器击穿，工作温度迅速上升，使空调器的分隔板和衬垫受高温火花引燃。

②电热型空调器的风扇停转起火。风扇停转会使电热部分热量积聚引燃电热管附近的可燃物而起火。

③空调器停、开过于频繁。由于空调器中的电热部分电热惯性很大，过于频繁地停、开操作易增加压缩机负荷，电流剧增导致电动机烧毁。

2）防火措施

①勿使可燃窗帘靠近窗式空调器，以免窗帘受热起火。

②电热型空调器关机时牢记切断电热部分电源。需冷却的，应坚持冷却2min。

③勿在短时间内连续停、开空调器。停电时勿忘将开关置于"停"的位置。

④空调器电源线路的安装和连接应符合额定电流不小于 5 ~ 15A 的要求，并应设单独的

过载保护装置。

（2）电视机

1）火灾危险性

①电视机若在过电压下长时间工作会使其功耗猛增，温升过高烧坏电压调整管，使变压器失去电压保护，在高压下发生剧烈升温而起火。

②电视机内部电极间电压极高，若机内积灰、受潮等容易引起高压包放电打火，引燃周围的可燃零件而起火。这一问题一般在老式电视机中出现的可能性较大。

③电视机长期工作在通风条件不良的环境中，机内热量的积聚加速零件老化，进而引起故障而起火。

④电视机遭受雷击而起火。

2）防火措施

①不宜长时间连续收看电视，以免机内热量积聚。高温季节尤应如此。

②关闭电视时，关闭机身开关的同时应关闭电源开关，切断电源。

③保证电视机周围通风良好，以利于散热。

④防止电视机受潮，防止因潮湿损坏内部零件或造成短路。

⑤雷雨天尽量不用室外天线以免遭受雷击。

（3）电冰箱

1）火灾危险性

①压缩机、冷凝器与易燃物质或电源线接触。电冰箱工作时，压缩机和冷凝器表面温度很高，易使与之接触的物品受热熔化而起火。

②电冰箱内存放的易燃易挥发性液体，当易燃气体浓度达到爆炸极限时，控制触点的电火花可能引燃。

③温控电气开关受潮，产生漏电打火引燃内胆等塑料材料。

④短时间内持续地开、停会使压缩机温升过大被烧毁而起火。

2）防火措施

①保证电冰箱后部干燥通风，新买的冰箱的可燃性包装材料应及时拆走。

②防止压缩机、冷凝器与电源线等接触。

③勿在电冰箱中储存乙醚等低沸点易燃液体。若需存放，应先将温控器改装机外。

④勿用水冲洗电冰箱，防止温控电气开关受潮失灵。

⑤勿频繁地启动电冰箱。每次停机 5min 后方可再开机启动。

⑥电源接地线勿与煤气管道相连，否则发生火灾时，损失惨重。

（4）收录机

1）火灾危险性

①电源变压器长时间通电或短路引起电源变压器热量累积升温而起火。

②录放机机芯发生故障，电动机、变压器连续长时间升温，烧毁绝缘引发火灾。

③收录机连续使用时间过长，散热不及时，使机内零件绝缘强度降低，导致短路起火。

④收录机受潮，短路起火。

2）防火措施

①无独立电源开关的收录机使用后务必关掉电源，尤其不要带电过夜。

②高温季节勿长时间连续使用以免散热不畅而升温，一般连续工作时间勿超过5h。

③在边远地区，收音机需装室外天线时，务必做好避雷措施。

④勿使液体进入收录机，潮湿季节应定期打开盖驱潮，以免受潮短路而起火。

二、接地与接零保护系统

（一）接地保护和接零保护的区别

1. 保护接地

接地保护又常称保护接地，就是将电气设备的金属外壳与接地体连接，以防止因电气设备绝缘损坏使外壳带电时，操作人员接触设备外壳而触电。

采取电工设备金属外壳接地的措施，可防止在绝缘损坏或意外情况下金属外壳带电时强电流通过人体，以保障人身安全。

所谓保护接地就是将正常情况下不带电，而在绝缘材料损坏后或其他情况下可能带电的电器金属部分（即与带电部分相绝缘的金属结构部分）用导线与接地体可靠连接起来的一种保护接线方式。接地保护一般用于配电变压器中性点不直接接地（三相三线制）的供电系统中，用以保证当电气设备因绝缘损坏而漏电时产生的对地电压不超过安全范围。如果家用电器未采用接地保护，当某一部分的绝缘损坏或某一相线碰及外壳时，家用电器的外壳将带电，人体万一触及到该绝缘损坏的电器设备外壳（构架）时，就会有触电的危险。相反，若将电器设备做了接地保护，单相接地短路电流就会沿接地装置和人体这两条并联支路分别流过。一般地说，人体的电阻大于1000Ω，接地体的电阻按规定不能大于4Ω，所以流经人体的电流很小，而流经接地装置的电流很大。从而减小了电器设备漏电后人体触电的危险。

2. 什么情况下采用保护接地

在中性点不接地的低压系统中，在正常情况下各种电力装置的不带电的金属外露部分，除有规定外都应接地。如：

（1）电机、变压器、电器、携带式及移动式用电器具的外壳。

（2）电力设备的传动装置。

（3）配电屏与控制屏的框架。

（4）电缆外皮及电力电缆接线盒，终端盒的外壳。

（5）电力线路的金属保护管，敷设的钢索及起重机轨道。

（6）装有避雷器电力线路的杆塔。

（7）安装在电力线路杆塔上的开关、电容器等电力装置的外壳及支架。

3. 保护接地与接零保护各适用于什么场合？

（1）在中性点直接接地的低压电力网中，电力装置应采用低压接零保护。

（2）在中性点非直接接地的低压电力网中，电力装置应采用低压接地保护。

（3）由同一台发电机、同一台变压器或同一段母线供电的低压电力网中，不宜同时采用接地保护与接零保护。

实践证明，采用保护接地是当前我国低压电力网中的一种行之有效的安全保护措施。由于保护接地又分为接地保护和接零保护，两种不同的保护方式使用的客观环境又不同，如果选择使用不当，不仅会影响客户使用的保护性能，还会影响电网的供电可靠性。

（二）接地保护与接零保护两种保护方式的不同点和使用范围

接地保护与接零保护统称保护接地，是为了防止发生人身触电事故、保证电气设备正常运行所采取的一项重要技术措施。这两种保护的不同点主要表现在三个方面：

1. 保护原理不同

接地保护的基本原理是限制漏电设备对地的泄露电流，使其不超过某一安全范围，一旦超过某一整定值保护器即自动切断电源；接零保护的原理是借助接零线路，使设备在绝缘损坏后碰壳形成单相金属性短路时，利用短路电流促使线路上的保护装置迅速动作。

2. 适用范围不同

根据负荷分布、负荷密度和负荷性质等相关因素，《农村低压电力技术规程》将上述两种电力网的运行系统的使用范围进行了划分。TT系统通常适用于农村公用低压电力网，该系统属于保护接地中的接地保护方式；TN系统（TN系统又可分为TN-C、TN-C-S、TN-S三种）主要适用于城镇公用低压电力网和厂矿企业等电力客户的专用低压电力网，该系统属于保护接地中的接零保护方式。当前我国现行的低压公用配电网络，通常采用的是TT或TN-C系统，实行单相、三相混合供电方式。即三相四线制380/220V配电，同时向照明负载和动力负载供电。

3. 线路结构不同

接地保护系统只有相线和中性线，三相动力负荷可以不需要中性线，只要确保设备良好接地即可，系统中的中性线除电源中性点接地外，不得再有接地连接；接零保护系统要求无论在什么情况下，都必须确保保护中性线的存在，必要时还可以将保护中性线与接零保护线分开架设，同时系统中的保护中性线必须具有多处重复接地。

（三）正确选择接地保护和接零保护方式

1. 电力客户究竟应该采取何种保护方式，首先取决于其所在的供电系统采取的是是何种配电系统。如果客户所在的公用配电网络是TT系统，客户应该统一采取接地保护；如果客户所在的公用配电网络是TN-C系统，则应统一采取接零保护。

2. TT系统和TN-C系统是两个具有各自独立特性的系统，虽然两个系统都可以为客户提供220/380V的单、三相混合电源，但它们之间不仅不能相互替代，同时在保护措施上的要求也截然不同。这是因为，同一配电系统里，如果两种保护方式同时存在，采取接地保护的设备一旦发生相线碰壳故障，零线的对地电压将会升高到相电压的一半或更高，这时接零保护（因设备的金属外壳与零线直接连接）的所有设备上便会带上同样高的电位，使得设备外壳等金属部分呈现较高的对地电压，从而危及使用人员的安全。因此，同一配电系统只能采用同一种保护方式，两种保护方式不得混用。其次是客户必须懂得什么叫保护接地，正确区分接地与接零的不同点。将金属外壳用保护接地线与接地极直接连接的叫接地保护；当将金属外壳用保护线与保护中性线相连接的则称之为接零保护。

3. 要依据两种保护方式的不同设置的要求，规定设计、施工工艺标准。规定客户受电端建筑物内的配电线路设计、施工工艺标准和要求，通过对新建或改造的客户建筑物的室内配电部分，实施以局部三相五线制或单相三线制，取代TT或TN-C系统中的三相四线制或单相二线制配电模式，可以有效地实现客户端的保护接地。所谓"局部三相五线制或单相三线制"就是在低压线路接入客户后，客户要改变原来的传统配线模式，在原来的三相四线制和单相二线制配线的基础上，分别各增加一条保护线接入到客户每一个需要实施接地保护的电器插座的接地线端子上。为了便于维护和管理，这条保护线的室内引出和室外引入端的交汇处应装设在电源引入的配电盘上，然后再根据客户所在的配电系统，分别设置保护线的接入方法。

（1）TT系统接地保护线的设置要求

当客户所在的配电系统是TT系统时，客户必须采取接地保护方式。为了达到接地保护的接地电阻值的要求，客户要按照《农村低压电力技术规程》的要求，在室外埋设人工接地装置，其接地电阻应满足式（1-14）的要求：

$$R_e \leqslant U_{lom}/I_{op} \tag{1-14}$$

式中　R_e——接地电阻，Ω；

　　　U_{lom}——电压极限，V，正常情况下可按交流有效值50V考虑；

　　　I_{op}——相邻上一级剩余电流（漏电）保护器的动作电流，A。

对于一般客户来讲，只要采用 $40 \times 40 \times 4 \times 2500mm$ 的角钢，用机械打入的方式垂直打入地下0.6m，就能满足接地电阻的阻值要求。然后用直径 $\geqslant \phi 8mm$ 的圆钢焊接后引出地面0.6m，再用同引入的电源相线同等材质和型号的导线连接到配电盘的保护线上。

（2）TN-C系统接零保护线的设置要求

该系统要求客户必须采取接零保护方式，因此需要在原三相四线制或单相两线制的基础上，另增加一条专用保护线，该条保护线是由客户受电端配电盘的保护中性线（PEN）上引出，与原来的三相四线制或单相二线制一同进行配线连接。为了保证整个系统工作的安全可靠，在使用中应特别注意，保护线自保护中性线上引出后，在客户端就形成了中性线N和保护线（PE），使用中不能将两线再进行合并为（PEN）线。为了确保保护中性线（PEN）的重复接地的可靠性，TN-C系统主干线的首、末端，所有分支T接线杆、分支末端杆等处均应装设重复接地线，同时三相四线制用户也应在接户线的入户支架处，（PEN）线在分为中性线（N）和保护线（PE）之前，进行重复接地。无论是保护中性线（PEN）、中性线（N）还是保护线（PE）的导线截面一律按照相线的导线型号和截面标准进行选择。

（四）保护接地的适用范围

1. 保护接地适用于不接地电网。这种电网中，凡由于绝缘破坏或其他原因而可能呈现危险电压的金属部分，除另有规定外，均应接地。

2. 把正常情况下不带电，而在故障情况下可能带电的电气设备外壳、构架、支架通过接地和大地接连起来叫保护接地。保护接地的作用就是将电气设备不带电的金属部分与接地体之间作良好的金属连接，降低接点的对地电压，避免发生人体触电危险。

（五）保护接零与保护接地的合理选用

根据《民用建筑电气设计规范》（JGJ/T 16—2008）中的定义：保护接零系统（TN系统）为"电力系统有一点直接接地，受电设备的外露可导电部分通过保护线（PE线）与接地点连接"。可见，TN系统中工作零线（N）与保护接零线（PE线）是由共同地点引出的导线，而保护接地系统（TT系统）是"电力系统有一点直接接地，受电设备的外露可导电部分通过保护线（PE线）接至与电力系统接地点无直接关联的接地极"。

由以上定义可见，保护接零系统（TN系统）与保护接地系统（TT系统）的根本区别在于工作零线（N 线）与保护线（PE 线）是否由同一地极引出。而当施工现场用电与外部共用一低压电网，即电力系统接地极不在施工现场时，就很难采用 TN 系统，只有采用 TT 系统了。

根据以上定义，应理解作为检查评分表，只写明重要的、最好的接地方式，当然，TN-S 是接地系统最好的接地方式。但当工程没有独立的低压供电系统，采用 TN-S 有困难时，采用 TT 系统也认为是合理的、正确的，不应扣分。这也符合有关的规定，在《建设工程施工现场供用电安全规范》（GB 50194—2002）中规定："当施工现场没有专供施工用的低压侧为 380/220V 中性点直接接地的变压器时，应采用保护导体和中性导体分离接地系统，或电源系统接地，保护导体就地接地保护系统（TT 系统）。"

同样在《施工现场临时用电安全技术规定》（JGJ 46—2005）中也规定："当施工与外电线路共用同一供电时，电气设备应根据当地的要求作保护接零或作保护接地。"因此，工程临时施工用电采用 TN-S 系统或采用 TT 都是允许的。也正因为如此，建设部建筑管理司组织编写的《建筑施工安全检查标准实施指南》中对施工用电采用 TN-S 系统或采用 TT 系统进行了详细的阐述，其中说明：采用 TN 系统还是 TT 系统依现场电源情况而定。当施工现场采用电业部门高压侧供电，自己设置变压器形成独立电网的，应工作接地，必须采用 TN-S 系统；当施工现场采用电业部门低压侧供电，与外电线路同一电网时，应按当地供电部门的规定采用 TT 系统。

三、配电箱开关箱

（一）配电箱、开关箱及漏电开关的配置选择

1. 配电箱

配电箱是施工现场电源与用电设备的中枢环节，而开关箱上接电源线，下接用电设备也是用电安全的关键，所以正确设置与否是一个非常重要的问题。按照标准要求，施工现场应实行"三级配电，两级保护"，即在总配电箱上设分配电箱，分配电箱以下设开关箱，开关箱是末级，以下就是用电设备，从而形成三级配电。

两级保护是指除在末级（开关箱）设置漏电保护外，还要在上一级（分配电箱中）设置漏电保护开关，总体上形成两级保护。两级漏电保护器之间具有分级分段保护功能。

配电箱应采用铁质箱体，选用户外防雨型，箱内要设置保护零线端子排，视需要设置工作零线端子排。箱内电器安装板采用铁板，与保护零线端子排做良好连接。箱门也需用黄绿双色线与保护零线端子排做良好连接并上锁。箱体用红漆作"有电危险"等警示标记。箱内电器设置应按照"一机一闸一漏"原则设置，每台用电设备都由一个电气开关控制，不能一个开关控制两台。《施工现场临时用电安全技术规定》（JGJ 46—2005）规定"每台用电设备应有各自专用的开关箱"、"必须实行一机一闸制"、"开关箱中必须装设漏电保护器"，以上规定可归纳为"一机一闸一漏一箱"。

2. 开关箱

在配置电箱内电器时，应慎重考虑上、下级保护动作的选择性。这里的选择性有两个内容，一个是上、下级断路器短路保护的选择性，一个是上、下级漏电开关漏电保护的选择性。在一个配电箱内总电源开关与支线开关之间便存在上、下级短路保护的选择性问题，一

般为了配电箱整齐美观、划一，往往采用同型号的断路器，即使电源总开关与分支开关采用不同型式的瞬时脱扣器，也很难得到满意的选择性配合。而且即使是按照某生产企业给出的选择性配合要求进行配置也难得到有效的选择性配合。因此，在一个配电箱内的电源总开关应采用隔离开关而不是自动空气开关。隔离开关可以在正常情况下切断电源，起到隔离电源作用并方便维修，可省去一个级间保护选择性要求，使上一级配电箱更易保护选择性。因上一级配电箱至下一级配电箱有一定距离，可利用馈线长度的阻抗来限制下级发生短路时的故障电流，使上、下级保护具有一定的选择性。

3. 漏电开关

要保证漏电开关的选择性，就要精心选择上、下级额定漏电动作电流和上、下级漏电动作时间。应遵循以下原则进行选择：末端线路上（开关箱内）的漏电保护器的额定漏电动作电流 $I_{\Delta n}$ 值选用 30mA；上级漏电保护电器的 $I_{\Delta n1}$ 值必须是下级 $I_{\Delta n2}$ 的一倍，即 $I_{\Delta n1} \geq 2I_{\Delta n2}$；我国漏电保护器产品执行标准（GB 6829—2008）《剩余电流动作保护电器的一般要求》规定：在漏电电流为 $I_{\Delta n}$ 时，直接接触保护用的漏电保护器最大分断时间为 0.1s，间接接触保护用的漏电保护器最大分断时间为 0.2s。因此，末端保护的漏电保护器应选用直接接触保护用的，额定动作时间要 ≤0.2s，上一级的漏电保护器额定动作时间要增加延时 0.2s 才不致引起误动作。目前国内市场的许多漏电保护器的产品说明书中都不说明是用作直接接触保护用还是用作间接接触保护用的，为此，在选用时应选择符合要求的漏电保护器。采用漏电保护器作分级保护时最好为二级，级数过多将难以得到有选择性的保护。

（二）配电箱及开关箱的设置

1. 配电系统应设置配电柜或总配电箱、分配电箱、开关箱，实行三级配电。

配电系统宜使三相负荷平衡。220V 或 380V 单相用电设备宜接入 220/380V 三相四线系统；当单相照明线路电流大于 30A 时，宜采用 220/380V 三相四线制供电。

2. 总配电箱以下可设若干分配电箱；分配电箱以下可设若干开关箱。

总配电箱应设在靠近电源的区域，分配电箱应设在用电设备或负荷相对集中的区域，分配电箱与开关箱的距离不得超过 30m，开关箱与其控制的固定式用电设备的水平距离不宜超过 3m。

3. 每台用电设备必须有各自专用的开关箱，严禁用同一个开关箱直接控制 2 台及 2 台以上用电设备（含插座）。

4. 动力配电箱与照明配电箱宜分别设置。当合并设置为同一配电箱时，动力和照明应分路配电；动力开关箱与照明开关箱必须分设。

5. 配电箱、开关箱应装设在干燥、通风及常温场所，不得装设在有严重损伤作用的瓦斯、烟气、潮气及其他有害介质中，亦不得装设在易受外来固体物撞击、强烈振动、液体浸溅及热源烘烤的场所。否则，应予清除或做防护处理。

6. 配电箱、开关箱周围应有足够 2 人同时工作的空间和通道，不得堆放任何妨碍操作、维修的物品，不得有灌木、杂草。

7. 配电箱、开关箱应采用冷轧钢板或阻燃绝缘材料制作，钢板厚度应为 1.2~2.0mm，其中，开关箱箱体钢板厚度不得小于 1.2mm，配电箱箱体钢板厚度不得小于 1.5mm，箱体表面应做防腐处理。

8. 配电箱、开关箱应装设端正、牢固。固定式配电箱、开关箱的中心点与地面的垂直距离应为 1.4～1.6m。移动式配电箱、开关箱应装设在坚固、稳定的支架上，其中心点与地面的垂直距离宜为 0.8～1.6m。

9. 配电箱、开关箱内的电器（含插座）应先安装在金属或非木质阻燃绝缘电器安装板上，然后方可整体紧固在配电箱、开关箱箱体内。金属电器安装板与金属箱体应做电气连接。

10. 配电箱、开关箱内的电器（含插座）应按规定位置紧固在电器安装板上，不得歪斜和松动。

11. 配电箱的电器安装板上必须分设 N 线端子板和 PE 线端子板。N 线端子板必须与金属电器安装板绝缘；PE 线端子板必须与金属电器安装板做电气连接。进出线中的 N 线必须通过 N 线端子板连接；PE 线必须通过 PE 线端子板连接。

12. 配电箱、开关箱内的连接线必须采用铜芯绝缘导线。导线绝缘的颜色标志应按相关规定要求配置并排列整齐；导线分支接头不得采用螺栓压接，应采用焊接并做绝缘包扎，不得有外露带电部分。

13. 配电箱、开关箱的金属箱体、金属电器安装板以及电器正常不带电的金属底座、外壳等必须通过 PE 线端子板与 PE 线做电气连接，金属箱门与金属箱必须通过编织软铜线做电气连接。

14. 配电箱、开关箱的箱体尺寸应与箱内电器的数量和尺寸相适应。

15. 配电箱、开关箱中导线的进线口和出线口应设在箱体的下底面。

16. 配电箱、开关箱的进、出线口应配置固定线卡，进出线应加绝缘护套并成束卡在箱体上，不得与箱体直接接触。移动式配电箱、开关箱的进、出线应采用橡皮护套绝缘电缆，不得有接头。

17. 配电箱、开关箱外形结构应能防雨、防尘。

四、现场照明安全技术控制

（一）施工现场照明安全要求

1. 现场的照明线路，必须采用软质橡皮护套线，并配有漏电保护器保护。灯具的金属外壳应接地（零）保护。

2. 照明灯的相线应经开关控制，不得将相线直接引入。

3. 移动式碘钨灯的金属支架应有可靠接地（零），灯具距地高度不得低于 2.5m。

4. 高压钠灯安装支架应坚固可靠，并要有防雨措施。

（二）施工现场照明安全技术

1. 在坑洞内作业、夜间施工或自然采光差的场所，作业厂房、料具堆放场、道路、仓库、办公室、食堂、宿舍等，应设一般照明、局部照明或混合照明。在一个工作场所内，不得只装设局部照明。停电后操作人员需要及时撤离现场的特殊工程，必须装设自备电源的应急照明。

2. 现场照明应采用高光效、长寿命的照明光源。对需要大面积照明的场所，应采用高压汞灯、高压钠灯或混光用的卤钨灯。

3. 照明器的选择应按下列环境条件确定

（1）正常湿度时，选用开启式照明器；

（2）在潮湿或特别潮湿的场所，选用密闭型防水防尘照明器或配有防水灯头的开启式照明器；

（3）含有大量尘埃但无爆炸和火灾危险的场所，采用防尘型照明器；

（4）对有爆炸和火灾危险的场所，必须按危险场所等级选择相应的照明器；

（5）在振动较大的场所，选用防振型照明器；

（6）对有酸碱等强腐蚀的场所，采用耐酸碱型照明器。

4. 照明器具和器材的质量均应符合有关标准、规定的要求，不得使用绝缘老化或破损的器具和器材。

5. 照明灯具的金属外壳必须作保护接零。单相回路的照明开关箱（板）内必须装设漏电保护器。

6. 室外灯具距地面不得低于3m，室内灯具不得低于2.4m。

7. 路灯的每个灯具应单独装设熔断器保护。灯头线应做防水弯。

8. 荧光灯管应用管座固定或用吊链。悬挂镇流器不得安装在易燃的结构物上。

9. 钠、铊、铟等金属卤化物灯具的安装高度宜在5m以上，灯线应在接线柱上固定，不得靠近灯具表面。

10. 投光灯的底座应安装牢固，按需要的光轴方向将枢轴拧紧固定。

11. 螺口灯头及接线应符合下列要求：

（1）相线接在与中心触头相连的一端，零线接在与螺纹口相连的一端；

（2）灯头的绝缘外壳不得有损伤和漏电。

12. 灯具内的接线必须牢固。灯具外的接线必须做可靠的绝缘包扎。

13. 暂设工程的照明灯具宜采用拉线开关。开关安装位置应符合下列要求：

（1）拉线开关距地面高度为2~3m，与出、入口的水平距离为0.15~0.2m。拉线的出口应向下。

（2）其他开关距地面高度为1.3m，与出、入口的水平距离为0.15~0.2m。严禁将插座与搬把开关靠近装设；严禁在床上装设开关。

14. 电器、灯具的相线必须经开关控制，不得将相线直接引入灯具。

15. 对于夜间影响飞机或车辆通行的在建工程或机械设备，必须安装设备醒目的红色信号灯。其电源应设在施工现场电源总开关的前侧。

（三）施工现场配合要点

1. 照明工程施工与土建结构工程施工配合

（1）配合土建结构施工，以施工图为依据预留孔洞、预埋铁件；确定盒（箱）规格型号，按照盒（箱）几何尺寸制作盒（箱）套。其盒（箱）套可采用木料制作，也可采用3mm以上钢板制作。一般木制套盒（箱）只能用一次，耗材量大，不经济；而钢板制成的套盒（箱）可随结构楼层浇灌混凝土凝固期满后，拆下来随楼层增高后重复使用。

（2）预留盒（箱）孔洞的标高、坐标应符合施工图要求，同时找土建放线人员确认建筑基准点后再定位，防止基准点未找对、放错线，造成返工修改孔洞等后果。

（3）依据施工图线槽几何尺寸、标高、坐标位置确定穿楼板、穿墙孔洞。其孔洞内壁与线槽周边外缘之间缝隙以 20~30mm 为宜。

（4）吊支架预埋铁件。依据施工图找出线槽由电源供电至末端的路由，确定坐标位置及预埋铁件之间的间距，配合土建楼板或墙体钢筋绑扎施工。预埋铁件在墙体预埋时，其铁板面应与内墙面平齐；预埋铁在顶板预埋时，其铁板面应与顶板下面平齐。在钢筋上预埋铁件应绑扎牢固，浇灌混凝土前需派人检查，发现歪斜的预埋铁件应调整合格后，再请土建专业浇灌混凝土。

（5）暗配管施工。依据施工图、盒（箱）起点与终点位置，找出干管与支管的路由，依据土建设置的基准点，放线测量，下料配管。

（6）在楼板中配管，应在上下层钢筋的中间穿行。当管路较多时，如消防报警管路、弱电管路发生交叉重叠的情况，应及时找各专业负责人协调，设法错开位置，防止重叠后高出楼板厚度。配管之间、管与盒（箱）之间应绑扎牢固。

（7）在墙体钢筋网中配管，应注意管与管之间、管与盒（箱）之间要固定牢固，关键是各种开关盒、标高、坐标位置应符合现行国家标准施工验收的规定。

2. 与土建装饰工程施工配合

（1）检查预埋盒（箱）孔洞尺寸、标高、坐标位置有无歪斜偏移、标高高低不一致的现象，如发现问题及时修复。

（2）检查预埋铁件标高、坐标位置、间距是否符合设计要求。如发现标高不准、位置偏移大、间距不符合规定，应及时修复。

（3）检查暗敷管线，进行扫管时如发现不通或遗漏，应及时找土建专业共同进行修补。

（4）检查灯头盒、开关盒、插座盒、插座箱、照明配电箱等，盒（箱）收口是否平整。如还未做收口工作，应及时找土建专业协助盒（箱）收口。

（5）室内吊顶上灯具安装应配合土建吊顶施工。首先画出吊顶分格图，确定照明灯具、通风口、感烟探测器、喷淋头的位置，然后按顺序施工。

（6）室内吊顶进行细部调整顺直平整时，各专业应紧密配合土建吊顶的调整，将各自的器件调整完毕。

（7）嵌入式照明灯具需要镶嵌在吊顶轻钢龙骨上时，应考虑承重事宜，找土建专业协调研究解决方案。

（8）走道吊顶下嵌入式灯具安装时，由于吊顶距顶板的空间狭窄，通风管道占据空间又大，消防喷淋头、感烟探测器、给排水管道、冷凝水管道等各种管道拥挤在一起，给安装灯具造成困难。因此，在走道管道较多的地方，应及时进行各专业协调工作，处理好走道空间的布置。

（9）屋顶或外檐安装霓虹灯时，应考虑霓虹灯标志牌的抗风能力。固定霓虹灯标志牌时，不应破坏外檐饰面；在屋顶施工时不应破坏防水层。

（10）室外草坪内景观照明施工、开挖线路沟槽，应与园林施工人员协调。了解花草树木种植的造型位置，防止灯具安装时与之相碰影响施工。同时还应了解种植土壤腐殖质土壤的厚度，开挖时不能将腐殖质土壤翻到下面，否则下面的生土层会影响种植效果。回填时将生土层还回，腐殖质土壤在生土层的上面，保证花草树木的生长不受影响。

（11）音乐喷泉、游泳池内水下可塑霓虹灯具的安装，主要配合土建专业，在制作音乐喷泉或游泳池结构时，预埋带止水翼的钢性套管，根据土建防水处理抹灰及防水制作工艺，考虑预留套管在池壁两端伸出的长度。过管与套管之间的间隙用油麻缠绕封堵，然后再用沥青膏封堵。导线使用防水护套型，封堵导线与过管之间采取与上述相同方法。池内的整体防水施工由土建专业完成。

（12）庭院地面景观灯具安装应依据施工图确定地面灯具电源供电始端至末端、灯位坐标，同土建协调地面面层的做法，如有的铺瓷砖，有的铺石材。因此必须了解垫层的厚度和面层材料的厚度，确定地面灯具的外罩的上表面与地面层找平的尺寸，然后开挖沟槽进行管线暗敷至灯位处。灯位处根据灯具外形尺寸砌筑成槽，槽内安装防水、防潮、防压灯具。整个电气照明的施工过程应与土建专业紧密配合完成。

（13）泛光灯景观照明的安装应依据施工图，确定照明电源进出线的位置、灯具安装的位置。敷设方式一般采用暗埋管线，灯具安装方式有落地式、构架式和立杆式等。完成上述施工任务还需与土建专业协调配合，路面开沟挖槽、回填等工作由土建专业协助施工，管路敷设和灯具安装由电气施工人员完成。

（四）施工现场控制重点

1. 照明工程施工图审核

（1）审核照明施工图是否由具有法人资质证明的设计单位设计，确认施工图有效方可使用。

（2）根据照明施工图、土建装饰施工图复核各专业管线比较集中的部位，如客房、走道、写字间等处，了解管路走向、灯具安装位置有无相互碰撞之处，以及土建结构、隔墙材料、厚度、吊顶距顶板尺寸、地面做法等。

（3）经过认真阅读照明施工平面图及相关专业施工图，发现施工图中的问题，集中汇总，列出问题的部位，提供给设计单位，组织设计交底，将提出的问题形成解决方案文件，进行会签确认，并及时办理设计变更洽商。

2. 照明工程施工组织设计审核

（1）重点审核照明用电配电箱（柜）内，开关断路电流容量、过载、过流、短路、接地等保护装置是否齐全。

（2）照明线路电线、电缆截面、载流量是否满足照明灯具用电量的需求。经核算不符合要求的，及时办理设计变更洽商手续。

（3）了解在本建筑物室外，景观照明都由哪几部分组成，由哪些专业单位施工，掌握情况，便于施工管理。

（4）照明工程施工材料计划、加工订货计划、劳动力安排计划、施工进度计划应与土建总施工进度计划相对应，确保总工期按进度顺利完成。

3. 照明工程施工技术交底

依据照明平面布置图，明确普通灯具的工艺做法；重点是特殊灯具，如重量大、体积大的室内装饰灯具，单独制定施工安装方案，保证照明灯具安装使用的安全与功能。

4. 灯具选型

由于大型公共建筑物室内、室外照明灯具品种多、数量大，需要在装修前协助建设单位进行调查选型，确定生产厂家、加工日期和到达现场日期。

5. 设备验收

照明灯具送货到现场，由建设单位、监理单位、施工单位、生产厂家四方共同开箱，检查灯具外观有无碰撞损坏、各种配件是否齐全、要求有接地端子的灯具是否符合要求，灯具的规格型号、安装方式、数量等是否符合设计的要求和规定。确认照明灯具全部合格后，办理交接手续。

五、配电线路安全技术控制

（一）架空线路安全技术

1. 保证架空线路安全运行的具体要求

（1）水泥电杆无混凝土脱落、露筋现象。

（2）线路上使用的器材，不应有松股、交叉、拆叠和破损等缺陷。

（3）导线载面和弛度应符合要求，一个档距内一根导线上的接头不得超过一个，且接头位置距导线固定处应在 0.5m 以上；裸铝绞线不应有严重腐蚀现象；钢绞线、镀锌铁线的表面良好，无锈蚀。

（4）金具应光洁，无裂纹、砂眼、气孔等缺陷，安全强度系数不应小于 2.5。

（5）绝缘子瓷件与铁件应结合紧密，铁件镀锌良好；绝缘子瓷釉光滑，无裂纹、斑点，无损坏、歪斜，绑线未松脱。

（6）横担应符合规程要求，上下歪斜和左右扭斜不得超过 20mm。

（7）拉线未严重锈蚀和严重断股；居民区、厂矿内的混凝土电杆的拉线从导线间穿过时，应设拉线绝缘子。

（8）线间、交叉、跨越和对地距离，均应符合规程要求。

（9）防雷、防振设施良好，接地装置完整无损，接地电阻符合要求，避雷器预防试验合格。

（10）运行标志完整醒目。

（11）运行资料齐全，数据正确，且与现场情况相符。

2. 危害架空线路的行为及制止

（1）向线路设施射击、抛掷物体。

（2）在导线两侧 300m 内放风筝。

（3）擅自攀登杆塔或在杆塔上架设各种线路和广播喇叭。

（4）擅自在导线上接用电器。

（5）利用杆塔、拉线作起重牵引地锚，或拴牲畜、悬挂物体和攀附农作物。

（6）在杆塔、拉线基础的规定保护范围内取土、打桩、钻探、开挖或倾倒有害化学物品。

（7）在杆塔与拉线间修筑道路。

（8）拆卸杆塔或拉线上的器材。

（9）在架空线廊下植树。

要制止上述行为，除了广泛宣传电气安全知识外，还要加强巡视检查。发现问题，立即处理，以防止发生各种事故。

3. 架空线路一般都采用多股绞线而很少采用单股线

（1）当截面较大时，若单股线由于制造工艺或外力而造成缺陷，不能保证其机械强度，而多股线在同一处都出现缺陷的几率很小，所以，相对来说，多股线的机械强度较高。

（2）当截面较大时，多股线较单股线柔性强，制造、安装和存放都较容易。

（3）当导线受风力作用而产生振动时，单股线容易折断，多股线则不易折断。因此，架空线路一般都采用多股绞线。

4. 同一电杆上架设铜线和铝线时要把铜线架在上方

（1）铜线和铝线混架在同一电杆上时，铜线必须架设在上方，因为铝线的膨胀系数大于铜线。在同一长度下，铝线弛度较铜线大。将铜线架设在铝线上方，可以保持铜线与铝线之间的垂直距离，防止发生事故。

（2）高压架空线路建成后投入运行时要将电压慢慢地升高，不允许一次合闸送三相全电压。架空线路建成后，可能存在缺陷，而对线路又不能进行耐压试验，因此无法发现绝缘子破裂、对地距离不够等缺陷。如果一次送上全电压，可能造成短路接地事故，影响电力系统正常运行。慢慢升高电压，则可发现故障而不致造成跳闸事故。

5. 10kV 及以下架空线路的档距和导线间距的规定

（1）10kV 及以下架空线路的档距一般不大于 50m。为了降低线路造价，通过非居民区和农村的线路，档距比城市、工厂或居民区可适当放大一些。但高压线路不宜超过 100m，低压线路不宜超过 70m。高低压线路同杆架设时，档距的大小应满足低压线路的要求。

（2）架空线路导线的线间距离可根据运行经验确定。对于 1kV 以下线路，靠近电杆两侧导线间的水平距离不应小于 0.5m。

（二）导线连接安全技术

1. 架空线路导线连接的要求及焊接

（1）接触良好紧密，接触电阻小。

（2）连接接头的机械强度应不低于导线抗拉强度的 90%。

（3）在线路连接处改变导线截面或由线路向下作 T 形连接时，应采用并沟线夹续接。

（4）导线的连接一般可实行压接、插接、绕接或者焊接。但高压架空导线不宜实行焊接，因为焊接时必须将导线加热，导线加热后会造成退火，其机械强度降低，焊接处将成为薄弱环节。而高压架空线所承受的张力一般都较大，该薄弱环节往往断裂而造成事故。

（5）导线的接头随导线材料的不同而异。钢芯铝线、铝绞线相互连接时，一般采用插接法、钳压法或爆炸压接法；而铜线与铜线的连接一般采用绕接法或压接法。

2. 避免铜导线与铝导线相接时产生的电解腐蚀

（1）铜导线与铝导线相接时，由于材质不同，互相之间存在一定的电位差。铜铝之间的电位差约为 1.7V。如果有水汽，便会发生电解作用，接触面逐渐被腐蚀和氧化，导致接触面接触不良、接触电阻增大、导线发热而发生事故。因此，铜导线与铝导线相接时，应采取必要的防腐措施。如采用铜铝过渡线夹、铜铝过渡接头等，以避免电解腐蚀。

（2）也可采用铜线搪锡法，即在铜导线的线头上镀上一层锡，然后与铝导线相接。虽然铜的导电率比锡高，但锡的表面氧化后会形成一层很薄的氧化膜，紧附在铜表面，从而可以防止导线内部继续被氧化。而且，这种锡的氧化物导电率较高，与铝导线之间的电解腐蚀作用也较小，不致因接触不良而发生事故。

3. 扎线要求

（1）采用裸导线的架空线路中，将导线固定在绝缘子上的扎线，其材质应与导线的材质相同。

（2）在潮湿环境中，如果导线和扎线分别用两种不同的金属材料制成，则在相互接触处会发生严重的电化学腐蚀作用，使导线产生斑点腐蚀或剥离腐蚀，久而久之导线就会断裂。所以，扎线和导线必须用同一种金属材料制造。

4. 采用钳压法连接导线时应注意的事项

采用钳压法连接导线时，为了保证连接可靠，除应按压接顺序正确进行操作外，尚须注意以下事项：

（1）压接管和压模的型号应与所连接导线的型号一致。

（2）钳压模数和模间距应符合规程要求。

（3）压坑不得过浅，否则，压接管握着力不够，接头容易抽出。

（4）每压完一个坑，应保持压力至少1min，然后再松开。

（5）如果是钢芯铝绞线，在压管中的两导线之间应填入铝垫片，以增加接头握着力，并保证导线接触良好。

（6）在连接前，应将连接部分、连接管内壁用汽油清洗干净（导线的清洗长度应为连接管长度的1.25倍以上），然后涂上中性凡士林油，再用钢丝刷擦刷一遍。如果凡士林油已污染，应抹去重涂。

（7）压接完毕，在压接管的两端应涂以红丹漆油。

（8）有下列情形之一者则应切断重接：

1）管身弯曲度超过管长的3%；

2）连接管有裂纹；

3）连接管电阻大于等长度导线的电阻。

5. 采用爆压法连接导线时应注意的事项

爆压法的原理是，利用炸药在爆炸时产生的高压气体，使钳压管产生塑性变形，以代替钳压机的人工操作。爆压法主要有导爆索法、药包法和塑-B炸药法三种。采用爆压法连接导线时应注意以下事项：

（1）爆压法使用的钳压管，只有原压接管长度的1/3。

（2）应使用8号纸壳工业雷管或电雷管起爆，不得使用金属壳雷管，以免伤及钳压管或导线。

（3）导火索的长度，在地面引爆时不得小于200mm，高空引爆时不得小于350mm；在引爆前应将接头周围的异物清除至1m以外，引爆人员点燃导火索后须快速撤至爆炸点15～20m以外。

（4）为保证压接质量，钢绞线可对接，而铝绞线或钢芯铝绞线则必须搭接；压接质量必须符合《架空电力线路爆炸压接施工工艺规程》的要求，否则，应锯断重接。

（5）爆压工作应由培训合格的人员担任，工作时应严格遵守操作要求和安全工作规程。

（三）导线与横担、绝缘子等的要求

1. 同一档距内的各相导线的弧垂必须保持一致

（1）同一档距内的各相导线的弧垂，在放线时必须保持一致。如果松紧不一、弧垂不同，则在风吹摆动时，摆动幅度和摆动周期便不相同，容易造成碰线短路事故。通常，同一档距内的各相导线的弧垂不宜过大或过小，弧垂一般应根据架线当时当地气温下的规定值或计算值来确定。弧垂如果过大，则在夏天气温很高时，导线会因热胀而伸长，弧垂更大，对地或建筑物等的距离就会不符合要求；弧垂如果过小，则在冬天气温很低时，导线冷缩，承受的张力很大，遇到大风和冰冻，荷重更大，因而容易引起断线事故。

（2）导线弧垂的大小与电杆的档距也有关。档距越大弧垂也越大（导线材质、型号确定后）。因此架线时必须按规定的弧垂放线，并进行适当的调整。在架设新线路的施工中，导线要稍收紧一些，一般比规定弧垂小15%左右。

2. 同杆架设多回路的架空线路，其横担间和导线间的距离

（1）10kV及以下线路与35kV线路同杆架设时，导线间垂直距离不应小于2m。

（2）对于35kV双回路或多回路线路，不同回路的不同相导线间的距离不应小于3m。

3. 导线和电缆的允许持续电流

（1）当电流通过导线或电缆时，由于二者都存在阻抗，所以会造成电能消耗，从而使导线或电缆发热，温度升高。通常，通过导线或电缆的电流越大，发热温度也越高。当温度上升到一定值时，导线或电缆的绝缘可能损坏，接头处的氧化也会加剧，结果导致漏电或断线，严重时甚至引起火灾等事故。

（2）为了保证线路安全，选择导线或电缆的截面时，都要考虑发热情况，即在任何环境温度下，当线路持续通过最大负载电流时，其温度不超过允许最高温度（通常为70℃左右），这时的负载电流称为允许持续电流。导线和电缆的允许持续电流取决于它们的种类、规格、环境温度和敷设方式等，通常由有关单位（电缆研究所等）进行试验后提供此项数据和资料（可从各种手册中查到）。

4. 架空线路采用瓷横担的优缺点

目前，许多国家的高低压线路多采用瓷横担，我国也广泛应用。在6～10kV线路上，一般使用圆锥形瓷横担。瓷横担有以下一些优点：

（1）由于瓷横担可兼作横担和绝缘子，而且造价也较低，所以既简化了线路杆塔的结构，又具有明显的经济效益。

（2）绝缘水平与耐雷水平都较高，自然清洁效果好，事故率也低，在污秽地区使用，较针式绝缘子可靠。

（3）由于瓷横担比较轻，容易清扫，便于施工、检修和带电作业。

（4）由于瓷横担能自动偏转一定角度，万一断线，可自行放松导线，防止事故扩大。

瓷横担的主要缺点是机械强度低于铁横担，在施工、运输时容易损坏或断裂。因此，在人烟较稀少的地方用得较多。如果提高其强度，或进一步将其材质加以改进，则瓷横担将会进一步得到推广应用。

5. 35kV架空线路大多使用悬式绝缘子而很少使用针式绝缘子

（1）目前生产的针式绝缘子，其性能不够稳定，使用中易击穿、老化，金属材料消耗

多，体积大，因此已很少使用。

（2）悬式绝缘子由铁帽、钢脚和瓷件组成，结构简单，机械强度高，老化率较低，可按需要片数连接成串，应用于各种电压等级的输电线路；悬式绝缘子的盘径很小，瓷盘间的空气放电距离也可充分利用。因此，悬式绝缘子越来越广泛地应用于架空线路。

6. 高压绝缘子表面做成波纹形的作用

高压绝缘子表面做成凸凹的波纹能起到以下作用：

（1）延长了爬弧长度，在同样的有效高度内，增加了电弧的爬弧距离，而且每一波纹又能起到阻断电弧的作用，提高了绝缘子的滑闪电压。

（2）在大雨天，大雨冲下的污水不能直接由绝缘子上部流到下部形成水柱而引起接地短路，绝缘子上的波纹起到了阻断水流的作用。

（3）污尘降落到绝缘子上时，在绝缘子的凸凹部分分布不均匀，因此在一定程度上保证了绝缘子的耐压强度。

7. 架空线路终端杆上的绝缘子损坏的几率较高

终端杆上的绝缘子位于线路尽头处，当雷电波侵袭时，在终端杆发生反射，最严重时达雷电压的 2 倍，而直线杆上的绝缘子承受的电压则小于该电压值，所以终端杆上的绝缘子损坏的几率较高。

8. 绝缘子损坏

（1）绝缘子损坏的原因

1）人为破坏，如击伤、击碎等。

2）安装不符合规定，或承受的应力超过了允许值。

3）由于气候骤冷骤热，电瓷内部产生应力，或者受冰雹等击伤击碎。

4）因脏污而发生污闪事故，或者在雨雪或雷雨天出现表面放电现象（闪络）而损坏。

5）在过电压下运行时，由于绝缘强度和机械强度不够，或者绝缘子本身质量欠佳而损坏。

（2）绝缘子裂纹的检查方法

绝缘子的裂纹既可在巡视时进行检查，也可在停电时检查。

1）目测观察。绝缘子的明显裂纹，一般在巡线时肉眼观察就可以发现。

2）望远镜观察。借助望远镜进一步仔细察看，通常可以发现不太明显的裂纹。

3）声响判断。如果绝缘子有不正常的放电声，根据声音可以判断是否损坏和损坏程度。

4）停电时用兆欧表摇测其绝缘电阻，或者采用固定火花间隙对绝缘子进行带电测量。

9. 污秽闪络的形式及危害

（1）污秽闪络的形式

所谓污秽闪络，就是积聚在线路绝缘子表面上的具有导电性能的污秽物质，在潮湿天气受潮后，使绝缘子的绝缘水平大大降低，在正常运行情况下发生的闪络事故。绝缘子表面的污秽物质，一般分为两大类：

1）自然污秽。空气中飘浮的微尘，海风带来的盐雾（在绝缘子表面形成盐霜）和鸟粪等。

2）工业污秽。火力发电厂、化工厂、玻璃厂、水泥厂、冶金厂和蒸汽机车等排出的烟尘和废气。绝缘子表面的自然污秽物质易被雨水冲洗掉，而工业污秽物质则附着在绝缘子表面构成薄膜，不易被雨水冲洗掉。

（2）污秽闪络的形式及危害

当空气湿度很高时，污秽物质即能导电而使泄漏电流大大增加。如果是木杆，泄漏电流可使木杆和木横担发生燃烧；如果是铁塔，可使绝缘子发生严重闪络而损坏，造成停电事故。此外，有些污秽区的线路绝缘子表面在恶劣天气还会发生局部放电，对无线电广播和通讯产生干扰。

（3）污秽闪络的防治措施

为了防止架空线路绝缘子发生污秽闪络事故，一般应采取以下措施：

1）定期清扫绝缘子。每年在污闪事故多发季节到来之前，必须对绝缘子进行一次普遍清扫；在污秽严重地区，应适当增加清扫次数。

2）增加爬电距离，提高绝缘水平。如增加污秽地区的绝缘子片数，或采用防尘绝缘子。运行经验表明，在严重污秽地段，采用防尘绝缘子，防污效果较好。

3）采用防尘涂料，即将地蜡、石蜡、有机硅等材料涂在绝缘子表面，以提高绝缘子的抗污能力。如果绝缘子上涂有这种防尘涂料，则雨水落在其上，会形成水珠顺着绝缘子表面滚下，不会使绝缘子表面湿润，不会降低绝缘子的绝缘水平而造成闪络。此外，防尘涂料还有包围污秽微粒的作用，使其与雨水隔离，保持绝缘子的绝缘性能。

4）加强巡视检查，定期对绝缘子进行测试，及时更换不良的绝缘子。

10. 在中性点不接地系统中，发现电力线路的绝缘子闪络或严重放电的处理

在中性点不接地系统中，电力线路的绝缘子闪络或严重放电，会导致线路的一相接地或相间接地短路，以致产生电弧烧毁导线和其他设备。当发生一相接地短路事故时，非故障相的对地电压将升高到正常电压的 8 倍，可能导致该相的绝缘薄弱处击穿而引起两相或三相接地短路，造成大面积停电，因此，当发现中性点绝缘系统的电力线路的绝缘子闪络或严重放电时，应及时通知变、配电所运行人员和电气设施负责人，并迅速进行处理，以防止事故扩大。如果故障线路直接与系统电网相连，则应通知供电局的有关部门协助处理。

11. 耐张杆塔上的绝缘子串

耐张杆塔上的绝缘子串的绝缘子个数比直线杆塔要多 1~2 个。在输电线路上，直线杆塔的绝缘子串是垂直于地面安装的，瓷裙内不易积尘和进水。而耐张杆塔的绝缘子串几乎是与地面平行安装的，瓷裙内既易积尘又易进水，因此绝缘子串的表面绝缘水平下降。另外，耐张杆塔的绝缘子串所承受的机电荷载比直线杆塔要大得多，绝缘子损坏的可能性也大，所以，在耐张杆塔的绝缘子串上比直线杆塔要多装 1~2 个绝缘子（在变电所出入口或污秽地区则要重点考虑绝缘子的个数），以提高其载荷能力和绝缘强度。

12. 高压架空线路防振锤的作用

高压输电线路杆塔两侧导线上悬挂的小锤，叫做防振锤。

（1）通常，高压架空线路的档距较大，杆塔也较高，当导线受到大风吹动时，会发生较强烈的振动。导线振动时，导线悬挂处的工作条件最为不利。长时间和周期性的振动，将造成导线疲劳损坏，使导线发生断股、断线。有时强烈的振动还会破坏金具和绝缘子。

（2）为了防止和减轻导线的振动，一般在悬挂导线线夹的附近安装一定数量的防振锤。当导线发生振动时，防振锤也上下运动。产生一个与导线振动不同步甚至相反的作用力，可

减小导线的振幅，甚至能消除导线的振动。

（3）防振锤防振一般应用于档距大于120m的高压架空线路。对于钢芯铝线，防振锤重量为 $W=0.4d \sim 2.2\mathrm{kg}$。公式中 d 为钢芯铝绞线的外径，mm。

（四）架空线路的电杆埋设深度和杆坑的标准

35kV及以下架空线路多采用预应力钢筋混凝土电杆。电杆的埋设深度一般应根据有关规程和当地的土壤地质条件确定。为了简化计算，在一般土壤地质条件下，埋深可按杆长的1/6左右来考虑。

（五）电缆敷设安全技术

1. 敷设电缆时对其弯曲半径的规定

在施工过程中，如果过度弯曲电力电缆，就会损伤其绝缘、线芯和外部包皮等。因此，规程规定电缆的弯曲半径不得小于其直径的6~25倍。具体的弯曲半径，应根据产品说明书或地区标准确定。无说明书或标准时，也可参照下列数值：

（1）油浸纸绝缘、多芯、铅包、铠装电力电缆，弯曲半径为电缆外径的15倍；油浸纸绝缘、铝包、铠装电力电缆，油浸纸绝缘单芯电力电缆，铅包、铝包、铠装或无铠装的电力电缆，油浸纸绝缘不滴流电力电缆和干浸纸绝缘、多芯、电力电缆，弯曲半径均为电缆外径的20~25倍。

（2）橡胶绝缘和塑料绝缘的多芯和单芯电力电缆，铅包铠装或塑料铠装的电力电缆，弯曲半径均为电缆外径的10倍（无铠装时为6倍）。

2. 电缆穿管保护

为保证电缆在运行中不受外力损伤，在下列情况下应将电缆穿入具有一定机械强度的管内或采取其他保护措施：

（1）电缆引入和引出建筑物、隧道、沟道、楼板等处时。

（2）电缆通过道路、铁路时。

（3）电缆引出或引进地面时。

（4）电缆与各种管道、沟道交叉时。

（5）电缆通过其他可能受机械损伤的地段时。

（6）电缆保护管的内径一般不应小于下列值：

1）保护管长度在30m以上时，管子内径不小于电缆外径的1.5倍。

2）保护管长度大于30m时，管子内径应不小于电缆外径的2.5倍。

3. 电缆在管内敷设时应满足的要求

（1）铠装电缆与铅包电缆不应穿入同一管内。

（2）一根电缆管只许穿入一根电力电缆。

（3）电力电缆与控制电缆不得穿入同一管内。

（4）裸铅包电缆穿管时，应将电缆穿入段用麻布或其他纤维材料进行保护，穿送时用力不得过大。

4. 敷设电缆时应留有备用长度

敷设电缆时，一般应留有足够的备用长度，以补偿因温度变化而引起的变形和供事故检查时备用。例如，在电缆从垂直面过渡到水平面的转弯处、电缆管出入口、电缆井内、伸缩缝附近、电缆头安装地点和电缆接头处、引入隧道和建筑物等处，均应留有适当的备用长度。直接埋在电缆沟内的电缆，一般应按电缆沟全长的 0.5% ~ 1% 留出电缆的备用长度，并作波形敷设。

5. 电缆线路设标志牌的规定

通常，在电缆线路的下列地点应设标志牌：

（1）电缆线路的首尾端。

（2）电缆线路改变方向的地点。

（3）电缆从一平面跨越到另一平面的地点。

（4）电缆隧道、电缆沟、混凝土隧道管、地下室和建筑物等处的电缆出入口。

（5）电缆敷设在室内隧道和沟道内时，每隔 30m 的地点。

（6）电缆头装设地点和电缆接头处。

（7）电缆穿过楼板、墙和间壁的两侧。

（8）隐蔽敷设的电缆标记处。制作标志牌时，规格应统一，其上应注明线路编号，电缆型号、芯数、截面和电压，起迄点和安装日期。

6. 有金属外皮的电缆，其中几根芯线能否接在同一相上或者接在一起当作单芯电缆使用

有金属外皮的电缆，如果其中几根芯线接在同一相上或者几根芯线接在一起当作单芯电缆使用，则在导体周围将产生交变磁场（当接在交流电源上时），这种交变磁场会因电磁感应而在金属外皮上产生涡流。此时导体通过的电流越大，涡流也越大。结果金属外皮会因涡流而发热，损耗很大。这种热量会妨碍电缆芯线的散热，从而使电缆运行温度增高，而过高的温度将影响电缆的安全运行。如果将三根芯线分别接在三相电源上，虽然也会分别产生磁场，但由于各芯线的电流所产生的合成磁场等于零或接近于零，因此不会有较大的涡流产生。基于同样理由，钢管穿线时不应只穿一根导线，也不得将其中几根导线接在同一相上而在管中不穿过工作零线，否则，也将在钢管上产生涡流。所以，将金属外皮中的电缆芯线接在同一相上，或者钢管内只穿一根导线都是不允许的。

7. 电缆头内刚灌完绝缘胶可否立即送电

不可以。因为刚灌完绝缘胶，绝缘胶内还有气泡，只有在绝缘胶冷却后气泡才能排出。如果电缆头灌完绝缘胶就送电，可能造成电缆头击穿而发生事故。

8. 电缆头漏油对电缆安全运行的影响

电缆头漏油一般是由于电缆头选用不当、施工质量不佳造成的。它对电缆的安全运行有以下影响：

1）电缆头漏油破坏了电缆的密封性，电缆油漏出来，绝缘就干枯从而热阻增加，电气性能变坏，甚至纸绝缘焦化，造成绝缘击穿损坏。

2）电缆纸有很大的吸水性，极容易受潮，电缆的密封性受到破坏后，潮气就侵入电缆内部，使其绝缘性能大大降低。电缆油是不允许含有水分的，其电气性能随水分含量的增加而急剧恶化，以致在运行中或实验时被击穿。通常，6 ~ 10kV 系统使用充胶漏斗型电缆头较多，这种电缆头容易漏油，主要是在运行中沥青绝缘胶容易溶解于电缆油中。目前逐步推广使用环氧树脂电缆头，因为它具有较高的耐压强度和机械强度，吸水率极低，化学性能稳定，与金属粘结力相当强，有极好的密封性。采用这种电缆头，基本上可以解决电缆头的漏油问题。

9. 防止电缆终端头套管的污闪事故的措施

（1）定期清扫套管。除在停电检修时进行较彻底的清扫之外，在运行中可用绝缘棒刷子进行带电清扫。

（2）采用防污涂料。将有机硅树脂涂在套管表面，可使套管安全使用周期达一年以上，特别是在严重污秽地区，常用此法。

（3）采用绝缘等级较高的套管。严重污秽地区可将电压等级较高的套管降级使用。

10. 运行中的电缆被击穿的原因

电缆在运行中被击穿的原因很多，其中最主要的原因是绝缘强度降低及受外力的损伤，归纳起来大致有以下几种原因：

（1）由于电源电压与电缆的额定电压不符，或者在运行中有高压窜入，使绝缘强度受到破坏而被击穿。

（2）负荷电流过大，致使电缆发热，绝缘变坏而导致电缆击穿。

（3）曾发生接地短路故障，当时未发现，但运行一段时间后电缆被击穿。

（4）保护层腐蚀或失效。例如，使用时间过久，麻皮脱落，铠装、铅皮腐蚀，保护失效，不能保护绝缘层，最终电缆被击穿。

（5）外部机械损伤，或者敷设时留有隐患，运行一段时间后电缆被击穿。

（6）电缆头是电缆线路中的薄弱环节，常因电缆头本身的缺陷或制作质量不佳，或者密封性不好而漏油，使其绝缘枯干，侵入水汽，导致绝缘强度降低，从而使电缆被击穿。

11. 防止电缆线路受外力损坏的措施

统计资料表明，在电缆线路的事故中，外力损坏事故约占50%。为了防止发生这类事故，应注意以下几点：

（1）电缆线路的巡查应有专人负责，并根据具体情况制定设备巡查的周期和检查项目。对于穿越河道、铁路、公路的电缆线路以及装在杆塔、支架上的电缆设备，尤应作为重点进行检查。

（2）在电缆线路附近进行机械挖掘土方作业时，必须采取有效的保护措施；或者先用人力将电缆挖出并加以保护，再根据操作机械设备和人员的条件，在保证安全距离的情况下进行施工，并加强监护。施工时，专门守护电缆的人员不得离开现场。

（3）施工中挖出的电缆和中间接头应加以保护，并在其附近设立警示标志，以提醒施工人员注意和防止行人接近。

12. 防止电缆线路遭受化学腐蚀及电解腐蚀的措施

（1）如果电缆敷设在含有酸、碱溶液、氯化物、有机物腐蚀介质或冶金炉渣等土壤中，容易受到这些化学活性物质的腐蚀。防止电缆遭受化学腐蚀的措施一般有以下几种：

1）电缆敷设在含有酸、碱等化学物质的土壤中或者敷设地点附近土壤含有这些物质时，应加强电缆的外层保护，例如将电缆穿在耐腐蚀的管道中。

2）在已运行的电缆线路上，很难随时了解电缆的腐蚀程度。通常，在已发现电缆腐蚀的地点或在地下有电缆线路的地面堆有化学物品并有渗、漏现象时，可掘开泥土检查电缆并对泥土作化学分析，确定其损害程度，采取相应的补救和保护措施。

（2）电缆线路敷设在地下时，应注意防止附近杂散电流对其电解腐蚀，一般可采取以下措施：

1）减小流向电缆的杂散电流。在任何情况下，凡是电缆金属外皮与大件金属物体接近的地点都必须有电气绝缘；当电缆与电车轨道平行敷设时，二者距离不应小于2m，若不能保持这一距离，电缆应穿在绝缘的管中敷设。

2）在杂散电流密集地点应设有排流设施，并使电缆铠装上任何部位的电位不超过周围土壤电位1V以上。

3）加强电车轨道与大地之间的绝缘，以限制钢轨漏电。

13. 保证电缆线路安全运行应注意事项

要保证电缆线路安全、可靠地运行，除应全面了解敷设方式、结构布置、走线方向和电缆接头位置等之外，还应注意以下事项：

（1）每季进行一次巡视检查，对室外电缆头则每月应检查一次。遇大雨、洪水等特殊情况和发生故障时，应酌情增加巡视次数。

（2）巡视检查的主要内容包括：

1）是否受到机械损伤；

2）有无腐蚀和浸水情况；

3）电缆头绝缘套有无破损和放电现象等。

（3）为了防止电缆绝缘过早老化，线路电压不得过高，一般不应超过电缆额定电压的15%。

（4）保持电缆线路在规定的允许持续载流量下运行。由于过负荷对电缆的危害很大，应经常测量和监视电缆的负荷。

（5）定期检测电缆外皮的温度，监视其发热情况。一般应在负荷最大时测量电缆外皮的温度，以及选择散热条件最差的线段进行重点测试。

14. 电缆的铅包皮与钢甲必须用软铜线焊接后才能接地

电缆的铅包皮与钢甲之间有一薄层黄麻，用以保护铅包皮不受化学腐蚀。但当电缆有大故障电流流过铅包皮、钢甲而入地时，二者之间将产生电位差，将黄麻层最薄弱处击穿，并在该处产生电弧，将铅包皮烧溶成洞孔，从而破坏电缆的密封性。为了防止出现这种现象，通常使用不小于 $10mm^2$ 的多股铜线把铅包皮与钢甲焊接成等电位体后再接地。另一个作用是：雷击时埋入地下的钢甲可分流一部分电流，降低一部分接地电阻，为电缆后面的设备的防雷提供有利条件。

15. 电力电缆经常在秋天的晚上被击穿的原因

通常，黏性浸渍绝缘电力电缆的保护层、导电芯线、绝缘纸、绝缘油以及护套等的热膨胀系数均各不相同。当负荷增大或气候变热而使电缆温度升高时，由于电缆油的膨胀系数比其他材料大10倍左右，因此电缆的铅护套除自身膨胀外，还有因受电缆油膨胀影响而产生的附加膨胀量。而当负荷减小或气候变冷使电缆温度降低时，铅层不能恢复到原始状态。因此，电缆铅层与电缆油之间就会出现空气隙，电缆绝缘往往被击穿。秋天晚上，气温较低，电缆冷缩使夏天形成的空气隙变大，从而出现电力电缆被击穿的现象。

16. 高压电缆线路停电后可否立即进行检修工作

不可以。因为高压电缆线路的电容一般都很大，储存有大量电荷，并有相当高的电压，如果停电后不放电就进行检修作业，接触电缆就有触电危险。所以，高压电缆线路停电后，必须先充分放电，然后才可进行检修工作。

17. 电力电缆的正常巡视检查项目

对电力电缆进行正常巡视检查时应检查以下各项：

（1）查看地下敷设有电缆线路的路面是否正常，有无挖掘痕迹，线路标桩是否完整。

（2）在电缆线路附近的扩建和新建施工期间，电缆线路上不得堆置瓦石、矿渣、建筑材料、笨重物件、酸碱性排泄物或砌石灰坑等。

（3）进入房屋的电缆沟出口不得有渗水现象；电缆隧道和电缆沟内不应积水或堆积杂物和易燃物；不许向隧道或沟内排水。

（4）电缆隧道和电缆沟内的支架必须牢固，无松动或锈蚀现象，接地应良好。

（5）电缆终端头有无漏油、溢胶、放电、发热等现象。

（6）电缆终端瓷瓶应完整、清洁；引出线的连接线夹应紧固，无发热现象。

（7）电缆终端头接地必须良好，无松动、断股和锈蚀现象。

（8）对于电缆头，每1～3年应停电打开填注孔塞头或顶盖，检查盒内绝缘胶有无水分、空隙和裂缝等。

9）室外电缆头每三个月巡视检查一次，通常可与其他设备的检查同时进行。

18. 根据具体环境选择内线的不同敷设方式

在大多数情况下，内线都采用电压不低于 500V 的绝缘导线。绝缘导线的敷分明敷和暗敷两种。明敷是导线敷设于墙壁、桁架或天花板等处的表面；暗敷是导线敷设于墙壁里面、地坪内或楼板内等处。不同环境可采用的导线布线方式有：

（1）在干燥、无尘、无腐蚀气体的场所，可采用塑料护套线明线敷设，瓷（塑）夹板、木（塑料）槽板等明敷布线；如果负荷较大，可采用瓷珠、瓷瓶沿建筑面明线敷设，也可采用金属管、塑料管明敷布线或暗敷布线。

（2）在潮湿多尘场所，宜采用瓷珠、瓷瓶沿建筑物墙面明敷，或者用金属管或塑料管明敷、暗敷。

（3）在有腐蚀性气体、多尘、特别潮湿的场所，应采用硬塑料管明敷、暗敷，也可采用针式绝缘子明敷，钢管镀锌并刷防腐漆后也可用于布线。

（4）在易燃、易爆场所，要采用铠装电缆或钢管明敷、暗敷，连接处亦应符合防爆要求。

（5）在屋架较高、跨度较大的厂房内，照明线路、固定灯具可采用钢索明敷；绝缘导线在钢索上可用瓷夹板、瓷珠和金属管固定。

19. 不允许将塑料绝缘导线直接埋置于水泥或石灰粉层内进行暗线敷设

塑料绝缘导线不得暗敷在水泥或石灰粉层内的理由有以下几点：

（1）塑料绝缘导线长时间使用后，塑料会老化龟裂，绝缘水平大大降低；当线路短时过载或短路时，更易加速绝缘的损坏。

（2）一旦粉层受潮，就会引起大面积漏电，危及人身安全。

（3）塑料绝缘导线直接暗埋，不利于线路检修和保养。

（六）室内配电线路安全技术

1. 在三相四线制低压配电线路的运行中要注意的事项

（1）三相负荷要尽量平衡，无论主干线或分支线，其负荷的不平衡度都不宜超过 20%，否则，电压和功率的损失都会大大增加。

（2）中性线要连接好，其上不能装设熔断器；应防止发生接触不良或断线事故，否则，接于电路上的单相用电设备可能因电压过高而烧坏或因电压过低而发挥不了作用。

（3）相线和中性线要正确连接，不能接错。若相线与中性线颠倒了，其结果是：单相用电设备上会因为加上380V电压而烧坏；三相电动机会因为由两相三线制线路供电，转矩变小，甚至可烧坏；采用接零保护的设施，其外壳就会带电，从而危及人身安全，或造成相线对地短路事故。

2. 低压配电线路的保护

低压配电线路必须有短路保护，而且在配电系统的各级保护之间最好有选择性的配合。下列线路还应有过负荷保护：

（1）可能长时间过负荷的电力线路。

（2）在燃烧体或难燃体的建筑物结构上，采用有延燃外层的绝缘导线配线的明敷线路。

（3）居民建筑、重要的仓库和公共建筑物中的照明线路。

低压配电线路的短路保护可采用熔断器或空气断路器。熔断器的熔体额定电流和断路器的整定电流应能够避开短时过负荷电流，并保证在正常的短时过负荷下，保护装置不被保护线路过负荷断开。装有过负荷保护装置的配电线路，其绝缘导线或电缆的允许载流量不应小于熔断器熔体额定电流的1.25倍或断路器长延时过电流脱扣器整定电流的1.25倍。

3. 室内低压配线路的导线连接的要求

室内低压配线路的导线连接应符合以下要求：

（1）剥除绝缘层时，不应损伤线芯。

（2）在分支线的接线处，干线不应承受来自分支线的横向拉力。

（3）绝缘导线的接头处，应使用绝缘带包缠均匀、严密，并不得低于原有绝缘强度。

（4）使用锡焊法连接铜芯导线时，焊锡应灌得饱满，不应使用酸性焊剂。

4. 室内线路在管内配线时的规定

（1）管内绝缘导线的额定电压不应低于500V。

（2）同一交流回路的导线穿于同一钢管内。

（3）不同回路和不同电压的导线，以及交流和直流导线，不得穿入同一根管子内。但下列几种回路可以除外。

1）电压为65V及以下的回路。

2）同一台设备的电机回路和无抗干扰要求的控制回路。

3）照明灯的所有回路。

（4）导线在管内不得有接头和扭结，其接头应在接线盒内连接。

（5）管内导线的总截面积（包括外护层）不应大于管子截面积的40%。

（6）导线穿入钢管后，在导线出口处应装护线套保护导线；在不进入盒（箱）内的垂直管口穿入导线后，应将管口作密封处理。

（7）管内穿线应在建筑物的抹灰和地面工程结束后进行。穿入导线之前，应将管中的积水和杂物清除干净。

5. 内穿导线的保护钢管管口必须套塑料或木制护圈

电流通过穿管导线时，由于电动力作用，导线会有微微抖动，特别是垂直敷设的大电流穿管导线，抖动更为剧烈，再加上导线自重下垂，久而久之，钢管管口的导线绝缘就会被磨损而发生接地短路事故。因此，穿管布线时，除管口内壁必须除毛刺之外，还必须套塑料或木制护圈，以保护导线绝缘不受损坏。

6. 不允许使用铝导线的场所

以下场所配线用的导线一般不允许使用铝导线：

（1）进户线、总表线和配电箱盘等的二次接线回路。

（2）有爆炸危险和火灾危害的生产厂房、车间以及仓库中的配线，以及需要移动使用的导线。

（3）手持电动工具、移动式电气设备、携带式照明灯具等的电源引线。

（4）在有剧烈震动场所敷设的导线。

（5）重要的资料室、档案室、仓库以及群众集会场所的配线。

（6）舞台照明用导线。

7. 对室内配线用的导线截面的要求

室内配线用的导线截面应符合以下要求：

（1）允许载流量不应小于负荷的计算电流。

（2）从变压器到用电设备的电压损失不超过用电设备额定电压的5%。

（3）导线截面不小于规定的最小截面，以满足机械强度的要求。

（4）应按配电线路的保护要求进行校验。

8. 电线管和木槽板内的导线禁止有接头

电线管和木槽板内的导线如果有接头或焊接点，运行一定时间之后，可能因接触不良而引起过热甚至着火。因此，规程规定使用电线管配线时，导线接头和焊接处必须在管外线接线盒内；木槽板配线时，导线接头或焊接点必须在槽板外（露在外面）。

9. 室内线路巡视检查的内容

室内线路的巡视检查一般包括下列内容：

（1）导线与建筑物等是否摩擦、相蹭；绝缘、支持物是否损坏和脱落。

（2）车间裸导线各相的弛度和线间距离是否保持一致。

（3）车间裸导线的防护网板与裸导线的距离有无变动。

（4）明敷导线管和木槽板等有无碰裂、砸伤现象，铁管的接地是否完好。

（5）铁管或塑料管的防水弯头有无脱落或导线蹭管口现象。

（6）敷设在车间地下的塑料管线路，其上方是否堆放有重物。

（7）三相四线制照明线路，其零线回路各连接点的接触是否良好，有无腐蚀或脱开现象。

（8）是否有未经电气负责人许可，私自在线路上接用的电气设备以及乱拉、乱扯的线路。

10. 车间配电盘和闸箱的检查内容

车间配电盘和闸箱的检查包括下列内容：

（1）导电部分的各接点处是否有过热现象。

（2）检查各种仪表和指示灯是否完整，指示是否正确。

（3）闸箱和箱门等是否破损。

（4）室外闸箱有无漏雨进水现象。

（5）导线与电器连接处的连接情况。

（6）闸箱内所用的熔体容量是否与负荷电流相适应，禁止使用任何金属丝代替熔体。熔体的容量要求如下：

1）一般照明回路，熔体容量不应超过负荷电流的1.5倍。

2）动力回路，熔体容量不应超过负荷电流的2.5倍。

（7）各回路所带负荷的标志应清楚，并与实际相符。

（8）铁制闸箱的外皮应良好接地。

（9）车间配电盘和闸箱总闸、分闸所控制负荷的标志应清楚、准确。

（10）车间闸箱内不应存放其他物品。

（11）车间内安装的三、四眼插销应无烧伤，保护接地接触良好。

11. 各种开关电器及熔断器的检查和检修内容

各种开关电路及熔断器的检查和检修一般包括下列内容：

（1）胶盖闸和瓷插式熔断器的上盖是否短缺和损坏，熔体安装地点有无积灰。

（2）各种密闭式控制开关的"拉"、"合"标志是否清楚。

（3）铁制控制开关的外皮接地是否良好。

（4）清除开关内部的灰尘以及熔体熔化时残留的灰质。

（5）开关接点是否紧固，损坏的接点应予以更换。

（6）刀闸和操作杆连接应紧固，动作应灵活、可靠。

12. 车间配电线路停电清扫检查的内容

车间配电线路停电清扫检查一般包括下列内容：

（1）清扫裸导线瓷绝缘子上的污垢。

（2）检查绝缘是否残旧和老化，对于老化严重或绝缘破裂的导线应有计划地予以更换。

（3）紧固导线的所有连接点。

（4）更换或补充导线上损坏或缺少的支持物和绝缘子。

（5）铁管配线时，如果铁管有脱漆锈蚀现象，应除锈刷漆。

（6）建筑物伸缩、沉降缝处的接线箱有无异常。

（7）在多股导线的第一支持物弓子处是否做了倒人字形接线，雨后有无进水现象。

六、电器装置安全技术控制

（一）电器装置安装技术

1. 本规定适用于交流50Hz额定电压1200V及以下、直流额定电压为1500V及以下且在正常条件下安装和调整试验的通用低压电器，不适用于无需固定安装的家用电器、电力系统保护电器、电工仪器仪表、变送器、电子计算机系统及成套盘、柜、箱上电器的安装和验收。

2. 低压电器的安装，应按已批准的设计进行施工。

3. 低压电器的运输、保管，应符合现行国家有关标准的规定；当产品有特殊要求时，应符合产品技术文件的要求。

4. 低压电器设备和器材在安装前的保管期限，应为一年及以下；当超期保管时，应符合设备和器材保管的专门规定。

5. 采用的设备和器材，均应符合国家现行技术标准的规定，并应有合格证件，设备应有铭牌。

6. 设备和器材到达现场后，应及时进行下列验收检查：

（1）包装和密封应良好。

（2）技术文件应齐全，并有装箱清单。

（3）按装箱清单检查清点，规格、型号，应符合设计要求；附件、备件应齐全。

（4）按本规定要求做外观检查。

7. 施工中的安全技术措施，应符合国家现行有关安全技术标准及产品技术文件的规定。

8. 与低压电器安装有关的建筑工程的施工，应符合下列要求：

（1）与低压电器安装有关的建筑物、构筑物的建筑工程质量，应符合国家现行的建筑工程施工及验收的有关规定。当设备或设计有特殊要求时，尚应符合其要求。

（2）低压电器安装前，建筑工程应具备下列条件：

1）屋顶、楼板应施工完毕，不得渗漏。

2）对电器安装有妨碍的模板、脚手架等应拆除，场地应清扫干净。

3）室内地面基层应施工完毕，并应在墙上标出抹面标高。

4）环境湿度应达到设计要求或产品技术文件的规定。

5）电气室、控制室、操作室的门、窗、墙壁、装饰棚应施工完毕，地面应抹光。

6）设备基础和构架应达到允许设备安装的强度；焊接构件的质量应符合要求，基础槽钢应固定可靠。

7）预埋件及预留孔的位置和尺寸应符合设计要求，预埋件应牢固。

（3）设备安装完毕投入运行前，建筑工程应符合下列要求：

1）门窗安装完毕。

2）运行后无法进行的和影响安全运行的施工工作完毕。

3）施工中造成的建筑物损坏部分应修补完整。

9. 设备安装完毕投入运行前，应做好防护工作。

10. 低压电器的施工及验收除按本规定执行外，尚应符合国家现行的有关标准和规定的要求。

（二）一般规定

1. 低压电器安装前的检查应符合下列要求：

（1）设备铭牌、型号、规格应与被控制线路或设计相符。

（2）外壳、漆层、手柄应无损伤或变形。

（3）内部仪表、灭弧罩、瓷件、胶木电器应无裂纹或伤痕。

（4）螺丝应拧紧。

（5）具有主触头的低压电器，触头的接触应紧密，采用 0.05mm×10mm 的塞尺检查，接触两侧的压力应均匀。

（6）附件应齐全、完好。

2. 低压电器的安装高度应符合设计规定；当设计无规定时，应符合下列要求：

（1）落地安装的低压电器，其底部宜高出地面 50～100mm。

（2）操作手柄转轴中心与地面的距离宜为 1200～1500mm；侧面操作的手柄与建筑物或设备的距离不宜小于 200mm。

3. 低压电器的固定应符合下列要求：

（1）低压电器根据其不同的结构，可采用支架、金属板、绝缘板固定在墙、柱或其他建筑构件上。金属板、绝缘板应平整；当采用卡轨支撑安装时，卡轨应与低压电器匹配，并用固定夹或固定螺栓与壁板紧密固定，严禁使用变形或不合格的卡轨。

（2）当采用膨胀螺栓固定时，应按产品技术要求选择螺栓规格；其钻孔直径和埋设深度应与螺栓规格相符。

（3）紧固件应采用镀锌制品，螺栓规格应选配适当，电器的固定应牢固、平稳。

（4）有防震要求的电器应增加减震装置；其紧固螺栓应采取防松措施。

（5）固定低压电器时，不得使电器内部受额外应力。

4. 电器的外部接线应符合下列要求：

（1）接线应按接线端头标志进行。

（2）接线应排列整齐、清晰、美观，导线绝缘应良好、无损伤。

（3）电源侧进线应接在进线端，即固定触头接线端；负荷侧出线应接在出线端，即可动触头接线端。

（4）电器的接线应采用铜质或有电镀金属防锈层的螺栓和螺钉，连接时应拧紧，且应有防松装置。

（5）外部接线不得使电器内部受到额外应力。

（6）母线与电器连接时，接触面应符合现行国家标准（GB 50149—2010）《电气装置安装工程 母线装置施工及验收规范》的有关规定。连接处不同相的母线最小电气间隙应符合表 1-17 的规定。

表 1-17　不同相的母线最小电气间隙

额定电压（V）	最小电气间隙（mm）	额定电压（V）	最小电气间隙（mm）
$U \leqslant 500$	10	$500 < U \leqslant 1200$	14

5. 成排或集中安装的低压电器应排列整齐；器件间的距离应符合设计要求，并应便于操作及维护。

6. 室外安装的非防护型的低压电器，应有防雨、雪和风沙侵入的措施。

7. 电器的金属外壳、框架的接零或接地，应符合现行国家标准（GB 50169—2006）《电气装置安装工程接地装置施工及验收规范》的有关规定。

8. 低压电器绝缘电阻的测量的规定

（1）测量应在下列部位进行，对额定工作电压不同的电路，应分别进行测量。

1）主触头在断开位置时，同极的进线端及出线端之间。

2）主触头在闭合位置时，不同极的带电部件之间、触头与线圈之间以及主电路与同它不直接连接的控制和辅助电路（包括线圈）之间。

3）主电路、控制电路、辅助电路等带电部件与金属支架之间。

（2）测量绝缘电阻所用兆欧表的电压等级及所测量的绝缘电阻值，应符合现行国家标准《电气装置安装工程电气设备交接试验标准》的有关规定。

9. 低压电器的试验，应符合现行国家标准（GB 50150—2006）《电气装置安装工程电气设备交接试验标准》的有关规定。

（三）低压断路器

1. 低压断路器安装前的检查要求

（1）衔铁工作面上的油污应擦净。

（2）触头闭合、断开过程中，可动部分与灭弧室的零件不应有卡阻现象。

（3）各触头的接触平面应平整；开合顺序、动静触头分闸距离等，应符合设计要求或产品技术文件的规定。

（4）受潮的灭弧室，安装前应烘干，烘干时应监测温度。

2. 低压断路器的安装应符合下列要求：

（1）低压断路器的安装，应符合产品技术文件的规定；当无明确规定时，宜垂直安装，其倾斜度不应大于5°。

（2）低压断路器与熔断器配合使用时，熔断器应安装在电源侧。

（3）低压断路器操作机构的安装应符合下列要求：

1）操作手柄或传动杠杆的开、合位置应正确；操作力不应大于产品的规定值。

2）电动操作机构接线应正确；在合闸过程中，开关不应跳跃；开关合闸后，限制电动机或电磁铁通电时间的联锁装置应及时动作；电动机或电磁铁通电时间不应超过产品的规定值。

3）开关辅助接点动作应正确可靠，接触应良好。

4）抽屉式断路器的工作、试验、隔离三个位置的定位应明显，并应符合产品技术文件的规定。

5）抽屉式断路器空载时进行抽、拉数次应无卡阻，机械联锁应可靠。

3. 低压断路器的接线应符合下列要求：

（1）裸露在箱体外部且易触及的导线端子，应加绝缘保护。

（2）有半导体脱扣装置的低压断路器，其接线应符合相序要求，脱扣装置的动作应可靠。

4. 直流快速断路器的安装、调整和试验尚应符合下列要求：

（1）安装时应防止断路器倾倒、碰撞和激烈震动；基础槽钢与底座间，应按设计要求采取防震措施。

（2）断路器极间中心距离及与相邻设备或建筑物的距离不应小于500mm。当不能满足要求时，应加装高度不小于单极开关总高度的隔弧板。

在灭弧室上方应留有不小于1000mm的空间；当不能满足要求时，在开关电流3000A以下断路器的灭弧室上方200mm处应加装隔弧板；在开关电流3000A及以上断路器的灭弧室上方500mm处应加装隔弧板。

（3）灭弧室内绝缘衬件应完好，电弧通道应畅通。

（4）触头的压力、开距、分断时间及主触头调整后灭弧室支持螺杆与触头间的绝缘电阻，应符合产品技术文件要求。

（5）直流快速断路器的接线应符合下列要求：

1）与母线连接时，出线端子不应承受附加应力；母线支点与断路器之间的距离不应小于1000mm。

2）当触头及线圈标有正、负极性时，其接线应与主回路极性一致。

3）配线时应使控制线与主回路分开。

（6）直流快速断路器的调整和试验应符合下列要求：

1）轴承转动应灵活，并应涂以润滑剂。

2）衔铁的吸、合动作应均匀。

3）灭弧触头与主触头的动作顺序应正确。

4）安装后应按产品技术文件要求进行交流工频耐压试验，不得有击穿、闪络现象。

5）脱扣装置应按设计要求进行整定值校验，在短路或模拟短路情况下合闸时，脱扣装置应能立即脱扣。

（四）低压隔离开关、刀开关、转换开关及熔断器组合电器

1. 隔离开关与刀开关的安装应符合下列要求：

（1）开关应垂直安装。当在不切断电流、有灭弧装置或用于小电流电路等情况下，可水平安装。水平安装时，分闸后可动触头不得自行脱落，其灭弧装置应固定可靠。

（2）可动触头与固定触头的接触应良好；大电流的触头或刀片宜涂电力复合脂。

（3）双投刀闸开关在分闸位置时，刀片应可靠固定，不得自行合闸。

（4）安装杠杆操作机构时，应调节杠杆长度，使操作到位且灵活；开关辅助接点指示应正确。

（5）开关的动触头与两侧压板距离应调整均匀，合闸后接触面应压紧，刀片与静触头中心线应在同一平面，且刀片不应摆动。

2. 直流母线隔离开关安装的要求

（1）垂直或水平安装的母线隔离开关，其刀片均应位于垂直面上；在建筑构件上安装时，刀片底部与基础之间的距离，应符合设计或产品技术文件的要求。当无明确要求时，不宜小于50mm。

（2）刀体与母线直接连接时，母线固定端应牢固。

（3）转换开关和倒顺开关安装后，其手柄位置指示应与相应的接触片位置相对应；定位机构应可靠；所有的触头在任何接通位置上应接触良好。

（4）带熔断器或灭弧装置的负荷开关接线完毕后，检查熔断器应无损伤，灭弧栅应完好，且固定可靠；电弧通道应畅通，灭弧触头各相分闸应一致。

（五）住宅电器、漏电保护器及消防电气设备

1. 住宅电器的安装应符合下列要求：

（1）集中安装的住宅电器，应在其明显部位设警告标志。

（2）住宅电器安装完毕，调整试验合格后，宜对调整机构进行封锁处理。

2. 漏电保护器的安装、调整试验应符合下列要求：

（1）按漏电保护器产品标志进行电源侧和负荷侧接线。

（2）带有短路保护功能的漏电保护器安装时，应确保有足够的灭弧距离。

（3）在特殊环境中使用的漏电保护器，应采取防腐、防潮或防热等措施。

（4）电流型漏电保护器安装后，除应检查接线无误外，还应通过试验按钮检查其动作性能，并应满足要求。

3. 火灾探测器、手动火灾报警按钮、火灾报警控制器、消防控制设备等的安装，应按现行国家标准《火灾自动报警系统施工及验收规定》执行。

（六）低压接触器及电动机起动器

1. 低压接触器及电动机起动器安装前检查的要求

（1）衔铁表面应无锈斑、油垢；接触面应平整、清洁。可动部分应灵活无卡阻；灭弧罩之间应有间隙；灭弧线圈绕向应正确。

（2）触头的接触应紧密，固定主触头的触头杆应固定可靠。

（3）当带有常闭触头的接触器与磁力起动器闭合时，应先断开常闭触头，后接通主触头；当断开时应先断开主触头，后接通常闭触头，且三相主触头的动作应一致，其误差应符合产品技术文件的要求。

（4）电磁起动器热元件的规格应与电动机的保护特性相匹配；热继电器的电流调节指示位置应调整在电动机的额定电流值上，并应按设计要求进行定值校验。

2. 低压接触器和电动机起动器安装完毕后的检查

（1）接线应正确。

（2）在主触头不带电的情况下，起动线圈间断通电，主触头动作正常，衔铁吸合后应无异常响声。

3. 真空接触器安装前应进行下列检查

（1）可动衔铁及拉杆动作应灵活可靠、无卡阻。

（2）辅助触头应随绝缘摇臂的动作可靠动作，且触头接触应良好。

（3）按产品接线图检查内部接线应正确。

4. 采用工频耐压法检查真空开关管的真空度，应符合产品技术文件的规定。

5. 真空接触器的接线，应符合产品技术文件的规定，接地应可靠。

6. 可逆起动器或接触器、电气联锁装置和机械连锁装置的动作均应正确、可靠。

7. 星、三角起动器的检查与调整的要求

（1）起动器的接线应正确；电动机定子绕组正常工作应为三角形接线。

（2）手动操作的星、三角起动器，应在电动机转速接近运行转速时进行切换；自动转换的起动器应按电动机负荷要求正确调节延时装置。

8. 自耦减压起动器的安装与调整的要求

（1）起动器应垂直安装。

（2）油浸式起动器的油面不得低于标定油面线。

（3）减压抽头在65% ~80%额定电压下，应按负荷要求进行调整；起动时间不得超过自耦减压起动器允许的起动时间。

9. 手动操作的起动器，触头压力应符合产品技术文件的规定，操作应灵活。

10. 接触器或起动器均应进行通断检查；用于重要设备的接触器或起动器尚应检查其起动值，应符合产品技术文件的规定。

11. 变阻式起动器的变阻器安装后，应检查其电阻切换程序、触头压力、灭弧装置及起动值，应符合设计要求或产品技术文件的规定。

（七）控制器、继电器及行程开关

1. 控制器安装的要求

（1）控制器的工作电压应与供电电源电压相符。

（2）凸轮控制器及主令控制器，应安装在便于观察和操作的位置上；操作手柄或手轮的安装高度宜为 800～1200mm。

（3）控制器操作应灵活；档位应明显、准确。带有零位自锁装置的操作手柄应能正常工作。

（4）操作手柄或手轮的动作方向，宜与机械装置的动作方向一致；操作手柄或手轮在各个不同位置时，其触头的分、合顺序均应符合控制器的开、合图表的要求，通电后应按相应的凸轮控制器件的位置检查电动机，应运行正常。

（5）控制器触头压力应均匀；触头超行程不应小于产品技术文件的规定。凸轮控制器主触头的灭弧装置应完好。

（6）控制器的转动部分及齿轮减速机构应润滑良好。

2. 继电器安装前检查的要求

（1）可动部分动作应灵活、可靠。

（2）表面污垢和铁芯表面防腐剂应清除干净。

3. 按钮的安装的要求

（1）按钮之间的距离宜为 50～80mm，按钮箱之间的距离宜为 50～100mm；当倾斜安装时，其与水平的倾角不宜小于 30°。

（2）按钮操作应灵活、可靠、无卡阻。

（3）集中在一起安装的按钮应有编号或不同的识别标志，"紧急"按钮应有明显标志，并设保护罩。

4. 行程开关的安装与调整的要求

（1）安装位置应能使开关正确动作，且不妨碍机械部件的运动。

（2）碰块或撞杆应安装在开关滚轮或推杆的动作轴线上。对电子式行程开关应按产品技术文件要求调整可动设备的间距。

（3）碰块或撞杆对开关的作用力及开关的动作行程，均不应大于允许值。

（4）限位用的行程开关，应与机械装置配合调整；确认动作可靠后，方可接入电路使用。

（八）电阻器及变阻器

1. 电阻器的电阻元件应位于垂直面上。电阻器垂直叠装不应超过四箱；当超过四箱时，应采用支架固定，并保持适当距离；当超过六箱时应另列一组。有特殊要求的电阻器，其安装方式应符合设计规定。电阻器底部与地面间应留有间隔，不应小于 150mm。

2. 电阻器与其他电器垂直布置时，应安装在其他电器的上方，两者之间应留有间隔。

3. 电阻器接线的要求

（1）电阻器与电阻元件的连接应采用铜或钢的裸导体，接触应可靠。

（2）电阻器引出线夹板或螺栓应设置与设备接线图相应的标志；当与绝缘导线连接时，应采取防止接头处的温度升高而降低导线绝缘强度的措施。

（3）多层叠装的电阻箱的引出导线应采用支架固定，并不得妨碍电阻元件的更换。

4. 电阻器和变阻器内部不应有断路或短路；其直流电阻值的误差应符合产品技术文件的规定。

5. 变阻器的转换调节装置的要求

（1）转换调节装置移动应均匀平滑、无卡阻，并应有与移动方向相一致的指示阻值变化的标志。

（2）电动传动的转换调节装置，其限位开关及信号联锁接点的动作应准确和可靠。

（3）齿链传动的转换调节装置，可允许有半个节距的串动范围。

（4）由电动传动及手动传动两部分组成的转换调节装置，应在电动及手动两种操作方式下分别进行试验。

（5）转换调节装置的滑动触头与固定触头的接触应良好，触头间的压力应符合要求，在滑动过程中不得开路。

6. 频敏变阻器的调整要求

（1）频敏变阻器的极性和接线应正确。

（2）频敏变阻器的抽头和气隙调整应使电动机起动特性符合机械装置的要求。

（3）频敏变阻器配合电动机进行调整过程中，连续起动次数及总的起动时间，应符合产品技术文件的规定。

（九）电磁铁

1. 电磁铁的铁芯表面，应清洁、无锈蚀。

2. 电磁铁的衔铁及其传动机构的动作应迅速、准确和可靠，无卡阻现象。直流电磁铁的衔铁上，应有隔磁措施。

3. 制动电磁铁的衔铁吸合时，铁芯的接触面应紧密地与其固定部分接触，且不得有异常响声。

4. 有缓冲装置的制动电磁铁，应调节其缓冲器道孔的螺栓，使衔铁动作至最终位置时平稳，无剧烈冲击。

5. 采用空气间隙作为剩磁间隙的直流制动电磁铁，其衔铁行程指针位置应符合产品技术文件的规定。

6. 牵引电磁铁固定位置应与阀门推杆准确配合，使动作行程符合设备要求。

7. 起重电磁铁第一次通电检查时，应在空载（周围无铁磁物质）的情况下进行，空载电流应符合产品技术文件的规定。

8. 有特殊要求的电磁铁，应测量其吸合与释放电流，其值应符合产品技术文件的规定及设计要求。

9. 双电动机抱闸及单台电动机双抱闸电磁铁动作应灵活一致。

（十）熔断器

1. 熔断器及熔体的容量应符合设计要求，并核对所保护电气设备的容量与熔体容量相匹配；对后备保护、限流、自复、半导体器件保护等有专用功能的熔断器，严禁用其他熔断器替代。

2. 熔断器安装位置及相互间距离应便于更换熔体。

3. 有熔断指示器的熔断器，其指示器应装在便于观察的一侧。

4. 瓷质熔断器在金属底板上安装时，其底座应垫软绝缘衬垫。

5. 安装具有几种规格的熔断器时，应在底座旁标明规格。

6. 有触及带电部分危险的熔断器，应配齐绝缘抓手。

7. 带有接线标志的熔断器，电源线应按标志进行接线。

8. 螺旋式熔断器的安装，其底座严禁松动，电源应接在熔芯引出的端子上。

（十一）工程交接验收

1. 工程交接验收时的要求

（1）电器的型号、规格符合设计要求。

（2）电器的外观检查完好，绝缘器件无裂纹，安装方式符合产品技术文件的要求。

（3）电器安装牢固、平正，符合设计及产品技术文件的要求。

（4）电器的接零、接地可靠。

（5）电器的连接线排列整齐、美观。

（6）绝缘电阻值符合要求。

（7）活动部件动作灵活、可靠，联锁传动装置动作正确。

（8）标志齐全完好，字迹清晰。

2. 通电后的要求

（1）操作时动作应灵活、可靠。

（2）电磁器件应无异常响声。

（3）线圈及接线端子的温度不应超过规定。

（4）触头压力、接触电阻不应超过规定。

3. 验收时应提交下列资料和文件

（1）变更设计的证明文件。

（2）制造厂提供的产品说明书、合格证件及竣工图纸等技术文件。

（3）安装技术记录。

（4）调整试验记录。

（5）根据合同提供的备品、备件清单。

（十二）电气装置的检查和维护安全要求

1. 电工作业人员应经医生鉴定没有妨碍电工作业的病症，并应具备用电安全、触电急救和专业技术知识及实践经验。

2. 电工作业人员应经安全技术培训、考核合格、取得相应的资格证书后，才能从事电工作业，禁止非电工作业人员从事任何电工作业。

3. 电工作业人员在进行电工作业时应按规定使用经定期检查或试验合格的电工用个体防护用品。

4. 进行现场电气工作时，应由熟悉该工作和对现场有足够了解的电工作业人员执行，并采取安全技术措施。

5. 当非电工作业人员有必要参加接近电气装置的辅助性工作时，应由电工作业人员先介绍现场情况和电气安全知识、要求，并有专人负责监护，监护人不能兼做其他工作。

6. 电气装置应由专人负责管理，定期进行安全检验或试验，禁止安全性能不合格的电气装置投入使用。

7. 电气装置在使用中的维护必须由具有相应资格的电工作业人员按规定进行。经维修后的电气装置在重新使用前，应确认其符合相关规定的要求。

8. 电气装置如果不能修复或修复后达不到规定的安全技术性能时应予以报废。

9. 长期放置不用或新使用的用电设备、用电器应经过安全检查或试验后才能投入使用。

10. 当拆除电气装置时，应对其电源连接部位作妥善处理，不应留有任何可能带电的外露可导电部分。

11. 修缮建筑物时，对原有电气装置应采取适当的保护措施，必要时应将其拆除并应符合相关的规定。在修缮完毕后再重新安装使用。

12. 电气装置的检查、维护以及修理应根据实际需要采取全部停电、部分停电和不停电三种方式，并应采取相应的安全技术和组织措施。

（1）不停电工作时应在电气装置及工作区域挂设警告标志或标示牌。

（2）全部停电和部分停电工作时应严格执行停送电制度，将各个可能来电方面的电源全部断开（应具有明显的断开点），对可能有残留电荷的部位进行放电，验明确实无电后方可工作。必要时应在电源断开处挂设标示牌和在工作侧各相上挂接保护接地线。严禁违规停送电。

（3）当有必要进行带电工作时，应使用电工用个体防护用品，并有专人负责监护。

七、变配电装置安全技术控制

（一）高低压配电装置工作安全程序

为保障高低压操作员及维修员于设备维修时的安全，负责工程师需参阅以下高低压维修程序，以减低操作员及维修员因误会或疏忽所产生的工业意外，并保障大厦设备的可靠及安全。

1. 变配电值班人员

变配电值班人员必须严格遵守《员工手册》和各项规章制度。

2. 值班人员

值班人员必须持有合格技术证件，熟练掌握本物业供电运行方式、线路方向及设备技术性能，并且具有实际处理事故的能力，方可上岗工作。

3. 配电装置进行前的检查

配电装置运行前要进行下列检查：

（1）所有瓷瓶清洁无裂纹，门窗防鼠设施是否完好。

（2）屏面电表指示及各种装置显示正常。

（3）母线清洁无杂物，接触良好，测定母线绝缘电阻正常，每千伏不低于一兆欧。

（4）互感器的母线、二次线路及接地线应连接牢固、完好不松动，一次测应绝缘合格，二次测应接地良好。

（5）避雷器的瓷套管应清洁无裂纹，接线及接地线连接良好。

（6）电力电容器的外壳应无膨胀漏油，绝缘子完整良好，熔丝完整。

4. 正常运行中的巡视规定

（1）每两小时巡视一遍并做好列表记录，包括有功电度表、无功电度表、电压表、电流表读数、直流电瓶充电电压、充电电流读数，室内温度及变压器机芯温度。

（2）定期巡视变压器运行状况，从声、味、温等现象观察变压器是否正常。

（3）控制柜及总开关的外观要清洁，巡视中留意柜内是否有异常响声，各指示灯是否完好。

（4）直流电池柜内电池组液体是否足够，有无泄漏，充电情况是否良好。

（5）各抽气扇运行是否正常，隔尘网应定时清理。

（6）室内照明、紧急照明及卫生情况应良好。

5. 安全操作

（1）必须执行操作申请制度和停电检修制度。

（2）高压控制柜停送电操作应填写好工作票，操作并检查各项操作机械完好，严格执行一人操作、一人监护的安全工作制度，按工作票填写程序进行操作。

（3）配电值班员应熟悉配电房控制柜的各项操作细则及工作程序，做到操作准确无误。

（4）停电操作必须从低压到高压依次进行，送电操作必须先从高压侧进电，对变压器或线路充电，然后依次从高压至低压送电。

（5）清洁、维修变压器必须先穿戴好防护用品，试验专用电笔是否正常，然后切断低压侧负荷及高压侧电源，验明无电后，用专用电棒逐项相对地放电，再将三相短接；由两人以上进行工作，连接与拆除专用地线必须指定专人进行。

（6）低压柜停电工作应注意验明无电后对电容放电，完毕后用专用接地线对相线可靠接地，并且两人以上时方可进入现场工作。

6. 事故处理

（1）变压器发生故障跳闸时，应当手动判断高低压柜操作开关，并把分闸柜关上，保证其他设备正常供电，之后应及时查明故障原因，并向上级汇报。

（2）低压总开关跳闸时，应先把分开关断开，检查无异常后，试送总开关，再送各分开关。

（3）低压总开关跳闸时，应先把各功能区分开关拉开，检查无异常后先试分路开关，再试送各功能区分开关。

（4）电梯、消防、清水泵、污水泵、设备楼双电源故障时应在检查维修自投开关时，将双电源刀闸拉开，验明无电时方可维修，尽快恢复供电。

（5）电容开关自动跳闸时，应马上退出运行，检查确认无异常情况或短路后方可送电。

7. 高低压配电室运行交接程序（正常）

（1）交班人需于交接班前检查现有配电设备，记录当班运作事宜。

（2）接班人需填写接班时间，并阅读上班运作记要，以了解上班高低压配电情况。

（3）接班人需与交班人共同再检查高低压配电设备，双方了解现有操作情况后，交接工作完成。

（4）当完成三班配电运行后，工程师需核实每天高低压配电情况，作为对整个配电系统的监察，并安排日后维修计划及员工培训方案。

8. 高低压配电紧急事故处理程序

为保障大厦供电正常及统一处理配电事宜，需制定紧急事故处理程序，以提高配电操作员的水平。工程经理或总工程师需按时培训处理程序，以减少大厦配电事故发生，增强配电设备可靠性，达到高效率、低成本、高可靠性的目的。

9. 高低压电柜开关记录

为保障大厦用户配电的可靠性，物业管理公司在高低压设备的监管上应有较高要求，于每台高低压配电设备上，均有严格开关记录，以便各班配电操作员了解设备现有操作情况，以及过去的维修记录。工程师可按有关操作记录，安排正常维修计划，以减低因操作或维修延误导致停电，借此保障用户利益。

10. 高低压配电室运行交接记录

为保障大厦配电正常运作及配电人员安全，制定高低压配电运作交接记录，作为工程与各班操作员内部沟通桥梁，借有关记录能了解每日高低压配电室操作情况，以保障电力能可靠地供应到每位用户单元内。

（二）主要变配电设备安全

1. 电力变压器

电力变压器是变配电站的核心设备，按照绝缘结构分为油浸式变压器和干式变压器。油浸式变压器所用油的闪点在 135～160℃ 之间，属于可燃液体。变压器内的固体绝缘衬垫、纸板、棉纱、布、木材等都属于可燃物质，其火灾危险性较大，而且有爆炸的危险。

（1）变压器安装

1）变压器各部件及本体的固定必须牢固。

2）电气连接必须良好；铝导体与变压器的连接应采用铜铝过渡接头。

3）变压器的接地一般是其低压绕组中性点、外壳及其阀型避雷器（避雷器 Y5WZ-7.6/27）三者共用的地。接地必须良好，接地线上应有可断开的连接点。

4）变压器防爆管喷口前方不得有可燃物体。

5）位于地下的变压器室的门、变压器室通向配电装置室的门、变压器室之间的门均应为防火门。

6）居住建筑物内安装的油浸式变压器，单台容量不得超过 400kVA。

7）10kV 变压器壳体距门不应小于 1m，距墙不应小于 0.8m（装有操作开关时不应小于 1.2m）。

8）采用自然通风时，变压器室地面应高出室外地面 1.1m。

9）室外变压器容量不超过 315kVA 者可柱上安装，315kVA 以上者应在台上安装；一次引线和二次引线均应采用绝缘导线；柱上变压器底部距地面高度不应小于 2.5m、裸导体距地面高度不应小于 3.5m；变压器台高度一般不应低于 0.5m，其围栏高度不应低于 1.7m，变压器壳体距围栏不应小于 1m，变压器操作面距围栏不应小于 2m。

10）变压器室的门和围栏上应有"止步，高压危险！"的明显标志。

（2）变压器运行

运行中变压器高压侧电压偏差不得超过额定值的±5%、低压最大不平衡电流不得超过额定电流的25%。上层油温一般不应超过85℃；冷却装置应保持正常，呼吸器内吸潮剂的颜色应为淡蓝色；通向气体继电器的阀门和散热器的阀门应在打开状态，防爆管的膜片应完整，变压器室的门窗、通风孔、百叶窗、防护网、照明灯应完好；室外变压器基础不得下沉，电杆应牢固、不得倾斜。

干式变压器的安装场所应有良好的通风，且空气相对湿度不得超过70%。

2. 电力电容器

电力电容器是充油设备，安装、运行或操作不当即可能着火甚至发生爆炸。电容器的残留电荷还可能对人身安全构成直接威胁。

（1）电容器的安装

1）电容器所在环境温度一般不应超过40℃，周围空气相对湿度不应大于80%，海拔高度不应超过1000m；周围不应有腐蚀性气体或蒸汽，不应有大量灰尘或纤维；所安装环境应无易燃、易爆危险物或强烈震动。

2）总油量300kg以上的高压电容器应安装在单独的防爆室内；总油量300kg以下的高压电容器和低压电容器应视其油量的多少安装在有防爆墙的间隔内或有隔板的间隔内。

3）电容器应避免阳光直射，受阳光直射的窗玻璃应涂以白色。

4）电容器室应有良好的通风。电容器分层安装时应保证必要的通风条件。

5）电容器外壳和钢架均应采取接地（或接零）措施。

6）电容器应有合格的放电装置。

7）高压电容器组总容量不超过100kVA时，可用跌开式熔断器保护和控制；总容量100～300kVA时，应采用负荷开关保护和控制；总容量300kVA以上时，应采用真空断路器或其他断路器保护和控制。低压电容器组总容量不超过100kVA时，可用交流接触器、刀开关、熔断器或刀熔开关保护和控制；总容量100kVA以上时，应采用低压断路器保护和控制。

（2）电容器的运行

电容器运行中电流不应长时间超过电容器额定电流的1.3倍；电压不应长时间超过电容器额定电压的1.1倍；电容器外壳温度不得超过生产厂家的规定值（一般为60℃或65℃）。电容器外壳不应有明显的变形，不应有漏油痕迹。电容器的开关设备、保护电器和放电装置应保持完好。

3. 高压开关

高压开关主要包括高压断路器、高压负荷开关和高压隔离开关GN19-10C/630A。高压开关用以完成电路的转换，有较大的危险性。

（1）高压断路器

高压断路器是高压开关设备中最重要、最复杂的开关设备。高压断路器有强有力的灭弧装置，既能在正常情况下接通和分断负荷电流，又能借助继电保护装置在故障情况下切断过载电流和短路电流。

断路器分断电路时，如电弧不能及时熄灭，不但断路器本身可能受到严重损坏，还可能迅速发展为弧光短路，导致更为严重的事故。

按照灭弧介质和灭弧方式，高压断路器可分为少油断路器、多油断路器、真空断路器、六氟化硫断路器、压缩空气断路器、固体产气断路器和磁吹断路器。

高压断路器必须与高压隔离开关串联使用，由断路器接通和分断电流，由隔离开关隔断电源。因此，切断电路时必须先拉开断路器，后拉开隔离开关；接通电路时必须先合上隔离开关，后合上断路器。为确保断路器与隔离开关之间的正确操作顺序，除严格执行操作制度外，10kV系统中常安装机械式或电磁式连锁装置。油断路器是有爆炸危险的设备。为了防止断路器爆炸，应根据额定电压、额定电流和额定开断电流等参数正确选用断路器，并应保持断路器在正常的运行状态。运行中，断路器的操作机构、传动机构、控制回路、控制电源应保持良好状态。

（2）高压隔离开关

高压隔离开关简称刀闸。隔离开关没有专门的灭弧装置，不能用来接通和分断负荷电流，更不能用来切断短路电流。隔离开关主要用来隔断电源，以保证检修和倒闸操作的安全。隔离开关的安装应当牢固，电气连接应当紧密、接触良好；与铜、铝导体连接须采用铜铝过渡接头。

隔离开关不能带负荷操作。拉闸、合闸前应检查与之串联安装的断路器是否在分闸位置。

运行中的高压隔离开关连接部位的温度不得超过75℃。机构应保持灵活。

（3）高压负荷开关

高压负荷开关有比较简单的灭弧装置，用来接通和断开负荷电流。负荷开关必须与有高分断能力的高压熔断器配合使用，由熔断器切断短路电流。

高压负荷开关的安装要求与高压隔离开关相似。

高压负荷开关分断负荷电流时有强电弧产生，因此，其前方不得有可燃物。

（三）电气线路安全

1. 架空线路

凡档距超过25m，利用杆塔敷设的高、低压电力线路都属于架空线路。架空线路主要由导线、杆塔、横担、绝缘子、金具、拉线组成。

架空线路木电杆梢径不应小于150mm，不得有腐朽、严重弯曲、劈裂等迹象，顶部应做成斜坡形，根部应做防腐处理。水泥电杆钢筋不得外露，杆身弯曲不超过杆长的0.2%。

绝缘子的瓷件与铁件应结合紧密，铁件镀锌良好，瓷釉光滑、无裂纹、烧痕、气泡或瓷釉烧坏等缺陷。

拉线与电杆的夹角不宜小于45°，如果受到地形限制，亦不应小于30°。拉线穿过公路时其高度不应小于6m。拉线绝缘子高度不应小于2.5m。

架空线路的导线与地面、各种工程设施、建筑物、树木、其他线路之间，以及同一线路的导线与导线之间均应保持足够的安全距离。

2. 电缆线路

电缆线路主要由电力电缆、终端接头、中间接头及支撑件组成。

电缆线路有电缆沟或电缆隧道敷设、直接埋入地下敷设、桥架敷设、支架敷设、钢索吊挂敷设等敷设方式。

敷设电缆时不应损坏电缆沟、隧道、电缆井和人井的防水层。

三相四线系统应采用四芯电力电缆，不应采用三芯电缆另加1根单芯电缆或以导线、电缆金属护套作中性线。

电缆进入电缆沟、隧道、竖井、建筑物、盘（柜）处应予封堵。

电缆直接敷设时不得应用非铠装电缆。直埋电缆在直线段每隔50～100m处、电缆接头处、转弯处、进入建筑物等处应设置明显的标志或标桩。

电力电缆的终端头和中间接头，应保证密封良好，防止受潮。电缆终端头、中间接头的外壳与电缆金属护套及铠装层均应良好接地。

（四）配电柜（箱）

配电柜（箱）分动力配电柜（箱）和照明配电柜（箱），是配电系统的末级设备。

1. 配电柜（箱）的安装

（1）配电柜（箱）应用不可燃材料制作。

（2）触电危险性小的生产场所和办公室，可安装开启式的配电板。

（3）触电危险性大或作业环境较差的加工车间、铸造、锻造、热处理、锅炉房、木工房等场所，应安装封闭式箱柜。

（4）有导电性粉尘或产生易燃易爆气体的危险作业场所，必须安装密闭式或防爆型的电气设施。

（5）配电柜（箱）各电气元件、仪表、开关和线路应排列整齐，安装牢固，操作方便；柜（箱）应内无积尘、积水和杂物。

（6）落地安装的柜（箱）底面应高出地面50～100mm；操作手柄中心高度一般为1.2～1.5m；柜（箱）前方0.8～1.2m的范围内无障碍物。

（7）保护线连接可靠。

（8）柜（箱）以外不得有裸带电体外露；必须装设在柜（箱）外表面或配电板上的电气元件，必须有可靠的屏护。

2. 配电柜（箱）的运行

配电柜（箱）内各电气元件及线路应接触良好，连接可靠；不得有严重发热、烧损现象。配电柜（箱）的门应完好；门锁应有专人保管。

（五）用电设备和低压电器

1. 电气设备触电防护分类按照触电防护方式，电气设备分为以下5类：

（1）0类。这种设备仅仅依靠基本绝缘来防止触电。0类设备外壳上和内部的不带电导体上都没有接地端子。

（2）01类。这种设备也是依靠基本绝缘来防止触电的，但是，这种设备的金属外壳上装有接地（零）的端子，不提供带有保护芯线的电源线。

（3）02类。这种设备除依靠基本绝缘外，还有一个附加的安全措施。02类设备外壳上没有接地端子，但内部有接地端子，自设备内引出带有保护插头的电源线。

（4）Ⅰ类。这种设备具有双重绝缘和加强绝缘的安全防护措施。

（5）Ⅱ类。这种设备依靠超低安全电压供电以防止触电。手持电动工具没有0类和01类产品，市售产品基本上都是Ⅱ类设备。移动式电气设备大部分是Ⅰ类产品。

2. 电气设备外壳防护

电气设备的外壳防护包括：对固体异物进入壳内设备的防护、对人体触及内部带电部分的防护、对水进入内部的防护。

外壳防护等级按如下方法标志：第一位数字表示第一种防护型式的等级；第二位数字表示第二种防护型式的等级。仅考虑一种防护时，另一位数字用"×"代替。如勿需特别说明，附加字母可以省略。例如，IP54 为防尘、防溅型电气设备，IP65 为尘密、防喷水型电气设备。

3. 电动机

电动机把电能转变为机械能，分为直流电动机和交流电动机。交流电动机又分为同步电动机和异步电动机（即感应电动机），而异步电动机又分绕线型电动机和笼型电动机。电动机是工业企业最常用的用电设备。作为动力机，电动机具有结构简单、操作方便、效率高等优点。生产企业中电动机消耗的电能占总能源耗量的 50% 以上。

电动机的电压、电流、频率、温升等运行参数应符合要求，电压波动不得超过 -5% ~ +10%、电压不平衡不得超过 5%，电流不平衡不得超过 10%。

任何情况下，电动机的绝缘电阻不得低于每伏工作电压 1000Ω。

电动机必须装设短路保护和接地故障保护，并根据需要装设过载保护、断相保护和低电压保护。熔断器熔体的额定电流应取为异步电动机额定电流的 1.5 ~ 2.5 倍。热继电器热元件的额定电流应取为电动机额定电流的 1 ~ 1.5 倍，其整定值应接近但不小于电动机的额定电流。

电动机应保持主体完整、零附件齐全、无损坏，并保持清洁。

除原始技术资料外，还应建立电动机运行记录、试验记录、检修记录等资料。

4. 手持电动工具和移动式电气设备

手持电动工具包括手电钻、手砂轮、冲击电钻、电锤、手电锯等工具。移动式设备包括蛤蟆夯、振捣器、水磨石磨平机等电气设备。

（1）触电危险性

手持电动工具和移动式电气设备是触电事故较多的用电设备。事故较多的主要原因是：

1）这些工具和设备是在人的紧握之下运行的，人与工具之间的接触电阻小，一旦工具带电，将有较大的电流通过人体，容易造成严重后果；同时，操作者一旦触电，由于肌肉收缩而难以摆脱带电体，也容易造成严重后果。

2）这些工具和设备有很大的移动性，其电源线容易受拉、磨而损坏，电源线连接处容易脱落而使金属外壳带电，导致触电事故。

3）这些工具和设备没有固定的工位，运行时振动大，而且可能在恶劣的条件下运行，本身容易损坏而使金属外壳带电，导致触电事故。

（2）安全使用条件

1）Ⅱ类、Ⅲ类设备没有保护接地或保护接零的要求；Ⅰ类设备必须采取保护接地或保护接零措施。设备的保护线应接向保护干线。

2）移动式电气设备的保护零线（或地线）不应单独敷设，而应当与电源线采取同样的防护措施，即采用带有保护芯线的橡皮套软线作为电源线。专用保护芯线应当是截面积不小于 $0.75 ~ 1.5\text{mm}^2$ 的软铜线。电缆不得有破损或龟裂，中间不得有接头；电源线与设备之间的防止拉脱的紧固装置应保持完好。设备的软电缆及其插头不得任意接长、拆除或调换。

3）移动式电气设备的电源插座和插销应有专用的接零（地）插孔和插头。其结构应能保证插入时接零（地）插头在导电插头之前接通，拔出时接零（地）插头在导电插头之后拔出。

4）一般场所，手持电动工具应采用Ⅱ类设备。在潮湿或金属构架上等导电性能良好的作业场所，必须使用Ⅱ类或Ⅲ类设备。在锅炉内、金属容器内、管道内等狭窄的特别危险场所，应使用Ⅲ类设备；如果使用Ⅱ类设备，则必须装设额定漏电动作电流不大于15mA、动作时间不大于0.1s的漏电保护器；而且，Ⅲ类设备的隔离变压器、Ⅰ类设备的漏电保护器以及Ⅱ、Ⅲ类设备控制箱和电源联接器等必须放在外面。

5）使用Ⅰ类设备应配用绝缘手套、绝缘鞋、绝缘垫等安全用具。

6）设备的电源开关不得失灵、不得破损并应安装牢固，接线不得松动，转动部分应灵活。

7）绝缘电阻合格，带电部分与可触及导体之间的绝缘电阻Ⅰ类设备不低于2MΩ，Ⅱ类设备不低于7MΩ。

5. 电焊设备

用手工操作焊条进行焊接的电弧焊即称为手工电弧焊。手工电弧焊应用很广，其不安全因素也比较多。其主要安全要求如下：

（1）电弧熄灭时焊钳电压较高，为了防止触电及其他事故，电焊工人应当戴帆布手套、穿胶底鞋。在金属容器中工作时，还应戴上头盔、护肘等防护用品。电焊工人的防护用品还应能防止烧伤和射线伤害。

（2）在高度触电危险环境中进行电焊时，可以安装空载自停装置。

（3）固定使用的弧焊机的电源线与普通配电线路同样要求；移动使用的弧焊机的电源线应按临时线处理。弧焊机的二次线路最好采用2条绝缘线。

（4）弧焊机的电源线上应装设有隔离电器、主开关和短路保护电器。

（5）电焊机外露导电部分应采取保护接零（或接地）措施。为了防止高压窜入低压造成的危险和危害，交流弧焊机二次侧应当接零（或接地）。但必须注意二次侧接焊钳的一端是不允许接零或接地的，二次侧的另一条线也只能一点接零（或接地），以防止部分焊接电流经其他导体构成回路。

（6）弧焊机一次绝缘电阻不应低于1MΩ，二次绝缘电阻不应低于0.5MΩ。弧焊机应安装在干燥、通风良好处，不应安装在易燃易爆环境、有腐蚀性气体的环境、有严重尘垢的环境或剧烈振动的环境。室外使用的弧焊机应采取防雨雪措施，工作地点下方有可燃物品时应采取适当的安全措施。

（7）移动弧焊机时必须停电。

6. 低压控制电器

低压控制电器主要用来接通、断开线路和用来控制电气设备，包括刀开关、低压断路器、减压起动器、电磁起动器等。

（1）控制电器一般安全要求

1）电压、电流、断流容量、操作频率、温升等运行参数符合要求。

2）结构型式与使用的环境条件相适应。

3）灭弧装置（包括灭弧罩、灭弧触头，灭弧用绝缘板）完好。

4）触头接触表面光洁，接触紧密，并有足够的接触压力；各极触头应当同时动作。

5）防护完善，门（或盖）上的连锁装置可靠，外壳、手柄、漆层无变形和损伤。

6）安装合理、牢固；操作方便，且能防止自行合闸；一般情况下，电源线应接在固定触头上。

7）正常时不带电的金属部分接地（或接零）良好。

8）绝缘电阻符合要求。

（2）刀开关

刀开关是手动开关，包括胶盖刀开关、石板刀开关、铁壳开关、转扳开关、组合开关等。

刀开关没有或只有极为简单的灭弧装置，不能切断短路电流。因此，刀开关下方应装有熔体或熔断器。对于容量较大的线路，刀开关须与有切断短路电流能力的其他开关串联使用。

用刀开关操作异步电动机及其他有冲击电流的动力负荷时，刀开关的额定电流应大于负荷电流的3倍，并应该在刀开关上方另装一组熔断器。刀开关所配用熔断器和熔体的额定电流不得大于开关的额定电流。

（3）低压断路器

低压断路器是具有很强的灭弧能力的低压开关。低压断路器的合闸由人工操作；分闸可由人工操作，也可在故障情况下自动分闸。

低压断路器瞬时动作过电流脱扣器，电压脱扣线圈（用于2P，3P，4P）用于短路保护，其动作电流的调整范围多为额定电流的4~10倍。其整定电流应大于线路上可能出现的峰值电流，并应为线路末端单相短路电流的2/3。长延时动作过电流脱扣器应按照线路计算负荷电流或电动机额定电流整定，用于过载保护。

运行中的低压断路器的机构应保持灵括，各部分应保持干净的1/3时，应予更换。应定期检查各脱扣器的整定值。

（4）接触器

接触器是电磁起动器的核心元件。

接触器的额定电流应按电动机的额定电流和工作状态来选择，为电动机的额定电流的1.3~2倍。工作繁重者应取较大的倍数。

接触器在运行中应注意以下问题：

1）工作电流不应超过额定电流，温度不得过高。分合指示应与接触器的实际状况相符，连接和安装应牢固，机构应灵活，接地或接零应良好，接触器运行环境应无有害因素。

2）触头应接触良好、紧密，不得过热；主触头和辅助触头不得有变形和烧伤痕迹，触头应有足够的压力和开距；主触头同时性应良好；灭弧罩不得松动、缺损。

3）声音不得过大；铁芯应吸合良好；短路环不应脱落或损坏；铁芯固定螺栓不得松动；吸引线圈不得过热；绝缘电阻必须合格。

7. 低压保护电器

低压保护电器主要用来获取、转换和传递信号，并通过其他电器对电路实现控制，熔断器和热继电器属于最常见的低压保护电器。

（1）熔断器

熔断器有管式熔断器（30RM3）、HH3 型无填料封闭管式熔断器、插式熔断器、螺塞式熔断器等多种型式。管式熔断器有两种，一种是纤维材料管，由纤维材料分解大量气体灭弧；一种是陶瓷管，管内填充石英砖，由石英砂冷却和熄灭电弧。管式熔断器和螺塞式熔断器都是封闭式结构，电弧不容易与外界接触，适用范围较广。管式熔断器多用于大容量的线路。螺塞式熔断器和插式熔断器用于中、小容量线路。熔断器熔体的热容量很小，动作很快，宜用作短路保护元件。在照明线路和其他没有冲击载荷的线路中，熔断器也可用作过载保护元件。

熔断器的防护形式应满足生产环境的要求；其额定电压符合线路电压；其额定电流满足安全条件和工作条件的要求；其极限分断电流大于线路上可能出现的最大故障电流。

对于单台笼型电动机，熔体额定电流按下式选取。

$$I_{FU} = (1.5 - 2.5)I_N$$

式中　I_{FU}——熔体额定电流，A；

　　　I_N——电动机额定电流，A。

对于没有冲击负荷的线路，熔体额定电流可按下式选取：

$$I_{FU} = (0.85 - 1)I_w$$

式中　I_w——线路导线许用电流，A。

同一熔断器可以配用几种不同规格的熔体，但熔体的额定电流不得超过熔断器的额定电流。熔断器各接触部位应接触良好。在有爆炸危险的环境中不得装设电弧可能与周圈介质接触的熔断器；一般环境也必须考虑防止电弧飞出的措施。不得轻易改变熔体的规格；不得使用不明规格的熔体。

（2）热继电器

热继电器也是利用电流的热效应制成的。它主要由热元件、双金属片、控制触头等组成。热继电器的热容量较大，动作不快，只用于过载保护。

热元件的额定电流原则上按电动机的额定电流选取，对于过载能力较低的电动机，如果启动条件允许，可按其额定电流的 60%～80% 选取；对于工作繁重的电动机，可按其额定电流的 110%～125% 选取；对于照明线路，可按负荷电流的 0.85～1 倍选取。

八、用电档案

（一）安全用电技术档案规定

1. 施工现场临时用电必须建立安全技术档案，其内容应包括：

（1）临时用电施工组织设计的全部资料。

（2）修改临时用电施工组织设计的资料。

（3）技术交底资料。

（4）临时用电工程检查验收表。

（5）电气设备的试验、检验凭单和调试记录。

（6）接地电阻测定记录表。

（7）定期检（复）查表。

（8）电工维修工作记录。

2. 安全技术档案应由主管该现场的电气技术人员负责建立与管理。其中《电工维修工作记录》可指定电工代管，并于临时用电工程拆除后统一归档。

3. 临时用电工程的定期检查时间：施工现场每月一次；基层公司每季一次。基层公司检查时，应复查接地电阻值。

4. 检查工作应按分部、分项工程进行，对不安全因素，必须及时处理，并应履行复查验收手续。

（二）施工现场安全用电技术档案八个要点

1. 施工现场用电组织设计的全部资料。

2. 修改施工现场用电组织设计资料。

3. 用电技术交底资料。

4. 施工现场用电工程检查验收表。

5. 电气设备试、检验凭单和调试记录。

6. 接地电阻，绝缘电阻，漏电保护器漏电动作参数测定记录表。

7. 定期检（复）查表。

8. 电工安装、巡检、维修、拆除工作记录。

第二章　脚手架安全控制技术

第一节　脚手架工程技术

脚手架（图2-1）是施工现场为工人操作并解决垂直和水平运输而搭设的各种支架。建筑界的通用术语，指建筑工地上用在外墙、内部装修或层高较高无法直接施工的地方。主要为了施工人员上下或外围安全网维护及高空安装构件等。

脚手架制作材料通常有：竹、木、钢管或合成材料等。有些工程也用脚手架当模板使用，此外在广告业、市政、交通路桥、矿山等部门也广泛使用。

长期以来，由于架设工具本身及其构造技术和使用安全管理工作处于较为落后的状态，致使事故的发生率较高。有关统计表明：在中国建筑施工系统每年所发生

图2-1　脚手架

的伤亡事故中，大约有1/3左右直接或间接地与架设工具及其使用的问题有关。

不同类型的工程施工选用不同用途的脚手架和模板支架。目前，建筑主体结构施工落地脚手架使用扣件脚手架的居多，脚手架立杆的纵距一般为1.2~1.8m；横距一般为0.9~1.5m。桥梁支撑架使用碗扣脚手架的居多，也有使用门式脚手架的。

一、脚手架工程安全技术

（一）脚手架的分类

1. 按用途划分

（1）操作（作业）脚手架。又分为结构作业脚手架（俗称"砌筑脚手架"）和装修作业脚手架。可分别简称为"结构脚手架"和"装修脚手架"，其架面施工荷载标准值分别规定为 $3kN/m^2$ 和 $2kN/m^2$。

（2）防护用脚手架。架面施工（搭设）荷载标准值可按 $1kN/m^2$ 计。

（3）承重、支撑用脚手架。架面荷载按实际使用值计。

2. 按构架方式划分

（1）杆件组合式脚手架。俗称"多立杆式脚手架"，简称"杆组式脚手架"。

（2）框架组合式脚手架（简称"框组式脚手架"）。即由简单的平面框架（如门架、梯

架、"口"字架、"日"字架和"目"字架等）与连接、撑拉杆件组合而成的脚手架，如门式钢管脚手架、梯式钢管脚手架和其他各种框式构件组装的鹰架等。

（3）格构件组合式脚手架。即由桁架梁和格构柱组合而成的脚手架，如桥式脚手架，（又有提升（降）式和沿齿条爬升（降）式两种）。

（4）台架。具有一定高度和操作平面的平台架，多为定型产品，其本身具有稳定的空间结构。可单独使用或立拼增高与水平连接扩大，并常带有移动装置。

3. 按脚手架的设置形式划分

（1）单排脚手架。只有一排立杆的脚手架，其横向平杆的另一端搁置在墙体结构上。

（2）双排脚手架。具有两排立杆的脚手架。

（3）多排脚手架。具有三排以上立杆的脚手架。

（4）满堂脚手架。按施工作业范围满设的、两个方向各有三排以上立杆的脚手架。

（5）满高脚手架。按墙体或施工作业最大高度、由地面起满高度设置的脚手架。

（6）交圈（周边）脚手架。沿建筑物或作业范围周边设置并相互交圈连接的脚手架。

（7）特形脚手架。具有特殊平面和空间造型的脚手架，如用于烟囱、水塔、冷却塔以及其他平面，为圆形、环形、"外方内圆"形、多边形和上扩、上缩等特殊形式的建筑施工脚手架。

4. 按脚手架的支固方式划分

（1）落地式脚手架。搭设（支座）在地面、楼面、屋面或其他平台结构之上的脚手架。

（2）悬挑脚手架（简称"挑脚手架"）。采用悬挑方式支固的脚手架，其挑支方式又有以下3种（图2-2）：

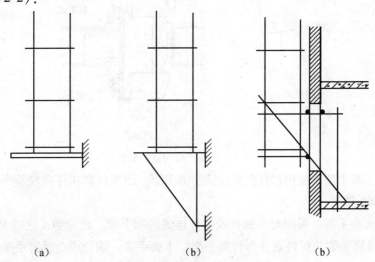

图2-2　悬挑脚手架的挑支方式
（a）悬挑梁；（b）悬挑三角桁架；（c）杆件支挑结构

1）架设于专用悬挑梁上；

2）架设于专用悬挑三角桁架上；

3）架设于由撑拉杆件组合的支挑结构上。其支挑结构有斜撑式、斜拉式、拉撑式和顶固式等多种。

（3）附墙悬挂脚手架（简称"挂脚手架"）。在上部或（和）中部挂设于墙体挑挂件上的定型脚手架。

（4）悬吊脚手架（简称"吊脚手架"）。悬吊于悬挑梁或工程结构之下的脚手架。当采用篮式作业架时，称为"吊篮"。

（5）附着升降脚手架（简称"爬架"）。附着于工程结构、依靠自身提升设备实现升降的悬空脚手架（其中实现整体提升者，也称为"整体提升脚手架"）。

（6）水平移动脚手架。带行走装置的脚手架（段）或操作平台架。

5. 按脚手架平、立杆的连接方式划分

（1）承插式脚手架。在平杆与立杆之间采用承插连接的脚手架。常见的承插连接方式有插片和楔槽、插片和楔盘、插片和碗扣、套管与插头以及U形托挂等（图2-3）。

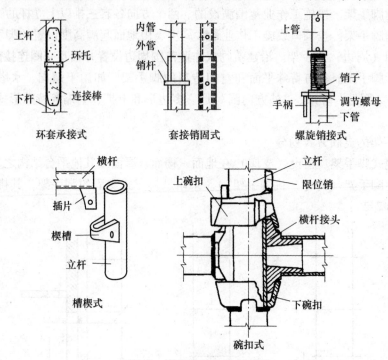

图2-3 承插连接构造的形式

（2）扣接式脚手架。使用扣件箍紧连接的脚手架，即靠拧紧扣件螺栓所产生的摩擦作用构架和承载的脚手架。

（3）销栓式脚手架。采用对穿螺栓或销杆连接的脚手架，此种型式已很少使用。

此外，还按脚手架的材料划分为竹脚手架、木脚手架、钢管或金属脚手架；按使用对象或场合划分为高层建筑脚手架、烟囱脚手架、水塔脚手架、凉水塔脚手架以及外脚手架、里脚手架。还有定型与非定型、多功能与单功能之分，但均非严格的界限。

（二）脚手架工程的常用术语

1. 脚手架名称

除前面分类中已列名称外，尚有以下称谓：

（1）安装脚手架：用于结构和设备安装的脚手架。

（2）受料架（台）：用于存放材料的脚手架（台架）。

（3）转运栈桥架：用于转运材料的栈桥型脚手架。

（4）模板支撑架：用脚手架材料搭设的模板支架。

（5）安装支撑架：用于安装作业的支撑架。

（6）临时支撑架：用于临时支撑和加固用途的支架。

（7）拦（围）护架：用于安全拦（围）护的脚手架。

（8）插口架：穿过墙体洞口（包括框架结构未砌墙体时）设置挑支和撑拉构造的挑脚手架或挂脚手架。

（9）桥式脚手架：由附着于墙体的支撑柱和桁架梁式作业台组成的脚手架。

（10）敞开式脚手架：仅在作业层设栏杆和挡脚板，以及立面挂大孔安全网，无其他封闭围护遮挡（挡风）的脚手架。

（11）局部封闭脚手架：安全围护、遮挡面积小于30%的脚手架。

（12）半封闭脚手架：安全围护、遮挡面积占30%~70%的脚手架。

（13）全封闭脚手架：采用挡风材料、沿脚手架四周外侧全长和全高封闭的脚手架。

（14）试验脚手架：按1:1比例搭设的、只用于试验目的的脚手架。

2. 杆配件

（1）立杆：脚手架中垂直于水平面的竖向杆件。

（2）外立杆：双排脚手架中不贴近墙体一侧的立杆。

（3）内立杆：双排脚手架中贴近墙体一侧的立杆。

（4）平杆（水平杆或横杆）：脚手架中的水平杆件。

（5）纵向平杆：沿脚手架纵向设置的平杆。

（6）横向平杆：沿脚手架横向设置的平杆。

（7）斜杆：与脚手架立杆或平杆斜交的杆件。

（8）斜拉杆：承受拉力作用的斜杆。

（9）剪刀撑：成对设置的交叉斜杆（泛指沿竖向设置者）。

（10）水平剪刀撑：沿水平方向设置的剪刀撑。

（11）扫地杆：贴近地面、连接立杆根部的平杆。

（12）纵向扫地杆：沿脚手架纵向设置的扫地杆。

（13）横向扫地杆：沿脚手架横向设置的扫地杆。

（14）封口杆：连接首步门架两侧立柱的横向扫地杆。

（15）连墙件：连接脚手架和墙体结构的构件。

（16）扣件：采用螺栓紧固的扣接件。

（17）直角扣件：用于垂直交叉杆件连接的扣件。

（18）旋转扣件：用于平行或斜交杆件连接的扣件。

（19）对接扣件：用于杆件对接连接的扣件。

（20）底座：设于立杆底部的垫座。

（21）固定底座：不能调节支垫高度的底座。

（22）可调底座：能够调节支垫高度的底座。

（23）垫板：设于底座之下的支垫板。

（24）垫木：设于底座之下的支垫方木。

（25）脚手板：用于构造作业层架面的板材。

（26）挂扣式定型钢脚手板：两端设有挂扣支搭构造的定型钢脚手板。

（27）门架：门式钢管脚手架的门形构件。

（28）同列门架：平面中线重合、前后平行的一列门架。

（29）同排门架：平面水平投影线重合、左右相邻的一排门架。

（30）门架立柱：门架两侧的主立杆。

（31）交叉支撑：连接相邻门架的竖向定型剪刀撑。

（32）水平架（平行架）：水平挂扣于相邻门架横梁之间的框式构件。

（33）托座：插于立杆或门架立柱顶部的、用于支承模板的撑托件。

（34）固定托座：不能调节支托高度的托座。

（35）可调托座：能够调节支托高度的托座。

（36）平托撑：用于水平支顶的托撑。

（37）脚轮：装于脚手架底部的行走轮。

3. 几何参数

（1）步距：上下平杆之间的距离或门架的设置高度。

（2）立杆间距：相邻立杆之间的轴线距离。

（3）立杆纵距：脚手架立杆的纵向间距。

（4）立杆横距：脚手架立杆的横向间距（单排脚手架为立杆轴线至墙面的距离）。

（5）门架间距：同排相邻门架毗邻立柱之间的轴线距离。

（6）门架架距：同列相邻门架同侧立柱之间的轴线距离。

（7）脚手架高度：自立杆底座下皮至架顶平杆上皮的垂直距离。

（8）脚手架长度：脚手架纵向两端立杆外皮之间的水平距离。

（9）脚手架宽度：脚手架横向两端立杆外皮之间的水平距离。

（10）连墙点竖距：上下相邻连墙点之间的垂直距离。

（11）连墙点横距：左右相邻连墙点之间的水平距离。

4. 其他

（1）基本构架结构：脚手架承受竖向荷载作用的构架结构部分（不包括脚手板）。

（2）作业层：上人作业的脚手架铺板层。

（3）立网：竖向设置的安全网。

（4）平网：水平设置的安全网。

（5）首层网：在底层设置的平网。

（6）随层网：紧靠施工作业层设置的平网。

（7）层间网：沿高度按规定竖向间距设置的平网。

（8）节点：脚手架杆件的交汇点。

（9）主节点：立杆、纵向平杆和横向平杆的三杆交汇点。

（10）恒荷载：脚手架构架、脚手板、防护设施等的自重。

（11）施工荷载：作业层架面上人员、器具和材料的质量。

注：以上术语的说明，仅为正确理解术语之用。

（三）脚手架工程的技术要求

1. 脚手架产品或材料的技术要求

（1）杆配件、连接件材料和加工的质量要求。

（2）构架方式和节点构造。

（3）杆配件、连接件的工作性能和承载能力。

（4）搭设、拆除的程序、操作要求和安全要求。

（5）检查验收标准和使用中的维护要求。

（6）应用范围和对不同应用要求的适应能力。

（7）运输、储存和保养要求。

2. 脚手架工程的技术要求

（1）满足使用要求的构架设计。

（2）特殊部位的技术处理和安全保证措施（加强构造、拉结措施等）。

（3）整架、局部构架、杆配件和节点承载能力的验算。

（4）连墙件和其他支撑、约束措施的设置及其验算。

（5）安全防护、围护措施的设置要求及其保证措施。

（6）地基、基础和其他支承物的设计与验算。

（7）荷载、天然因素等自然条件变化时的安全保障措施。

3. 脚手架构架的组成部分和基本要求

不同的脚手架系列均有其自身的构架特点、使用性能和应用方面的限制；不同的建筑工程对脚手架的设置要求也有其共同性和差异性。因此，在解决施工脚手架的设置问题时，必须从满足施工需要和确保安全的要求出发，综合考虑各种条件和因素，解决实际存在的各种问题。

脚手架的构架由构架基本结构、整体稳定和抗侧力杆件、连墙件和卸载装置、作业层设施、其他安全防护设施等五部分组成。其基本要求分别叙述如下：

（1）构架基本结构

脚手架构架的基本结构为直接承受和传递脚手架垂直荷载作用的构架部分。在多数情况下，构架基本结构由基本结构单元组合而成。

1）基本结构单元的类型

基本结构单元为构成脚手架基本结构的最小组成部分，由可以承受或传递荷载作用的杆件组成，包括毗邻基本结构单元的共用杆件。

基本结构单元大致有 8 种类型，见表 2-1。

表 2-1　脚手架基本结构单元

序号	基本结构单元类型		构架名称和形式	构架组合	
	名称	图示		方式	作用
1	平面框格		单排脚手架	双向	整体作用
			防（挡）护架		
2	立体格构		双排脚手架	双向	整体作用
			满堂脚手架	三向	
3	门形架		双排脚手架	双向	并列作用
			满堂脚手架	三向	
4	其他专用的平面框格		挑脚手架	单向	并列作用
5	三角形平面支架		单层挑挂脚手架	单向	并列作用
			悬挑支架、卸载架		
6	平面桁架		桥式脚手架	单向	并列作用
			栈桥梁	单独使用	
7	"「"形架		靠墙里脚手架	单向	并列作用
8	支柱		模板支撑架	单独使用或高度方向组合	并列作用

注：1. 单向组合：沿一个方向扩展；双向组合：沿高度和宽度（或长度）两个方向扩展；三向组合：沿高度、宽度和长度三个方向扩展。

　　2. 整体作用：与毗邻单元杆件共用，形成整体承受荷载作用；并列作用：以直立式片式构架承受垂直荷载作用，其间连系杆则主要起连系、约束和分配荷载作用。

2）基本结构单元的构造和承载特点

①全部为刚性杆件，没有柔性杆件，且杆件的长细比不能过大，以使其受稳定性和变形控制的承载性能得到保证。

②主要承受和传递垂直（竖向）荷载作用。

③节点一般都具有一定的抗弯能力，即节点为刚性或半刚性，但在计算时则按最不利的

120

情况考虑。

3）基本结构单元组合的特点和要求

①组合形式

单向组合：基本结构单元沿一个方向组合，构成"单条式"架、组合柱或塔架。

双向组合：基本结构单元沿两个方向组合，构成"板（片）式"架，例如单排和双排脚手架。

三向组合：基本结构单元沿三个方向组合，构成"块式"架，例如满堂脚手架。

②组合的承载特点

整体作用组合：基本结构单元组成一个整体结构，毗连基本结构单元的杆件共用，没有不是基本结构单元杆件的连系杆件，通常的多立杆式脚手架都属于这种情况。

并联作用组合：为平行的平面结构的组合。基本结构单元之间的连系杆件只起一定的约束作用，而不直接承受和传递垂直荷载作用。像门式钢管脚手架（在门架之间仅设有交叉支撑）就属于这种情况。

混合作用组合：既有整体作用，也有并联作用的组合。

4）对构架基本结构的一般要求

①杆部件的质量和允许缺陷应符合规范和设计要求。

②节点构造尺寸和承载能力应符合规范和设计规定。

③具有稳定的结构。

④具有可满足施工要求的整体、局部和单肢的稳定承载能力。

⑤具有可将脚手架荷载传给地基基础或支承结构的能力。

（2）整体稳定和抗侧力杆件

这是附加在构架基本结构上的、加强整体稳定和抵抗侧力作用的杆件，如剪刀撑、斜杆、抛撑以及其他撑拉杆件。

此外，"一"字形脚手架的整体稳定性较差。设置周边交圈脚手架，在角部相接处加强整体性连接措施，是增强脚手架的整体稳定性和抗侧力能力的重要措施。而其中增设的连接杆件也属于这类杆件。这类杆件设置的基本要求为：

1）设置的位置和数量应符合规定和需要。

2）必须与基本结构杆件进行可靠连接，以保证共同作用。

3）抛撑以及其他连接脚手架体和支承物的支、拉杆件，应确保杆件和其两端的连接能满足撑、拉的受力要求。

4）撑拉件的支承物应具有可靠的承受能力。

（3）连墙件、挑挂和卸载设施

1）连墙件

采用连墙件实现的附壁联结，对于加强脚手架的整体稳定性，提高其稳定承载能力和避免出现倾倒或坍塌等重大事故具有很重要的作用。

连墙件构造的形式：

①柔性拉结件。采用细钢筋、绳索、双股或多股铁丝进行拉结，只承受拉力和主要起防止脚手架外倾的作用，而对脚手架稳定性能（即稳定承载力）的帮助甚微。此种方式一般只能用于 10 层以下建筑的外脚手架中，且必须相应设置一定数量的刚性拉结件，以承受水

平压力的作用。

②刚性拉结。采用刚性拉杆或构件，组成既可承受拉力、又可承受压力的连接构造。其附墙端的连接固定方式可视工程条件确定，一般有：

a. 拉杆穿过墙体，并在墙体两侧固定。

b. 拉杆通过门窗洞口，在墙两侧用横杆夹持和背楔固定。

c. 在墙体结构中设预埋铁件，与装有花篮螺栓的拉杆固接，用花篮螺栓调节拉结间距和脚手架的垂直度。

d. 在墙体中设预埋铁件，与定长拉杆固结。

对附墙连接的基本要求如下：

①确保连墙点的设置数量，一个连墙点的覆盖面为 $20 \sim 50m^2$。脚手架越高，则连墙点的设置应越密。连墙点的设置位置遇到洞口、墙体构件、墙边或窄的窗间墙、砖柱等时，应在近处补设，不得取消。

②连墙件及其两端连墙点，必须满足抵抗最大计算水平力的需要。

③在设置连墙件时，必须保持脚手架立杆垂直，避免产生不利的初始侧向变形。

④设置连墙件处的建筑结构必须具有可靠的支承能力。

2）挑、挂设施

①悬挑设施的构造形式

a. 上拉下支式。即简单的支挑架，水平杆穿墙后锚固，承受拉力；斜支杆上端与水平杆连接、下端支在墙体上，承受压力。

b. 双上拉底支式。常见于插口架，它的两根拉杆分别从窗洞的上下边沿伸入室内，用竖杆和别杠固定于墙的内侧。插口架底部伸出横杆支顶于外墙面上。

c. 底锚斜支拉式　底部用悬挑梁式杆件（其里端固定到楼板上），另设斜支杆和带花篮螺栓的拉杆，与挑脚手架的中上部联结。

②靠挂式设施

即靠挂脚手架的悬挂件，其里端预埋于墙体中或穿过墙体后予以锚固。

③悬吊式设施

用于吊篮，即在屋面上设置的悬挑梁，用绳索或吊杆将吊篮悬吊于悬挑梁之下。

④挑、挂设施的基本要求

a. 应能承受挑、挂脚手架所产生的竖向力、水平力和弯矩。

b. 可靠地固结在工程结构上，且不会产生过大的变形。

c. 确保脚手架不晃动（对于挑脚手架）或者晃动不大（对于挂脚手架和吊篮）。吊篮需要设置定位绳。

3）卸载设施

卸载设施是指将超过搭设限高的脚手架荷载部分地卸给工程结构承受的措施，即在立杆连续向上搭设的情况下，通过分段设置支顶和斜拉杆件以减小传至立杆底部的荷载。

当将立杆断开，设置挑支构造以支承其上部脚手架的办法，实际上已成为挑脚手架，它不属于卸载措施的范围。

卸载设施的种类有：

①无挑梁上拉式，即仅设斜拉（吊）杆。

②无挑梁下支式，即仅设斜支顶杆。

③无挑梁上拉、下支式，即同时设置拉杆和支杆。

对卸载设施的基本要求为：

①脚手架在卸载措施处的构造常需予以加强。

②支拉点必须工作可靠。

③支承结构应具有足够的支承能力，并应严格控制受压杆件的长细比。

卸载措施实际承受的荷载难以准确判断，在设计时须按较小的分配值考虑。

4）作业层设施

作业层设施包括扩宽架面构造、铺板层、侧面防（围）护设施（挡脚板、栏杆、围护板网）以及其他设施，如梯段、过桥等。

作业层设施的基本要求：

①采用单横杆挑出的扩宽架面的宽度不宜超过300mm，否则应进行构造设计或采用定型扩宽构件。扩宽部分一般不堆物料并限制其使用荷载。外立杆一侧扩宽时，防（围）护设施应相应外移。

②铺板一定要满铺，不得花铺，且脚手板必须铺放平稳，必要时还要加以固定。

③防（围）护设施应按规定的要求设置，间隙要合适，固定要牢固。

二、脚手架构架与设置和使用要求的一般规定

（一）脚手架构架和设置要求的一般规定

脚手架的构架设计应充分考虑工程的使用要求、各种实施条件和因素，并符合以下各项规定：

1. 构架尺寸规定

（1）双排结构脚手架和装修脚手架的立杆纵距和平杆步距应≤2.0m。

（2）作业层距地（楼）面高度≥2.0m的脚手架，作业层铺板的宽度不应小于：外脚手架为750mm，里脚手架为500mm。铺板边缘与墙面的间隙应≯300mm、与挡脚板的间隙应≯100mm。当边侧脚手板不贴靠立杆时，应予以可靠固定。

2. 连墙点设置规定

当架高≥6m时，必须设置均匀分布的连墙点，其设置应符合以下规定：

（1）门式钢管脚手架：当架高≤20m时，不小于50m² 一个连墙点，且连墙点的竖向间距应≤6m；当架高>20m时，不小于30m² 一个连墙点，且连墙点的竖向间距应≤4m。

（2）其他落地（或底支托）式脚手架：当架高≤20m时，不小于40m² 一个连墙点，且连墙点的竖向间距应≤6m；当架高>20m时，不小于30m² 一个连墙点，且连墙点的竖向间距应≤4m。

（3）脚手架上部未设置连墙点的自由高度不得大于6m。

（4）当设计位置及其附近不能装设连墙件时，应采取其他可行的刚性拉结措施予以弥补。

3. 整体性拉结杆件设置规定

脚手架应根据确保整体稳定和抵抗侧力作用的要求，按以下规定设置剪刀撑或其他有相应作用的整体性拉结杆件：

（1）周边交圈设置的单、双排木、竹脚手架和扣件式钢管脚手架，当架高为6~25m时，应于外侧面的两端和其间按≤15m的中心距并自下而上连续设置剪刀撑；当架高>25m

时，应于外侧面满设剪刀撑。

（2）周边交圈设置的碗扣式钢管脚手架，当架高为9～25m时，应按不小于其外侧面框格总数的1/5设置斜杆；当架高＞25m时，按不小于外侧面框格总数的1/3设置斜杆。

（3）门式钢管脚手架的两个侧面均应满设交叉支撑。当架高≤45m时，水平框架允许间隔一层设置；当架高＞45m时，每层均满设水平框架。此外，架高≥20m时，还应每隔6层加设一道双面水平加强杆，并与相应的连墙件层同高。

（4）"一"字形单双排脚手架按上述相应要求增加50%的设置量。

（5）满堂脚手架应按构架稳定要求设置适量的竖向和水平整体拉结杆件。

（6）剪刀撑的斜杆与水平面的交角宜在45°～60°之间，水平投影宽度应不小于2跨或4m和不大于4跨或8m。斜杆应与脚手架基本构架杆件加以可靠连接，且斜杆相邻连接点之间杆段的长细比不得大于60。

（7）在脚手架立杆底端之上100～300mm处一律遍设纵向和横向扫地杆，并与立杆连接牢固。

4. 杆件连接构造规定

脚手架的杆件连接构造应符合以下规定：

（1）多立杆式脚手架左右相邻立杆和上下相邻平杆的接头应相互错开并置于不同的构架框格内。

（2）搭接杆件接头长度：扣件式钢管脚手架应≥10.8m；搭接部分的结扎应不少于2道，且结扎点间距应≯0.6m。

（3）杆件在结扎处的端头伸出长度应不小于0.1m。

5. 安全防（围）护规定

脚手架必须按以下规定设置安全防护措施，以确保架上作业和作业影响区域内的安全：

（1）作业层距地（楼）面高度≥2.5m时，在其外侧边缘必须设置挡护高度≥1.1m的栏杆和挡脚板，且栏杆间的净空高度应≤0.5m。

（2）临街脚手架，架高≥25m的外脚手架以及在脚手架高空落物影响范围内同时进行其他施工作业或有行人通过的脚手架，应视需要采用外立面全封闭、半封闭以及搭设通道防护棚等适合的防护措施。封闭围护材料应采用密目安全网、塑料编织布、竹笆或其他板材。

（3）架高9～25m的外脚手架，除执行（1）规定外，可视需要加设安全立网维护。

（4）挑脚手架、吊篮和悬挂脚手架的外侧面应按防护需要采用立网围护或执行（2）的规定。

（5）遇有下列情况时，应按以下要求加设安全网：

1）架高≥9m，未作外侧面封闭、半封闭或立网封护的脚手架，应按以下规定设置首层安全（平）网和层间（平）网：

①首层网应距地面4m设置，悬出宽度应≥3.0m。

②层间网自首层网每隔3层设一道，悬出高度应≥3.0m。

2）外墙施工作业采用栏杆或立网围护的吊篮，架设高度≤6.0m的挑脚手架、挂脚手架和附墙升降脚手架时，应于其下4～6m起设置两道相隔3.0m的随层安全网，其距外墙面的支架宽度应≥3.0m。

（6）上下脚手架的梯道、坡道、栈桥、斜梯、爬梯等均应设置扶手、栏杆或其他安全

124

防（围）护措施并清除通道中的障碍，确保人员上下的安全。

采用定型的脚手架产品时，其安全防护配件的配备和设置应符合以上要求；当无相应安全防护配件时，应按上述要求增配和设置。

6. 搭设高度限制和卸载规定

脚手架的搭设高度一般不应超过表 2-2 的限值。

表 2-2　脚手架搭设高度的限值

序次	类别	型式	高度限值（m）	备注
1	木脚手架	单排	30	架高≥30m 时，立杆纵距≯1.5m
		双排	60	
2	竹脚手架	单排	25	
		双排	50	
3	扣件式钢管脚手架	单排	20	
		双排	50	
4	碗扣式钢管脚手架	单排	20	架高≥30m 时，立杆纵距≯1.5m
		双排	60	
5	门式钢管脚手架	轻载	60	施工总荷载≤3kN/m^2
		普通	45	施工总荷载≤5kN/m^2

当需要搭设超过表 2-2 规定高度的脚手架时，可采取下述方式及其相应的规定解决：

（1）在架高 20m 以下采用双立杆和在架高 30m 以上采用部分卸载措施。

（2）架高 50m 以上采用分段全部卸载措施。

（3）采用挑、挂、吊型式或附着升降脚手架。

7. 脚手架的计算规定

建筑施工脚手架，凡有以下情况之一者，必须进行计算或进行 1:1 实架段的荷载试验，验算或检验合格后，方可进行搭设和使用：

（1）架高≥20m，且相应脚手架安全技术规范没有给出不必计算的构架尺寸规定。

（2）实际使用的施工荷载值和作业层数大于以下规定：

1）结构脚手架施工荷载的标准值取 3kN/m^2，允许不超过 2 层同时作业。

2）装修脚手架施工荷载的标准值取 2kN/m^2，允许不超过 3 层同时作业。

（3）全部或局部脚手架的形式、尺寸、荷载或受力状态有显著变化。

（4）作支撑和承重用途的脚手架。

（5）吊篮、悬吊脚手架、挑脚手架和挂脚手架。

（6）特种脚手架。

（7）尚未制定规范的新型脚手架。

（8）其他无可靠安全依据搭设的脚手架。

8. 单排脚手架的设置规定

单排脚手架的设置应遵守以下规定：

（1）单排脚手架不得用于以下砌体工程中：

1）墙厚小于 180mm 的砌体。

2）土坯墙、空斗砖墙、轻质墙体、有轻质保温层的复合墙和靠脚手架一侧的实体厚度小于180mm的空心墙。

3）砌筑砂浆强度等级小于M1.0的墙体。

（2）在墙体的以下部位不得留脚手眼：

1）梁和梁垫下及其左右各240mm范围内。

2）宽度小于480mm的砖柱和窗间墙。

3）墙体转角处每边各360mm范围内。

4）施工图上规定不允许留洞眼的部位。

（3）在墙体的以下部位不得留尺寸大于60mm×60mm的脚手眼：

1）砖过梁以上与梁端成60°角的三角形范围内。

2）宽度小于620mm的窗间墙。

3）墙体转角处每边各620mm范围内。

9. 使用其他杆配件进行加强的规定

一般情况下，禁止不同材料和连接方式的脚手架杆配件混用。当所用脚手架杆件的构架能力不能满足施工需要和确保安全而必须采用其他脚手架杆配件或其他杆件予以加强时，应遵守下列规定：

（1）混用的加强杆件，当其规格和连接方式不同时，均不得取代原脚手架基本构架结构的杆配件。

（2）混用的加强杆件，必须以可靠的连接方式与原脚手架的杆件连接。

（3）大面积采取混用加强立杆时，混用立杆应与原架立杆均匀错开，自基地向上连续搭设，先使用同种类平杆和斜杆形成整体构架并与原脚手架杆件可靠连接，确保起到分担荷载和加强原架整体稳定性的作用。

（4）混用低合金钢和碳钢钢管杆件时，应经过严格的设计和计算，且不得在搭设中设错。

（二）脚手架杆配件的一般规定

脚手架的杆件、构件、连接件、其他配件和脚手板必须符合以下质量要求，不合格者禁止使用：

1. 脚手架杆件

钢管件采用镀锌焊管，钢管的端部切口应平整。禁止使用有明显变形、裂纹和严重锈蚀的钢管。使用普通焊管时，应内外涂刷防锈层并定期复涂以保持其完好。

2. 脚手架连接件

应使用与钢管管径相配合的、符合我国现行标准的可锻铸铁扣件。使用铸钢和合金钢扣件时，其性能应符合相应可锻铸铁扣件的规定指标要求。严禁使用加工不合格、锈蚀和有裂纹的扣件。

3. 脚手架配件

（1）加工应符合产品的设计要求。

（2）确保与脚手架主体构架杆件的连接可靠。

4. 脚手板

（1）各种定型冲压钢脚手板、焊接钢脚手板、钢框镶板脚手板以及自行加工的各种型式金属脚手板，自重均不宜超过 0.3kN，性能应符合设计使用要求，且表面应具有防滑、防积水构造。

（2）使用大块铺面板材（如胶合板、竹笆板等）时，应进行设计和验算，确保满足承载和防滑要求。

（三）脚手架搭设、使用和拆除的一般规定

1. 脚手架的搭设规定

脚手架的搭设作业应遵守以下规定：

（1）搭设场地应平整、夯实并设置排水措施。

（2）立于土地面之上的立杆底部应加设宽度≥200mm，厚度≥50mm 的垫木、垫板或其他刚性垫块，每根立杆的支垫面积应符合设计要求且不得小于 0.15m²。

（3）底端埋入土中的木立杆，其埋置深度不得小于 500mm，且应在坑底加垫后填土夯实。使用期较长时，埋入部分应作防腐处理。

（4）在搭设之前，必须对进场的脚手架杆配件进行严格的检查，禁止使用规格和质量不合格的杆配件。

（5）脚手架的搭设作业，必须在统一指挥下，严格按照以下规定程序进行：

1）按施工设计放线、铺垫板、设置底座或标定立杆位置。

2）周边脚手架应从一个角部开始并向两边延伸交圈搭设；"一"字形脚手架应从一端开始并向另一端延伸搭设。

3）应按定位依次竖起立杆，将立杆与纵、横向扫地杆连接固定，然后装设第一步的纵向和横向平杆，随校正立杆垂直之后予以固定，并按此要求继续向上搭设。

4）在设置第一排连墙件前，"一"字形脚手架应设置必要数量的抛撑，以确保构架稳定和架上作业人员的安全。边长≥20m 的周边脚手架，亦应适量设置抛撑。

5）剪刀撑、斜杆等整体拉结杆件和连墙件应随搭升的架子一起及时设置。

（6）脚手架处于顶层连墙点之上的自由高度不得大于 6m。当作业层高出其下连墙件 2 步或 4m 以上、且其上尚无连墙件时，应采取适当的临时撑拉措施。

（7）脚手板或其他作业层铺板的铺设应符合以下规定：

1）脚手板或其他铺板应铺平铺稳，必要时应予绑扎固定。

2）脚手板采用对接平铺时，在对接处，与其下两侧支承横杆的距离应控制在 100～200mm 之间；采用挂扣式定型脚手板时，其两端挂扣必须可靠地接触支承横杆并与其扣紧。

3）脚手板采用搭设铺放时，其搭接长度不得小于 200mm，且应在搭接段的中部设有支承横杆。铺板严禁出现端头超出支承横杆 250mm 以上未作固定的探头板。

4）长脚手板采用纵向铺设时，其下支承横杆的间距不得大于：竹串片脚手板为 0.75m；木脚手板为 1.0m；冲压钢脚手板和钢框组合脚手板为 1.5m（挂扣式定型脚手板除外）。纵铺脚手板应按以下规定部位与其下支承横杆绑扎固定：脚手架的两端和拐角处；沿板长方向每隔 15～20m；坡道的两端；其他可能发生滑动和翘起的部位。

5）采用以下板材铺设架面时，其下支承杆件的间距不得大于：竹笆板为 400mm，七夹板为 500mm。

（8）当脚手架下部采用双立杆时，主立杆应沿其竖轴线搭设到顶，辅立杆与主立杆之间的中心距不得大于200mm，且主辅立杆必须与相交的全部平杆进行可靠连接。

（9）用于支托挑、吊、挂脚手架的悬挑梁、架必须与支承结构可靠连接。其悬臂端应有适当的架设起拱量，同一层各挑梁、架上表面之间的水平误差应不大于20mm，且应视需要在其间设置整体拉结构件，以保持整体稳定。

（10）装设连墙件或其他撑拉杆件时，应注意掌握撑拉的松紧程度，避免引起杆件和架体的显著变形。

（11）工人在架上进行搭设作业时，作业面上宜铺设必要数量的脚手板并予以临时固定。工人必须戴安全帽和佩挂安全带。不得单人进行装设较重杆配件和其他易发生失衡、脱手、碰撞、滑跌等不安全的作业。

（12）在搭设中不得随意改变构架设计、减少杆配件设置和对立杆纵距作≥100mm的构架尺寸放大。确实需要对构架作调整和改变时，应提交或请示技术主管人员解决。

2. 脚手架搭设质量的检查验收规定

脚手架搭设质量的检查验收工作应遵守以下规定：

（1）脚手架的验收标准规定

1）构架结构符合前述的规定和设计要求，个别部位的尺寸变化应在允许的调整范围之内。

2）节点的连接可靠。其中扣件的拧紧程度应控制在扭力矩达到40～60N·m；碗扣应盖扣牢固（将上碗扣拧紧）；8号钢丝十字交叉扎点应拧1.5～2圈后箍紧，不得有明显扭伤，且钢丝在扎点外露的长度应≥80mm。

3）钢脚手架立杆的垂直度偏差应≤1/300，且应同时控制其最大垂直偏差值：当架高≤20m时为不大于50mm；当架高＞20m时为不大于75mm。

4）纵向钢平杆的水平偏差应≤1/250，且全架长的水平偏差值应不大于50mm。木、竹脚手架的搭接平杆按全长的上皮走向线（即各杆上皮线的折中位置）检查，其水平偏差应控制在2倍钢平杆的允许范围内。

5）作业层铺板、安全防护措施等均应符合前述要求。

（2）脚手架的验收和日常检查按以下规定进行，检查合格后，方允许投入使用或继续使用：

1）搭设完毕后。

2）连续使用达到6个月。

3）施工中途停止使用超过15天，在重新使用之前。

4）在遭受暴风、大雨、大雪、地震等强力因素作用之后。

5）在使用过程中，发现有显著的变形、沉降、拆除杆件和拉结以及安全隐患存在的情况时。

3. 脚手架的使用规定

脚手架的使用应遵守以下规定：

（1）作业层每$1m^2$架面上实际的施工荷载（人员、材料和机具重量）不得超过以下的规定值或施工设计值：施工荷载（作业层上人员、器具、材料的重量）的标准值，结构脚手架采取$3kN/m^2$；装修脚手架取$2kN/m^2$；吊篮、桥式脚手架等工具式脚手架按实际值取用，但不得低于$1kN/m^2$。

（2）在架板上堆放的标准砖不得多于单排立码3层；砂浆和容器总重不得大于1.5kN；施工设备单重不得大于1kN，使用人力在架上搬运和安装的构件的自重不得大于2.5kN。

（3）在架面上设置的材料应码放整齐稳固，不得影响施工操作和人员通行。按通行手推车要求搭设的脚手架应确保车道畅通。严禁上架人员在架面上奔跑、退行或倒退拉车。

（4）作业人员在架上的最大作业高度应以可进行正常操作为度，禁止在架板上加垫器物或单块脚手板以增加操作高度。

（5）在作业中，禁止随意拆除脚手架的基本构架杆件、整体性杆件、连接紧固件和连墙件。确因操作要求需要临时拆除时，必须经主管人员同意，采取相应弥补措施，并在作业完毕后，及时予以恢复。

（6）工人在架上作业中，应注意自我安全保护和他人的安全，避免发生碰撞、闪失和落物。严禁在架上嬉闹和坐在栏杆上等不安全处休息。

（7）人员上下脚手架必须走设有安全防护的出入通（梯）道，严禁攀援脚手架上下。

（8）每班工人上架作业时，应先行检查有无影响安全作业的问题存在，在排除和解决后方许开始作业。在作业中发现有不安全的情况和迹象时，应立即停止作业进行检查，解决以后才能恢复正常作业；发现有异常和危险情况时，应立即通知所有架上人员撤离。

（9）在每步架的作业完成之后，必须将架上剩余材料物品移至上（下）步架或室内；每日收工前应清理架面，将架面上的材料物品堆放整齐，垃圾清运出去；在作业期间，应及时清理落入安全网内的材料和物品。在任何情况下，严禁自架上向下抛掷材料物品和倾倒垃圾。

4. 脚手架的拆除规定

脚手架的拆除作业应按确定的拆除程序进行。连墙件应在位于其上的全部可拆杆件都拆除之后才能拆除。在拆除过程中，凡已松开连接的杆配件应及时拆除运走，避免误扶和误靠已松脱连接的杆件。拆下的杆配件应以安全的方式运出和吊下，严禁向下抛掷。在拆除过程中，应作好配合、协调动作，禁止单人进行拆除较重杆件等危险性的作业。

5. 模板支撑架和特种脚手架的规定

（1）模板支撑架

使用脚手架杆配件搭设模板支撑架和其他重载架时，应遵守以下规定：

1）使用门式钢管脚手架构配件搭设模板支撑架和其他重载架时，数值≥5kN集中荷载的作用点应避开门架横梁中部1/3架宽范围，或采用加设斜撑、双榀门架重叠交错布置等可靠措施。

2）使用扣件式和碗扣式钢管脚手架杆配件搭设模板支撑架和其他重载架时，作用于跨中的集中荷载应不大于以下规定值：相应于0.9m、1.2m、1.5m和1.8m跨度的允许值分别为4.5kN、3.5kN、2.5kN和2kN。

3）支撑架的构架必须按确保整体稳定的要求设置整体性拉结杆件和其他撑拉、连墙措施，并根据不同的构架、荷载情况和控制变形的要求，给横杆件以适当的起拱量。

4）支撑架高度的调节宜采用可调底座或可调顶托解决。当采用搭接立杆时，其旋转扣件应按总抗滑承载力不小于2倍设计荷载设置，且不得少于2道。

5）配合垂直运输设施设置的多层转运平台架应按实际使用荷载设计，严格控制立杆间距，并单独构架和设置连墙、撑拉措施，禁止与脚手架的杆件共用。

6）当模板支撑架和其他重载架设置上人作业面时，应按前述规定设置安全防护。

（2）特种脚手架

凡不能按一般要求搭设的高耸、大悬挑、曲线形和提升等特种脚手架，应遵守下列规定：

1）特种脚手架只有在满足以下各项规定要求时，才能按所需高度和形式进行搭设：

①按确保承载可靠和使用安全的要求经过严格的设计计算，在设计时必须考虑风荷载的作用。

②有确保达到构架要求质量的可靠措施。

③脚手架的基础或支撑结构物必须具有足够的承受能力。

④有严格确保安全使用的实施措施和规定。

2）在特种脚手架中用于挂扣、张紧、固定、升降的机具和专用加工件，必须完好无损和无故障，且应有适量的备用品，在使用前和使用中应加强检查，以确保其工作安全可靠。

6. 脚手架对基础的要求

良好的脚手架底座和基础、地基，对于脚手架的安全极为重要，在搭设脚手架时，必须加设底座、垫木（板）或基础并作好对地基的处理。

（1）一般要求

1）脚手架地基应平整夯实。

2）脚手架的钢立柱不能直接立于土地面上，应加设底座和垫板（或垫木），垫板（木）厚度不小于50mm。

3）遇有坑槽时，立杆应下到槽底或在槽上加设底梁（一般可用枕木或型钢梁）。

4）脚手架地基应有可靠的排水措施，防止积水浸泡地基。

5）脚手架旁有开挖的沟槽时，应控制外立杆距沟槽边的距离：当架高在30m以内时，不小于1.5m；架高为30～50m时，不小于2.0m；架高在50m以上时，不小于2.5m。当不能满足上述距离时，应核算土坡承受脚手架的能力，不足时可加设挡土墙或其他可靠支护，避免槽壁坍塌危及脚手架安全。

6）位于通道处的脚手架底部垫木（板）应低于其两侧地面，并在其上加设盖板；避免扰动。

（2）一般作法

1）30m以下的脚手架，其内立杆大多处在基坑回填土之上。回填土必须严格分层夯实。垫木宜采用长2.0～2.5m、宽不小于200mm、厚50～60mm的木板，垂直于墙面放置（用长4.0m左右平行于墙放置亦可），在脚手架外侧挖一浅排水沟排除雨水，如图2-4所示。

2）架高超过30m的高层脚手架的基础作法为：

①采用道木支垫。

②在地基上加铺20cm厚道碴后铺混凝土预制块或硅酸盐砌块，在其上沿纵向铺放12～16号槽钢，将脚手架立杆坐于槽钢上。

若脚手架地基为回填土，应按规定分层夯实，达到密实度要求；并自地面以下1m深改作三七灰土。

高层脚手架基底作法见图2-5。

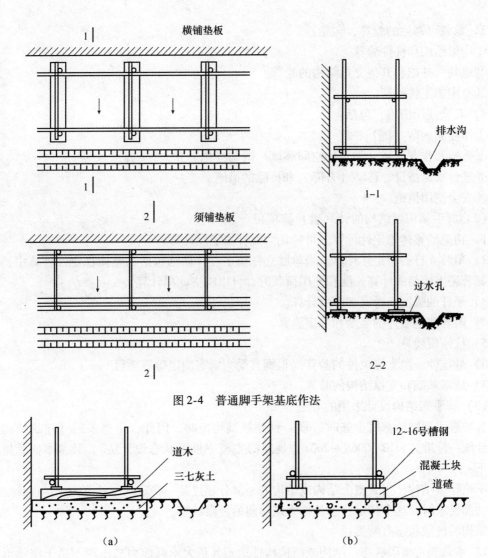

图 2-4　普通脚手架基底作法

图 2-5　高层脚手架基底作法
（a）垫道木；（b）垫槽钢

三、脚手架设计和计算的一般方法

脚手架既具有同类建筑结构的一些共同属性，又具有自身的特殊性。不同的脚手架系列，由于杆件材料和构架方式的不同，在设计计算方面，有其共同性，同时也有差异。

1. 脚手架的设计计算要求和方法

（1）脚手架的设计内容

建筑施工脚手架的设计包含以下三项相互关联的内容：

1）设置方案的选择，包括：

①脚手架的类别。

②脚手架构架的形式和尺寸。

③相应的设置措施（基础、支承、整体拉结和附墙连接、进出（或上下）措施等）。

131

2）承载可靠性的验算，包括：

①构架结构和杆件验算。

②地基、基础和其他支承结构的验算。

③专用加工件验算。

3）安全使用措施，包括：

①作业面的防（围）护。

②整架和作业区域（涉及的空间环境）的防（围）护。

③进行安全搭设、移动（升降）和拆除的措施。

④安全使用措施。

（2）脚手架构架结构的计（验）算项目

1）构架的整体稳定性计算。可转化为立杆稳定性计算。

2）单肢立杆的稳定性计算。当单肢立杆稳定性计算已包括在整体稳定性计算中，且立杆未显著超出构架的计算长度和使用荷载时，可以略去此项计算。

3）平杆的强度、稳定和刚度计算。

4）附着和连墙件的强度和稳定验算。

5）抗倾覆验算。

6）悬挂件、挑支撑拉件的验算（根据其受力状态确定验算项目）。

7）地基基础和支撑结构的验算。

（3）脚手架结构设计采用的方法

各种脚手架结构都属于临时（设）性建筑结构范畴，因此，一律采用《建筑结构可靠度设计统一标准》（GB 50068—2001）规定的"概率极限状态设计法"，其基本概念扼要介绍如下：

不论什么结构，当其整个结构或结构的一部分超过某一特定状态就不能满足设计规定的某一功能要求时，这个特定状态就称为该功能的极限状态。

结构的极限状态有两类：

1）承载能力极限状态。结构或结构构件达到其最大承载能力或出现不适于继续承载的变形的某一特定的状态。对于建筑工程结构，当出现下列状态时，即认为超过了承载能力极限状态：

①整个结构或结构的一部分作为刚体失去平衡（如倾覆等）。

②结构构件或连接节点构造的承载因超过材料的强度而破坏（包括疲劳）或因出现过度的塑性变形而不适于继续承载。

③结构转变为机动体系。

④结构或构件丧失稳定（如压屈等）。

2）正常使用极限状态。结构或构件达到正常使用或耐久性能的某项规定限值的特定状态。对于建筑工程结构，当出现下列状态之一时，即认为超过了正常使用状态。

①影响正常使用的外观的变形。

②影响正常使用的耐久性能的局部损坏（包括裂缝）。

③影响正常使用的振动。

④影响正常使用的其他特定状态。

对于建筑脚手架结构（包括使用脚手架材料组装的支撑架）来说，由于对构架杆配件的质量和缺陷都作了规定，且在出现正常使用极限状态时会有明显的征兆和发展过程，有时间采取相应措施而不会出现突发性事故。因此，在脚手架设计时一般不考虑正常使用极限状态，而主要考虑其承载能力极限状态。

在上述4种承载能力极限状态中，倾覆问题可通过加强结构的整体性和附墙拉结来解决（对拉结件进行抗水平力作用的计算）；转变为机动体系的问题也可用合理的构造（如加设适量的斜杆和剪刀撑）来解决而不必计算。因此应考虑的是强度和稳定的计算。而脚手架整体或局部丧失稳定破坏是脚手架破坏的主要危险所在，因而是最主要的设计计算项目。

对于结构的各种极限状态，均应规定或给予明确的标志或限值，即给定或预先规定用以量度结构的可靠度的可靠指标。

结构在规定的时间内和规定的条件下完成预定功能（即设计要求）的概率，称为结构的可靠度。它是结构可靠性的概率量度，并采用以概率理论为基础的极限状态设计方法确定。在各种因素的影响下，结构完成预定功能的能力不能事先确定，只能用概率来描述，这是从统计数学出发的、比较科学的方法。

能够完成预定功能的概率称为"可靠概率"（p_s），不能完成预定功能的概率为"失效概率"（p_f），$p_s + p_f = 1$。p_s 和 p_f 都可以用来度量结构的可靠性，而一般习惯于采用后者。但计算 p_f 比较复杂，需要通过多维积分，因而采用可靠指标 β 来代替 p_f 具体量度结构的可靠性。

p_f 和 β 的计算式由结构的"极限状态方程"（$Z = R - S = 0$，Z 为结构的功能函数，S 为作用效应，R 为结构抗力）导出。设 R、S 均为正态变量，则 Z 亦为正态变量。

因

$$p_f = p(Z < 0) = \frac{1}{2\pi} \int_{\infty}^{-\frac{\mu_Z}{\sigma_Z}} \exp\left(-\frac{x^2}{2}\right) dx - \varPhi\left(-\frac{\mu_Z}{\sigma_Z}\right)$$

令

$$\beta = \frac{\mu_Z}{\sigma_Z} = \frac{\mu R - \mu S}{\sqrt{\sigma_R^2 + \sigma_S^2}} \tag{2-1}$$

则

$$p_f = \varPhi(-\beta)$$

式中　$\varPhi(\cdot)$——标准正态分布函数；

　　　μ_Z——功能函数的平均值；

　　　σ_Z——功能函数的标准值。

$$\sigma_Z = \sqrt{\frac{1}{n-1}\sum_{i=1}^{n}(Z_i - \mu_Z)} \tag{2-2}$$

β 和 p_f 的对应关系列入表2-3中。可以看出，β 越大，p_f 越小，结构越可靠，故称 β 为"可靠指标"。

表2-3　β 和 p_f 的对应关系

β	2.0	2.5	3.0	3.5	4.0
p_f	22.8×10^{-3}	6.2×10^{-3}	13.5×10^{-4}	2.3×10^{-4}	3.2×10^{-5}

该标准确定的结构构件设计应达到的 β 值（历史经验总结）列入表2-4中。

表2-4　承载能力极限状态设计应取的 β 值

破坏类型	可靠指标 β（相应的 p_f）		
	安全等级		
	Ⅰ	Ⅱ	Ⅲ
延性	3.7（11×10^{-5}）	3.2（6.8×10^{-4}）	2.7（3.5×10^{-3}）
脆性	4.2（1.3×10^{-5}）	3.7	3.2

注：脚手架结构的安全等级采用三级。

Ⅰ级——重要建筑物，破坏后果很严重；

Ⅱ级——一般建筑物，破坏后果严重；

Ⅱ级——次要建筑物，破坏后果不严重。

由于"概率极限状态设计法"中所涉及的作用效应和抗力值等都是以大量的统计数据为基础并经过概率分析后确定的，而对于各种脚手架结构来说，虽然也作了一些工作，但远远达不到用概率理论确定它的数据的程度。为了与现行建筑结构规范的计算理论和方法衔接，以便可以利用它们的计算方法和有关适合的数据，必须给脚手架的计算穿上概率极限状态设计的"外衣"，而所用的计算方法实际上仍是半理论和半经验的，有待以后继续积累数据，向真正的极限状态设计法过渡。

因此，建筑脚手架结构可靠度的校核方法规定为：按概率极限状态设计法计算的结果，在总体效果上应与脚手架使用的历史经验大体一致。亦即按新方法设计的脚手架结构，如按《建筑结构荷载规范》（GB 50009—2001）、《冷弯薄壁型钢结构技术规范》（GB 50018—2002）、《木结构设计规范》（GB 50005—2003）进行安全度校核，其单一安全系数应满足下列要求：

强度计算 $K \geqslant 1.5$

稳定计算 $K \geqslant 2.0$

当不能满足上述要求时，主要应通过调整材料强度附加分项系数 γ_m（γ'_a、γ'_t、γ'_b）来解决。必要时，也可采取其他有效措施（调整构架结构、卸载等）。

2. 脚手架按概率极限状态设计的表达式

（1）脚手架结构设计的基本计算模式

根据概率极限状态设计法的规定，脚手架结构设计的基本计算模式如下：

$$\gamma_0 S \leqslant R \tag{2-3}$$

其中，荷载效应

$$S = \gamma_G S_{Gk} + \gamma_Q \psi (S_{Qk} + S_{Wk}) \tag{2-4}$$

结构抗力

$$R = R\left(\frac{f_{mk}}{\gamma_m \cdot \gamma'_m}, a_k, \cdots \right)$$

$$= R\left(\frac{f_{md}}{\gamma_m}, a_k, \cdots \right) \tag{2-5}$$

总的荷载效应 S（即荷载作用下所产生的内力——轴力、弯矩、剪力扭矩等）等于所有

恒载作用效应 S_{Gk} 和活荷载作用效应 S_{Qk} 的组合。组合时分别乘以相应的荷载分项系数 γ_G、γ_Q 和荷载效应组合系数 ψ。

荷载分项系数按《建筑地基基础设计规范》（GB 50007—2011）规定：对恒荷载，一般情况下取 $\gamma_G = 1.2$，但抗倾覆验算时取 $\gamma_G = 0.9$；对施工荷载和风荷载，取 $\gamma_Q = 1.4$。

荷载效应组合系数 ψ，当不考虑风荷载而仅考虑施工荷载时，取 $\psi = 1.0$；当同时考虑风荷载与施工荷载时，取 $\psi = 0.85$。

结构抗力 R 为结构材料的强度设计值 $f_{md} = \dfrac{f_{mk}}{\gamma_m}$（$f_{mk}$ 是材料强度的标准值，γ_m 是相应的抗力分项系数。其脚标 m，相应于钢材、木材和竹材分别取 a、t 和 b）。

对于用于脚手架的 $\phi48 \times 3.5$、$\phi51 \times 3.0$ 及其他管径和壁厚小于此值的钢管，其强度设计值 $f_{ad} = \dfrac{f_{ak}}{\gamma_a}$ 按《薄壁型钢结构技术规程》（GB 50018—2002）采用，对于木材，其强度设计值 $f_{td} = \dfrac{f_{tk}}{\gamma_t}$ 按《木结构设计规范》（GB 50005—2003）采用；对于竹材，其强度设计值 $f_{td} = \dfrac{f_{bk}}{\gamma_b}$ 按试验资料经统计并参照国外标准确定。

材料强度附加分项系数 γ'_m 为考虑脚手架露天重复使用的不利条件下满足上述可靠度要求的系数。γ'_m 可从两种设计方法的系数比较中加以确定，其计算式列于表 2-5 中。

表 2-5　钢管脚手架 γ'_m 的取值或计算式

构件类别	γ'_m，当荷载组合情况为	
	不组合风荷载	组合风荷载
受弯构件	$\gamma'_m = 1.19 \dfrac{1+\eta}{1+1.17\eta}$	$\gamma'_m = 1.19 \dfrac{1+0.9(\eta+\lambda)}{1+\eta+\lambda}$
轴心受压构件	$\gamma'_m = 1.59 \dfrac{1+\eta}{1+1.17\eta}$	$\gamma'_m = 1.59 \dfrac{1+0.9(\eta+\lambda)}{1+\eta+\lambda}$

注：式中 $\eta = \dfrac{S_{Qk}}{S_{Gk}}$，$\lambda = \dfrac{S_{Wk}}{S_{Gk}}$，即 η、λ 分别为活载、风载标准值作用效应与恒载标准值作用效应的比值。

在 1993 年制定的"统一规定"中，对按承载能力确定的脚手架的搭设高度 H_0 先乘以搭设高度降低系数 K_H $\left(K_H = \dfrac{1}{1+0.005H_0}\right.$，式中 H_0 为以米计的计算搭设高度、无量纲 $\left.\right)$ 予以降低后，然后按前述 $K \geqslant 2.0$ 或 1.5 的要求进行第二次验算，并通过调整 γ'_m 的取值使其满足，其验算较为麻烦。在 1997 年制定的"统一规定"（修订稿）中，取消了系数 K_H 的第一次调整，统一用一个系数 γ'_m 来解决，简化了验算步骤。同时对规定作了一点说明：当各本脚手架标准的编制组认为有必要时，可对实用搭设高度 H 超过限定高度 H_j（其值由相应标准确定）的脚手架，提高其结构设计可靠度的标准，即当 $H \leqslant H_j$ 时，仍采用 $K = 2$；而当 $H > H_j$ 时，采用一个新的搭设高度调整系数 K'_H，以使 $K > 2$（并随高度的增加而增加）。K'_H 的计算式为

$$K'_H = \frac{1}{1 + 0.005(H - H_j)} \tag{2-6}$$

式中，H、H_j 的值均以米计，但无量纲。

K'_H 用于调整 γ'_m 的值，即当 $H > H_j$ 时，取 $\dfrac{\gamma'_m}{K'_H}$。

（2）钢管脚手架结构的通用设计表达式

一般情况下，可采用以下通用设计表达式：

1）对于受弯构件

不组合风载：

$$1.2S_{Gk} + 1.4S_{Qk} \leqslant \frac{f_w}{0.9\gamma'_m} \qquad (2-7)$$

组合风载：

$$1.2S_{Gk} + 1.4 \times 0.85(S_{Qk} + S_{Wk}) \leqslant \frac{f_w}{0.9\gamma'_m} \qquad (2-8)$$

2）对于轴心受压构件

不组合风载：

$$1.2S_{Gk} + 1.4S_{Qk} \leqslant \frac{\phi fA}{0.9\gamma'_m} \qquad (2-9)$$

组合风载：

$$1.2\frac{S_{Gk}}{\phi} + 1.4 \times 0.85\left(\frac{S_{Qk}}{\phi} + S_{Wk}\right) \leqslant \frac{fA}{0.9\gamma'_m} \qquad (2-10)$$

式中　S_{Gk}、S_{Qk}、S_{Wk}——分别为恒载、活载（施工荷载）、风载标准值的作用效应。

第二节　落地式外脚手架

一、落地脚手架搭设的材料及荷载要求

（一）脚手架使用材料要求

1. 钢管

（1）钢管应有产品质量合格证。

（2）应有质量检验报告，钢管材质检验质量应符合《直缝电焊钢管》（GB/T 13793—2008）或《低压流体输送用焊接钢管》（GB/T 3090—2000）中规定的 3 号普通钢管《碳素结构钢》）（GB/T 700—2006）中 Q235-A 级钢的规定。

（3）钢管表面应平直光滑，不应有裂缝、结痕、分层、错位、硬弯、毛刺、压痕和深的划道。

（4）钢管外径、壁厚、端面等的偏差，应符合表 2-6 要求。

（5）钢管必须涂有防锈漆。

（6）旧钢管表面锈蚀深度应符合表 2-6 序号 3 的规定。锈蚀每年检查一次。钢管弯曲应符合表 2-6 序号 4 的规定。

（7）钢管上严禁打孔。

表 2-6　钢管外径、壁厚、端面等的偏差要求

序号	项目	允许偏差 Δ（mm）	示意图	检查工具
1	焊接钢管尺寸（mm） 外径：48 壁厚：3.5 外径：51 壁厚：3.0	−0.5 −0.5 −0.5 −0.45		游标卡尺
2	钢管两端面切斜偏差	1.70		塞尺、拐角尺
3	钢管外表面锈蚀深度	≤0.50		游标卡尺
4	钢管弯曲： a. 各种杆件钢管的端部 　弯曲 l≤1.5m b. 立杆钢管弯曲： 　3m＜l≤4m 　4m＜l≤6.5m c. 水平杆、斜杆的钢管 　弯曲：l≤6.5m	≤5 ≤12 ≤20 ≤30		钢板尺
5	冲压钢脚手板 a. 板面挠曲 l≤4m 　　　　　 l＞4m b. 板面扭曲 　（任一角翘起）	≤12 ≤16 ≤5		钢板尺

2. 扣件

（1）新机件应有生产许可证，法定检测单位的测试报告和产品质量合格证。

137

（2）扣件的材质必须符合《钢管脚手架扣件》（GB 15831—2006）的规定。

（3）扣件螺栓拧紧扭力矩达到65N·m时，不得发生破坏。

（4）旧扣件使用前应进行质量检查，有裂缝、变形的严禁使用，出现滑丝的螺栓必须更换。

（5）新旧扣件均应进行防锈处理。

3. 脚手板

（1）脚手板可采用钢、木、竹材料制作，每块质量不宜大于30kg。

（2）冲压脚手板应有产品质量合格证。

（3）冲压脚手板的尺寸偏差应符合表2-6序号5的规定，且不得有裂纹、开焊与硬弯。

（4）新旧脚手板均应涂防锈漆。

（5）木脚手板的宽度不宜小于200mm，厚度不应小于50mm，其质量应符合《木结构设计规范》（GB 50005—2003）中Ⅱ级材质规定。两端应各设直径4mm的镀锌钢丝两道，腐朽的脚手板不得使用。

（6）竹脚手板宜采用由毛竹或楠竹制作的竹串片板、竹笆板。

4. 连墙件材料

连墙件的材质应符合国家标准《碳素结构钢》（GB/T 700—2006）中Q235-A级的规定。

（二）允许施工荷载要求

装饰用脚手架与结构施工用脚手架应符合表2-7要求。

表2-7　施工均布活荷载标准值

类别	标准值（kN/m²）
装饰脚手架	2
结构脚手架	3

二、落地脚手架搭设的构造要求

（一）常用脚手架设计尺寸（表2-8、表2-9）

表2-8　常用敞开式单排脚手架的设计尺寸（m）

连墙件设置	立杆横距 l_b	步距 h	下列荷载时的立杆纵距 l_a（m）		脚手架允许搭设高度（H）
			$2 + 2 \times 0.35$（kN/m²）	$3 + 2 \times 0.35$（kN/m²）	
二步三跨	1.20	1.20~1.35	2.0	1.8	24
		1.80	2.0	1.8	24
三步三跨	1.40	1.20~1.35	1.8	1.5	24
		1.80	1.8	1.5	24

表 2-9　常用敞开式双排脚手架的设计尺寸（m）

连墙件设置	立杆横距 l_b	步距 h	下列荷载时的立杆纵距 l_a（m）				脚手架允许搭设高度（H）
			$2+4\times0.35$（kN/m²）	$2+2+4\times0.35$（kN/m²）	$3+4\times0.35$（kN/m²）	$3+2+4\times0.35$（kN/m²）	
二步三跨	1.05	1.20～1.35	2.0	1.8	1.5	1.5	50
		1.80	2.0	1.8	1.5	1.5	50
	1.30	1.20～1.35	1.8	1.5	1.5	1.5	50
		1.80	1.8	1.5	1.5	1.2	50
	1.55	1.20～1.35	1.8	1.5	1.5	1.5	50
		1.80	1.8	1.5	1.5	1.2	37
三步三跨	1.05	1.20～1.35	2.0	1.8	1.5	1.5	50
		1.80	2.0	1.5	1.5	1.5	34
	1.30	1.20～1.35	1.8	1.5	1.5	1.5	50
		1.80	1.8	1.5	1.5	1.2	30

注：1. 表中所示 $2+2+4\times0.35$（kN/m²），包括下列荷载：

　　$2+2$（kN/m²）是二层装修作业层施工荷载。

　　4×0.35（kN/m²）包括二层作业层脚手板。

2. 作业层横向水平杆间距，应按不大于 $L_a/2$ 设置。

（二）纵向水平杆、横向水平杆、脚手板的构造要求

1. 纵向水平杆构造的规定

（1）纵向水平杆宜设置在立杆内侧，其长度不宜小于 3 跨。

（2）纵向水平杆接长宜采用对接扣件连接，也可采用搭接。对接、搭接应符合下列规定。

①纵向水平杆的对接扣件应交错布置：两根相邻纵向水平杆的接头不宜设置在同步或同跨内；不同步或不同跨两个相邻接头在水平方向错开的距离不应小于 500mm；各接头中心至最近主节点的距离不宜大于纵距的 1/3。如图 2-6 所示。

②搭接长度不应小于 1m，应等间距设置 3 个旋转扣件固定，端部扣件盖板边缘至搭接纵向水平杆杆端的距离不应小于 100mm。

当使用冲压钢脚手板、木脚手板、竹串片脚手板时，纵向水平杆应作为横向水平杆的支座，用直角扣件固定在立杆上；当使用竹笆脚手板时，纵向水平杆应采用直角扣件固定在横向水平杆上，并应等间距设置，间距不应大于 400mm。如图 2-7 所示。

2. 横向水平杆构造的规定

（1）主节点必须设置一根横向水平杆，用直角扣件扣接且严禁拆除。主节点处两个直角扣件的中心距不应大于 150mm。在双排脚手架中，靠墙一端的外伸长度 a 不应大于 $0.4l$，且不应大于 500mm。

（2）作业层上非主节点外的横向水平杆，宜根据支承脚手板的需要等间距设置，最大间距不应大于纵距的 1/2。

（3）当使用冲压钢脚手板、木脚手板、竹串片脚手板时，双排脚手架的横向水平杆两端均应采用直角扣件固定在纵向水平杆上；单排脚手架的横向水平杆的一端，应用直角扣件固定在纵向水平杆上，另一端应插入墙内，插入长度不应小于 180mm。

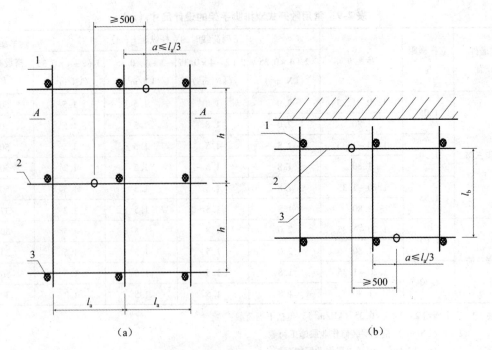

图 2-6　纵向水平杆对接接头布置
（a）接头不在同步内（立面）；（b）接头不在同跨内（平面）
1—立杆；2—纵向水平杆；3—横向水平杆

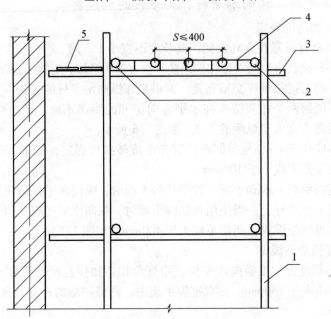

图 2-7　铺竹笆脚手架时纵向水平杆的构造
1—立杆；2—纵向水平杆；3—横向水平杆；4—竹笆脚手板；5—其他脚手架

（4）使用竹笆脚手板时，双排脚手架的横向水平杆两端，应用直角扣件固定在立杆上；单排脚手架的横向水平杆的一端，应用直角扣件固定在立杆上，另一端应插入墙内，插入长度亦不应小于180mm。

3. 脚手板设置的规定

（1）作业层脚手板应铺满、铺稳，离开墙面120~150mm。

（2）冲压钢脚手板、木脚手板、竹串片脚手板等，应设置在三根横向水平杆上。当脚手板长度小于2m时，可采用两根横向水平杆支承，但应将脚手板两端与其可靠固定，严防倾翻。此三种脚手板的铺设可采用对接平铺，亦可采用搭接铺设。脚手板对接平铺时，接头处必须设两根横向水平杆，脚手板外伸长应取130~150mm，两块脚手板外伸长度的和不应大于300mm；脚手板搭接铺设时，接头必须支在横向水平杆上，搭接长度应大于200mm，其伸出横向水平杆的长度不应小于100mm。见图2-8。

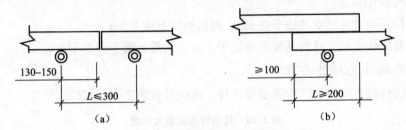

图2-8 脚手板对接、搭接构造
（a）脚手板对接；（b）脚手板搭接

竹笆脚手板应按其主竹筋垂直于纵向水平杆方向铺设，且采用对接平铺，四个角应用直径1.2mm的镀锌钢丝固定在纵向水平杆上。

作业层端部脚手板探头长度应取150mm，其板长两端均应与支承杆可靠固定。

（三）立杆的构造要求

1. 每根立杆底部应设置底座或垫板。

2. 脚手架必须设置纵、横向扫地杆。纵向扫地杆应采用直角扣件固定在距离底座上皮不大于200mm处的立杆上。横向扫地杆亦应采用直角扣件固定在紧靠纵向扫地杆下方的立杆上。当立杆基础不在同一高度上时，必须将高处的纵向扫地杆向低处延长两跨与立杆固定，高低差不应大于1m。靠边坡上方的立杆轴线到边坡的距离不应小于500mm（图2-9）。

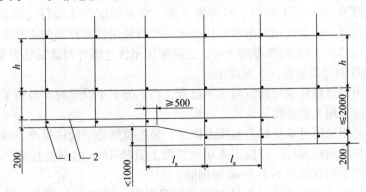

图2-9 纵、横向扫地杆构造
1—横向扫地杆；2—纵向扫地杆

（3）脚手架底层步距不应大于2m。

（4）立杆必须用连墙件与建筑物可靠地连接，连墙件布置间距宜按连墙件布置最大间距表确定。

（5）立杆接长除顶层顶步可采用搭接外，其余各层各步接头必须采用对接扣件连接。对接、搭接应符合下列规定：

①立杆上的对接扣件应交错布置：两根相邻立杆的接头不应设置在同步内，同步内隔一根立杆的两个相隔接头在高度方向错开的距离不宜小于500mm；各接头中心至主节点的距离不宜大于步距的1/3。

②搭接长度不应小于1m，应采用不少于2个旋转扣件固定，端部扣件盖板的边缘至杆端距离不应小于100mm。

（6）立杆顶端宜高出女儿墙上皮1m，高出檐口上皮1.5m。

（7）双管立杆中副立杆的高度不应低于3步，钢管长度不应小于6m。

（四）连墙件的构造要求

（1）连墙件数量的设置除应满足要求外，尚应符合表2-10的规定。

表2-10　连墙件布置最大间距

脚手架高度（m）		竖向间距 h	水平间距 l_a	每根连墙件覆盖面积（m²）
双排	≤50	3h	$3l_a$	≤40
	>50	2h	$3l_a$	≤27
单排	≤24	3h	$3l_a$	≤40

注：h—步距（m）；l_a—纵距（m）。

（2）连墙件的布置规定

①宜靠近主节点设置，偏离主节点的距离不应大于300mm。

②应从底层第一步纵向水平杆处开始设置。当该处设置有困难时，应采用其他可靠措施固定。

③宜优先采用菱形布置，也可采用方形、矩形布置。

④一字型、开口型脚手架的两端必须设置连墙件，连墙件的垂直间距不应大于建筑物的层高，并不应大于4m（2步）。

（3）对高度在24m以下的单、双排脚手架，宜采用刚性连墙件与建筑物可靠地连接，亦可采用拉筋和顶撑配合使用的附墙连接方式。严禁使用仅有拉筋的柔性连墙件。

（4）对高度24m以上的双排脚手架，必须采用刚性连墙件与建筑物可靠地连接。

（5）连墙件的构造应符合下列规定：

①连墙件中的连墙杆或拉筋宜呈水平设置，当不能水平设置时，与脚手架连接的一端应下斜连接，不应采用上斜连接。

②连墙件必须采用可承受拉力和压力构造。采用拉筋必须配用顶撑，顶撑应可靠地顶在混凝土圈梁、柱等结构部位。拉筋应采用两根以上直径4mm的钢丝拧成一股，使用时不应少于2股，亦可采用直径不小于6mm的钢筋。

（6）当脚手架下部暂不能设连墙件时可搭设抛撑。抛撑应采用通长杆件与脚手架可靠地连接，与地面的倾角应在45°～60°之间；连接点中心至主节点的距离不应大于300mm。抛撑应在连墙件搭设后方可拆除。

142

7. 架高超过40m且有风涡流作用时，应采取抗上升翻流作用的连墙措施。

（五）门洞搭设的构造要求

（1）单、双排脚手架门洞宜采用上升斜杆、平行弦杆桁架结构型式（图2-10），斜杆与地面的倾角应在45°～60°之间。门洞桁架的型式宜按下列要求确定：

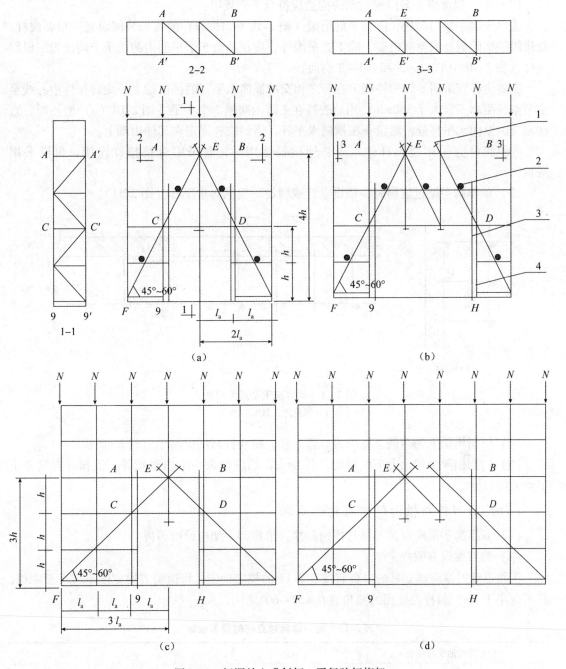

图2-10 门洞处上升斜杆、平行弦杆桁架

（a）挑空一根立杆（A型）；（b）挑空二根立杆（A型）；（c）挑空一根立杆（B型）；（d）挑空二根立杆（B型）

1—防滑扣件；2—增设的横向水平杆；3—副立杆；4—主立杆

143

①当步距1（h）小于纵距（l_a）时，应采用A型。

②当步距（h）大于纵距时，应采用B型，并应符合下列规定：

$h=1.8$m时，纵距不应大于1.5m；

$h=2.0$m时，纵距不应大于1.2m。

（2）单、双排脚手架门洞桁架的构造应符合下列规定：

①单排脚手架门洞处，应在平面桁架（图2-10中$ABCD$）的每一节间设置一根斜腹杆；双排脚手架门洞处的空间桁架，除下弦平面外，应在其余5个平面内的图示节间设置一根斜腹杆（图2-10中1–1、2–2、3–3剖面）。

②斜腹杆宜采用旋转扣件固定在与之相交的横向水平杆的伸出端上，旋转扣件中心线至主节点的距离不宜大于150mm。当斜腹杆在1跨内跨越2个步距［图2-10（a）型］时，宜在相交的纵向水平杆处，增设一根横向水平杆，将斜腹杆固定在其伸出端上。

③斜腹杆宜采用通长杆件，当必须接长使用时，宜采用对接扣件连接，也可采用搭接。

（3）单排脚手架过窗洞时应增设立杆或增设一根纵向水平杆（图2-11）。

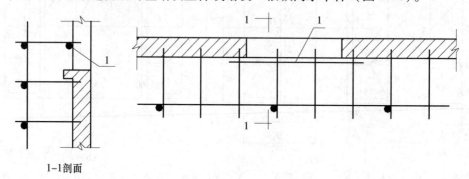

1–1剖面

图2-11　单排脚手架过窗构造
1—增设的纵向水平杆

（4）门洞桁架下的两侧立杆应为双管立杆，副立杆高度应高于门洞1~2步。

（5）门洞桁架中伸出上下弦杆的杆件端头，均应增设一个防滑扣件，该扣件宜紧靠主节点处的扣件。

（六）剪刀撑与横向斜撑的构造要求

（1）双排脚手架应设剪刀撑与横向斜撑，单排脚手架应设剪刀撑。

（2）剪刀撑设置的规定。

①每道剪刀撑跨越立杆的根数宜按表2-11的规定确定，每道剪刀撑宽度不应小于4跨，且不应小于6m，斜杆与地面的倾角宜在45°~60°之间。

表2-11　剪刀撑跨越立杆的最多根数

剪刀撑与地面的倾角 α	45°	50°	60°
剪刀撑跨越立杆的最多根数 n	7	6	5

②高度在24m以下的单、双排脚手架，均必须在外侧立面的两端各设置一道剪刀撑，

并应由底至顶连续设置；中间各道剪刀撑之间的净距不应大于 15m（图 2-12）。

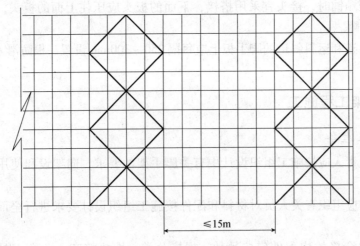

图 2-12　剪刀撑布置

③高度在 24m 以上的双排脚手架应在外侧立面整个长度和高度上连续设置剪刀撑。

④剪刀撑斜杆的接长宜采用搭接，搭接应符合规定的要求。

⑤剪刀撑斜杆应用旋转扣件固定在与之相交的横向水平杆的伸出端或立杆上，旋转扣件中心线至主节点的距离不宜大于 150mm。

（3）横向斜撑设置的要求。

①横向斜撑应在同一节间，由底至顶层呈之字型连续布置，斜撑的固定应符合规定的要求。

②一字型、开口型双排脚手架的两端均必须设置横向斜撑，中间宜每隔 6 跨设置一道。

③高度在 24m 以下的封闭型双排脚手架可不设横向斜撑，高度在 24m 以上的封闭型脚手架，除拐角应设置横向斜撑外，中间应每隔 6 跨设置一道。

（七）斜道的构造要求

1. 人行并兼作材料运输的斜道的形式要求

（1）高度不大于 6m 的脚手架，宜采用一字型斜道。

（2）高度大于 6m 的脚手架，宜采用之字型斜道。

2. 斜道构造的规定

（1）斜道宜附着外脚手架或建筑物设置。

（2）运料斜道宽度不宜小于 1.5m，坡度宜采用 1:6；人行斜道宽度不宜小于 1m，坡度宜采用 1:3。

（3）拐弯处应设置平台，其宽度不应小于斜道宽度。

（4）斜道两侧及平台外围均应设置栏杆及挡脚板。栏杆高度应为 1.2m，挡脚板高度不应小于 180mm。

（5）运料斜道两侧、平台外围和端部均应按本规定的要求设置连墙件；每两步应加设水平斜杆；应按本规定的要求设置剪刀撑和横向斜撑。

3. 斜道脚手板构造的规定

（1）脚手板横铺时，应在横向水平杆下增设纵向支托杆，纵向支托杆间距不应大于 500mm。

（2）脚手板顺铺时，接头宜采用搭接，下面的板头应压住上面的板头，板头的凸棱处宜采用三角木填顺。

（3）人行斜道和运料斜道的脚手板上应每隔 250～300mm 设置一根防滑木条，木条厚度宜为 20～30mm。

三、脚手架工程施工

（一）施工准备

（1）工程负责人应按施工组织设计中有关脚手架的要求，向架设和使用人员进行技术交底。

（2）架设前应组织有关人员对材料和配件按施工组织设计要求进行全面检验，不合格产品不得使用。

（3）经检验合格的构配件应按品种、规格分类，堆放整齐、平稳，堆放场地不得有积水。

（4）应清除搭设场地杂物，平整搭设场地，并使排水畅通。

（5）当脚手架基础下有设备基础、管沟时，在脚手架使用过程中不应开挖，否则必须采取加固措施。

（二）地基与基础处理

脚手架地基与基础除应符合《建筑地基基础工程施工质量验收规范》（GB 50202—2002）的规定外，还应符合下列要求：

（1）脚手架底座底面标高宜高于自然地坪 50mm。

（2）脚手架基础经验收合格后，应按施工组织设计的要求进行放线定位。

（3）根据脚手架搭设的高度和地基土质，立杆地基基础构造要求如表 2-12 所示。

表 2-12　立杆地基基础的构造要求

立杆高度 H	地基土质		
	中上压缩性且压缩性均匀	回填土	高压缩性或压缩性不均匀
≤24m	夯实原土，立杆底座置于面积不小于 $0.075m^2$ 垫块垫木上	土加石或灰土回填夯实，立杆底座置于不小于 $0.1m^2$ 的混凝土垫块或垫木上	夯实原土，铺设宽度不小于 200mm 的通长槽钢或垫木
25～30m	垫块、垫木面积不小于 $0.1m^2$，其余同上	砂加石回填夯实，其余同上	夯实原土，铺厚度不小于 200mm 砂垫层
36～50m	垫块、垫木面积不小于 $0.15m^2$，或铺通长槽钢或木板，其余同上	砂加石回填夯实，垫块、垫木面积不小于 $0.15m^2$，或铺通长槽钢或木块，其余同上	夯实原土，铺厚度不小于 150mm 厚道碴夯实，再铺通长槽钢或垫木，其余同上

（三）脚手架的搭设

1. 脚手架必须配合施工进度搭设，一次搭设高度不应超过相邻连墙件以上两步。

2. 每搭完一步脚手架后，应按规定校正点距、纵距、横距及立杆的垂直度。

3. 底座及垫板均应准确地放在定位线上，垫板宜采用长度不少于 2 跨、厚度不小于 50mm 的木垫板，也可以用槽钢。

4. 立杆搭设的规定。

（1）严禁外径 48mm 与 51mm 的钢管混合使用。

（2）相邻立杆的对接扣件不得在同一高度内，错开距离应小于 500mm。

（3）开始搭设立杆时，应每隔 6 跨放置一根抛撑，直至连墙件安装稳定后，方可根据情况拆除。

（4）当搭至有连墙件的构造点时，在搭设完该处的立杆、纵向水平杆、横向水平杆后，应立即放置连墙件。

（5）顶层立杆搭设长度与立杆顶端伸出建筑物的高度应高出建筑物檐口上皮 1.5m，高出女儿墙上皮 1m。

5. 纵向水平杆搭设的规定。

（1）应符合纵向水平杆的构造要求。

（2）在半封闭型脚手架的同一步中，纵向水平杆应四周交圈，用直角扣件与内外角部分立杆固定。

6. 横向水平杆搭设的规定。

（1）符合横向水平杆的构造要求。

（2）靠墙一端至墙面的距离不大于 100mm。

7. 纵向、横向扫地杆的搭设应符合构造要求。

8. 连墙件、剪刀撑、横向斜撑的搭设应符合下列规定。

（1）符合构造要求，当脚手架施工操作层高出连墙件两点时，应采取临时稳定措施，直到上一层，连墙件搭设完成后方可根据情况拆除。

（2）剪刀撑、横向斜撑的搭设应符合构造要求，并应随立杆、纵向和横向水平杆等同步搭设，各底层斜杆下端均必须支承在垫块或垫板上。

9. 扣件安装的规定。

（1）扣件规格必须与钢管外径（48mm 或 51mm）相同。

（2）螺栓拧紧扭力矩不应小于 40N·m，但不宜大于 60N·m。

（3）在高节点处固定横向水平杆、纵向水平杆、剪刀撑、横向斜撑等用的直角扣件、旋转扣件的中心点的相互距离不应大于 150mm。

（4）对接扣件的开口应朝上朝内。

（5）各杆件端头伸出扣件盖板边缘的长度不应小于 100mm。

10. 作业层斜道的栏杆和挡脚板的搭设的规定。

（1）栏杆和挡脚板均应搭设在外立杆的内侧。

（2）上栏杆上皮高度应为 1.2m。

（3）挡脚板高度应不小于 180mm。

（4）中栏杆应居中设置。

11. 脚手板的铺设的规定。

（1）脚手板应满铺、铺稳，离开墙面 120～150mm。

（2）采用对接或搭接时均应符合构造要求，脚手板探头应用直径3.2mm的镀锌钢丝固定在支承杆件上。

（3）在拐角、斜道、平台口处的脚手板，应与横向水平杆可靠连接，防止滑动。

（4）自顶层作业层的脚手板往下计，宜每隔12m满铺一层脚手板。

12. 在脚手架使用期间，严禁拆除下列杆件。

（1）主节点处的纵、横向水平杆，纵、横向扫地杆。

（2）连墙件。

13. 脚手架工程的拆除。

（1）拆除脚手架前的准备工作。

1）应全面检查脚手架的扣件连接、连墙件、支撑件等是否符合构造要求。

2）应根据检查结果补充完善施工组织设计中的拆除顺序和措施，经主管部门批准后方可实施。

3）工程负责人应进行拆除安全技术交底。

4）应清除脚手架上的杂物及地面障碍物。

（2）拆除脚手架时的规定。

1）拆除作业必须由上而下逐层进行，严禁上下同时作业。

2）连墙件必须随脚手架逐层拆除，严禁先将连墙件整层或数层拆除后再拆脚手架，分段拆除高差不应大于2步，如高差大于2步，应增设连墙件加固。

3）当脚手架拆至下部最后一根长立杆的高度（约6.5m）时，应先在适当位置搭设临时抛撑加固后，再拆除连墙件。

4）当脚手架采取分段、分立面拆除时，对不拆除的脚手架两端应先设置连墙件和横向斜撑加固。

四、脚手架施工安全技术要求

（一）脚手架构架结构的安全技术要求

1. 构架单元不得缺少基本和稳定构造杆部件。

2. 整架按规定设置斜杆、剪刀撑、撑拉杆件。

3. 在通道、洞口以及其他需要加大结构尺寸（高度、跨度）或承受超过规定荷载的部位，应根据需要设置加强杆件或构件。

4. 整体稳定（立杆稳定）应通过计算。

（二）对脚手架搭设人员的要求

1. 脚手架搭设人员必须是经过按现行国家特种作业人员管理规定的有关要求考核合格的专业的架子工。

2. 上岗人员需定期体检，合格者方可持证上岗。

3. 搭设脚手架的人员必须戴安全帽、系安全带、穿防滑鞋。

4. 搭拆脚手架时，地面应设围拦和警戒标志，并派专人指挥，专人看守，严禁非操作人员进入现场。

（三）脚手架基础（地基）和拉撑承受结构的要求

1. 脚手架立杆的基础（地基）应平整夯实，有足够的承载力和稳定性。设于坑边或台上时，立杆距坑边、台边缘不得小于1m，且边坡的坡度不得大于地面的自然安息角，否则，应作边坡的保护和加固处理。脚手架立杆下必须设垫块或垫板。

2. 撑立点或悬挂（吊）点必须设置在能可靠承受撑拉荷载的结构部位，必要时应进行结构验算。

3. 作业层上的施工荷载应符合设计要求，不得超载。不得将模板支架、缆风绳、泵磅混凝土和砂浆的管道等固定在脚手架上，严禁悬挂起重设备。

4. 不得在脚手架基础及其邻近处进行挖掘作业，否则应采取加固措施，报主管部门批准。

（四）脚手架施工的安全防护要求

1. 作业现场应设安全围护和警示标志，禁止无关人员进入危险区域。

2. 对尚未形成或已失去稳定结构的脚手架部位应搭设临时支撑或拉结。

3. 在脚手架上进行电、气焊作业时，必须有防火措施和专人看守。

4. 工地临时用电线路架设及脚手架接地、避雷措施等应按现行行业标准《施工现场临时用电安全技术规定》（JGJ 46）有关规定执行。

5. 在无可靠的安全带扣挂钩时应设安全绳。

6. 设置材料提上或吊下的设施，禁止投掷。

7. 作业面满铺脚手板，脚手板之间不留间隙。

8. 作业面的外侧立面应绑挂高度不小于1m的竹笆或满挂安全网。

9. 人行和运输通道必须设置板篷。

10. 上下脚手架有高度差的入口应设坡道和踏步，并设栏杆防护。

11. 吊挂架子在移动至作业位置后，应采取撑、拉办法将其固定或减少其晃动。

12. 当有六级及六级以上大风和雾、雨、雪天气时应停止脚手架搭设与拆除作业，雨、雪后上架作业应有防滑措施，并应扫除积雪。

五、脚手架工程作业安全教育

（一）脚手架的搭设作业

1. 按基本构架单元的要求逐排、逐跨和逐步进行搭设，多排（满堂）脚手架宜从一个角开始向两个方向延伸搭设。为确保已搭部分稳定，应遵守以下稳定构架要求：

选放扫地杆，立杆（架）竖起后，其底部先按间距规定与扫地杆扣结牢固，装设第一步水平杆时，将立杆校正垂直后予以扣结，在搭设好位于一个角部两侧各1~2根长和一根标高的架子（一般不超过6m），按规定要求设置好斜杆或剪刀撑，以形成稳定的起始架子，然后延伸搭设。

2. 脚手架搭设人员应戴安全帽、系好安全带、穿防滑鞋，施工中应铺设必要数量的脚手板，并应铺设平稳，不得有探头板，当暂时无法铺设落脚板时，用来落脚或抓握、把（夹）持的杆件均应为稳定的构架部分，着力点与构架节点的水平距离不应大于0.8m，垂直距离应不大于1.5m，位于立杆接头之上的自由立杆（未与水平横杆相连）不得用作把持杆。

3. 脚手架搭设中，架上作业人员应作好分工和配合，传递杆件时应掌握好重心，平稳传递，不要用力过猛，以免引起人身或杆件失衡。对每完成一道工序要相互询问并确认后才能进行下一道工序。

4. 脚手架搭设作业人员应佩戴工具袋，工具用后装入袋中，不要放在架子上，以免掉落伤人。架设材料要随上随用，以免掉落。每次收工以前，所有上架材料必须全部用完，不要留在架子上。面上一定要形成稳定的构架，不能形成的要进行临时加固处理。在搭设作业中，下层人员应躲开可能落物的区域。

（二）脚手架工程架上作业

1. 严格按脚手架设计荷载使用，无要求时按规定要求使用，不得超过 $3kN/m^2$。

2. 脚手架上铺脚手板层，同时作业层的数量不得超过设计和规定的要求。

3. 架面荷载应力均匀分布，避免荷载集中于一侧。

4. 垂直运输设施（井字架等）与脚手架之间的转运平台的铺板层数量和荷载控制应按施工组织设计的规定执行，不得任意增加铺板层的数量，不准在转运平台上超限堆放材料。

5. 所有建筑构件要随运随用，不得存放在脚手架上，需要通过脚手架时，要经验算确定是否超负荷。

6. 不要随意拆除基本结构杆件，不要随意拆除安全防护设施。

（三）架上作业注意事项

1. 作业时随时清理架面上的材料，材料、工具等不得乱放，以免影响作业的安全和落物伤人。

2. 在进行撬、拉、推、拨等操作时，要注意采取正确姿势，站稳脚跟。

3. 每次收工时，要把架面上的材料用完或码放整齐牢固。

4. 严禁在架面上打闹、戏耍、退着行走和跨坐在外护栏上休息。

5. 在脚手架上进行电、气焊作业时要铺铁皮，防止火星、溅落引燃易燃物品。要做好防火措施。

（四）脚手架工程的拆除作业

1. 脚手架拆除作业的危险性大于搭设作业，在进行拆除作业前，应制订详细的拆除方案，统一指挥，并对作业人员进行安全技术交底，确保拆除工作顺利、安全进行。

2. 要遵循先上后下，先外后内，先附加材料后构架材料，先辅件、后结构件的顺序，一件一件地拆除，取出吊下。

3. 尽量避免单人进行拆除作业，因单人作业时极易把持杆件不稳、失衡而出现事故。

4. 多人或多组进行拆除作业时，应加强指挥，并相互询问和协调作业步骤，严格禁止不按程序进行任意拆除。

5. 拆除现场要做好可能的安全围护，并设专人看护。严禁非施工人员进入拆除作业区内。

6. 严禁将拆除下的杆部件和材料向地面抛掷。已吊至地面的材料及杆部件应及时运出拆除区域并分类堆放整齐，保持现场文明。

六、脚手架工程的安全管理工作

（一）脚手架安全管理工作的基本内容

1. 制订对脚手架工程进行规定管理的文件（规定、标准、工法、规定等）。
2. 编制施工组织设计、技术措施以及其他指导施工的文件。
3. 建立有效的安全管理机制和办法。
4. 检查验收的实施措施。
5. 及时处理和解决施工中所发生的问题。
6. 事故调查、定性、处理及其善后安排。
7. 施工总结。

（二）脚手架工程中的安全事故及其防止措施

建筑脚手架在搭设、使用和拆除过程中发生的安全事故，一般都会造成程度不同的人员伤亡和经济损失，甚至出现导致死亡 3 人以上的重大事故，带来严重的后果和不良的影响。在屡发不断、为数颇多的事故中，反复出现的多发事故占了很大的比重。这些事故给予我们的教训是深刻的，从对事故的分析中可以得到许多有益的启示，帮助我们改进技术和管理工作，防止或减少事故的发生。

1. 脚手架工程多发事故的类型
（1）整架倾倒或局部垮架。
（2）整架失稳、垂直坍塌。
（3）人员从脚手架上高处坠落。
（4）落物伤人（物体打击）。
（5）不当操作事故（闪失、碰撞等）。

2. 引发事故的直接原因

在造成事故的原因中，有直接原因和间接原因。这两方面原因都很重要，都要查找。在直接原因中有技术方面的、操作和指挥方面的以及自然因素的作用。

诱发以下两类多发事故的主要直接原因为：

（1）整架倾倒、垂直坍塌或局部垮架
①构架缺陷：构架缺少必需的结构杆件，未按规定数量和要求设连墙件等。
②在使用过程中任意拆除必不可少的杆件和连墙件。
③构架尺寸过大、承载能力不足或设计安全度不够与严重超载。
④地基出现过大的不均匀沉降。

（2）人员高空坠落
①作业层未按规定设置围挡防护。
②作业层未满铺脚手板或架面与墙之间的间隙过大。
③脚手板和杆件因搁置不稳、扎结不牢或发生断裂而坠落。
④不当操作产生的碰撞和闪失。

不当操作大致有以下情形：
a. 用力过猛，致使身体失去平衡。

b. 在架面上拉车退着行走。

c. 拥挤碰撞。

d. 集中多人搬运重物或安装较重的构件。

e. 架面上的冰雪未清除，造成滑跌。

3. 事故教训为我们提供的启示和防止事故发生的措施

（1）必须确保脚手架的构架和防护设施达到承载可靠和使用安全的要求。在编制施工组织设计、技术措施和施工应用中，必须对以下方面作出明确的安排和规定：

①对脚手架杆配件的质量和允许缺陷的规定。

②脚手架的构架方案、尺寸以及对控制误差的要求。

③连墙点的设置方式、布点间距，对支承物的加固要求（需要时）以及某些部位不能设置时的弥补措施。

④在工程体形和施工要求变化部位的构架措施。

⑤作业层铺板和防护的设置要求。

⑥对脚手架中荷载大、跨度大、高空间部位的加固措施。

⑦对实际使用荷载（包括架上人员、材料机具以及多层同时作业）的限制。

⑧对施工过程中需要临时拆除杆部件和拉结件的限制以及在恢复前的安全弥补措施。

⑨安全网及其他防（围）护措施的设置要求。

⑩脚手架地基或其他支承物的技术要求和处理措施。

（2）必须严格按照规定、设计要求和有关规定进行脚手架的搭设、使用和拆除，坚决制止乱搭、乱改和乱用情况。在这方面出现的问题很多，难以一一列举，大致归纳如下：

有关乱改和乱搭问题：

①任意改变构架结构及其尺寸。

②任意改变连墙件设置位置，减少设置数量。

③使用不合格的杆配件和材料。

④任意减少铺板数量、防护杆件和设施。

⑤在不符合要求的地基和支承物上搭设。

⑥不按质量要求搭设，立杆偏斜，连接点松弛。

⑦不按规定的程序和要求进行搭设和拆除作业。在搭设时未及时设置拉撑杆件；在拆除时过早地拆除拉结杆件和连接件。

⑧在搭、拆作业中未采取安全防护措施，包括不设置防（围）护和不使用安全防护用品。

⑨不按规定要求设置安全网。

有关乱用问题：

①随意增加上架的人员和材料，引起超载。

②任意拆去构架的杆配件和拉结。

③任意抽掉、减少作业层脚手板。

④在架面上任意采取加高措施，增加了荷载，加高部分无可靠固定、不稳定，防护设施也未相应加高。

⑤站在不具备操作条件的横杆或单块板上操作。

⑥工人进行搭设和拆除作业时不按规定使用安全防护用品。

⑦在把脚手架作为支撑和拉结的支承物时，未对构架采用相应的加强措施。

⑧在架上搬运超重构件和进行安装作业。

⑨在不安全的天气条件（六级以上风天，雷雨和雪天）下继续施工。

⑩在长期搁置以后未作检查的情况下重新启用。

（3）必须健全规章制度、加强规范化管理、制止和杜绝违章指挥和违章作业。

（4）必须完善防护措施和提高施管人员的自我保护意识和素质。

（三）防止脚手架事故的技术与管理措施

1. 加强脚手架工程的技术与管理措施

加强建筑脚手架工程的技术和管理措施，不仅应注意前述常见问题，还应特别注意以下6个方面可能出现的新的情况和问题：

（1）随着高层和高难度施工工程的大量出现，多层建筑脚手架的构架作法已不能适应和满足它们的施工要求，不能仅靠工人的经验进行搭设，必须进行严格的设计计算，并使施管人员掌握其技术和施工要求，以确保安全。

（2）对于首次使用，没有先例的高、难、新脚手架，在周密设计的基础上，还需要进行必要的荷载试验，检验其承载能力和安全储备，在确保可靠后才能正式使用。

（3）对于高层、高耸、大跨建筑以及有其他特殊要求的脚手架，由于在安全防护方面的要求相应提高，因此，必须对其设置、构造和使用要求加以严格的限制，并认真监控。

（4）建筑脚手架多功能用途的发展，对其承载和变形性能（例如作模板支撑架时，将同时承受垂直和侧向荷载的作用）提出了更高的要求，必须予以考虑。

（5）按提高综合管理水平的要求，除了技术的可靠性和安全保证性外，还要考虑进度、工效、材料的周转与消耗综合性管理要求。

（6）对已经落后或较落后的架设工具的改造与更新要求。

2. 加强脚手架工程的规范化管理

为了确保脚手架工程的施工安全，预防和杜绝事故的发生，必须加强以确保安全为基本要求的规定化管理。这就需要尽快完善有关脚手架方面的施工安全标准，需要施工企业和项目经理部建立起相应的管理细则和管理人员。

脚手架安全技术规定是实施规定化管理的依据，其编制工作已进行近20年，目前已公布实施的有《建筑施工扣件式钢管脚手架安全技术规范》（JGJ 130—2011）、《建筑施工门式钢管脚手架安全技术规范》（JGJ 128—2010）以及对附着升降脚手架管理的有关规定等。

第三节　悬挑式脚手架

一、悬挑脚手架的种类

（一）悬挑脚手架挑支方式

悬挑脚手架（简称"挑脚手架"）　采用悬挑方式支固的脚手架，其挑支方式又有以下3种。

1. 架设于专用悬挑梁上。

2. 架设于专用悬挑三角桁架上。

3. 架设于由撑拉杆件组合的支挑结构上。其支挑结构有斜撑式、斜拉式、拉撑式和顶固式等多种。

（二）悬挑设施的构造形式

1. 悬挑设施的构造一般有三种

（1）上拉下支式　即简单的支挑架，水平杆穿墙后锚固，承受拉力；斜支杆上端与水平杆连接、下端支在墙体上，承受压力。

（2）双上拉底支式　常见于插口架，它的两根拉杆分别从窗洞的上下边沿伸入室内，用竖杆和别杠固定于墙的内侧。插口架底部伸出横杆支顶于外墙面上。

（3）底锚斜支拉式　底部用悬挑梁式杆件（其里端固定到楼板上），另设斜支杆和带花篮螺栓的拉杆，与挑脚手架的中上部连结。

2. 靠挂式设施

即靠挂脚手架的悬挂件，其里端预埋于墙体中或穿过墙体后予以锚固。

3. 悬吊式设施

用于吊篮，即在屋面上设置的悬挑梁，用绳索或吊杆将吊篮悬吊于悬挑梁之下。

4. 挑、挂设施的基本要求

（1）应能承受挑、挂脚手架所产生的竖向力、水平力和弯矩。

（2）可靠地固结在工程结构上，且不会产生过大的变形。

（3）确保脚手架不晃动（对于挑脚手架）或者晃动不大（对于挂脚手架和吊篮）。吊篮需要设置定位绳。

5. 卸载设施

卸载设施是指将超过搭设限高的脚手架荷载部分地卸给工程结构承受的措施，即在立杆连续向上搭设的情况下，通过分段设置支顶和斜拉杆件以减小传至立杆底部的荷载。

当将立杆断开，设置挑支构造以支承其上部脚手架的办法，实际上已成为挑脚手架，它不属于卸载措施的范围。

（1）卸载设施的种类有

①无挑梁上拉式，即仅设斜拉（吊）杆。

②无挑梁下支式，即仅设斜支顶杆。

③无挑梁上拉、下支式，即同时设置拉杆和支杆。

（2）对卸载设施的基本要求为

①脚手架在卸载措施处的构造常需予以加强。

②支拉点必须工作可靠。

③支承结构应具有足够的支承能力，并应严格控制受压杆件的长细比。

卸载措施实际承受的荷载难以准确判断，在设计时须按较小的分配值考虑。

6. 作业层设施

作业层设施包括扩宽架面构造、铺板层、侧面防（围）护设施（挡脚板、栏杆、围护板网）以及其他设施，如梯段、过桥等。

作业层设施的基本要求：

（1）采用单横杆挑出的扩宽架面的宽度不宜超过300mm，否则应进行构造设计或采用定型扩宽构件。扩宽部分一般不堆物料并限制其使用荷载。外立杆一侧扩宽时，防（围）护设施应相应外移。

（2）铺板一定要满铺，不得花铺，且脚手板必须铺放平稳，必要时还要加以固定。

（3）防（围）护设施应按规定的要求设置，间隙要合适、固定要牢固。

二、悬挑脚手架的搭设

（一）方案编制

1. 悬挑式脚手架必须编制专项施工方案。方案应有设计计算书（包括对架体整体稳定性、支撑杆件的受力计算），有针对性较强的、较具体的搭设拆卸方案和安全技术措施，并画出平面、立面图以及不同节点详图。

2. 专项施工方案包括设计计算书必须经企业技术负责人审批签字盖章后方可施工。

（二）悬挑梁及架体稳定

1. 挑架外挑梁或悬挑架应尽量采用型钢或定型桁架。

2. 悬挑型钢或悬挑架通过预埋与建筑结构固定，安装符合设计要求。

3. 挑架立杆与悬挑型钢的连接必须固定，防止滑移。

4. 架体与建筑结构进行刚性拉结，按水平方向小于7m、垂直方向等于层高设一拉结点，架体边缘及转角处1m范围内必须设拉结点。

（三）脚手板

挑架层层满铺脚手片，脚手片须用不细于18#铅丝双股并联绑扎不少于4点，要求牢固，交接处平整，无探头板，不留空隙，脚手片应保证完好无损，破损的及时更换。

（四）荷载

施工荷载均匀堆放，并不超过3.0kN/m²。建筑垃圾或不用的物料必须及时清除。

（五）杆件间距

挑架步距不得大于1.8m，横向立杆间距不大于1m，纵向间距不大于1.5m。

（六）架体防护

1. 挑架外侧必须用建设主管部门认证的合格的密目式安全网封闭围护，安全网用不小于18#铅丝张挂严密。且应将安全网挂在挑架立杆里侧，不得将网围在各杆件外侧。

2. 挑架与建筑物间距大于20cm处，铺设站人片。除挑架外侧、施工层设置1.2m高防护栏杆和18cm高踢脚杆外，挑架里侧遇到临边时（如大开间窗、门洞等）时，也应进行相应的防护。

（七）层间防护

挑架作业层和底层应用合格的安全网或采取其他措施进行分段封闭式防护。

（八）交底与验收

1. 挑架必须按照专项施工方案和设计要求搭设。实际搭设与方案不同的，必须经原方案审批部门同意并及时做好方案的变更工作。

2. 挑架搭拆前必须进行针对性强的安全技术交底，每搭一段挑架均需交底一次，交底双方履行签字手续。

3. 每段挑架搭设后，由公司组织验收，合格后挂合格牌方可投入使用。验收人员须在验收单上签字，资料存档。

第三章 起重设备与施工机具安全控制技术

第一节 物料提升机龙门架井字架

一、物料提升机安全技术

提升机包括斗式提升机、小型提升机、垂直提升机、螺旋提升机和物料提升机等。

（一）井架物料提升机安全技术措施

井架物料提升机见图3-1。

1. 共用部分基本规定

（1）断绳保护装置、停层保护装置（即安全停靠装置）应安全可靠、分别起作用且操作维修方便。

（2）吊笼卸料侧安全内门的开启应与停层保护装置有效联动。

（3）应设非自动复位的上极限开关、下极限开关，和自动复位的上行程限位开关、下行程限位开关，其触发元件不应共用。上、下行程限位开关应能自动地将吊笼从额定速度上停止。不应以触发上、下限位开关来作为吊笼在最高层站和地面站停站的操作。

图 3-1　井架物料提升机

1）上行程限位开关的安装位置应保证触发该开关后，从吊篮的最高位置到天梁最低处的上部安全距离不小于3.5m，吊篮停止上升，但可操作吊篮下行。

2）下行程限位开关的安装位置应保证吊笼以额定载重量下降时，触板触发该开关使吊笼制停，此时触板离下极限开关还应有一定行程。

3）在正常工作状态下，上极限开关的安装位置应保证一旦触发该开关后，从吊篮的最高位置到天梁最低处的距离应不小于3m，且上极限开关与上行程限位开关之间的越程距离为0.5m。

4）在正常工作状态下，下极限开关的安装位置应保证吊笼在碰到缓冲器之前下极限开关先动作。

（4）井字架必须具备闭路电视系统和对讲通讯装置。司机通过闭路电视系统能清楚看到各站的进出料口及吊笼内的状况，以确保在吊笼内有人时不得开机；对讲通讯装置必须是闭路双向通讯系统，司机应能与每一站通话。

（5）架体搭设时，每一杆件的节点及接头的一边螺栓数量不少于 2 个，不得漏装或以铅丝代替。

（6）架体外侧应全封闭防护至吊篮行程所至高度，除卸料口外宜使用孔或间隙小于 400mm² 的小网眼安全网或金属网防护，不得使用阻碍视线或增加风荷载的材料。

（7）附墙架与建筑物及架体之间均应采用刚性连接，并形成稳定结构，但不得直接焊接在架体结构件上（如立杆）。

（8）首层进料口防护棚必须独立搭设，禁止支承在架体上。

（9）卸料平台应单独设立，其设计和搭设承载能力应符合不小于 300kg/m² 要求，不得与井字架架体连接，与墙体拉接采用刚性连接。

（10）卸料平台两侧应设立高度不低于 1.1m 的两道防护栏杆和踢脚板，脚手板满铺并固定。卸料平台与通道必须向建筑物内侧稍微倾斜，严禁其向提升机架体倾斜。

（11）各卸料平台口必须悬挂安全警示标志（严禁探头、超载、乘人）、限定荷载牌和楼层数标牌。

（12）卸料平台外门应采用型材及钢网制做，开启灵活、轻便，且不得往架内开启。双掩门或水平滑动门高度应不低于 1.8m；垂直（上下）滑动门关闭时其高度应不低于 1.3m，门上缘至卸料口架体开口部位上缘之间部位应采用两端可靠固定而中间为柔性可移动调节的全封闭安全立网实施封闭，以确保吊篮在运行全过程中人体任何部位无法进入井字架内。楼层安全门下缘与卸料平台地面的距离不大于 0.2m。卸料平台外门必须采用机械或电气联锁装置控制（任一层防护门未关闭，吊篮不得运行），并应在控制台设防护门未关闭到位的警示信号。

（13）吊篮安全门应采用钢板全封闭，高度不低于 1.0m；吊篮两侧应采用高度不小于 1.1m 的安全档板防护；顶部应采用钢板或密实钢板网进行封闭。

（14）垂直滑动门采用的滑轮其滑轮直径与钢丝绳直径的比值应不小于 15，门用平衡配重应安装导向立杆以避免坠落伤人。

（15）吊篮颜色应与架体颜色明显区别，并醒目。对重（平衡重）及门用对重的表面应涂黄黑相间安全色。

（16）钢丝绳应有过路保护并不得拖地，钢丝绳与其他保护装置间应有适当的操作距离。

（17）卷扬机应可靠固定，并有金属制作的防护罩，周围应有全封闭围护措施。

（18）司机操作室支承处应安全稳固，应搭设坚固并远离危险作业区，否则其顶部应按防护棚的要求增设能防止高处坠物穿透的缓冲板。司机操作室应布置在视野良好的位置，方便司机观察吊笼和各层卸料平台的状况。

（19）司机操作室房门应设锁。操作室应有照明，且应与控制台电源相互独立。操作室应保证足够的设备维修空间。每个司机操作室只允许供一个司机操作一台设备。

（20）工地项目经理和安全管理人员必须每天进行巡查，并填写巡视记录。

（21）司机必须进行班前检查和保养，确认各类安全装置安全可靠方能投入工作。

（22）司机操作时，信号不清不得开机，发现安全装置、通讯装置失灵时应立即停机并通知维保人员修复。

（23）严禁人员攀登、穿越提升机架体和乘坐吊篮上下。

（24）装设摇臂把杆的井字架，其吊篮与摇臂把杆不得同时使用。

（25）井字架在工作状态下，不得进行维修、保养工作，否则应切断电源在醒目处挂"正在检修，禁止合闸"的标志，现场须有人监护。

（26）作业结束后，司机应降下吊篮，切断电源，锁好控制电箱，防止其他人员擅自启动提升机。

2. 卷筒卷扬式井架物料提升机安全技术要求

（1）基础设计方案和现场施工均应设置带集水井的基础底坑，确保吊篮降至底层时笼底不落地，以保证卷扬机钢丝绳不松不乱。基础底部应安装蓄能型缓冲器（弹簧型）。

（2）提升吊笼钢丝绳应不少于两条。

（3）卷扬机构经改造的设备，应由具有质量技术监督部门颁发的同类建筑起重机械生产许可证的生产厂家，或具有质量技术监督部门颁发的同类建筑起重机械维修许可证的单位出具改造产品合格证明和改造产品使用说明书，其卷扬机构应与井架结构及吊笼的荷载参数等相匹配，并采用带电阻起动的涡流调速电机。

3. 曳引式井架物料提升机安全技术要求

（1）初次安装时采用平衡系数法确定该机平衡重的最佳重量及其技术参数，由经认可的检验机构出具证明文件，以确保平衡重的重量为额定载荷的 40% ~50% 与吊篮自重之和，后续安装时要核对初次安装平衡试验相关参数（必要时复试）。

（2）对重（平衡重）各组件安装应牢固可靠，对重的升降通道周围应设置不低于 1.5m 的防护围栏，其运行区域与建筑物及其他设施间应保证有足够的安全距离。

（3）曳引轮的 V 型绳槽完好，磨损量不得超出标准要求。

4. 卷筒卷扬式井架物料提升机提升高度大于 30m 的补充规定

（1）安装高度原则上不大于井架物料提升机按架体构件规格和斜杆布置类型控制的最大允许安装高度理论值。

（2）吊笼运行速度大于 40m/min 时应设启动、停止调速系统装置，以确保缓启缓停。

（3）应设电磁感应楼层门控制电机启停和吊笼升降自动平层装置，司机通过电子显示能知道吊笼停层位置和楼层门开关状态。

（4）超载限制器安全可靠。

（5）卸料平台搭设高度超过 30m 时，应采取可靠的卸荷措施，并有设计计算书，在专项施工方案中明确构造要求。

5. 曳引式井架物料提升机提升高度大于 30m 的补充规定

（1）安装高度原则上不大于井架物料提升机按架体构件规格和斜杆布置类型控制的最大允许安装高度理论值。

（2）钢丝绳张力均匀，调节装置有效。

（3）吊笼运行速度大于 35m/min 时应设启动、停止调速系统装置，以确保缓启缓停。

（4）基础设计方案和现场施工均应设置带集水井的基础底坑，确保吊篮降至底层时笼底不落地，以保证卷扬机钢丝绳不松不乱。基础底部应安装蓄能型缓冲器（弹簧型）。

（5）应设电磁感应楼层门控制电机启停和吊笼升降自动平层装置，司机通过电子显示能知道吊笼停层位置和楼层门开关状态。

（6）超载限制器安全可靠。

（7）卸料平台搭设高度超过 30m 时，应采取可靠的卸荷措施，并有设计计算书，在专项施工方案中明确构造要求。

（二）井架物料提升机安装使用安全技术要点

为了确保井架物料提升机（以下简称井字架）使用安全，预防在使用井字架中发生重大安全事故，根据《建筑施工安全检查标准》（JGJ 59—2011）、《龙门架及井架物料提升机安全技术规范》（JGJ 88—2010）及《广东省建设工程井架物料提升机使用安全管理规定》（粤建管［2003］39 号），针对工程实际情况，提出以下安全技术要点：

1. 一般规定

（1）井字架出厂时应有产品合格证，并附有该型号规格的检验报告、生产许可证副本及随机资料。

（2）安装拆卸前应有经过审批的技术方案，安装拆卸人员应经过书面的安全技术交底。

（3）所有安装拆卸及操作人员必须经过培训合格，取得上岗证书，并接受过进场安全教育。

（4）安装拆卸人员应遵守高处作业规范，佩戴安全帽、安全带、穿软底鞋，并设立警戒区禁止其他人员和车辆进入。

（5）安装拆卸作业中，应通过设置临时缆风绳或支撑确保架体的稳定，架体自由高度不得超过 2 个标准节（一般不大于 8m），作业时严禁抛掷物件。

（6）井字架安装完毕，必须经过建设行政主管部门认可的检测机构复检合格，并经施工单位验收合格后方可投入使用。

（7）使用单位应根据井字架的类型制订操作要求，建立管理制度及检修制度，并对每台井字架建立设备技术档案。

2. 地基

（1）低架（安装高度在 30m 及其以下）：地耐力不应小于 80kPa，浇注 C20 混凝土，厚度 300mm，基础表面应平整，水平度偏差不大于 10mm。

（2）高架（安装高度 30m 及其以上）：基础应有设计计算书，其埋深与做法应符合设计和井字架出厂使用规定。

（3）基础应有排水措施。距基础边缘 5m 范围内，开挖沟槽或有较大震动施工时，必须有保证架体稳定的措施。

（4）基础中应预埋安装井字架底座的地脚螺栓预埋件，螺栓直径与长度应根据产品说明书规定或设计计算。

3. 架体

（1）架体底座应安装在地脚螺栓上，并用双螺帽固定。

（2）架体垂直偏差不应超过 3‰，并不得超过 200mm。

（3）井架截面内，两对角线长度公差不得超过最大边长的名义尺寸的 3‰。

（4）架体搭设时，采用螺栓连接的构件，不得采用 M10 以下的螺栓，每一杆件的节点及接头的一边螺栓数量不少于 2 个，不得漏装或以铅丝代替。

（5）架体外侧除上部及卸料口外，其余部位须使用非密目的安全网防护，不得使用阻碍视线或增加风荷载的材料。

（6）架体上应设立楼层表示标牌，在架体外明显处应挂有检测机构检验合格后颁发的合格证。

（7）架体上不得挂设增加风荷载的物件。

（8）架体顶部自由端不得大于6m。

4. 附墙架和缆风绳、地锚

（1）井字架架体的稳固：低架可采用缆风绳稳固，高架必须采用附墙架稳固。

（2）附墙架应按产品说明书规定设置，其间隔一般不宜大于9m，且在建筑物的顶层必须设置一组。

（3）附墙架材质应与架体材质相同，附着角度应符合产品说明书要求，如超过距离和角度应有设计计算书。

（4）附墙架与建筑物及架体之间均应采用刚性连接，并形成稳定结构，但不得直接焊接在架体结构件上（如立杆）。

（5）缆风绳应选用圆股钢丝绳，直径不得小于9.3mm。提升高度在20m及以下时，不少于1组；提升高度在21～30m时，不少于2组。

（6）缆风绳应在架体四角有横向缀件的同一水平面上对称设置，应采取措施防止钢材对缆风绳的剪切破坏。

（7）缆风绳与地面夹角不应大于60°，不得利用树木电杆或堆放构件等作地锚。

（8）地锚应根据土质情况及受力大小设置，有计算书、施工方案和隐蔽验收记录。

当地锚无设计计算规定时，可采用脚手钢管（$\phi 48$）或角钢（L75×6），不小于2根并排设置，间距不小于0.5m，打入深度不小于1.7m，桩顶部应有缆风绳防滑措施。地锚的位置应满足缆风绳的设置要求，地锚与缆风绳的连接必须是匹配的钢丝绳，禁止使用钢筋。

5. 进料口防护棚

进料口防护棚必须独立搭设，严禁利用架体做支撑搭设。顶部为能防止穿透的双层防护棚，宽度不小于架体宽度，长度低架大于3m、高架大于5m。进料口应挂设警示和限载重量标示。

6. 进、卸料口防护门

进、卸料口防护门应定型化、工具化，楼层防护门高度宜不低于1.3m，门下沿距卸料平台距离不得大于300mm，防护门不得往架内开启，并能在吊篮运行时防止人体任何部位进入井字架内，防护门必须为常闭门，采用联锁装置控制（任一层防护门未关闭，吊篮不得运行），并应在控制台设防护门未关闭到位的警示信号。

7. 卸料平台

（1）卸料平台应单独设立，其设计和搭设承载能力应符合不小于300kg/m² 要求，不得与井字架架体连接。与墙体拉接采用刚性连接。

（2）卸料平台两侧应设立两道防护栏杆和踢脚板，脚手板满铺并固定，并严禁向井字架倾斜。

（3）搭设高度超过30m，应采取可靠的卸荷措施，并有设计计算书。

（4）各卸料平台口必须悬挂安全警示标志，严禁探头、超载、乘人。

8. 摇臂把杆

（1）摇臂把杆应有设计计算书。

（2）摇臂把杆不得装在架体的自由端处。

（3）摇臂把杆底座要高出工作面，其顶部不得高出架体。

（4）摇臂把杆应安装保险钢丝绳，起重吊钩应装限位装置。

（5）摇臂把杆与水平面夹角应在45°~70°之间，转向时不得触及缆风绳。

（6）摇臂把杆应设立明显限重标示，起重量不得大于600kg。

（7）摇臂把杆不得与吊篮同时使用，并应设有电气联锁装置保证摇臂把杆与吊篮不能同时运行。

9. 吊篮

（1）吊篮应设有停靠装置，其上料口必须装有安全门，吊篮安全门与吊篮停靠装置应采用可靠的联锁（吊篮安全门打开时，停靠装置强制动作）。吊篮两侧应采用高度不小于1m的安全挡板防护，顶部应有防护板。

（2）吊篮提升必须采用多根钢丝绳。

（3）吊篮颜色应与架体颜色区别，并醒目。

（4）架体内底部应设计缓冲装置。

10. 安全防护装置

井字架低架应装有吊篮停靠装置、断绳保护装置、上极限限位器，装置应定形化；高架提升机除具有低架提升机的安全装置外，应增设下极限限位器、缓冲器和超载限制器。

11. 平衡锤

平衡锤各组件安装应牢固可靠，锤的升降通道周围应设置不低于1.5m的防护围栏，其运行区域与建筑物及其他设施间应保证有足够的安全距离。

12. 钢丝绳

（1）提升用钢丝绳安全系数 $K \geqslant 7$。

（2）提升钢丝绳不得用断股和断丝达到报废标准的钢丝绳。

（3）钢丝绳卡要与钢丝绳匹配，不得少于三个，绳卡要一顺排列，不得正反交错，间距不小于钢丝绳直径的6倍，U型环部分应卡在绳头一侧，压板放在受力绳的一侧。

（4）卷扬机卷筒缠绕钢丝绳最少时不得少于3圈。

（5）钢丝绳应有过路保护并不得拖地，钢丝绳与其他保护装置间应有适当的操作距离。

13. 滑轮

（1）滑轮的半径不得小于钢丝绳最小弯曲半径，（低架）滑轮直径 $\phi \geqslant 25d$（$d =$ 钢丝绳直径），（高架）滑轮直径 $\phi \geqslant 30d$。

（2）滑轮上应装有钢丝绳防脱装置。

（3）导向滑轮不得用开口滑轮。

（4）滑轮边缘不得有破损缺口等现象。

（5）滑轮必须跟架体（或吊篮）刚性连接。

14. 卷扬机

（1）卷扬机的安装应按产品说明书的要求安装在地脚螺栓上，并有金属制作的防护罩，周围要有围护措施。

（2）卷扬机应装有钢丝绳防滑脱装置。

（3）卷扬机操作距离应离卷扬机5m以上。

（4）卷扬机机械性能应良好，制动器灵敏、可靠。

15. 电气

（1）井字架必须有专用电源开关箱和控制台，开关箱内应有隔离开关、漏电空气开关，控制台内主回路上应装有短路、失压、过电流保护、断相错相保护装置。

（2）控制台应设锁，并应设在紧急情况下能切断总控制电源的紧急断电开关。

（3）选用的电气设备及电器元件，必须符合提升机工作性能、工作环境等条件的要求，并有合格证。

（4）禁止使用倒顺开关作为卷扬机控制开关。

（5）井字架的金属结构及所有电气设备的外壳应有可靠接地，其接地电阻不应大于4Ω。

16. 操作棚

（1）当操作人员露天作业时，应搭设坚固的操作棚，不得搭设于脚手架上或有危险的地方。操作棚应有防雨措施。

（2）操作棚的搭设应不影响操作员视线。当距离作业区较近时其顶部必须搭设能防止穿透的双层防护棚。

（3）应保证棚内电器设备的安全及便于操作，且各井字架操作台之间信号互不干扰，操作员操作互不影响。

（4）操作棚内应设有照明装置，照明电源与动力控制电源应分路设置。

17. 通讯装置

井字架必须具备可靠的闭路电视系统和对讲通讯装置。操作人员通过闭路电视系统能清楚地看到各站的进出料情况；对讲通讯装置必须是闭路双向通讯系统，操作人员应能与每一站通话。

18. 防雷

井字架若在相邻建筑物、构筑物的防雷装置保护范围以外，20m高度以上井字架应安装防雷装置。避雷针可采用长1～2m的ϕ16mm镀锌圆钢；引下线除利用架体本身外，应再用ϕ12mm及以上镀锌圆钢或10mm^{2}及以上铜芯电缆将避雷针与架体接地装置相连。

19. 验收

（1）施工单位必须遵照JGJ 59—2011《建筑施工安全检查标准》进行量化验收。

（2）验收时应具备产品合格证或设计计算书。

（3）验收时应具备经过批准的施工方案和安装拆卸、操作人员上岗证书，并应有井字架基础验收记录和混凝土强度试验报告。

（4）井字架安装完毕后应试运行，且必须经过建设行政主管部门认可的检测机构检验合格后方可投入使用。

20. 使用管理

（1）工地安全管理人员必须每天进行巡查，并填写巡视记录。

（2）操作人员必须进行班前检查和保养，确认各类安全装置安全可靠方能投入工作。

（3）操作人员操作时，信号不清不得开机，发现安全装置、通讯装置失灵时应立即停机修复。

（4）严禁人员攀登、穿越提升机架体和乘坐吊篮上下。

（5）装设摇臂把杆的井字架，其吊篮与摇臂把杆不得同时使用。

（6）井字架在工作状态下，不得进行维修、保养工作，否则应切断电源在醒目处挂"正在检修，禁止合闸"的标志，现场须有人监护。

（7）作业结束后，应降下吊篮，切断电源，锁好控制电箱，防止其他人员擅自启动提升机。

（三）物料提升机操作工安全操作技术基本要求

1. 物料提升机操作人员必须经过安全技术培训，取得操作证，方可独立操作。

2. 卷扬机应安装在平整坚实的基础上，机身和地锚必须牢固。操作棚里视野良好。

3. 每日作业前，应检查钢丝绳、离合器、制动器、保险齿轮、传动滑轮和安全保险装置等，确认安全可靠、有效，方准操作。发现安全保险装置失效时，应立即停机修复。作业中不得随意使用极限限位装置。钢丝绳变形或断丝断股超过规定的，必须按规定及时更换。

4. 钢丝绳卷筒必须设置防钢丝绳滑脱的保险装置。钢丝绳在卷筒上必须排列整齐，作业中最少需保留3圈。作业中发现钢丝绳缠绕时必须暂停使用，重新排列整齐。

5. 物料在吊笼里应均匀分布，不得超出吊笼。当长料在吊笼中立放时，应采取防滚落措施；散料应装箱或装笼。严禁超载使用。

6. 严禁人员攀登、穿越提升机和乘吊笼上下。

7. 高架提升机作业时，应使用通讯装置联系。低架提升机在多工种、多楼层同时使用时，应专设指挥人员，信号不清不得开机。作业中无论任何人发出紧急停车信号，应立即执行。

8. 操作中或吊笼尚悬空吊挂时，操作工不得离开驾驶座位。

9. 当支承安全装置没有支承好吊笼时，严禁人员进入吊笼。吊笼安全门未关好或人未走出吊笼时，不得升降吊笼。

10. 吊笼运行时，严禁人员将身体任何部位伸入架体内。在架体附近工作的人员，身体不得贴近架体。

二、龙门架安全技术

龙门架是建筑工地常用的垂直运输设备，见图3-2。

图 3-2　龙门架

（一）龙门架安装

1. 首先检查地基是否符合规定要求，低架提升机的基础，应符合下列要求：

（1）土层压实后的承载力应不小于 80kPa。

（2）浇注 C20 号混凝土厚度 300mm。

（3）基础表面应平整，水平偏差不大于 10mm。

（4）基础应有排水措施，不得有积水浸泡基础。

2. 安装前，首先检查龙门架体的直线度、导轨的平行度、导轨对接点的错位差。立柱安装后，要求在两个方向上作垂直度检查，倾斜度应保证在 1.5‰以内，达不到标准，应在底架下塞垫调整片，直到调整到符合要求为止。

3. 安放地梁时，先组装好地滑轮再连接底盘，找好水平，紧固地脚螺栓。

4. 放置自升平台就位，使套架中心线与立柱中心线重合。

5. 将第一组立柱标准节放入套架内，底端与地梁用螺栓连接，找正紧固。

6. 将提升滑轮组件置于安装好的两立柱顶端。

7. 安装手动卷扬机于自升平台上，并按规定的绕绳方式穿好提升钢丝绳。

8. 将扒杆安装于自升平台上。

9. 利用手动卷扬机提升自升平台，直到台面与立柱顶面平齐，取下提升滑轮组件置于平台上。

10. 利用扒杆安装好第二组标准节，并将提升滑轮组件置于第二组标准节顶部。

11. 重复步骤 9 提升平台至立柱顶面。

12. 安装撑杆并紧固以上各件连接螺栓，检查安装好的标准节垂直偏差，调整到符合要求。

13. 安装卷扬机。

14. 放进吊篮，调整升降吊篮的水平度及导靴滚轮与导轨接触面的间隙，达到设计要求后，再安装两对楔体组件。

15. 楔体组件必须安装在升降吊篮左右两侧槽钢柱体的同一水平上，将楔块提到上止点就位抱合后，再将楔体座焊接在槽钢体上，焊接必须达到设计要求。

16. 安装断绳保护系统。升降动滑轮轴心必须与升降吊篮承重梁中心重合，安装好的升降动滑轮能灵活转动，弹簧拉板与滑轮压盖及座体轴向间隙一致。压缩弹簧受压时，两钢丝间隙大于或等于 0.1d（d 是钢丝直径），四组调整一致。

17. 安装杠杆，连接铰链。

18. 摇臂铰链机构，按图样尺寸位置安装后，转动应灵活，臂板中心线角度应一致，当升降动滑轮轴提升到座体顶点时，用调节螺栓调整四个楔块，抱合摩擦面与导轨接触面的间隙达到 15mm，升降动滑轮轴降到下止点，楔块提升到上止点（夹紧状态）。

19. 卸料上翻防护门，开门灵活，插销自如。将拉伸弹簧连接在摇臂上，再将钢丝绳绕过导向绳轮与门相接。推拉门子调整拉伸弹簧拉力，当门开启后，楔块必须提到上止点（门轴中心距索绳孔中心 100mm），此时，门架升降机就基本安装就绪，以下主要是如何实现升降。

20. 将第三组标准节送入吊篮，提升吊蓝到接近极限高度，然后利用扒杆安装好第三组标准节，将提升滑轮组件置于第三节标准节顶部，再重复步骤9提升平台。

21. 架设好第三节时，应做龙门架体外封闭脚手架。组装好第一道进料门，并做斜支撑处理，按楼层高度在架管上安装磁控开关支架，就可以正式投入使用。

22. 当龙门架架设高度超过12m时，应在第一层处设置第一道附墙杆，以后每间隔9m增设一道。如果门架在风力较大地区工作，应改为每6m设一道附墙杆。杆节增高，外封闭脚手架及附着同步进行，以保证门架工作平稳为准则。

（二）安装后的调试

1. 空载提升吊篮在全行程范围内作升降、变速、运行三次（楔块取下），验证架体的稳定性、两导轨间的距离是否达到技术要求，并同时观察进出料门是否灵敏，不允许有振颤冲击现象。

2. 将吊篮悬挂离地面100~200mm，调整导靴滚轮与架体导轨的间隙，各处一致后，装好楔块，达到锁紧状，再将升降滑轮轴降到下止点，调整调节螺栓至拉紧状态。在额定荷载下将吊篮提升到离地面3~4m高处停机，将上翻防护门打开锁住，调整钢丝绳长度，检查制动夹持的可靠性，吊篮不下滑。

3. 升降吊篮内施加额定载荷，使其试运行三次，并作开门自锁试验。再将吊篮升高到3~4m高度，进行模拟断绳试验，其滑落行程不能超过100mm。

4. 在升降吊篮上取额定起重量的125%（按5%逐级加量）作提升、下降、开门停靠自锁试验（此时不做断绳试验），下滑不能超过100mm，下降速度在30~40m/min时，要求动作准确可靠，无异常现象，金属结构不变形，无裂痕及油漆脱落和连接松动损坏等现象。

（三）安装中技术要求

1. 立柱兼作导轨架，为吊篮运行滚动的轨道，其标准节接头处阶差应小于1mm，安装时必须注意调整。

2. 立柱全高的垂直度偏差应≤1.5‰；两导轨平行度偏差不大于5mm。

3. 各连接螺栓必须紧固。

4. 高空作业人员必须具有高空作业的身体条件，系好安全带，门架下和立柱周围5m内禁止站人，以防物体跌落伤人。

5. 五级风以上禁止安装作业。

（四）安装后整机性能检验

安装完毕后应有专门检验人员按标准要求进行下列检验，经试验合格后方可投入使用。

1. 立柱垂直度检验。

2. 紧固连接件检验。

3. 空载运行试验。

4. 额定荷载试验。

5. 模拟断绳试验。

6. 超载25%试验。

（五）操作使用及注意事项

1. 操作者必须持主管部门颁发的操作证上岗，应熟悉本设备技术性能，能熟练掌握卷

166

扬机操作，注意及时停机，拉断总闸，严禁冲顶和冲底事故。

2. 安全装置——停层控制必须由专人管理，并按规定进行调试检查，保持灵敏可靠，不能带病运行。一般情况下，每月及暴雨后，需对架体基础、钢丝绳的磨损程度、楔块抱闸，所有销轴、滚动轮、紧固件，各种弹簧、卷扬机、抱闸等易损件和关键部件及立柱倾斜度等进行一次全面检查，发现问题及时维修，不能带病运行。

3. 导轨表面严禁涂抹任何油脂，以防抱闸失灵。

4. 升降吊篮每班首次运行时，应作空载及满载试运行，检查制动灵敏可靠后方可投入运行。

5. 吊篮内横铺不小于 50mm 厚木板，铺满、铺严。吊篮载物升降时，应使荷载均匀分布，严禁超载、偏载运行，禁止带人运行。

6. 吊篮停靠就位，联络信号要做到准确无误。

7. 吊篮停稳后再打开防护门，开启支稳后方可上人卸料。吊篮下降时，首先必须关好防护门，再明确联络信号。

8. 安装时，专职的操作机手参加安装调试，以便进行使用和调整、维护的技术交底。

9. 禁止在 5 级风以上作业，禁止非操作人员启动卷扬机。

10. 收班时应放下吊篮，严禁将吊篮搁置在空中长期停放，并要拉闸断电，锁好电源箱。

（六）提升机的使用与管理

安装后使用前的验收应符合下列规定：

提升机安装后，应由主管部门组织按照提升机说明书、规定标准和设计规定进行检查验收，确认合格发给准用证后，方可交付使用。使用前和使用中的检查宜包括下列内容：

（1）使用前的检查。

1）金属结构有无开焊和明显变形。

2）架体各节点连接螺栓是否紧固。

3）附墙架、缆风绳、地锚位置和安装情况。

4）架体的安装精度是否符合要求。

5）安全防护装置是否灵敏可靠。

6）卷扬机的位置是否合理。

7）电气设备及操作系统的可靠性。

8）信号及通讯装置的使用效果是否良好清晰。

9）钢丝绳、滑轮组的固接情况。

10）提升机与输电线路的安全距离及防护情况。

（2）定期检查。定期检查每月进行 1 次，由有关部门和人员参加，检查内容包括：

1）金属结构有无开焊、锈蚀、永久变形。

2）扣件、螺栓连接的坚固情况。

3）提升机构磨损情况及钢丝绳的完好性。

4）安全防护装置有无缺少、失灵和损坏。

5）缆风绳、地锚、附墙架等有无松动。

6）电气设备的接地（或接零）情况。

7）断绳保护装置的灵敏度试验。

（3）日常检查

日常检查由作业司机在班前进行，在确认提升机正常时，方可投入作业。检查内容包括：

1）地锚与缆风绳的连接有无松动。

2）空载提升吊篮做1次上、下运行，验证是否正常，并同时碰撞限位器和观察安全门是否灵敏完好。

3）在额定荷载下，将吊篮提升至离地面1~2m高度停机，检查制动器的可靠性和架体的稳定性。

4）安全停靠装置和断绳保护装置的可靠性。

5）吊篮运行通道内有无障碍物。

6）作业司机的视线或通讯装置的使用效果是否清晰良好。

（4）使用提升机时应符合下列规定

1）物料在吊篮内应均匀分布，不得超出吊篮。当长料在吊篮中立放时，应采取防滚落措施；散料应装箱或装笼。严禁超载使用。

2）严禁人员攀登、穿越提升机架体和乘吊篮上下。

3）高架提升机作业时，应使用通讯装置联系。低架提升机在多工种、多楼层同时使用时，应专设指挥人员，信号不清不得开机。作业中不论任何人发出紧急停车信号，应立即执行。

4）闭合主电源前或作业中突然断电时，应将所有开关扳回零位。在重新恢复作业前，应在确认提升机动作正常后方可继续使用。

5）发现安全装置、通讯装置失灵时，应立即停机修复。作业中不得随意使用极限限位装置。

6）使用中要经常检查钢丝绳、滑轮工作情况。如发现磨损严重，必须按照有关规定及时更换。

7）采用摩擦式卷扬机为动力的提升机，吊篮下降时，应在吊篮行至离地面1~2m处，控制缓缓落地，不允许吊篮自由落下直接降至地面。

8）装设摇臂把杆的提升机，作业时，吊篮与摇臂把杆不得同时使用。

9）作业后，将吊篮降至地面，各控制开关扳至零位，切断主电源，锁好门箱。

（5）提升机使用中应进行经常性的维修保养，并符合下列规定：

1）司机应按使用说明书的有关规定，对提升机各润滑部位，进行注油润滑。

2）维修保养时，应将所有控制开关扳至零位，切断主电源，并在闸箱处挂"禁止合闸"标志，必要时应设专人监护。

3）提升机处于工作状态时，不得进行保养、维修，排除故障应在停机后进行。

4）更换零部件时，零部件必须与原部件的材质性能相同，并应符合设计与制造标准。

5）维修主要结构所用焊条及焊缝质量，均应符合原设计要求。

6）维修和保养提升机架体顶部时，应搭设上人平台，并应符合高处作业要求。

三、井字架安全技术

井字架是建筑施工常用的垂直运输设备，是安装在车辆底盘的连接杆。由于形状像"井"，所以被称为井字架，主要作用是加强车架底盘的整体刚性。通常与前、后顶巴；前、后底巴一起被称为平衡杆五件套，见图3-3。

图3-3　井字架

1. 井字架特点

（1）井架符合 API Spec 4F 规范，允许使用 API 会标。

（2）井架断面形状为"K"型，即前开口型，截面为 Π 形空间桁架结构。

（3）井架主体为片状架结构，便于拆装和运输。

（4）井架大腿、人字架等主要受力件采用 H 型钢制造。

（5）井架低位安装，整体起放。

（6）井架的左右调节通过增减井架支座下方的垫片实现，前后调节通过人字架后支座处的偏心轮实现。

2. 安装技巧

安装井字架时，会顶住上方暖气管，可能对上方暖气管有损害。所以，在安装前，先用厚的布胶带或者软棉花先将井字架与暖气管接触的地方包起来，以防损伤。

3. 平衡杆

平衡杆，又称平衡拉杆，是一种增强车身刚性结构的汽车改装用品。在取材上一般选用铝合金，而不同的汽车底盘设计，只能使用专车专用的平衡杆。平衡杆一般包括顶杆、前底杆、后底杆以及车架等组件。

（一）井字架卷扬机安全技术操作要求

1. 卷扬机应指定专人操作，不得超荷载使用。

2. 操作前应检查钢丝绳、离合器、制动器、传动滑轮及电控装置的可靠性，在确认安全可靠后方准操作。

3. 钢丝绳在卷筒上必须排列整齐，作业中至少应保留三圈，防止跳绳或钢丝绳滑脱而发生事故。

4. 人员上吊篮内提运物料时，应在正确拉好保险杠后进行；严禁吊篮运行中乘人；操作人员监督使用。

5. 在工作中若发生机械失常、音响不正、制动不灵，制动器或轴承处温度有剧烈上升等异常现象时，必须先停机查明原因，及时进行检修或调整。

6. 操作时应思想集中，严禁擅自离开工作岗位或与他人嘻笑交谈，做私活；工作中要听从指挥，在信号不明或可能引起事故时，应暂停操作，待弄清情况后方可继续作业。

7. 操作中如遇到停电或故障检修时，应立即切断电源，放下吊装物。

8. 每班结束时，应把吊篮放至地面，拉闸断电门上锁，并做好机械维护与保养工作。

（二）井字架（高车架）安全操作要求

1. 杉槁井字架

（1）杉槁井字架立杆间距最大不得超过 1.4m，立杆下脚埋入地下深度不小于 50cm 并须覆土夯实。顺水杆间距不得大于 1.5m。

（2）井字架除出料一面外，其余三面均应绑十字盖，并须相互衔接绑到顶，斜杆与地面夹角不得大于 60°。

（3）平台下面落空处应打八字戗。排木间距不得大于 1m。脚手板必须铺平、铺严、绑牢。每层平台及全部马道应绑两道护身栏并设高度在 18cm 以上的挡脚板。平台出料口必须加防护门。

（4）井字架四角的立杆及封顶横杆应采用双杆。所用杉槁小头有效直径：立杆不得小于 8cm，横杆不得小于 15cm。

（5）两杆搭接，立杆最少搭过三根顺水杆，横杆最少搭过两根立杆。

（6）天轮架必须绑两根天轮木，并加顶桩或打八字戗；加油处应绑上下工作梯和护身栏，工作平台满铺脚手板。

（7）井架缆风绳的设置要求与烟囱架子相同。

（8）井架如附设起重拔杆，装拔杆的立杆必须绑双抱杆，拔杆底座必须绑顶桩杆见荞麦楞（蒂形座托），并加绑铁丝箍。十字盖的转折处应顶在拔杆底座上，往下不再转折，直向落地。拖拉绳的上端应系在与挂千斤滑子位置同一高度上。

2. 金属管井字架

（1）金属管井字架，架身均用外径 48～51mm 的钢管拼装，立杆和横杆的间距均不得大于 1m，立杆下端应安放铁板墩，夯实后垫板。

（2）井架四周外侧均应搭设十字盖一直到顶，十字盖斜杆与地面夹角为 60°。

（3）平台用金属管排木的间距不得超过 1m，脚手板必须铺平、铺严，对头搭接时应用双排木，搭接时板端应超过排木 150mm。每层平台均应设护身栏和挡脚板。

（4）两杆应对头连接，交叉点必须用扣件，不得绑扎。

（5）天轮架必须绑双根天轮木，并架顶桩管或八字杆，用卡子卡牢。

（6）井架应设缆风绳，要求与烟囱架相同。金属井架严禁与一切电源接触，与电线接近部分，必须有绝缘措施，安装或搬运金属管时应注意周围环境，防止触电。

3. 其他金属高车架

（1）三角柱式高车架用三根外径 48～51mm 的钢管或一根钢管两根钢筋预制成三角形的立柱，中间用直径不小于 16mm 的钢筋作斜杆复合拼焊，每节立杆两端焊法兰盘。拼装三角架时，必须检查各部位焊口是否牢固。各节点螺丝必须拧紧。

（2）两根三角立柱应连接在地梁上，地梁底部要有锚铁并埋入地下防止滑动，埋地梁时地基要平并应夯实。

（3）三角高车架每层应用杉槁和 8# 铅丝与结构连接牢固并加设缆风绳，缆风绳做法与杉槁井架规定相同。

（4）每楼层进口处应搭设平台，每个平台应设两道护身栏和高度不小于 18cm 的挡脚板。平台下口落空处应绑八字戗。

（5）金属管三角高车架严禁与电气设备接触，靠近电线和电气设备的部分必须有绝缘防护措施。

（6）金属龙门式高车架要有合格的技术制作资料。组装高车架要有方案、有安全措施。

（7）龙门式金属高车架的缆风绳设置与烟囱架相同。

（8）龙门式金属高车架与电气设备接近部位要有可靠的绝缘防护措施。

（9）所有各种井架，均应设置超高限位装置。超高限位装置应灵敏有效。

（10）井架两边要平支安全网。各种井架，出料口均应加防护门。

（11）天轮木在安装和拆除时，顶木挂滑子处与天轮间距不得小于3m。

（三）井字架物料提升机使用过程中存在的通病及预防措施

物料提升机因具有构造简单，造价低廉，安装、拆卸方便、快捷，维修保养简便，使用成本低等优越性能，一直是中低层建筑施工用于物料垂直运输的主要设备。但目前井字架在使用过程中存在不少的安全隐患，导致安全事故时有发生，甚至造成人员伤亡的悲剧。本文旨在对井字架在搭设、拆除以及使用过程中常见的通病进行分析，探讨防治措施，以促进井字架按规范进行搭设、拆除以及使用，保障施工安全。

1. 制造方面

由于井字架提升机目前仍未纳入国家统一标准的定型产品范围内，部分制造厂家没有按照标准和规范要求进行生产，有的厂家为了降低成本迎合市场，生产一些缺少安全保护装置的井字架；部分施工企业缺少相应的资金和安全技术管理人员，对设备的投入或更新不重视，使用未经改造应进行淘汰的旧设备。这些井字架本身的安全防护装置不齐全或不完善，以致经常发生设备损坏甚至造成人员伤亡的事故。

（1）架体结构的材质

由于多数井字架不是厂家的产品，而是企业自己制作。为杜绝结构无设计依据，验收无检测手段，制作无工艺要求的粗制滥造，造成在使用中不能满足安全要求，频频造成安全事故的现象，必须确保架体结构所使用的材质符合国家标准和《龙门架及井架物料提升机安全技术规范》（JGJ 88—2010）的要求。

（2）安全停靠装置

当吊篮运行到达建筑物的某层需要卸料时，可以放下该停靠装置，使吊篮落在架体上，将吊篮定位，并能可靠地承担吊篮自重、额定荷载及运料人员和装卸物料时的工作荷载。此时荷载全部由停靠装置承担，提升钢丝绳只起保险作用。但目前工地中很多井字架没有这种装置，有些井字架在出厂时，生产厂家没有把这种停靠装置加装进去，也有些设备操作人员故意拆除该装置，或在作业时贪图方便，不愿使用停靠装置。这都是不符合规范要求的行为。

（3）吊篮安全门

目前在建筑工地上使用的井字架吊篮没有安装安全门的现象非常普遍。由于较多的吊篮安全门是由使用单位另外加装补做的，此类安全门作联动比较困难，只能在不损害料盘起吊主框架的基础上加装。部分设备操作人员贪图操作方便，随意拆除吊篮安全门，或不使用吊篮安全门。规范要求井字架必须有吊篮安全门并宜采用联锁装置，防止井字架在升降运行时物料从吊篮中滚落。

（4）断绳保护装置和上极限限位器（防冲顶装置）

断绳保护装置是指当吊篮悬挂或运行中发生断绳时，此装置弹出支承在架体上，将吊篮托住并固定在架体上，保障吊篮不发生坠落。其滑落行程，在吊篮满载时，不得超过1m。上极限限位器应安装在吊篮允许提升的最高工作位置，与天梁的最低处的距离不应小于 3m。当吊篮上升到限定的高度时，限位器即能工作，切断电源（指可逆式卷扬机）或自动报警（指摩擦式卷扬机）。目前，已全面强制使用带平衡配重的安全井字架。这种井字架采用卷扬曳引轮摩擦钢丝绳进行吊篮提升，改变了旧式井字架强拉式卷扬机的工作。其吊篮运行到接近天梁时平衡配重已经着地，卷扬机空转，吊篮不能再升高，起到防冲顶作用，而且吊篮采用 4 根钢丝绳同时张拉，每根绳只承受荷载的 1/4 拉力，能对钢丝绳起到较好的保护作用；而万一其中 1 根钢丝绳出现断绳时，其他 3 根钢丝绳仍能拉住吊篮，不会发生因断绳而使吊篮坠落的事故。因此这种安全井字架的防冲顶及防断绳性能较为理想。

2. 安装方面

目前在建筑工地上使用的井字架大都是施工企业自己安装。由于当前建筑工人主要是由农民工组成，人员素质差，安全意识淡薄，安全知识欠缺，技术力量薄弱，不懂标准和规范的要求，在安装中存在许多安全隐患，因此急需规范和加强这方面的管理。

（1）安装作业方案

物料提升机的事故大多发生在安装和拆除过程中，其主要原因是安装、拆除没有一个合理的程序，作业队伍素质不高，违章作业，又没有可遵照执行的作业方案或没有执行已经批准的作业方案，作业的条件变化大，工作中不能预见危险，导致事故经常发生。因此，规范中规定，在安装作业前，应根据施工现场工作条件及设备情况编制作业方案，对作业人员进行分工交底，确保安装过程的安全作业。

（2）架体基础

井字架基础是最主要的承压部位，是保证井字架安全的重要环节，如果基础处理不当，就会从一开始就留下极大的安全隐患。物料提升机的基础应按图纸的要求施工。高架提升机的基础应进行设计计算，低架提升机在无设计要求时，可按素土夯实后（承载力不小于 80kPa），浇 C20 混凝土，厚 300mm。基础有排水措施，不积水。目前很多工地未能做到以上要求，只是凭经验设置基础或是将基础简单处理。这样就不能从开始保证井字架的安全，留下了安全隐患。

（3）安装精度

新制作的井字架，架体安装的垂直偏差，最大不应超过架体高度的 0.15%；多次使用过的井字架，在重新安装时，其偏差不应超过 0.3%，并不得超过 200mm。井架截面内，两对角线长度公差不得超过最大边长的名义尺寸的 0.3%；架体与吊篮的间隙，即吊篮导靴与导轨的间隙，应控制在 5~10mm 以内。

（4）附墙架和缆风绳

为增强井字架提升机架体的稳定性，必须设置附墙架或缆风绳。对比两者我们发现，缆风绳需要一定的场地和空间，对地锚的埋设和连接都有一定的要求。目前很多建筑工地的缆风绳设置都无法达到规范的要求；而附墙架占有空间较小，且能有效地抵抗风力及吊篮偏心产生的水平荷载，减少架体的长细比，提高了架体的刚度及稳定性。因此一般情况下提倡采用附墙架，而不采用缆风绳。且规范规定高架在任何情况下均不得采用缆风绳。

目前大部分工地的附墙架安装不规范，主要是安装间距设置不规范。附墙架与架体及建筑物之间，未采用刚性扣件连接，而是部分使用铁丝绑扎，或采用焊接等；有的未采用两根

172

直拉和两根斜拉并形成稳定结构；有的脚手架连接在井字架上；有的附墙架材质与架体的材质不相同。规范要求井字架提升机附墙架其间隔一般不宜大于9m，且在建筑物的顶层必须设置一组，架体顶部自由高度不得大于6m，附墙架与架体及建筑物之间均应采用刚性件连接并形成稳定的结构，不能连接在脚手架上。附墙架的材质应与架体的材质相同，可使用钢管、角钢、槽钢等材料，不得使用木、竹和钢丝绳、铁丝、钢筋等柔性材料。严禁使用铁丝绑扎或采用焊接。

当提升机受到条件的限制无设置附墙架时应采用缆风绳稳固架体。目前部分工地为了节省成本，缆风绳采用报废的钢丝绳，或直接采用钢筋、线来代替，这是规范不允许的。缆风绳一般应每10~15m设一组，且每一组4根，缆风绳与地面的夹角不应大于60°，安装时要有适当的拉紧力等。

（5）架体立面防护

为防止落物打击，在架体外侧沿全高用立网（不要求用密目网）防护，立网防护后不应遮挡司机视线。目前部分施工工地不够重视，造成架体立面无防护或防护不严，给井字架使用过程留下安全隐患。

（6）进料口防护棚

提升机架体地面进料口处应搭设防护棚，防止物体打击事故。目前有很多工地的防护棚搭设不规范，主要是防护棚搭设的强度、面积不符合要求。规范中规定防护棚材质应能对落物有一定的防御能力和强度（5cm厚木板或相当于5cm木板强度的其他材料）。防护棚的搭设面积一般是低架前后3m，高架5m左右，宽度稍大于架体的宽度。

（7）楼层卸料平台的搭设

卸料平台搭设稳固与否直接影响到操作工人的安全，这也是井字架高空坠落事故的主要原因。规范要求卸料平台应该独立搭设，即平台的搭设只能是单独从地面用钢管或与建筑物拉结的形式，不能与脚手架、井字架连在一起，卸料平台应在明显处设置标示牌，规定使用要求和限定荷载，平台两侧应按临边防护规定设置防护栏杆及挡脚板。平台脚手板要铺平绑牢，保证运输作业安全进行。

（8）井字架进、卸料口的防护门

目前有一部分工地为贪图使用的方便，没有安装安全门或有安全门不使用，这样就非常容易发生事故，造成人员伤亡。规范中规定各楼层的通道口都应该设置定型化、工具化的常闭防护门，宜采用联锁装置。只有当吊篮运行到位时，楼层防护门方可开启；只有当各层防护门全部关闭时，吊篮方可上下运行；在防护门全部关闭之前，吊篮应处于停止状态。

（9）联络信号

规范要求当司机不能清楚地看到操作者和信号指挥人员时，必须加装通讯装置。但是目前大部分工地都没有安装通讯装置，造成卷扬机操作工不能清楚地观察人员、物料进出的情况，导致误操作，从而发生事故。目前，随着技术的进步和制作成本的降低，已经有相当部分施工企业采用电视技术，使用可视的安全系统，该系统能使卷扬机司机对各楼层的物料放置和人员进出情况进行全过程的监控，能有效地减少伤亡事故的发生，建议各施工企业采用该系统。

（10）卷扬机司机操作棚

目前部分施工工地没有搭设司机操作棚或操作棚搭设简陋，这样既影响文明施工，又留下了安全隐患。规范要求司机在露天作业时应搭设坚固的操作棚，并做到防雨，不影响视线，顶棚具有一定的防落物打击的能力。

（11）避雷

目前部分工地对井字架防雷的重要性认识不足，没有安装防雷装置，这样是非常危险的！临时用电规范规定井字架在防雷装置的保护范围以外的，应安装防雷装置。

3. 使用方面

如何正确使用和操作井字架是非常重要的，也就是说人的因素是关键。当前由于建筑工人的素质普遍较低，安全意识淡薄，安全培训力度不够，因此必须加强安全教育、安全技术交底和安全检查等安全管理措施，使他们遵守井字架安全操作要求，才能避免人为的事故。

（1）安装验收

这是一项非常重要的程序，规范规定井字架在重新安装后的使用之前必须进行整机试验，确认符合要求后方可投入运行。

（2）持证上岗

规范规定井字架应配备经正式考试合格、持有操作证的专职司机。

（3）设备使用的维修保养

目前部分工地的设备操作人员对设备缺乏维修保养，造成设备带病运行，从而降低了设备的使用寿命，甚至留下安全隐患。因此，应该加强对设备的定期维修保养，发现问题，及时解决，杜绝设备的不安全状态。

（4）杜绝违章作业，提高安全防范意识

当前部分工地的操作人员随意拆除设备上的一些安全保护装置，或在井字架运行时不使用安全保护装置；部分操作人员违章操作；超载运行等现象比较多。这些都是不安全的行为，应该坚决杜绝。同时应加强作业人员的安全培训教育，提高他们的安全防范意识和操作技能。

4. 拆除方面

井字架架体拆除过程是容易发生事故的一个薄弱环节，因此要重视井字架拆除过程的安全操作，严格按照规范操作，以保证拆除过程的安全。

（1）拆除作业前应根据现场工作条件及设备情况编制严密的施工作业方案；对作业人员进行分工交底，确定指挥人员；划定安全警戒区域并设监护人员；排除作业障碍。

（2）拆卸人员必须取得岗位安全操作资格，持证上岗，严格按规范及作业方案操作，以保证拆除过程的安全。

（3）拆除作业前应进行检查，主要查看井字架与建筑物及脚手架的连接情况；查看井字架架体有无其他牵拉物；查看临时附墙架、缆风绳及地锚的设置情况；查看地梁与基础的连接情况，确保拆除前架体的安全后方可进行作业。

（4）在拆除缆风绳或附墙架前应先设置临时缆风绳或支撑，确保架体的自由高度不得大于 2 个标准节（一般不大于 8m）。

（5）拆除作业中，严禁从高处向下抛掷物件。

第二节 外用电梯（人货两用电梯）

施工升降机通常称为：施工电梯，见图3-4。

施工升降机的种类很多，按起运行方式有无对重和有对重两种，按其控制方式分为手动控制式和自动控制式。按需要还可以添加变频装置和 PLC 控制模块，另外还可以添加楼层呼叫装置和平层装置。

目前市场上使用的大部分为无对重式的，驱动系统置于笼顶上方，减小笼内噪声，使吊笼内净空增大，同时也使传动更加平稳、机构振动更小，无对重设计简化了安装过程；有对重的施工电梯运行起来更加的平稳，更节能，但是由于其有天滑轮结构，安装加节时就会更加的麻烦，所以有对重现在已经逐渐的退出市场。

为了便于施工电梯的控制和其智能性，施工电梯还可以安装变频器，既节能又能无级调速运行起来更加的平稳，乘坐也更加的舒适；安装平层装置的施工电梯能使控制起来更加的方便，更精准的停靠在需要停靠的楼层；安装楼层呼叫装置能更加的方便使用时的信息流通，也使管理更加的方便。

图 3-4 施工电梯

在安全方面施工电梯得到了很好的保证，首先为电气安全保证，施工电梯安装有抽拉门行程开关、对开门行程开关、顶门行程开关、上限位行程开关、下限位行程开关等五个行程开关，只要有任何一个行程开关处于保护状态，电动机就会处于刹车状态，为了更加的保证施工电梯的安全性，电气部分还增加了极限开关，当施工电梯的箱体冲顶或者是坠落时，上下极限碰块就会触发极限开关，电气系统就会切断电源，施工电梯停止运行来保证安全。

当上述部分全部失灵的时候，施工电梯还有最后一道安全屏障，就是防坠安全器，电梯下降的速度大于防坠器设定的速度防坠器就会刹车来控制吊笼的下坠速度从而保证电梯的安全。

防坠器在运行过程中还会发出控制信号来控制电气系统。

一、施工电梯的安装

（一）施工电梯安装程序及要求

1. 升降机的安装

（1）由于运输需要，当升降机外笼解体时，应按零件图册先将外笼组装好，并调整好导轨及门框的垂直度。

（2）将地下室顶板表面清扫干净。

（3）安装底盘用水平尺找平，拧紧地脚螺栓。

（4）安装基础节，拧紧螺栓。

（5）安装吊笼下缓冲弹簧。

（6）用起重设备将吊笼吊起就位。

（7）松开电动机上的制动器，方法是：首先拆下两个开口销，拆掉前在螺母开口处做个记号，便于复位后旋紧两个螺母，务必使两个螺母平行下旋，直至制动器松开可随意拨动制动器为止。

（8）用起重设备吊起传动小车。

（9）从标准节上方使传动小车就位。

（10）将传动小车与吊笼的连接耳板对好后，穿入销轴并固定（带超载装置的升降机穿入传感器销，并将止动槽向上，装上固定板）。

（11）将制动器复位。

（12）用水平仪或线坠测量导轨架的垂直度，保证导轨架的各个立管在两个相邻方向上的垂直度≤1/1500。

（13）在地脚螺栓处底盘和基础间垫入不同厚度的调整钢板，用以调整导轨架的垂直度。

（14）当导轨架调整到垂直时，用350N·m的力矩压紧4个地脚螺栓。

（15）用同样的方法调整外笼门框的垂直度，使外笼门的垂直度在两个相近方向≤1/1000。

（16）安装好吊笼顶上的护身栏杆。注意带配重构件护栏应安装在减速箱端。

（17）调整门锁。

（18）用上述安装单笼的方法安装好升降机的左半部分。

（19）将外笼右半部分用螺栓连接起来。

（20）调整外笼门框的垂直度并压紧地脚螺栓。重复7~11动作。

2. 吊笼、外笼安装完毕后的调整

（1）检查所有用于运输的垫木或螺栓等是否全部除掉。

（2）齿轮与齿条的啮合间隙应保证在0.2~0.3mm。

（3）导轮与齿条背面的间隙为0.5mm。

（4）各个滚轮与标准节立管的间隙为0.5mm。

（5）所有门应开关灵活。

（6）安装缓冲弹簧。

3. 导轨架的安装

（1）将标准节两端管子接头处及齿条销子处擦拭干净，并加少量润滑脂。

（2）打开一扇护身栏杆，将吊杆上的吊钩放下，并钩住标准节吊具。

（3）用标准节吊具钩住一节标准节。带锥套的一端向下。

（4）起吊标准节，将标准节吊至吊笼顶部，并放稳。

（5）关上护身栏杆，起动升降机，当吊笼升至接近导轨架顶部时，应点动行驶，直至吊笼顶部距导轨顶部大约为300mm时停止。

（6）用吊杆吊起标准节，对准下面标准节立管和齿条上的锁孔放下吊钩，用螺栓紧固。

（7）松开吊钩，将吊杆转回，用300N·m的拧紧力矩紧固全部螺栓。

（8）按上述方法将标准节依次相连直至达到所需高度为止。随着导轨架的不断加高，应同时安装附墙架，并检查导轨架安装垂直度（表3-1）。

表 3-1　导轨架垂直度允许偏差

安装高度（m）	≤70	>70~100	>100~150	>150~200	>200
允许偏差（mm）	高度×1/1000	70	90	110	130

（9）利用现场塔吊配合安装，可先将 4~6 节标准节在地面上连成一组，然后吊上导轨架。

（10）随着导轨架的加高，同时加高电梯电缆小车导杆，具体方法是：用人工将所需导杆装入吊笼内，启动吊笼至电缆滑车导杆的最顶部位置停车，再由人工在两侧吊笼顶部将所需导杆与已装导杆用连接板连接，并调整好垂直度即可。

4. Ⅱ型附墙架的安装

（1）在导轨架上安装两根方管，用螺栓紧固。

（2）将两根管与附墙座连接。

（3）用螺栓及销子将其余部分连接起来，调节好各方向的距离，并同时校正导轨架的垂直度。

（4）紧固所有螺栓，慢慢启动升降机，确保吊笼及对重不与附墙架相碰。

注意：附墙架的最大水平倾角不得大于 ±8°，即 144:1000。

（5）导轨架悬臂部分不得超过 7.5m，大于 7.5m 必须进行附墙连接，第一道附墙距地基 3~10.5m，以上间隔为不大于 10.5m，根据实际建筑物结构确定调整。

（二）安装施工电梯工作中的注意事项

1. 安装场地等周边环境应清理干净，并用标志杆等围起来禁止非工作人员入内。

2. 严禁上下立体交叉作业，为防止在靠脚手架下侧安装地点上方掉落物件，必要时应加遮安全网。

3. 安装过程中，必须由专人负责，统一指挥。

4. 升降机运行时，操作人员的头、手绝不允许超出安全栏以外。

5. 利用吊杆进行安装时，不允许超载，吊杆只可用来装拆升降机零部件，不得用于其他起重用途。

6. 如果有人在导轨架上或附墙架上工作时，绝对不允许开动升降机，当吊笼升起时，严禁进入外笼内。

7. 吊笼上的所有零部件，必须放置平稳，不得超出安全栏以外。

8. 吊杆上有悬挂物时，不得开动吊笼。

9. 安装作业人员应按高空作业的安全要求，包括必须戴安全帽，系安全带，穿防滑鞋等，不要穿过于宽松的衣服，应穿工作服，以免被卷入运动部件中，发生安全事故。

10. 操纵升降机，必须将操纵盒拿到吊笼顶部，不允许在吊笼内操作。

11. 吊笼起动前，应先进行全面检查，消除所有不安全隐患。

12. 安装运行时，必须按升降机额定装载重量装载，不允许超载运行。

13. 雷雨天或风速超过 13m/s 的恶劣天气不能进行安装作业。

14. 升降机运行前，应首先将保护接地装置与升降机金属结构联通，接地电阻≤4Ω。

15. 最大使用高度不超过200m。

16. 作业人员必须听从指挥，有好方法和建议必须提前讨论，得到现场施工、技术负责人认可后方可实施，否则不得擅自更改作业方案。

17. 施工电梯安装时必须注意电梯全行程四周不得有危害安全运行的障碍物，并应支搭必要的保护屏障。

18. 作业中需由塔吊配合进行时，指挥人员必须在靠近电梯近处进行作业，起吊、就位时必须轻起缓放。

（三）施工电梯安装后的质量要求

施工电梯安装完毕后必须经质量和试运转试验，满足条例要求方可使用，其标准按 JGJ 34—86《建筑机械技术试验规程》中有关规定执行。

1. 绝缘试验

（1）整机装配完毕，在电源接通前对电器设备进行绝缘试验，对所发生的任何故障均应排除。

（2）在主电路、控制电路中的绝缘电阻均不得小于 0.5MΩ，测量仪器采用 500V 兆欧表。

2. 空载试验

（1）检查电梯各零部件是否符合设计要求。

（2）机构、电气设备、安全装置、制动器、控制器、照明和信号系统。

（3）电梯金属结构及其连接件。

（4）各防护装置。

3. 操作试验

接通电源后按说明书规定要求进行，试验应符合下列要求：

（1）各控制器、开关、接触器、继电器和其他控制装置的操作灵敏、可靠、准确。

（2）所有电路系统、联锁装置及操作顺序正确。

（3）各种限位器、保护装置的动作可靠、准确。

4. 荷载试验

检查制动器是否工作可靠，即满载将吊笼升高至离地面1m处，停车检查吊笼是否自动下滑，如发生下滑现象必须调整制动器的间隙。

5. 坠落试验

（1）升降机装载额定起重量。

（2）切断主电源，将坠落试验按钮盒接入电控箱内接线端子上，并锁紧。

（3）将坠落试验按钮盒通过门放到地面，要确保坠落试验时，电缆不会被卡住，并关闭所有门。

注意：坠落试验时，吊笼上不允许有人。

（4）合上总电源开关，按"坠落试验按钮盒的上行"按钮，使吊笼升高至距地面10m左右。

（5）按"坠落"按钮不要松开，吊笼将自由下落，正常情况时吊笼制动距离为 0.25 ~

1.2m（制动距离应以听见"喱啷"声音后算起，但总下滑距离应在1.2~2.5m），限速器使吊笼制动的同时通过机电联锁切断电源。

注意：如吊笼自由下落距地面3m左右仍未停止时，应立即松开按钮使吊笼制动，然后点动"坠落"按钮，使吊笼缓缓落至地面，查清原因。

（6）按"上行"按钮，使吊笼上开0.2m左右，否则限速器将再次动作。

（7）限速器动作后，必须对限速器进行调整使其复原。

（8）限速器动作原因排查

除坠落试验外，在限速器复原前，应先查明限速器动作的原因，同时须确认：

1）电磁制动器工作正常。

2）减速机和联轴器工作正常。

3）吊笼、牵引小车各滚轮正常。

4）齿轮和齿条工作正常。

5）限速保护开关工作正常。

注意：坠落试验结束后，切勿忘记拆下按钮盒并将线插头拆除。

各试验结束后，认真整理试验记录，填写验收书，供有关人员验收时参考。

二、施工电梯安全技术

（一）施工电梯主要部件吊点（表3-2）

表3-2　施工电梯主要部件吊点

部件	塔机配合用吊索			吊点
	直径	规格	长度	
标准节	$\phi15$	6×37	$4\sim6m$	对角起吊，必须系扣主支撑角钢或立管
传动小车	$\phi15$	6×37	$4\sim6m$	传动小车上部吊耳
梯笼	原厂配置的四个头吊索			梯笼顶部吊耳

（二）主要安全技术措施

1. 现场施工技术负责人对电梯作全面检查，对安装区域安全防护作全面检查，组织所有安装人员学习安装方案。电梯司机对电梯各部机械构件和已准备的机具、设备、绳索、卸扣、轧头等作全面检查。

2. 参加人员必须持证上岗作业，进入施工现场必须遵守施工现场各项安全规章制度。

3. 及时收听气象预报，如突遇四级以上大风及大雨天气时应停止作业，并作好应急防范措施。

4. 凡参加作业人员应正确戴好安全帽，上高按规定系好经试验合格的安全带，一律穿胶底防滑鞋和工作服上岗。

5. 严禁无防护上下立体交叉作业，安装人员严禁酒后上岗。

6. 夜间作业必须有足够亮度的照明。

7. 安装作业区域和四周布置二道警戒线，安全防护左右各20m，挂起示警牌，严禁任何人进入作业区域或四周围观，现场安全监督员全权负责安装作业区域的安全监护工作，吊物下严禁站人。

8. 安装前要进行安全技术交底，服从统一指挥，明确分工，责任到人，严禁违章作业，冒险蛮干。

9. 加节时务必保证吊笼最上侧（含牵引小车）滚轮升至离最高齿条顶端 1m 左右停车，禁止再行爬升，且操作人员必须在梯笼顶操作（因安装时已拆除上限，故必须特别提请注意）。

10. 电梯验收使用前必须按规定对各安全装置进行检查，确认无误后方可使用。

11. 作业中，严禁任何人倚坐在防护栏杆上。

12. 作业人员在工作中必须精力充沛，严禁开小差，思想麻痹。

（三）外用电梯（人货两用电梯）司机安全操作技术基本要求

1. 司机必须经过安全技术培训，身体健康，取得特种作业操作证，方可独立操作。

2. 司机必须身体健康，其中两眼视力良好，无色盲，两耳均无听力障碍，无高血压、心脏病、癫痫、眩晕和突发性的疾病，无妨碍操作的疾病和生理缺陷。

3. 司机必须熟知所操作电梯的性能、构造，按电梯有关规定进行操作，严禁违章作业。司机应熟知电梯的保养、检修知识，按规定对电梯进行日常保养。

4. 现场外用电梯基座 5m 范围内，不得挖掘沟槽；电梯底笼 2.5m 范围内，要搭设坚固的防护罩棚。

5. 认真做好交接班手续，检查电梯履历书及交班记录等的填写情况及记载事项，认真填写运转记录。

6. 工作前应检查外用电梯的技术状况，检查部位螺栓的坚固情况，横竖支撑和站台及防护门、钢丝绳及滑轮、传动系统、电气线路、仪表、附件及操纵按钮等情况，如发现不正常，应及时排除，司机排除不了时应及时上报。

7. 检查各部位限位器和安全装置情况，经检查无误后，先将梯笼升高至离地面 1m 处停车检查制动是否符合要求，然后继续上行，试验卸料平台、防护门、上限位、前后门限位的运转情况，确认正常后，方可运行。

8. 操作电梯运行起步前，均需鸣笛示警；电梯未切断总电源开关前，司机不准离开操作岗位。作业后，将电梯降到底层，各控制开关扳至零位，切断电源，锁好配电箱和梯门。

9. 严禁超载、超员，运载货物应做到均匀分布，防止偏载，物料不得超出梯笼之外。未到规定停靠位置，禁止人员上下。

10. 运行到上下尽端时，不准以限位停车检查除外；在运行中严禁进行保养作业，双笼电梯一只梯笼进行笼外维修保养时，另一只梯笼不得运行。

11. 遇恶劣天气，如雷雨、6 级以上大风、大雾、导轨结冰等应停止运行；灯光不明、信号不清应停止运行；电梯机械发生故障，未彻底排除前应停止运行；钢丝绳断丝磨损超过规定的应停止运行。

12. 暴风雨后，外用电梯的基座、电源、接地、过桥、暂设支撑等，要进行安全检查。

第三节　塔吊安全技术控制

1. 塔吊简介

塔吊（图3-5）是建筑工地上最常用的一种起重设备，以一节一节的接长（高），好像一个铁塔的形式，塔吊又叫塔式起重机，用来吊施工用得钢筋、木楞、脚手管等施工原材料的设备。是建筑施工一种必不可少的设备。

塔吊尖的功能是承受臂架拉绳及平衡臂拉绳传来的上部荷载，并通过回转塔架、转台、承座等的结构部件式直接通过转台传递给塔身结构。自升塔顶有截锥柱式、前倾或后倾截锥柱式、人字架式及斜撑架式。凡是上回转塔机均需设平衡重，其功能是支承平衡重，用以构成设计上所要求的作用方面与起重力矩

图3-5　塔吊

方向相反的平衡力矩。除平衡重外，还常在其尾部装设起升机构。起升机构之所以同平衡重一起安放在平衡臂尾端，一则可发挥部分配重作用，二则增大绳卷筒与塔尖导轮间的距离，以利钢丝绳的排绕并避免发生乱绳现象。平衡重的用量与平衡臂的长度成反比关系，而平衡臂长度与起重臂长度之间又存在一定比例关系。平衡重量相当可观，轻型塔机一般至少要3~4t，重型的要近30t。

2. 塔吊分类

按变幅方式可分为：（1）俯仰变幅式；（2）小车变幅式。

按操作方式可分为：（1）可自升式；（2）不可自升式。

按转体方式可分为：（1）动臂式；（2）下部旋转式。

按固定方式可分为：（1）轨道式；（2）水母架式。

按塔尖结构可分为：（1）平头式；（2）尖头式。

按作业方式可分为：（1）机械自动；（2）人为控制。

（1）按有无行走机构

可分为移动式塔式塔吊和固定式塔吊。

移动式塔式塔吊根据行走装置的不同又可分为轨道式、轮胎式、汽车式、履带式四种。轨道式塔式塔吊塔身固定于行走底架上，可在专设的轨道上运行，稳定性好，能带负荷行走，工作效率高，因而广泛应用于建筑安装工程。轮胎式、汽车式和履带式塔式塔吊无轨道装置，移动方便，但不能带负荷行走、稳定性较差，目前已很少生产。

固定式塔式塔吊根据装设位置的不同，又分为附着自升式和内爬式两种，附着自升塔式塔吊能随建筑物升高而升高，适用于高层建筑，建筑结构仅承受由塔吊传来的水平载荷，附着方便，但占用结构用钢多；内爬式塔吊在建筑物内部（电梯井、楼梯间），借助一套托架和提升系统进行爬升，顶升较繁琐，但占用结构用钢少，不需要装设基础，全部自重及载荷均由建筑物承受。

（2）起重臂的构造特点

可分为俯仰变幅起重臂（动臂）和小车变幅起重臂（平臂）塔式塔吊。

俯仰变幅起重臂塔式塔吊是靠起重臂升降未实现变幅的，其优点是：能充分发挥起重臂的有效高度，机构简单，缺点是最小幅度被限制在最大幅度的30%左右，不能完全靠近塔身，变幅时负荷随起重臂一起升降，不能带负荷变幅。

小车变幅起重臂塔式塔吊是靠水平起重臂轨道上安装的小车行走实现变幅的，其优点是：变幅范围大，载重小车可驶近塔身，能带负荷变幅，缺点是：起重臂受力情况复杂，对结构要求高，且起重臂和小车必须处于建筑物上部，塔尖安装高度比建筑物屋面要高出15~20m。

（3）塔身结构回转方式

可分为下回转（塔身回转）和上回转（塔身不回转）塔式塔吊。

下回转塔式塔吊将回转支承、平衡重主要机构等均设置在下端，其优点是：塔式所受弯矩较少，重心低，稳定性好，安装维修方便，缺点是对回转支承要求较高，安装高度受到限制。

上回转塔式塔吊将回转支承，平衡重，主要机构均设置在上端，其优点是由于塔身不回转，可简化塔身下部结构、顶升加节方便。缺点是：当建筑物超过塔身高度时，由于平衡臂的影响，限制塔吊的回转，同时重心较高，风压增大，压重增加，使整机总重量增加。

（4）塔吊安装方式

可分为能进行折叠运输，自行整体架设的快速安装塔式塔吊和需借助辅机进行组拼和拆装的塔式塔吊。

能自行架设的快装式塔机都属于中小型下回转塔机，主要用于工期短，要求频繁移动的低层建筑上，主要优点是能提高工作效率，节省安装成本，省时省工省料，缺点是结构复杂，维修量大。

需经辅机拆装的塔式塔吊，主要用于中高层建筑及工作幅度大，起重量大的场所，是目前建筑工地上的主要机种。

（5）按有无塔尖的结构

可分为平头塔式塔吊和尖头塔式塔吊。

平头塔式塔吊是最近几年发展起来的一种新型塔式塔吊，其特点是在原自升式塔机的结构上取消了塔尖及其前后拉杆部分，增强了大臂和平衡臂的结构强度，大臂和平衡臂直接相连，其优点是：

1）整机体积小，安装便捷安全，降低运输和仓储成本。

2）起重臂耐受性能好，受力均匀一致，对结构及连接部分损坏小。

3）部件设计可标准化、模块化、互换性强，减少设备闲置，提高投资效益，其缺点是在同类型塔机中平头塔机价格稍高。

一、塔吊安全管理责任

进一步落实相关主体的安全责任，确保塔吊专项治理工作的顺利开展，杜绝事故的发生，依据《建设工程安全生产管理条例》等法规，结合实际，明确各方的管理责任。

（一）塔吊的采购、租赁

1. 施工单位

（1）购买塔吊，必须购买合法厂家的产品，产品必须附有生产许可证、产品合格证、安装使用说明书等随机文件，并存放工地以备检查。

（2）租用塔吊，必须租用有合法租赁资格企业的塔吊，并与租赁单位签订合同，明确双方安全责任。塔吊应运转良好，资料齐全。

2. 产权单位

（1）应当配备相应的塔吊检测设备，对塔吊进行安全性能检测。塔吊出租单位对出租时的塔吊安全性能负全责。

（2）出租时应出具塔吊的生产许可证、产品合格证、安装使用说明书和塔吊的维修、技术改造记录以及检测合格证明等技术管理资料。

（3）出租的塔吊应当配备齐全有效的保险、限位等安全设施和装置，并定期参加由施工、监理单位组织的专项检查，及时维护，确保塔吊正常运转。

（二）塔吊拆装

1. 施工单位

（1）对拆装企业的资格进行审查，严禁招用无资质的单位和个人拆装塔吊。

（2）企业技术负责人应对拆装单位编制的专项拆装施工方案进行审查，并报监理单位总监审批。

（3）企业的安全负责人、现场安全员应对拆装现场进行全过程监督，确保各项措施的落实，并做好记录。

（4）施工单位、安装单位、产权单位的技术负责人和监理单位的总监，应对安装的塔吊检查验收，并签字确认。验收人对验收质量承担责任。

（5）塔吊自验收合格之日起 30 日内，施工单位须持相关资料到工程所在地建设行政主管部门办理登记手续。

2. 拆装单位

（1）应由专业技术人员编制专项拆装施工方案，报单位技术负责人审批签字，并经施工单位技术负责人、监理单位总监审查同意后，方可进行作业。

（2）单位技术负责人必须对拆装作业人员下达书面安全技术交底，现场设置明显警戒区，并对拆装进行全过程监管。

（3）现场拆装的特种作业人员必须持证上岗。

（4）技术负责人参加已装塔吊的联合验收。

3. 监理单位

对拆装单位的资格进行审查，总监审查拆装专项施工方案，参与已装塔吊的验收，并签字确认。现场监理工程师对拆装过程进行监管，督促施工单位落实防范措施。发现重大安全隐患，施工单位不及时整改的，立即报告建设行政主管部门。

（三）塔吊使用

1. 施工单位

（1）施工单位必须按规定配备持证的塔吊司机、信号工和起重工，加强教育培训。塔吊操作必须严格遵守有关技术规程，严禁违章作业。

（2）塔吊司机要严格执行交接班制度，做好塔吊的运转记录，每天向安全员汇报运转情况，不得超时和带病操作塔吊。

（3）信号工要配备对讲机、指挥旗、哨子等指挥工具，认真观察吊物的运行路径及旋转范围，并进行有效指挥。

（4）起重工必须确保吊物不超重，绑扎科学、牢固。

（5）现场安全员要对吊装过程进行巡查，及时纠正违章行为。

（6）项目经理对施工现场的安全管理负全责。

2. 监理单位

监理工程师对吊装工程进行巡查，督促施工单位落实防范措施，发现重大安全隐患，施工单位不及时整改的，立即报告建设行政主管部门。

（四）塔吊维护

1. 施工单位安全员必须每天对塔吊的安全使用性能进行检查，填写检查记录，及时发现和消除事故隐患。

2. 塔吊的关键部件和部位发生故障需进行修理、更换的，施工单位应及时通知塔吊产权单位进行检修，严禁塔吊带病运转。

（五）塔吊报废

1. 塔吊产权单位必须建立塔吊的技术管理档案，档案应包括产品生产许可证、合格证、说明书、购置使用时间、使用状况以及维修、技术改造记录等。

2. 塔吊产权单位要严格按照国家的有关规定，建立塔吊报废制度。凡是不符合安全、技术要求及达到报废标准的，必须立即报废，严禁出租、使用达到报废标准的塔吊。

二、塔吊安装安全技术措施

（一）塔吊安装前的准备工作

1. 组织有关人员学习塔吊使用说明书，熟悉掌握塔吊技术性能。

2. 根据施工现场情况确定塔吊位置和塔吊安装高度。塔吊一次独立安装高度20m。

3. 塔吊基础施工：塔吊基础设置在老土上。塔基施工工艺按塔吊使用说明书要求执行。

4. 塔吊安装机具准备：20t 汽车吊一辆，钳工常用工具一套，电工常用工具一套，经纬仪一台，活动扳手一套，固定扳手一套，管钳两把，8 磅大锤 2 个，撬棍 4 把，钢丝绳及滑鞍两组，钢卷尺 1 个，安全带 6 条，安全帽 16 顶。

5. 将电源引入塔吊专用配电箱。

6. 人员组织：该工程使用的塔吊由公司塔吊安装队伍负责安装，工地配合 1 名电工，3 名架子工，2 名起重工。

（二）塔吊安装前安全检查验收

1. 塔吊基础检查：检查塔基混凝土试压报告，待混凝土达到设计强度后方可组织塔吊安装。混凝土塔基的上表面水平误差不大于 0.5mm，混凝土塔基应高于自然地面 150mm，并有良好的排水措施，严禁塔基积水。

2. 对塔吊自身的各个部件，结构焊缝、螺栓、销轴、导向轮、钢丝绳、吊钩、吊具及起重顶升液压爬升系统、电气设备等进行仔细的检查，发现问题及时解决。

3. 检查塔吊开关箱及供电线路，保证作业时安全供电。检查安装使用机具的技术性能是否良好，检查安装使用的安全防护用品是否符合要求，发现问题立即解决，保证安装过程中安装使用的机具设备及安全防护用品的使用安全。

4. 塔吊在安装过程中必须保持现场清洁有序，以免防碍作业影响安全。设置作业区警戒线，并设专人负责警戒，防止与塔吊安装无关的人进入塔吊安装现场。

5. 塔吊安装必须在白天进行，并应避开阴雨、大风、大雾天气，如在作业时突然发生天气变化要停止作业。

6. 参加塔吊安装拆除人员，必须经劳动部门专门培训，经考试合格后持证上岗。参加塔吊安拆人员必须戴好安全帽，高空作业人员要系好安全带，穿好防滑鞋和工作服，作业时要统一指挥，动作协调，防止意外事故发生。

7. 塔吊作业防碰撞措施。塔与塔之间的最小架设距离应保证处于低位的塔吊臂端部与另一台塔吊的塔身之间最少距离不低于 2m，处于高位的塔吊（吊钩升至最高点）与低位的塔吊之间，在任何情况下其垂直方向的间距不小于 2m。

（三）塔吊安装工艺要求

1. 塔吊安拆在施工前要由项目技术负责人编制塔吊安拆方案和安拆安全技术交底，使参加塔吊安拆的人员都知道自己的工作岗位及工作内容、技术要求和安全注意事项，并在施工过程中严格遵守。

2. 塔吊安装完成后，由项目经理组织有关人员进行检查验收，经验收合格后，填写施工现场机械设备验收报审表，并提供以下材料：

（1）产品生产许可证和出厂合格证。

（2）产品使用说明书、有关图纸及技术资料。

（3）产品的有关技术标准规范。

（4）企业自检验收表。报当地建筑施工安全监督站，待安全监督站检查、验收合格签发验收合格准用证后方可使用。

3. 塔吊安装

（1）塔吊安装程序

固定塔吊基础→安装塔吊标准节至 20m →吊装塔帽转台和驾驶室→吊装平衡臂及卷扬机、配电箱、→先吊装一块配重块→吊装起重臂及撑架系统（包括小车牵引机构和小车）→吊装剩余两块配重块穿绕有关绳索系统→检查整机的机械部件，结构连接部件、电气部件等→调整好各安全保护装置→进行试车。

（2）塔吊安装工艺标准要求

1）塔吊必须做好接地保护，防止雷击（采用不小于 $10mm^2$ 多股铜线用焊接的方法连接），接地电阻值不大于 4Ω。

2）塔吊安装完成后，在无荷载的情况下，塔身与地面的垂直度偏差值不得超过 3/1000。

3）塔吊各部件的连接螺栓、销轴预紧力应符合要求。液压系统、安全阀的数值，电器系统保护装置的调整值及其他机构部件的调整值，均应符合要求。

4）力矩限制器的综合误差不大于其额定值的 8%，超过额定值时，力矩限制器，应切断吊钩上升和幅度增大方向的电源，担机构可做下降和减小幅度方向的运动。

185

5）超高限制器：当吊钩架上升高度距定滑轮不小于1m时，超高限制器应能切断吊钩上升方向的电源。

6）变幅限制器：当小车行驶至吊臂端部0.5m处时，应能切断小车运行方向的电源。

7）塔吊安装完成检查无误后，必须进行空载、静载、动载试验，其静载试验吊重为额定荷载的125%，动载吊重试验吊重为额定荷载的110%，经试验合格后方能交付使用。

8）其他未尽事宜，按《建筑施工安全检查标准》（JGJ 59—2011）和塔吊使用说明书要求执行。

三、塔吊使用、维修、保养技术措施

（一）塔吊司机安全操作技术基本要求

1. 司机必须身体健康，两眼视力良好，无色盲，两耳无听力障碍。必须通过安全技术培训，取得特种作业人员操作证，方可独立操作。

2. 司机必须熟知所操作塔吊的性能构造，按塔吊有关规定进行操作，严禁违章作业。应熟知机械的保养、检修知识，按规定对机械进行日常保养。

3. 塔吊必须有灵敏的吊钩、绳筒、断绳保险装置，必须具备有效的超高限位、变幅限位、行走限位、力矩限制器、驾驶室升降限位器等，上升爬梯应有护圈。

4. 作业前，应将轨钳提起，清除轨道上障碍物，拧好夹板螺丝；使用前应检查试吊。

5. 作业时，应将驾驶室窗子打开，注意指挥信号；冬季驾驶室内取暖，应有防火、防触电措施。

6. 多台塔吊作业时，应注意保持各机操作距离。

7. 塔吊行走到接近轨道限位开关时，应提前减速停车；信号不明或可能引起事故时，应暂停操作。

8. 起吊时起重臂下不得有人停留或行走，起重臂、物件必须与架空电线保持安全距离；起吊必须坚持"十不吊"的安全操作规定。

9. 物件起吊时，禁止在物件上站人或进行加工。

10. 起吊在满负荷或接近负荷时，严禁降落臂杆或同时进行两个动作。

11. 起吊重物严禁自由下落，重物下落用手刹或脚刹控制缓慢下降。

12. 作业完毕后，塔吊应停放在轨道中部，臂杆不应过高，应顺向风源，卡紧夹轨钳，切断电源；应将起吊物件放下，刹住制动器，操纵杆放在空挡，并关门上锁。

13. 自升式塔吊在吊运物件时，平衡重必须移动至规定位置。

14. 塔吊顶升时必须放松电缆，放松长度应略大于总的顶升高度，并固定好电缆卷筒；应把起重小车和平衡重移近塔帽，并将旋转部分刹住，严禁塔帽旋转。

15. 塔吊安装后经验收合格，方可投入使用。严禁使用未经验收或未通过验收的塔吊。

（二）塔吊起重机安全操作要求

1. 起重机的路基和轨道铺设，必须严格按原厂规定，路基两旁应有较好的排水措施；轨距偏差不超过名义值的0.1%，两轨道间每隔6m应设置水平拉杆，在纵横方向上钢轨顶面的倾斜度不大于0.1%；轨道接头必须错开，钢轨接头间隙在3~6mm，接头应大于行走轮半径。轨道防雷接地应可靠，接地电阻不大于10Ω。

2. 安装完毕，在无荷载的情况下，塔身的垂直偏差不得超过0.3%，压重配重应符合原厂规定。

3. 多台起重机在同一作业面工作时，两机之间操作的安全距离不得小于5m。

4. 起重机各传动机构应工作正常，制动器应灵敏可靠，夹轨器应完好。钢丝绳应符合起重机设计标准，长度满足使用要求，缠绕在卷筒上应排列整齐。起升机构钢丝绳，当吊钩处于最低位置时，卷筒上应至少保留三圈钢丝绳。

5. 起重机控制室内各种指示灯、电流表、电压表齐全完好。机上应设信号装置，如电铃、喇叭等，高度在45m以上时，应增设高空指示灯、风速仪、幅度指示及重量指示装置。

6. 起重机必须安装行走、变幅、吊钩高度、力矩限制器。配备升降驾驶室的起重机，应安装驾驶室上下高度限位及断绳保险装置。各种装置应保证灵敏可靠。

7. 附着式起重机各附着装置的间距和附墙距离应按原厂规定设置，并对建筑物进行必要的结构复算。

8. 作业完毕，起重机应停放在轨道中间位置，臂杆应转到顺风方向，并放松回转制动器。吊钩小车及平衡杆应转到顺风方向，并放松回转制动器，吊钩升到离臂杆顶端2～3m处，锁紧夹轨器，使起重机与轨道固定。如遇8级以上大风时，塔身上部应拉四根缆风绳与地锚固定。

（三）塔吊超载安全技术控制

一般地讲，超载就是工作荷载超过起重机本身的额定荷载。塔吊因类型不同，塔身高度不同，起重臂长度不同以及仰角不同，其起重量也不同。由以上这些条件可以从不同塔吊的说明书中查到其相应的起重量。除了上述可变条件外，由于施工中不按说明书规定的使用条件工作，也是造成超载的原因。下面举例说明。

1. 轨道高低差过大

如TQ3—8t塔吊规定轨道的纵向、横向偏差均为1/1000。实际中往往因地耐力达不到要求以及道木铺设不合规定等因素，造成轨顶偏差过大。

塔吊技术要求中，对整机组装规定塔尖中心对地面中心点偏移值不大于35mm（高度35m）。为此规定了两条轨道顶部平差4mm（1/1000）。当坡度超过1/1000时，塔吊的平衡力矩向倾覆点移近，即平衡力矩减小，相反倾覆力矩远离倾覆点，即倾覆力矩增大，稳定系数减小。坡度偏差越大，倾斜度也越大。使用中虽然塔吊表面上仍按吊重性能作业，但由于坡度偏差过大而改变了起重机的倾角，加大了回转半径，造成超载。

2. 不按说明书规定施工

塔吊的设计虽然有一定的安全系数，但因为组装条件、施工条件达不到设计要求，如路基条件、构件位置及操作起吊下降时严重的惯性力等影响，加上天气因素，特别是吊物迎风面较大时，也产生不利影响等，这些都是设计中很难准确考虑到的。为此，设计中的安全系数，除在整机试运转时进行的超载试验外，实际施工中不准利用。

由于塔吊的承载力是由稳定性决定的，当使用中超越其额定承载力后，其稳定性将明显降低，虽然有时没有发生倒塌事故，但由于阵风造成的倾覆力矩加大，或当起重臂由平行轨道方向往垂直轨道方向回转时，门架支承间距减小，稳定力矩减小，以及吊物行走时，因轨道不平，造成的荷载惯性力加大等，都会使塔吊突然失稳而造成倒塌事故。

3. 施工中斜拉重物问题

实际中往往因构件就位不当，采取斜拉就位起吊。斜吊不但加大了垂直起升荷载，而且还会产生一水平分力，不但使起重臂杆增大了侧向变形，同时，对塔身也产生一倾覆力矩，易造成失稳倒塌。

（四）塔吊使用、维修、保养要求

1. 塔吊司机指挥和司索人员必须经市以上劳动部门培训合格持证上岗，塔吊指挥必须使用旗语指挥。

2. 塔吊正常工作气温为 +40℃，−20℃，风速低于 20m/s，如遇雷雨、浓雾、大风等恶劣天气应立即停止使用。

3. 操作人员要严格执行操作要求，认真作好起重机工作前、工作中、工作后的安全检查和维护保养工作，严禁机械带病运转。工作完成后，保证起重机臂随风自由转动。

4. 起重吊装中坚决执行十不吊

（1）吊物重量超过机械性能允许范围不准吊。

（2）信号不清不准吊。

（3）吊物下有人不准吊。

（4）吊物上站人不准吊。

（5）埋在地下物不准吊。

（6）斜拉、斜挂不准吊。

（7）散物捆扎不牢不准吊。

（8）零杂物无容器不准吊。

（9）吊物重量不明、吊索具不符合规定不准吊。

（10）遇有大雨、大雪、大雾和六级以上大风等恶劣天气不准吊。

5. 起重机应经常进行检查、维护和保养。转动部分应有足够的润滑油；对易损件必须经常检查维修更换；对机械的螺栓，特别是振动部件，检查是否松动，如有松动及时拧紧。

6. 各机械制动器应经常进行检查和调整，在磨擦面上不应有污垢。减速箱、变速箱、齿轮等各部的润滑及液压油均按润滑要求进行。

7. 要注意检查各部钢丝绳有无断丝和松股现象，如超过有关规定，必须立即更换。

8. 使用液压油时严格按润滑表中的规定进行加油和更油，并清洗油箱内部。经常检查滤油器有无堵塞，安全阀在使用后调整值是否变动。油泵、油缸和控制阀是否漏油，如发现异常及时排除。

9. 经常检查电线、电缆有无损伤，如发现损伤应及时包扎或更换。

10. 各控制箱、配电箱应保持清洁，各安全装置的行程开关及开关触点必须灵活可靠，保证安全。

11. 塔机维修保养时间规定

（1）日常保养（每班进行）。

（2）塔机工作 1000h 后，对机械、电气系统进行小修一次。

（3）塔机工作 4000h 后，对机械、电气系统进行中修一次。

（4）塔机工作 8000h 后，对机械、电气系统进行大修一次。

四、塔式起重机常见安全事故及其预防

（一）常见的塔机事故

1. 倾翻

由于地基基础松软或不平，起重量限制器或力矩限制器等安全装置失灵，使塔身整体倾倒或造成塔机起重臂、平衡臂和塔帽倾翻坠地。另外在起重机支腿未能全部伸出时仍按原性能使用，以及塔机安装和拆卸过程中操作不符合规程，也容易引发倾翻（图3-6）事故。

2. 断（折）臂

超力矩起吊、动臂限位失灵而过卷、起重机倾倒等原因均可造成折断臂事故（图3-7）。此外，当制造质量有问题，长期缺乏维护，臂节出现裂纹，超载，紧急制动产生振动等，也容易发生此类事故。

图3-6　塔吊倾翻

图3-7　塔吊断臂

3. 脱、断钩

指重物或专用吊具从吊钩口脱出而引起的重物失落事故。如吊钩无防脱装置、钩口变形、防脱装置失效等使重物脱落（图3-8）。此外，由于吊钩钢材制造缺陷或疲劳产生裂缝，当荷载过大或紧急制动时，吊钩发生断裂，从而引起断钩事故。

4. 断绳

指起升绳或吊装用绳破断（图3-9）造成重物失落事故。超载起吊，起升限位开关失灵，偏拉斜吊以及钢丝绳超过报废标准继续使用是造成断绳的主要原因。

图3-8　脱钩

图3-9　断绳

5. 基础事故

场地狭小导致塔机基础四周承受能力不足，或者由于塔机基础悬于建筑物基础斜坡上而发生塔机倾斜或倾翻（图3-10）等事故。

6. 触电

触电原因一是电动机械本身漏电，二是由于高空作业离裸露的高压输电线太近而使起重

189

机机体连电，造成人员遭受电击（图3-11）。

图 3-10　基础不牢塔吊倾翻　　　　　　　　图 3-11　遭受电击

（二）塔机事故深层原因

1. 塔机管理、操作、拆装、维修人员综合素质不高，造成违规安装及不合理操作是塔机发生事故的重要原因。

2. 塔机设计、制造等环节的缺陷亦是其事故发生的原因之一。当前，由于制造企业过多，导致市场竞争激烈，一些塔机生产企业极力降低产品成本，偷工减料，造成产品先天不足，使故障和事故频发。

（三）安全事故预防措施

1. 严格执行塔机操作要求，塔机须由专人操作。应有计划地对司机、装拆、维修人员进行技术和安全培训。使其了解起重设备的结构和工作原理，熟知安全操作要求并严格执行持证上岗制度。

2. 保证塔机安全保护装置设置齐全。常用的有起重高度限位器、幅度限位器、起重量限制器和起重力限制器等。

3. 加强塔机的检测、维修和日常保养。经过多年使用和拆装的塔机会有损伤，如产生裂纹和不良焊缝，如果维修不及时，将会危及塔机的安全。钢丝绳应经常检查保养，达到报废标准应立即更换。坚持由专业人员对塔机进行定期检测和维修，可有效防止安全事故发生。

4. 加强防风措施。风力干扰塔机正常工作。随着塔机高度的增加，风的影响更大，多风季节和沿海地区尤其要注意。

5. 重视塔机基础设计，正确处理相邻设备的安全问题。地基土质不均会导致塔机倾斜。为防止纵横向倾斜度超过规定，对路基轨道的铺设要严格要求。此外，也要考虑相邻设备的安全问题，如相邻机械作业时产生的振动会影响塔机基础；挖掘机作业时会改变地基承受能力；相隔很近的塔机作业时可能产生碰撞等。

6. 正确评估塔机寿命。现在很多省份对某些厂家生产的塔机已强行严禁使用，但对塔机的使用年限未有统一报废标准，建议相关部门制定出塔机报废标准，到了年限坚决报废。

7. 做好起重作业的技术准备、风险分析与技术交底是确保大型起重吊装安全的重要环节。首先必须经过认真计算和技术论证，制定切实可行的技术方案；其次要进行风险分析，分析起重吊装或拆装作业过程中的风险以及应如何防范和避免发生事故；第三，正式作业前要向参加作业的有关人员进行技术交底，明确分工、职责，落实安全措施，并对作业的所有准备工作作一次检查；第四，作业过程中要加强安全监控。

（四）塔式起重机出现事故征兆时的应急措施

1. 塔吊基础下沉、倾斜

（1）应立即停止作业，并将回转机构锁住，限制其转动。

（2）根据情况设置地锚，控制塔吊的倾斜。

2. 塔吊平衡臂、起重臂折臂

（1）塔吊不能做任何动作。

（2）按照抢险方案，根据情况采用焊接等手段，将塔吊结构加固，或用连接方法将塔吊结构与其他物体联接，防止塔吊倾翻和在拆除过程中发生意外。

（3）用2～3台适量吨位的起重机，一台锁起重臂，一台锁平衡臂。其中一台在拆臂时起平衡力矩作用，防止因力的突然变化而造成倾翻。

（4）按抢险方案规定的顺序，将起重臂或平衡臂连接件中变形的连接件取下，用气焊割开，用起重机将臂杆取下；

（5）按正常的拆塔程序将塔吊拆除，遇变形结构用气焊割开。

3. 塔吊倾翻

（1）采取焊接、连接方法，在不破坏失稳受力情况下增加平衡力矩，控制险情发展。

（2）选用适量吨位的起重机按照抢险方案将塔吊拆除，变形部件用气焊割开或调整。

4. 锚固系统险情

（1）将塔式平衡臂对应到建筑物，转臂过程要平稳并锁住。

（2）将塔吊锚固系统加固。

（3）如需更换锚固系统部件，先将塔机降至规定高度后，再行更换部件。

5. 塔身结构变形、断裂、开焊

（1）将塔式平衡臂对应到变形部位，转臂过程要平稳并锁住。

（2）根据情况采用焊接等手段，将塔吊结构变形或断裂、开焊部位加固。

（3）落塔更换损坏结构。

第四节　起重吊装安全

起重机械（图3-12）是一种作循环、间歇运动的机械。一个工作循环包括：取物装置从取物地把物品提起，然后水平移动到指定地点降下物品，接着进行反向运动，使取物装置返回原位，以便进行下一次循环。

通常起重机械由起升机构（使物品上下运动）、运行机构（使起重机械移动）、变幅机构和回转机构（使物品作水平移动），再加上金属机构，动力装置，操纵控制及必要的辅助装置组合而成。

在一定范围内垂直提升和水平搬运重物的多动作起重机械。又称吊车。属于物料搬运机械。起重机的工作特点是做间歇性运动，即在一个工作循环中取料、运移、卸载等动作的相应机构是交替工作的。

在建桥工程中所用的起重机械，根据其构造和性能的不同，一般可分为轻小型起重设备、桥式类型起重机械和臂架类型起重机三大类。

图3-12　起重机械

轻小型起重设备如：千斤顶、气动葫芦、电动葫芦、平衡葫芦（又名平衡吊）、卷扬机等。桥架类型起重机械如梁式起重机、龙门起重机等。臂架类型起重机如固定式回转起重机、塔式起重机、汽车起重机、轮胎起重机、履带起重机等。

一、起重机吊装作业安全技术规定

（一）一般规定

1. 参加起重吊装作业人员，包括司机、起重工、信号指挥、电焊工等均应属特种作业人员，必须是经专业培训、考核取得合格证、并经体检确认可进行高处作业的人员。

2. 起重吊装作业前应详细勘察现场，按照工程特点及作业环境编制专项施工方案，并经企业技术负责人审批，其内容应包括：现场环境及措施、工程概况及施工工艺、起重机械的选型依据、起重扒杆的设计计算、地锚设计、钢丝绳及索具的设计选用、地耐力及道路的要求、构件堆放就位图以及吊装过程中的各种防护措施等。

3. 起重机械进入现场后应经检查验收，重新组装的起重机械应按规定进行试运转，包括静载、动载试验，并对各种安全装置进行灵敏度可靠度的测试。扒杆按方案组装后应经试吊检验，确认符合要求方可使用。

4. 汽车式起重机除应按规定进行定期的维修保养外，还应每年定期进行运转试验，包括额定荷载、超载试验，检验其机械性能、结构变形及负荷能力，达不到规定时，应减载使用。

5. 起重吊装索具吊具使用前应按施工方案设计要求进行逐件检查验收。

6. 起重机运行道路应进行检查，达不到地耐力要求时应采用路基箱等铺垫措施。

7. 起重吊装各种防护措施用料、脚手架的搭设以及危险作业区的围圈等准备工作应符合方案要求。

8. 起重吊装作业前应进行安全技术交底，内容包括吊装工艺、构件重量及注意事项。

9. 当进行高处吊装作业或司机不能清楚地看到作业地点或信号时，应设置信号传递人员。

10. 起重吊装高处作业人员应佩带工具袋，工具及零配件应装入工具袋内，不得抛掷物品。

（二）索具设备

1. 起重吊装钢丝绳的规定

（1）计算钢丝绳允许拉力时，应根据不同的用途按表3-3选用安全系数。

表3-3　钢丝绳安全系数

用途	安全系数
缆风绳	3.5
手动起重设备	4.5
卷扬机起重	5~6
吊索	6~7

（2）钢丝绳的连接强度不得小于其破断拉力的80%；当采用绳卡连接时，应按照钢丝

绳直径选用绳卡规格及数量，绳卡压板应在钢丝绳长头一边。当采用编结连接时，编结长度不应小于钢丝绳直径的 15 倍，且不应小于 300mm。

（3）钢丝绳出现磨损断丝时，应减载使用，当磨损断丝达到报废标准时，应及时更换合格钢丝绳。

2. 应根据构件的重量、长度及吊点合理制作吊索，工作中吊索的水平夹角宜在 45°～60°之间，不得小于 30°。

3. 吊具（铁扁担）的设计制作应有足够的强度及刚度，根据构件重量、形状、吊点和吊装方法确定，吊具应使构件吊点合理、吊索受力均匀。

4. 应正确使用吊钩，严禁使用焊接钩、钢筋钩，当吊钩挂绳断面处磨损超过高度 10%时应报废。

5. 应按照钢丝绳直径及工作类型选用滑车，滑车直径与钢丝绳直径比值不得小于 15。

6. 千斤顶使用的规定

（1）千斤顶底部应放平，并应在底部及顶部加垫木板。

（2）不得超负荷使用，顶升高度不得超过活塞的标志线，或活塞总高度的 3/4。

（3）顶升过程中应随构件的升高及时用枕木垫牢，应防止千斤顶顶斜或回油引起活塞突然下降。

（4）多台千斤顶联合使用时，应采用同一型号千斤顶并应保持各千斤顶的同步性，每台千斤顶的起升能力不得小于计算承载力的 1.2 倍。

7. 倒链（手拉葫芦）使用的规定

（1）用前应空载检查，挂上重物后应慢慢拉动进行负荷检查，确认符合要求后方可继续使用。

（2）拉链方向应与链轮一致，拉动速度应均匀，拉不动时应查明原因，不得采取增加人数强拉的方法。

（3）起重中途停止时间较长时，应将手拉小链拴在链轮的大链上。

8. 手搬葫芦使用的规定

（1）手搬葫芦钢丝绳应选用钢芯钢丝绳，不得有扭结、接头。

（2）不得采用加长搬把手柄的方法操作。

（3）当使用牵拉重物的手搬葫芦用于载人的吊篮时，其载重能力必须降为额定荷载的 1/3，且应加装自锁夹钳装置。

9. 绞磨使用应符合下列规定

（1）绞磨应与地锚连接牢固，受力后不得倾斜和悬空，起重钢丝绳在卷筒上缠绕不得少于 4 圈，工作时，应设专人拉紧卷筒后面绳头。

（2）绞磨必须装设制动器，当绞磨暂时停止转动时应用制动器锁住，且推杠人员不得离开。

（3）松弛起重绳时，必须采用推杠反方向旋转控制，严禁采用松后尾拉绳的方法。

10. 地锚埋设应符合下列规定

（1）地锚可按经验做法，亦可经设计确定，埋设的地面不得被水浸泡。

（2）木质地锚应选用落叶松、杉木等坚实木料，严禁使用质脆或腐朽木料。埋设前应涂刷防腐油并在钢丝绳捆绑处加钢管和角钢保护。

（3）重要地锚或旧有地锚使用前必须经试拉确认，可采用地面压铁的方法增加安全系数。

（三）起重机吊装作业

1. 构件吊点的选择规定

（1）当采用一个吊点起吊时，吊点必须选择在构件重心以上，使吊点与构件重心的连线和构件的横截面呈垂直。

（2）当采用多个吊点起吊时，应使各吊点吊索拉力的合力作用点置于构件的重心以上，使各吊索的汇交点（起重机的吊钩位置）与构件重心的连线同构件的支座面垂直。

2. 应根据建筑工程结构的跨度、吊装高度、构件重量以及作业条件和现有起重机类型、起重机的起重量、起升高度、工作半径、起重臂长度等工作参数选择起重机。

3. 履带式起重机的规定

（1）起重机运到现场组装起重臂杆时，必须将臂杆放置在枕木架上进行螺栓连接和穿绕钢丝绳作业。

（2）起重机应按照现行国家标准《起重机械安全规程》（GB 6067.1—2010）和该机说明书的规定安装幅度指示器、超高限位器、力矩限制器等安全装置。

（3）起重机工作前应先空载运行检查，并检查各安全装置的灵敏可靠性。起吊重物时应离地面200～300mm停机，进行试吊检验，确认符合要求时，方可继续作业；

（4）当起重机接近满负荷作业时，应避免起重臂杆与履带呈垂直方位；当起重机吊物做短距离行走时，吊重不得超过额定起重量的70%，且吊物必须位于行车的正前方，用拉绳保持吊物的相对稳定。

（5）采用双机抬吊作业时，应选用起重性能相似的起重机进行，单机的起吊载荷不得超过额定荷载的80%。两机吊索在作业中均应保持竖直，必须同步吊起荷载和同步落位。

4. 汽车、轮胎式起重机应符合下列规定

（1）作业前应全部伸出支腿，并采用方木或铁板垫实，调整水平度，锁牢定位销。

（2）起重机吊装作业时，汽车驾驶室内不得有人，重物不得超越驾驶室上方且不得在车前区吊装。

（3）起重机作业时，重物应垂直起吊且不得侧拉，臂杆吊物回转时动作应缓慢进行。

（4）起重机吊物下降时必须采用动力控制，下降停止前应减速，不得采用紧急制动。

（5）当采用起重臂杆的副杆作业时，副杆由原来叠放位置转向调直后，必须确认副杆与主杆之间的连接定位销锁牢后，方可进行作业。

（6）起重机的安全装置除应按规定装设力矩限制器、超高限位器等安全装置外，还应装设偏斜调整和显示装置。

（7）起重机行驶时，严禁人员在底盘走台上站立或蹲坐，并不得堆放物件。

（四）扒杆吊装、滚杠平移作业

1. 扒杆吊装前应使重物离地200～300mm，检查起重钢丝绳、各导向滑车、扒杆受力以及缆风绳、地锚等情况，确认符合要求后方可使用。

2. 扒杆作业时，应设专人指挥合理布置各缆风绳角度，每根缆风绳必须设专人操作，缆风绳根数应按扒杆的形式和作业条件确定，人字扒杆不得少于5根，独脚扒杆不得少于

6根。

3. 扒杆吊物时，向前倾角不得大于10°，必须保持吊索垂直。扒杆的后方应至少有2根固定缆风绳和一根活动缆风绳（跑风）；扒杆移动时应统一指挥各缆风绳的收放与配合，应保持扒杆的角度。

4. 扒杆作业中和暂停作业时，必须确认拴牢缆风绳，严禁松解或拆除。

5. 用滚动法移动设备或构件时，运输木排应制作坚固，设备的重心较高时，应用绳索与木排栓牢，滚杠的直径应一致，其长度比木排宽度长500mm，地面应坚实平整，操作人员严禁带手套填滚杠。

（五）混凝土构件吊装

1. 混凝土构件运输、吊装时，混凝土的强度，一般构件不得低于设计强度的75%，桁架、薄壁等大型构件应达到100%。

2. 混凝土构件运输、堆放的支承方式应与设计安装位置一致。楼板叠放各层垫木应在同一垂直线上；屋架、梁的放置，除沿长度方向的两侧设置不少于三道撑木外，可将几榀屋架用方木、钢丝绑扎连接成一稳定整体；墙板应放置在专用的堆放架上，堆放架的稳定应经计算确定。

3. 当预制柱吊点的位置设计无规定时，应经计算确定。柱子吊装入基础杯口时必须将柱脚落底，吊装后及时校正，柱子每侧面不得少于两个楔子固定，且应两人在柱子两侧面同时对打。当采用缆风绳校正时，必须待缆风绳固定后，起重机方可脱钩。

4. 采用双机抬吊装时，应统一指挥相互配合。两台起重机吊索都应保持与地面呈垂直状态。除应合理分配荷载外，还应指挥使两机同步将柱子吊离地面和同步落下就位。

5. 混凝土屋架平卧制作、翻身扶直时，应根据屋架跨度确定吊索绑扎形式及加固措施，吊索与水平线夹角不应小于60°，起重机扶直过程中宜一次扶直不应有急刹车。

6. 混凝土吊车梁、屋架的安装应在柱子杯口二次灌浆固定和柱间支撑安装后进行。

7. 混凝土屋盖安装应按节间进行。首先应将第一节间包括屋面板、屋架支撑全部安装好形成稳定间。屋面板的安装顺序应自两边向跨中对称进行；屋架支撑应先安装垂直支撑，再安装水平支撑；先安装中部水平支撑，再安装两端水平支撑。

8. 混凝土屋架安装前应在作业节间范围挂好安全平网。作业人员可沿屋架上绑扎的临时木杆上挂牢安全带行走操作，不得无任何防护措施在屋架上弦行走。

9. 混凝土屋盖吊装作业人员上下应有专用走道或梯子，严禁人员随起重机吊装构件上下。屋架支座的垫铁及焊接工作，应站在脚手架或吊篮内进行，严禁站在柱顶或牛腿等处操作。

（六）钢构件吊装

1. 进入施工现场的钢构件，应按照钢结构安装图纸的要求进行检查，包括截面规格、连接板、高强螺栓、垫板等均应符合设计要求。

2. 钢构件应按吊装顺序分类堆放。

3. 钢柱的吊装应选择绑扎点在重心以上，并对吊索与钢柱绑扎处采取防护措施。当柱脚与基础采用螺栓固定时，应对地脚螺栓采取防护措施，采用垂直吊装法应将钢柱柱脚套入地脚螺栓后，方可拆除地脚螺栓防护。钢柱的校正，必须在起重机不脱钩下进行。

4. 钢结构吊装，必须按照施工方案要求搭设高处作业的安全防护设施。严禁作业人员攀爬构件上下和无防护措施的情况下人员在钢构件上作业、行走。

5. 钢柱吊装时，起重人员应站在作业平台或脚手架上作业，临边应有防护措施。人员上下应设专用梯道。

6. 安装钢梁时可在梁的两端采用挂脚手架，或搭设落地脚手架。当需在梁上行走时，应设置临边防护或沿梁一侧设置钢丝绳并拴挂在钢柱上做扶手绳，人员行走时应将安全带扣挂在钢丝绳上。

7. 钢屋架吊装，应采取在地面组装并进行临时加固。高处作业的防护设施，按吊装工艺不同，可采用临边防护与挂节间安全平网相结合方法。应在第一节和第二节间的三榀屋架随吊装随将全部钢支撑安装紧固后，方可继续其余节间屋架的安装。

（七）大型墙板吊装

1. 大型墙板起吊时混凝土强度应按方案要求不低于设计强度的75%。

3. 大型墙板安装顺序，应从中部一个开间开始，按先内墙板，后外墙板，先横墙板，再纵墙板的顺序逐间封闭。

3. 大型墙板外墙板应在焊接固定后，起重机方可脱钩。内墙板与隔墙板可在采取临时固定后脱钩，并应做到一次就位。

4. 大型墙板同一层墙板全部安装后，应立即进行验收，并及时浇筑各墙板之间的立缝及浇筑钢筋混凝土圈梁，待强度达75%后，立即吊装楼板。

5. 大型墙板框架挂板运输和吊装不得用钢丝绳兜索起吊，平吊时应有预埋吊环，立吊时应有预留孔。当无吊环和预留孔时，吊索捆绑点距板端不应大于1/5板长，吊索与水平面夹角不应小于60°。吊装时，板两端应设防止撞击的拉绳。

二、正确使用吊索具吊运大型工件

（一）正确使用吊索具

1. 使用者应熟知各类吊索具及其端部配件的本身性能、使用注意事项、报废标准。

2. 所选用的吊索具应与被吊工件的外形特点及具体要求相适应，在不具备使用条件的情况下，决不能凑合使用。

3. 作业前，应对吊索具及其配件进行检查，确认完好，方可使用。

4. 吊挂前，应正确选择索点；提升前，应确认捆绑是否牢固。

5. 吊具及配件不能超过其额定起重量，吊索不得超过其相应吊挂状态下的最大工作荷载。

6. 作业中应防止损坏吊索具及配件，必要时在棱角处加护角防护。

7. 吊索具在使用期内应坚持定期检查，有条件的，对大吨位及重要产品的吊具及端部配件应进行探伤检验。

（二）大型件吊运要领

对于大型工件的吊运或装配就位，由于工件吨位大，形状复杂，价值昂贵，多人配合等因素，作业难度和危险系数加大，因此，在吊索大型工件时，应掌握以下要领：

1. 作业前观察工件外形情况，掌握工件的重心位置，并依据图纸确认工件的重量。

2. 正确选择绳索、卸扣、卡钩等吊索具。选用钢丝绳时，单根绳承载拉力，可按 S（牛顿）$= 100 \cdot d^2$ 经验公式计算。其中：d 为钢丝绳直径，单位为 mm。

3. 对工件本身有专为吊装而设计的吊环或吊耳，作业前应仔细检查，并应在全部吊环上加索。

4. 工件本身没有吊环的，应正确选择索点的位置。并使起重机的钩头对准工件重心位置。

5. 注意绳索之间的夹角一般应小于 90°。

6. 绳索所经过的工件棱角处，必须加护角防护。

7. 起吊前要有试吊过程，确认稳妥后再继续进行下一步作业。

三、起重吊装的事故防范

（一）起重吊装过程中潜伏的危险

起重吊装是指建筑工程中，采用相应的机械设备和设施来完成结构吊装和设施安装。其作业属于危险作业，作业环境复杂，技术难度高。

1. 作业前应根据作业特点编制专项施工方案，并对参加作业人员进行方案和安全技术交底。

2. 作业时周边应设置警戒区域，设置醒目的警示标志，防止无关人员进入；特别危险处应设监护人员。

3. 起重吊装作业大多数作业点都必须由专业技术人员作业；属于特种作业的人员必须按国家有关规定经专门安全作业培训，取得特种作业操作资格证书，方可上岗作业。

4. 作业人员应在现场作业条件下选择安全的位置作业。在卷扬机与地滑轮穿越钢丝绳的区域，禁止人员站立和通行。

5. 吊装过程必须设有专人指挥，其他人员必须服从指挥。起重指挥不能兼作其他工种，并应确保起重司机清晰准确地听到指挥信号。

6. 作业过程中必须遵守起重机"十不吊"原则。

7. 被吊物的捆绑要求，与第一节塔式起重机中被吊物捆绑作业要求相同。

8. 构件存放场地应该平整坚实。构件叠放用方木垫平，必须稳固，不准超高（一般不宜超过 1.6m）。构件存放除设置垫木外，必要时设置相应的支撑，提高其稳定性。禁止无关人员在堆放的构件中穿行，防止发生构件倒塌伤人事故。

9. 在露天有六级以上大风或大雨、大雪、大雾等天气时，应停止起重吊装作业。

10. 起重机作业时，起重臂和吊物下方严禁有人停留、工作或通过。重物吊运时，严禁从人上方通过。严禁用起重机载运人员。

11. 经常使用的起重工具注意事项

（1）手动倒链

操作人员应经培训合格，方可上岗作业。吊物时应挂牢后慢慢拉动倒链，不得斜向拽拉。当一人拉不动时，应查明原因，禁止多人一齐猛拉。

（2）手搬葫芦

操作人员应经培训合格，方可上岗作业。使用前检查自锁夹钳装置的可靠性，当夹紧钢丝绳后，应能往复运动，否则禁止使用。

（3）千斤顶

操作人员应经培训合格，方可上岗作业。千斤顶置于平整坚实的地面上，并垫木板或钢板，防止地面沉陷。顶部与光滑物接触面应垫硬木防止滑动。开始操作时应逐渐顶升，注意防止顶歪，始终保持重物的平衡

（二）起重吊装安全措施

1. 悬空高处作业人员应挂牢安全带，安全带的选用与佩带应符合国家现行标准《安全带》（GB 6095—2009）的有关规定。

2. 建筑施工过程中，采用密目式安全立网对建筑物进行封闭（或采取临边防护措施）。

3. 建筑施工过程中，应采取有效措施将施工现场和建筑物的各种孔洞盖严并固定牢固。

4. 在人员活动集中和出入口处的上方应搭设防护棚。

5. 高空作业的安全技术措施应在施工方案中确定，并在施工前完成，最后经验收确认符合要求。

6. 高空作业的人员应按规定定期进行体检。

7. 工作边沿无维护设施或维护高度低于800mm的，必须设置防护主设施；水平工作面防护栏杆高度为1.2m，防护栏杆用安全立网封闭，或在栏杆底部设置高度不低于180mm的挡脚板。

8. 在孔与洞口边的高处作业必须设置防护设施，包括因施工工艺形成的深度在2m及以上的桩孔边、沟槽边和因安装设备、管道预留的洞口边等。

9. 较小的洞口，应采用坚实的盖板盖严，盖板应能防止移位；较大的洞口除应在洞口采用安全网或盖板封严外，还应在洞口四周设置防护栏杆。

10. 墙面处的竖向洞口（如电梯井口、管道井口），除应在井口处设防护栏杆或固定栅门外，井道内应每隔10m设一道平网。

11. 梯子不得垫高使用。梯脚底部应坚实并应有防滑措施，上端应有固定措施，折梯使用时，应有可靠的拉撑措施。

12. 作业人员应从规定的通道上下，不得任意利用升降机架体等施工设备进行攀登。

13. 在周边临空状态下进行高空作业时应有牢靠的立足处（如搭设脚手架或作业平台），并视作业条件设置防护栏杆、张挂安全网、佩带安全带等安全措施。

14. 钢筋绑扎、安装骨架作业应搭设脚手架。不得任意利用升降机架体等施工设备进行攀登。

15. 浇注离地面2m以上混凝土时，应设置操作平台，不得站在模板或支撑杆上操作。

16. 交叉施工不宜上下在同一垂直方向上进行作业。下层作业的位置，宜处于上层高度可能坠落的半径范围以外。当不能满足要求时，应设置安全防护层。

17. 各种拆除作业（如钢模板、脚手架等）上面拆除时下面不得同时进行清整；物料临时堆放处离边沿不应小于1m。

（三）起重吊装机械安全操作一般规定

1. 操作人员在作业前必须对工作现场环境、行驶道路、架空电线、建筑物以及构件重量和分布情况进行全面了解。

2. 现场施工负责人应为起重机作业提供足够的工作场地，清除或避开起重臂起落及回转半径内的障碍物。

3. 各类起重机应装有音响清晰的喇叭、电铃或汽笛等信号装置。在起重臂、吊钩、平衡重等转动体上应标以鲜明的色彩标志。

4. 起重吊装的指挥人员必须持证上岗，作业时应与操作人员密切配合，执行规定的指挥信号。操作人员应按照指挥人员的信号进行作业，当信号不清或错误时，操作人员可拒绝执行。

5. 操纵室远离地面的起重机，在正常指挥发生困难时，地面及作业层（高空）的指挥人员均应采用对讲机等有效的通讯联络工具进行指挥。

6. 在露天有六级及以上大风或大雨、大雪、大雾等恶劣天气时，应停止起重吊装作业。雨雪过后作业前，应先试吊，确认制动器灵敏可靠后方可进行作业。

7. 起重机的变幅指示器、力矩限制器、起重量限制器以及各种行程限位开关等安全保护装置，应完好齐全、灵敏可靠，不得随意调整或拆除。严禁利用限制器和限位装置代替操纵机构。

8. 操作人员进行起重机回转、变幅、行走和吊钩升降等动作前，应发出音响信号示意。

9. 起重机作业时，起重臂和重物下方严禁有人停留、工作或通过。重物吊运时，严禁从人上方通过。严禁用起重机载运人员。

10. 操作人员应按规定的起重性能作业，不得超载。在特殊情况下需超载使用时，必须经过验算，有保证安全的技术措施，并写出专题报告，经企业技术负责人批准，有专人在现场监护，方可作业。

11. 严禁使用起重机进行斜拉、斜吊和起吊地下埋设或凝固在地面上的重物以及其他不明重量的物体。现场浇注的混凝土构件或模板，必须全部松动后方可起吊。

12. 起吊重物应绑扎平稳、牢固，不得在重物上再堆放或悬挂零星物件。易散落物件应使用吊笼栅栏固定后方可起吊。标有绑扎位置的物件，应按标记绑扎后起吊。吊索与物件的夹角宜采用45°~60°，且不得小于30°，吊索与物件棱角之间应加垫块。

13. 起吊荷载达到起重机额定起重量的90%及以上时，应先将重物吊离地面200~500mm后，检查起重机的稳定性、制动器的可靠性、重物的平稳性、绑扎的牢固性，确认无误后方可继续起吊。对易晃动的重物应拴拉绳。

14. 重物起升和下降速度应平稳、均匀，不得突然制动。左右回转应平稳，当回转未停稳前不得作反向动作。非重力下降式起重机，不得带载自由下降。

15. 严禁起吊重物长时间悬挂在空中。作业中遇突发故障，应采取措施将重物降落到安全地方，并关闭发动机或切断电源后进行检修。在突然停电时，应立即把所有控制器拨到零位，断开电源总开关，并采取措施使重物降到地面。

16. 起重机不得靠近架空输电线路作业。起重机的任何部位与架空输电导线的安全距离不得小于表3-4的规定。

表3-4 起重机与架空输电导线的安全距离

电压（kV）		<1	1~15	20~40	60~110	220
安全距离	沿垂直方向（m）	1.5	3.0	4.0	5.0	6.0
	沿水平方向（m）	1.0	1.5	2.0	4.0	6.0

17. 起重机使用的钢丝绳，应有钢丝绳制造厂签发的产品技术性能和质量的证明文件。当无证明文件时，必须经过试验合格后方可使用。

18. 起重机使用的钢丝绳，其结构形式、规格及强度应符合该型起重机使用说明书的要求。钢丝绳与卷筒应连接牢固，放出钢丝绳时，卷筒上应至少保留三圈。收放钢丝绳时应防止钢丝绳打环、扭结、弯折和乱绳。不得使用扭结、变形的钢丝绳。使用编结的钢丝绳，其编结部分在运行中不得通过卷筒和滑轮。

19. 钢丝绳采用编结固接时，编结部分的长度不得小于钢丝绳直径的20倍，并不应小于300mm，其编结部分应捆扎细钢丝。当采用绳卡固接时，与钢丝绳直径匹配的绳卡的规格、数量应符合表3-5的规定。最后一个绳卡距绳头的长度不得小于140mm。绳卡滑鞍（夹板）应在钢丝绳承载时受力的一侧，"U"螺栓应在钢丝绳的尾端，不得正反交错。绳卡初次固定后，应待钢丝绳受力后再度紧固，并宜拧紧到使两绳直径长度压扁1/3。作业中应经常检查紧固情况。

表3-5 与绳径匹配的绳卡数

钢丝绳直径（mm）	10以下	10~20	21~26	28~36	36~40
最少绳卡数（个）	3	4	5	6	7
绳卡间距（mm）	80	140	160	220	240

20. 每班作业前，应检查钢丝绳及钢丝绳的连接部位。当钢丝绳在一个节距内断丝根数达到或超过表3-6根数时，应予报废。当钢丝绳表面锈蚀或磨损使钢丝绳直径显著减少时，应将表3-6报废标准按表3-7折减，并按折减后的断丝数报废。

表3-6 钢丝绳报废标准（一个节距内的断丝数）

采用的安全系数	钢丝绳规格					
	6×19+1		6×37+1		6×61+1	
	交互捻	同向捻	交互捻	同向捻	交互捻	同向捻
6以下	12	6	22	11	36	18
6~7	14	7	26	13	28	19
7以上	16	8	30	15	40	20

表3-7 钢丝绳锈蚀或磨损时报废标准的折减系数

钢丝绳表面锈蚀或磨损量（%）	10	15	20	25	30~40	大于40
折减系数（%）	85	75	70	60	50	报废

21. 向转动的卷筒上缠绕钢丝绳时，不得用手拉或脚踩来引导钢丝绳。钢丝绳涂抹润滑脂，必须在停止运转后进行。

22. 起重机的吊钩和吊环严禁补焊。当出现下列情况之一时应更换：

（1）表面有裂纹、破口。

（2）危险断面及钩颈有永久变形。

（3）挂绳处断面磨损超过高度10%。

（4）吊钩衬套磨损超过原厚度50%。

（5）心轴（销子）磨损超过其直径的3%～5%。

23. 当起重机制动器的制动鼓表面磨损达1.5～2.0mm（小直径取小值，大直径取大值）时，应更换制动鼓。同样，当起重机制动器的制动带磨损超过厚度的50%时，应更换制动带。

第五节　施工机具安全控制技术

一、平刨安全控制技术

平刨机是对木板进行刨平的设备（图3-13）。

（一）木工平刨机使用安全技术

1. 在操作前应检查各部件的可靠性、电源的安全性，确认安全后方可使用。

2. 操作时左手压住木料，右手均匀推进，不要猛推猛拉，切勿将手指按于木料侧面。刨料时，先刨大面当作标准面，然后再刨小面。

3. 在刨较短、较薄的木料时，应用推板去推压木料。

图3-13　平刨机

4. 长度不足400mm，或薄且窄的小料不得用手压刨。

5. 两人同时操作时，须待料推过150mm以外，下手方可接拖。

6. 操作人员衣袖要扎紧，不准戴手套。

7. 在刨旧木料前，必须将料上钉子、杂物清除干净。

8. 木工机械用电，必须符合施工用电规范要求，并定期进行检查。

（二）平刨机安全技术操作规程

1. 平刨机必须有安全防护装置，否则禁止使用。

2. 刨料应保持身体稳定，双手操作。刨大面时，手要按在料上面；刨小面时，手指不低于料高的一半，并不得少于3cm。禁止手在料后推送。

3. 刨削量每次一般不得超过1.5mm。进料速度保持均匀，经过刨口时用力要轻，禁止往刨刀上方回料。

4. 条刨厚度小于1.5cm、长度小于30cm的木料，必须用压板或推棍。禁止用手推进。

5. 遇节疤、戗茬要减慢推料速度，禁止手按节疤上推料。刨旧料必须将铁钉、泥砂等清除干净。

6. 换刀片前应拉闸断电或摘掉皮带。

7. 同一刨机的刀片重量、厚度必须一致，刀架、夹板必须吻合。刀片焊缝超出刀头和有裂缝的刀具不准使用。紧固刀片的螺钉，应嵌入槽内，并离刀背不少于10mm。

二、圆盘锯安全控制技术

圆盘锯是切割木板的机具，图 3-14。

（1）锯片上方必须安装保险挡板（罩），在锯片后面，离齿 10～15mm 处，必须安装弧形楔刀，锯片安装在轴上应保持对正轴心。

（2）锯片必须平整，锯齿尖锐，不得连续缺齿两个，裂纹长度不得超过 20mm，裂缝末端须冲止裂孔。

（3）被锯木料厚度，以锯片能露出木料 10～20mm 为限，锯齿必须在同一圆周上，夹持锯片的法兰盘的直径应为锯片直径的 1/4。

图 3-14　圆盘锯

（4）启动后，须待转速正常后方可进行锯料。锯料时不得将木料左右晃动或高抬，遇木节要缓慢匀速送料。锯料长度应不小于 500mm。接近端头时，应用推棍送料。

（5）如锯线走偏，应逐渐纠正，不得猛扳，以免损坏锯片。

（6）操作人员不得站在和面对与锯片旋转的离心力方向操作，手臂不得跨越锯片工作。

（7）锯片温度过高时，应用水冷却，直径 600mm 以上的锯片在操作中应喷水冷却。

（8）工作完毕，切断电源锁好电箱门。

（一）使用圆盘锯作业

1. 保证持证人员熟知安全操作知识，作业前进行安全教育。

2. 进入现场戴合格安全帽，系好下额带，锁好带扣。

3. 操作人员遵守施工现场的劳动纪律，着装整齐，不得光背穿拖鞋，施工现场禁止吸烟、追逐打闹和酒后作业。

4. 电圆锯应安装在密封的木工房内并装设防爆灯具，严禁装设高温灯具（如碘钨灯）等，并配备灭火器。

5. 班前检查电锯转动部分的防护，分料器、电锯上方的安全挡板、电器控制元件等灵敏可靠。

6. 锯片必须平整，锯齿要尖锐，锯片上方必须装设保险挡板和滴水装置，锯片安装在轴上，应保持对正中心（轴心）。

7. 作业时不得使用连续缺两个齿的锯片。如有裂纹，其长度不得超过 2cm，裂缝末端须冲一个止缝孔。

8. 锯齿必须在同一圆周上。被锯木料厚度，以使锯齿能露出木料 1～2cm 为限。启动后，须待转速正常后方可进行锯料，锯料时不得将木料左右晃动或高抬，锯料长度不应小于锯片直径的 1.5～2 倍。木料锯到接近端头时，应用推棍送料，不得用手推送。

9. 操作人员尽可能避免站在与锯片同一直线上操作，手臂不得跨越锯片工作。如锯线走偏，应逐渐纠正，不得猛扳，以免损坏锯片。

10. 锯片运转时间过长温度过高时，应用水冷却。直径 60cm 以上的锯片，在操作中应喷水冷却。

11. 作业完毕后将碎木料、木屑清理干净并拉闸断电，配电箱上锁木工房同时也上锁。

12. 圆锯盘必须专用，不得一机多用。

13. 圆锯盘使用电源必须一机一闸一箱，严禁一箱或一闸多用。

14. 作业人员严禁戴手套操作，或长发外露。

15. 圆盘锯严禁使用倒顺开关。

16. 修理机具时必须先拉闸断电，并挂警示牌，设专人看护。

（二）圆盘锯噪声的产生机理与原因

1. 圆盘锯噪声的产生机理

圆盘锯主要噪声来源于圆盘锯锯片的偶极子音辐射，当圆盘锯锯齿撞击到被锯物件时，锯片与被锯件会共同产生振动。锯片上产生的各种振型的响应就会沿锯片的 2 个相反的方向传播，当 2 个相反的振波在锯片上一起相遇时，同相的振波相加，反相的振波相减，便会各自形成相应的波腹波节。如果圆盘锯锯齿的几何形状是对称的，锯片上便会形成固定的驻波或者各种形式的谐振波。这些驻波和谐振波便会大大加强锯片的噪声，圆盘锯便会产生噪声。

2. 圆盘锯噪声的产生原因

（1）被切割物件振动辐射噪声。圆盘锯锯切时，锯齿冲击被切割物件，会引起物件表面的剧烈振动而辐射噪声，物件的振动往往增加了锯切噪声的产生。

（2）锯片振动辐射噪声。锯片产生噪声是圆盘锯切割作业中产生噪声的主要来源，锯片的材料是大而薄的金属部件，对被切物件的强烈冲击很容易引发锯片强烈震动而产生噪声，因此可见，圆盘锯锯片产生剧烈振动是主要噪声污染源之一。

（3）空气动力噪声。空气动力噪声主要是由涡流噪声、齿尖噪声和排气噪声三种组成，但是相对于作业时的工作噪声要小很多。

（4）圆盘锯结构噪声。圆盘锯电机及传动机构工作时，受到磨损的轴承也会产生较大的噪声，相对于其他噪声，圆盘锯结构噪声要小很多，也比较容易控制。

（5）切削用量。切削用量越大，锯齿与工件之间的激励就越大，噪声就越大。切削用量越小，激励就越小，产生噪声就越小。但是切削用量的大小取决于生产工艺的要求，不容易控制。

（6）锯齿结构。锯齿的制造结构、齿数和齿型也是影响圆盘锯噪声的主要因素，齿数越多，同时参加切割任务的齿数就越多，可以有效降低激励的幅值，大大降低噪声污染。但是齿数和齿型受到加工强度和生产工艺的影响，改变起来也比较困难。

（7）卡盘的大小和机构。卡盘增大，一方面能提高锯片的强度，减小锯片振动的振幅；另一方面能减小锯片辐射音波的表面积，从而能降低锯片的噪声，但是卡盘的大小受到电机功率和电机启动转矩的影响。可以合理地选择卡盘直径和材料。

3. 噪声控制措施

影响圆盘锯噪声的因素很多，只有找出圆盘锯噪声的主要影响因素，才能针对性地选择降低噪声的措施。目前降低圆盘锯噪声的措施主要有以下几种：

（1）锯片上开槽降噪

在锯片本体上开槽和应力释放孔，以破坏锯片形状的对称性，将有效地切断弯曲波的传播途径，抑制谐振波、共振和驻波。该措施虽然可以极大地降低噪声，却会影响锯片的刚度，因此在设计时必须两者兼顾，在不影响刚度的条件下抑制和抵消一部分冲击噪声。

（2）喷液降噪

采用喷水或切削液的方法不但可以降低切削作业时工件的温度，保证工件加工的稳定性，而且还可以通过喷液阻尼的方法来降低高速切割过程中的噪声污染。

（3）锯片上加阻尼及卡盘

可以在锯片上增加约束阻尼线圈及卡盘的办法降低切割时的噪声。阻尼线圈主要有阻尼合金型、塑料型、橡胶塑料复合型及新型高阻尼系数材料等类型，可以根据工件的不同进行选择。卡盘设计成外缘挡圈型，以防止在高速旋转时抛出，造成生产事故。

（4）改防护罩为吸声隔声罩

该方法主要是用来控制外切口噪声，既可以不影响圆盘锯生产的效率和正常工作，又可以对切割产生的噪声实现屏蔽。

（5）选择合理夹盘的直径

该方法通过轧件尺寸来控制圆盘锯的夹盘直径，加大夹盘直径，在夹盘与锯片之间使用金属橡胶的弹性垫，可以有效抑制圆盘锯锯片的振动响应，降低噪声的产生。

（6）增加粉体阻尼技术

该方法是在圆盘锯的适当位置打一些孔，在孔中填装适当的非金属或金属的粉末材料，然后封闭孔。孔中加入的粉末材料能够有效地吸收振动产生的能量，达到减小振动、降低噪声的目的。

（7）压紧被锯件抑制振动噪声

当圆盘锯切割被锯件时，会产生强烈的振动和噪声。采用压紧被锯件的方法可以有效抑制振动所产生的噪声。主要有以下两种设计方法：

第一种方法：将其设计在吸音防护罩内，并配备相关机械系统控制其伸缩：当圆盘锯锯片切割被锯件之前，利用压紧装置将被锯件压紧，并在锯片切割被锯件的过程中，一直维持压紧状态。当切割完毕，圆盘锯锯片停止工作并退回后，压紧装置才可以松开被锯件。

第二种方法：在各个圆盘之间安装压紧装置，这种设计方法可以使压紧装置更好地压紧被锯件，更好地降低振动和噪声。

三、手持电动工具安全控制技术

用手握持或悬挂进行操作的电动工具（图 3-15）。如施工中常用的电钻，电焊钳等。

图 3-15　手持电动工具

（一）工具分类

1. Ⅰ类工具

工具在防止触电的保护方面不仅依靠基本绝缘，而且它还包含一个附加的安全预防措

204

施，其方法是将可触及的可导电的零件与已安装的固定线路中的保护（接地）导线连接起来，以这样的方法来使可触及的可导电的零件在基本绝缘损坏的事故中不成为带电体。

2. Ⅱ类工具

其额定电压超过 50V。工具在防止触电的保护方面不仅依靠基本绝缘，而且它还提供双重绝缘或加强绝缘的附加安全预防措施和没有保护接地或依赖安装条件的措施。这类工具外壳有金属和非金属两种，但手持部分是非金属，非金属处有"回"符号标志。

3. Ⅲ类工具

其额定电压不超过 50V。由特低电压电源供电，工具内部不产生比安全特低电压高的电压。这类工具外壳均为全塑料。

4. 各类工具的使用场所

空气湿度小于 75% 的一般场所可选用Ⅰ类或Ⅱ类手持式电动工具，其金属外壳与 PE 线的连接点不得少于 2 个；除塑料外壳Ⅱ类工具外，相关开关箱中漏电保护器的额定漏电动作电流不应大于 15mA，额定漏电动作时间不应大于 0.1s，其负荷线插头应具备专用的保护触头。所用插座和和插头在结构上应保持一致，避免导电触头和保护触头混用。

在潮湿场所或在金属构架上进行作业，应选用Ⅱ类或由安全隔离变压器供电的Ⅲ类工具。金属外壳Ⅱ类手持式电动工具使用时，其金属外壳与 PE 线的连接点不得少于 2 个，相关开关箱中漏电保护器的额定漏电动作电流不应大于 15mA，额定漏电动作时间不应大于 0.1s，其负荷线插头应具备专用的保护触头，所用插座和和插头在结构上应保持一致，避免导电触头和保护触头混用；其开关箱和控制箱应设置在作业场所外面。在潮湿场所或金属架上严禁使用Ⅰ类手持式电动工具。

在狭窄场所（如锅炉、金属容器、金属管道内等）必须选用由安全隔离变压器供电的Ⅲ类手持式电动工具，其开关箱和安全隔离变压器均应设置在狭窄场所外面，并连接 PE 线。漏电保护器应采用防溅型产品，其额定漏电动作电流不应大于 15mA，额定漏电动作时间不应大于 0.1s。操作过程中，应有人在外面监护。

5. 安全注意事项

Ⅰ类工具的电源线必须采用三芯（单相工具）或四芯（三相工具）多股铜芯橡皮护套线，其中黄绿双色线在任何情况下都只能用作保护接地或接零线。

Ⅲ类工具的安全隔离变压器，Ⅱ类工具的漏电保护器，以及Ⅱ、Ⅲ类工具的控制箱和电源转接器等应放在外面，并设专人在外监护。

手持电动工具自带的软电缆不允许任意拆除或接长，插头不得任意拆除更换。

使用前应检查工具外壳、手柄，接零（地），导线和插头，开关，电气保护装置和机械防护装置，工具转动部分等是否正常。

使用电动工具时不许用手提着导线或工具的转动部分，使用过程中要防止导线被绞住、受潮、受热或碰损。

严禁将导线线芯直接插入插座或挂在开关上使用。

（二）手持电动工具安全操作要求

1. 使用刃具的机具，应保持刃磨利，完好无损，安装正确，牢固可靠。

2. 使用砂轮的机具，应检查砂轮与接盘间的软垫并安装稳固，螺帽不得过紧，凡受潮、变形、裂纹、破碎、磕边缺口或接触过油、碱类的砂轮均不得使用，并不得将受潮的砂轮片自行烘干使用。

3. 在潮湿地区或在金属构架、压力容器、管道等导电良好的场所作业时，必须使用双重绝缘或加强绝缘的电动工具。

4. 非金属壳体的电动机、电器，在存放和使用时不应受压、受潮，并不得接触汽油等溶剂。

5. 作业前的检查要求

（1）外壳、手柄不出现裂缝、破损。

（2）电缆软线及插头等完好无损，开关动作正常，保护接零连接正确、牢固可靠。

（3）各部防护罩齐全牢固，电气保护装置可靠。

6. 机具启动后，应空载运转，检查并确认机具联动灵活无阻。作业时，加力应平衡，不得用力过猛。

7. 严禁超载使用。作业中应注意音响及温升，发现异常应立即停机检查。在作业时间过长、机具温升超过60℃时，应停机，自然冷却后再行作业。

8. 作业中，不得用手触摸刃具、模具和砂轮。发现其有磨钝、破损情况时，应立即停机或更换，然后再继续进行作业。

9. 机具转动时，不得撒手掌管。

10. 使用冲击电钻或电锤时的要求

（1）作业时应掌握电钻或电锤手柄，打孔时将钻头抵在工作表面，然后开动，用力适度，避免晃动；转速若急剧下降，应减少用力，防止电机过载，严禁用木杠加压。

（2）钻孔时，应注意避开混凝土中的钢筋。

（3）电钻和电锤为40%断续工作制，不得长时间连续使用。

（4）作业孔径在25mm以上时，应有稳固的作业平台，周围应设护栏。

11. 使用瓷片切割机时应符合下列要求：

（1）作业时应防止杂物、泥尘混入电动机内，并应随时观察机壳温度，当机壳温度过高及产生炭刷火花时，应立即停机检查处理。

（2）切割过程中用力应均匀适当，推进刀片时不得用力过猛。当发生刀片卡死时，应立即停机，慢慢退出刀片，重新对正后方可再切割。

12. 使用角向磨光机时应符合下列要求：

（1）砂轮应选用增强纤维树脂型，其安全线速度不得小于80m/s。配用的电缆与插头应具有加强绝缘性能，并不得任意更换。

（2）磨削作业时，应使砂轮与工件面保持15°～30°的倾斜位置；切削作业时，砂轮不得倾斜，并不得横向摆动。

13. 使用电剪时应符合下列要求：

（1）作业前应先根据钢板厚度调节刀头间隙量。

（2）作业时不得用力过猛。当发现刀轴往复次数急剧下降时，应立即减小推力。

14. 使用射钉枪时应符合下列要求：

（1）严禁用手掌推压钉管和将枪口对准人。

（2）击发时，应将射钉枪垂直压紧在工作面上。当两次扣动扳机，子弹均不击发时，应保持原射击位置数秒后，再退出射钉弹。

（3）在更换零件或断开射钉枪之前，射枪内均不得装有射钉弹。

15. 使用拉铆枪时应符合下列要求：

（1）被铆接物体上的铆钉孔应与铆钉滑配合，并不得过盈量太大。

（2）铆接时，当铆钉轴未拉断时，可重复扣动扳机，直到拉断为止，不得强行扭断或撬断。

（3）作业中，接铆头子或柄帽若有松动，应立即拧紧。

（三）手持电动工具的安全使用方法

手持电动工具按对触电的防护可分为三类。

1. Ⅰ类工具的防止触电保护不仅依靠基本绝缘，而且还有一个附加的安全保护措施，如保护接地，使可触及的导电部分在基本绝缘损坏时不会变为带电体。

2. Ⅱ类工具的防止触电保护不仅依靠基本绝缘，而且还包含附加的安全保护措施（但不提供保护接地或不依赖设备条件），如采用双重绝缘或加强绝缘。它的基本型式有：

①绝缘材料外壳型，系具有坚固的基本上连续的绝缘外壳。

②金属外壳型，具有基本连续的金属外壳，全部使用双重绝缘。当应用双重绝缘不行时，便采用加强绝缘。

③绝缘材料和金属外壳组合型。

3. Ⅲ类工具是依靠安全特低电压供电。所谓安全特低电压，是指在相线间及相对地间的电压不超过42V，由安全隔离变压器供电。

4. 随着手持电动工具的广泛使用，其电气安全的重要性更显得突出。使用部门应按照国家标准对手持电动工具制定相应的安全操作要求。其内容至少应包含：工具的允许使用范围、正确的使用方法、操作程序、使用前的检查部位项目、使用中可能出现的危险和相应的防护措施、工具的存放和保养方法、操作者应注意的事项等。此外，还应对使用、保养、维修人员进行安全技术教育和培训，重视对手持电动工具的检查、使用维护的监督，防震防潮防腐蚀。

5. 使用前，应合理选用手持电动工具

（1）一般作业场所，应尽可能使用Ⅰ类工具。使用Ⅰ类工具时，应配漏电保护器、隔离变压器等。在潮湿场所应使用Ⅱ或Ⅲ类工具，如采用Ⅰ类工具，必须装设动作电流不大于30μA、动作时间不大于0.1s的漏电保护器。在锅炉、金属容器、管道内作业时，应使用Ⅲ类工具，或装有漏电保护器的Ⅱ类工具，漏电保护器的动作电流不大于15μA、动作时间不大于0.1s。在特殊环境如湿热、雨雪、存在爆炸性或腐蚀性气体等作业环境，应使用具有相应防护等级和安全技术要求的工具。

（2）安装使用时，Ⅲ类工具的安全隔离变压器，Ⅱ类工具的漏电保护器，Ⅱ、Ⅲ类工具的控制箱和电源装置应远离作业场所。

（3）工具的电源引线应用坚韧橡皮包线或塑料护套软铜线，中间不得有接头，不得任意接长或拆换。保护接地电阻不得大于4Ω。作业时，不得将运转部件的防护罩盖拆卸。更换刀具磨具时应停车。

6. 在狭窄作业场所应设有监护人。

7. 除使用 36V 及以下电压、供电的隔离变压器副绕组不接地、电源回路装有动作可靠的低压漏电保护器外，其余均需佩戴橡胶绝缘手套，必要时还要穿绝缘鞋或站在绝缘垫上。操作隔离变压器应是原副双绕组，副绕组不得接地，金属外壳和铁芯应可靠接地。接线端子应封闭或加护罩。原绕组应专设熔断器，用双极闸刀控制。引线长不应超过 3m，不得有接头。

8. 工具在使用前后，保管人员必须进行日常检查，使用者在使用前应进行检查。日常检查的内容有：外壳、手柄有无破损裂纹，机械防护装置是否完好，工具转动部分是否灵活、轻快无阻，电气保护装置是否良好，保护线连接是否正确可靠，电源开关是否正常灵活，电源插头和电源线是否完好无损。发现问题应立即修复或更换。

9. 每年至少应由专职人员定期检查一次，在湿热和温度常有变化的地区或使用条件恶劣的地方，应相应缩短检查周期。梅雨季节前应及时检查，检查内容除上述项目外，还应用 500V 的兆欧表测量电路对外壳的绝缘电阻。对长期搁置不用的工具在使用前也须检测绝缘，Ⅰ类工具应不小于 $2M\Omega$，Ⅱ类工具应不小于 $7M\Omega$，Ⅲ类工具应不小于 $1M\Omega$；否则应进行干燥处理或维修。

10. 工具的维修应由专门指定的维修部门进行，配备有必要的检验设备仪器。不得任意改变该工具的原设计参数，不得使用低于原性能的代用材料，不得换上与原规格不符的零部件。工具内的绝缘衬垫、套管不得漏装或任意拆除。

11. 维修后应测绝缘，并在带电零件与外壳间做耐压试验。由基本绝缘与带电零件隔离的Ⅰ类工具其耐压试验电压为 950V，Ⅲ类工具为 380V，用加强绝缘与带电零件隔离的Ⅱ类工具的试验电压为 2800V。

（四）手持电动工具的安全使用

手持式电动工具是携带式电动工具，种类繁多，应用广泛。手持式电动工具的挪动性强、振动较大，容易发生漏电及其他故障。由于此类工具又常常在人手紧握中使用，触电的危险性更大，故在管理、使用、检查、维护上应给予特别重视。

1. 工具的触电保护措施

《手持式电动工具的管理、使用、检查和维修安全技术规程》（GB/T 3787—2006）中，将手持电动工具按触电保护措施的不同分为三类：

Ⅰ类工具：靠基本绝缘外加保护接零（地）来防止触电；

Ⅱ类工具：采用双重绝缘或加强绝缘来防止触电；

Ⅲ类工具：采用安全特低电压供电且在工具内部不会产生比安全特低电压高的电压来防止触电。

2. 根据环境合理选用

（1）在一般场所，应选用Ⅰ类工具；工具本体良好的双重绝缘或外加绝缘是防止触电的安全可靠的措施。

（2）在潮湿场所或金属构架上作业，应选用Ⅱ类或Ⅲ类工具。如果使用Ⅰ类工具，必须装设额定动作电流不大于 $30\mu A$、动作时间不大于 0.1s 的漏电保护器。

（3）在狭窄场所（如锅炉内、金属容器内）应使用Ⅲ类工具。如果使用Ⅱ类工具，必须装设额定漏电动作电流不大于 $15\mu A$、动作时间不大于 0.1s 的漏电保护器。且Ⅲ类工具的安全隔离变压器、控制箱、电源联接器等和Ⅱ类工具的漏电保护器必须放在外面，并设专人监护。此类场所严禁使用Ⅰ类工具。

（4）在特殊环境，如湿热、雨雪、有爆炸性或腐蚀性气体的场所，使用的手持电动工具还必须符合相应环境的特殊安全要求。

3. Ⅰ类工具的保护接零

前已述及，Ⅰ类工具是靠基本绝缘外加保护接零（地）来防止触电的。采用保护接零的Ⅰ类工具，保护零线应与工作零线分开，即保护零线应单独与电网的重复接地处连接。为了接零可靠，最好采用带有接零芯线的铜芯橡套软电缆作为电源线，其专用芯线即用作接零线。保护零线应采用截面积不小于 $1.5mm^2$ 的铜线。工具所用的电源插座和插销，应有专用的接零插孔和插头，不得乱插，防止把零线插入相线造成触电事故。

应当指出，虽然采取了保护接零措施，手持电动工具仍可能有触电的危险，这是因为单相线路分布很广，相线和零线很容易混淆，这时，相线和零线上一般都装有熔断器。如果零线保险熔断，而相线保险尚未熔断，就可能使设备外壳呈现对地电压，酿成触电事故。因此，这种接零不能保证安全，尚须采用其他安全措施。

4. 使用与保管

（1）手持式电动工具必须有专人管理、定期检修等健全的管理制度。

（2）每次使用前都要进行外观检查和电气检查。

5. 外观检查

（1）外壳、手柄有无裂缝和破损，紧固件是否齐全有效。

（2）软电缆或软电线是否完好无损，保护接零（地）是否正确、牢固，插头是否完好无损。

（3）开关动作是否正常、灵活、完好。

（4）电气保护装置和机械保护装置是否完好。

（5）工具转动部分是否灵活无障碍，卡头牢固。

6. 电气检查

（1）通电后反应正常，开关控制有效。

（2）通电后外壳经试电笔检查应不漏电。

（3）信号指示正确，自动控制作用正常。

（4）对于旋转工具，通电后观察电刷火花和声音应正常。

7. 手持电动工具在使用场所应加装单独的电源开关和保护装置。其电源线必须采用铜芯多股橡套软电缆或聚氯乙烯护套电缆；电缆应避开热源，且不能拖拉在地。

8. 电源开关或插销应完好，严禁将导线芯直接插入插座或挂钩在开关上。特别要防止将火线与零线对调。

9. 操作手电钻或电锤等旋转工具，不得戴线手套，更不可用手握持工具的转动部分或电线，使用过程中要防止电线被转动部分绞缠。

10. 手持式电动工具使用完毕，必须在电源侧将电源断开。

11. 在高空使用手持式电动工具时，下面应设专人扶梯，且在发生电击时可迅速切断电源。

（五）手持式电动工具的检修

手持式电动工具的检修应由专职人员进行。修理后的工具，不应降低原有的防护性能。

对工具内部原有的绝缘衬垫、套管，不得任意拆除或调换。检修后的工具其绝缘电阻，经用500V兆欧表测试，Ⅰ类不低于2MΩ，Ⅱ类不低于7MΩ；Ⅲ类不低于1MΩ。工具在大修后尚应进行交流耐压试验，试验电压标准分别为：Ⅰ类—950V，Ⅱ类—2800V，Ⅲ类—380V。

（六）手持电动工具操作安全技术

1. 使用刃具的机具，应保持刃磨锋利，完好无损，安装正确，牢固可靠。

2. 使用砂轮的机具，其转速一般在10000r/min以上，因此，对砂轮的质量和安装有严格要求。使用前应检查砂轮与接盘间的软垫并安装稳固，螺帽不得过紧，凡受潮、变形、裂纹、破碎、磕边缺口或接触过油、碱类的砂轮均不得使用，并不得将受潮的砂轮片自行烘干使用。

3. 手持电动工具转速高，振动大，作业时与人体直接接触，所以在潮湿地区或在金属构架、压力容器、管道等导电良好的场所作业时，必须使用双重绝缘或加强绝缘的电动工具。

4. 采用工程塑料为机壳的非金属壳体的电动机、电器，在存放和使用时应防止受压、受潮，并不得接触汽油等溶剂。

5. 作业前的检查要求

为保证手持电动工具的正常使用，在手持电动工具作业前必须按照以下要求进行检查：

（1）外壳、手柄不出现裂缝、破损。

（2）电缆软线及插头等完好无损，开关动作正常，保护接零连接正确牢固可靠。

（3）各部防护罩齐全牢固，电气保护装置可靠。

6. 机具起动后，应空载运转，检查并确认机具联动灵活无阻。作业时，加力应平稳，不得用力过猛。

7. 严禁超载使用。为防止机具发生故障、达到延长使用寿命的目的，作业中应注意音响及温升，发现异常应立即停机检查。在作业时间过长，机具温升超过60℃时，应停机，自然冷却后再行作业。

8. 作业中，不得用手触摸刃具、模具和砂轮。发现其有磨钝、破损情况时，应立即停机修整或更换，然后再继续进行作业。

9. 手持电动工具依靠操作人员的手来控制，如果在运转过程中撒手，机具失去控制，会破坏工件、损坏机具，甚至造成人身伤害。所以机具转动时，不得撒手不管。

10. 使用冲击电钻或电锤时的要求

（1）作业时应掌握电钻或电锤手柄，打孔时先将钻头抵在工作表面，然后开动，用力适度避免晃动；转速若急剧下降，应减少用力，防止电机过载，严禁用木杠加压。

（2）钻孔时，应注意避开混凝土中的钢筋。

（3）电钻和电锤为40%断续工作制，不得长时间连续使用。

（4）作业孔径在25mm以上时，应有稳固的作业平台，周围应设护栏。

11. 使用瓷片切割机时的要求

（1）作业时应防止杂物、泥尘混入电动机内，并应随时观察机壳温度，当机壳温度过高及产生炭刷火花时，应立即停机检查处理。

（2）切割过程中用力应均匀适当，推进刀片时不得用力过猛。当发生刀片卡死时，应立即停机，慢慢退出刀片，重新对正后方可再切割。

12. 使用角向磨光机时的要求

（1）砂轮应选用增强纤维树脂型，其安全线速度不得小于80m/s。配用的电缆与插头应具有加强绝缘性能，并不得任意更换。

（2）磨削作业时，应使砂轮与工件面保持15°～30°的倾斜位置；切削作业时，砂轮不得倾斜，并不得横向摆动。

13. 使用电剪时应符合下列要求：

（1）作业前应先根据钢板厚度调节刀头间隙量。

（2）作业时不得用力过猛。当发现刀轴往复次数急剧下降时，应立即减小推力。

14. 为了防止射钉枪射钉误发射而造成人身伤害事故，使用射钉枪时应符合下列要求：

（1）严禁用手掌推压钉管和将枪口对准人。

（2）击发时，应将射钉枪垂直压紧在工作面上。当两次扣动扳机，子弹均不击发时，应保持原射击位置数秒钟后，再退出射钉弹。

（3）在更换零件或断开射钉枪之前，射枪内均不得装有射钉弹。

15. 使用拉铆枪时的要求

（1）被铆接物体上的铆钉孔应与铆钉滑配合，并不得过盈量太大以免影响铆接质量。

（2）铆接时，当铆钉轴未拉断时，可重复扣动扳机，直到拉断为止，不得强行扭断或撬断，以免造成机件损伤。

（3）为避免失去调节精度、影响操作，作业中，接铆头子或柄帽若有松动，应立即拧紧。

（七）手持电动工具安全评价检查内容

1. 必须按作业环境的要求选用手持电动工具，否则必须采用其他安全保护措施，且必须符合相应防护等级的安全技术要求。

（1）作业环境要求

在一般场所应选用Ⅰ类工具，在潮湿的场所或金属构架上等导电性能良好的作业场所，必须使用Ⅱ类或Ⅲ类工具，在锅炉、金属容器、管道内等狭窄场所应使用Ⅲ类工具。

（2）保护措施要求

在一般场所使用Ⅰ类工具时，必须采用漏电保护电器、安全隔离变压器等保护措施。在潮湿的场所或金属构架上如使用Ⅰ类工具，必须装设额定漏电动作电流不大于30μA、动作时间不大于0.1s的漏电保护电器。使用Ⅰ类工具时，PE线接线正确，连接可靠。在狭窄场所使用Ⅱ类工具时，必须装设额定漏电动作电流不大于15μA、动作时间不大于0.1s的漏电保护电器。漏电保护电器应定期校验，保持完好有效。

（3）使用单位的安全管理部门应加强对漏电保护器运行安全的监督，并建立相应的管理制度。

漏电保护器的安装、检查等应由电工负责进行。对电工应进行有关漏电保护器知识的培训、考核。内容包括漏电保护器的原理、结构、性能、安装使用要求、检查测试方法、安全管理等。

相应的职业安全卫生检测检验站负责在用漏电保护器的常规检测。常规检测每年应进行一次，检测的项目为绝缘电阻、试验装置性能和动作特性等。

2. 绝缘电阻符合要求，有定期测量记录

手持电动工具至少每三个月必须进行一次绝缘电阻的测量，以保证操作者的人身安全。电动工具在冷态下测得的电阻值应大于表3-8的数值。

表3-8　各种类型手持电动工具最小绝缘电阻值

测量部位	绝缘电阻
Ⅰ类工具带电零件与外壳之间	2MΩ
Ⅱ类工具带电零件与外壳之间	7MΩ
Ⅲ类工具带电零件与外壳之间	1MΩ

注：绝缘电阻用500V兆欧表测量

3. 电源线

电源线必须用护套软线，长度不得超过6m，无接头及破损。Ⅰ类电动工具的绝缘线必须采用三芯（单相工具）或四芯（三相工具）、多股铜芯护套软线，其中，绿/黄双色线在任何情况下只能用做PE线。电动工具的电源线长度限制在6m以内，中间不允许有接头及破损。

4. 电动工具的防护罩、盖及手柄应完好，无破损、无变形、不松动。

5. 电动工具的开关应灵敏、可靠，插头无破损，规格与负载匹配。

（1）开关灵敏、可靠，能及时切断电源，无缺损、破裂。

（2）插头不应有破裂及损坏，规格应与工具的功率类型相匹配，而且接线正确。

四、钢筋机械安全控制技术

（一）常用钢筋加工设备

钢筋加工机械包括钢筋冷拉机械、卷扬机、钢筋弯曲机、钢筋切断机等设备。

1. 钢筋冷拉机械

钢筋冷拉机械（图3-16）是钢筋加工机械之一。利用超过屈服点的应力，在一定限度内将钢筋拉伸，从而使钢筋的屈服点提高20%~25%。

冷拉机分卷扬冷拉机和阻力冷拉机。卷扬冷拉机用卷扬机通过滑轮组，将钢筋拉伸。冷拉速度在5米/分左右，可拉粗、细钢筋，但占地面积较大。

阻力冷拉机用于直径8毫米以下盘条钢筋的拉伸。钢筋由卷筒强力牵行通过4~6个阻力轮而拉伸，该机可与钢筋调直切断机组合，直接加工出定长的冷拉钢筋，冷拉速度为40米/分左右，效率高，布置紧凑。

图3-16　钢筋冷拉机

冷拉机操作安全要求

（1）应根据冷拉钢筋的直径，合理选用卷扬机。卷扬钢丝绳应经封闭式导向滑轮并和被拉钢筋水平方向成直角。卷扬机的位置应使操作人员能见到全部冷拉场地，卷扬机与冷拉中线距离不得少于5m。

（2）冷拉场地应在两端地锚外侧设置警戒区，并应安装防护栏及警告标志。无关人员不得在此停留。操作人员在作业时必须离开钢筋2m以外。

（3）用配重控制的设备应与滑轮匹配，并应有指示起落的记号，没有指示记号时应有专人指挥。配重框提起时高度应限制在离地面300mm以内，配重架四周应有栏杆及警告标志。

（4）作业前，应检查冷拉夹具，夹齿应完好，滑轮、拖拉小车应润滑灵活，拉钩、地锚及防护装置均应齐全牢固。确认良好后，方可作业。

（5）卷扬机操作人员必须看到指挥人员发出信号，并待所有人员离开危险区后方可作业。冷拉应缓慢、均匀。当有停车信号或见到有人进入危险区时，应立即停拉，并稍稍放松卷扬钢丝绳。

（6）用延伸率控制的装置，应装设明显的限位标志，并应有专人负责指挥。

（7）夜间作业的照明设施，应装设在张拉危险区外。当需要装设在场地上空时超过5m。灯泡应加防护罩，导线严禁采用裸线。

（8）作业后，应放松卷扬钢丝绳，落下配重，切断电源，锁好开关箱。

2. 卷扬机

卷扬机（又叫绞车）（图3-17）是由人力或机械动力驱动卷筒、卷绕绳索来完成牵引工作的装置。可以垂直提升、水平或倾斜拽引重物。卷扬机分为手动卷扬机和电动卷扬机两种。现在以电动卷扬机为主。电动卷扬机由电动机、联轴节、制动器、齿轮箱和卷筒组成，共同安装在机架上。对于起升高度和装卸量大工作频繁的情况，调速性能好，能令空钩快速下降。对安装就位或敏感的物料，能用较小速度。

常见的卷扬机吨位有：0.3t、0.5t、1t、1.5t、2t、3t、5t、6t、8t、10t、15t、20t、25t、30t。

卷扬机可分为国标卷扬机、非标卷扬机。国标卷

图3-17 卷扬机

扬机指符合国家标准的卷扬机。非标卷扬机是指厂家自己定义标准的卷扬机。通常只有具有生产证的厂商才可以生产国标卷扬机，价格也比非标卷扬机贵一些。

特殊型号的卷扬机有：变频卷扬机、双筒卷扬机、手刹杠杆式双制动卷扬机、带限位器卷扬机、电控防爆卷扬机、电控手刹离合卷扬机、大型双筒双制动卷扬机、大型外齿轮卷扬机、大型液压式卷扬机、大型外齿轮带排绳器卷扬机、双曳引轮卷扬机、大型液压双筒双制动卷扬机、变频带限位器绳槽卷扬机。

卷扬机的分类及其不同特性卷扬机包括建筑卷扬机、同轴卷扬机。主要产品有：JM电控慢速大吨位卷扬机、JM电控慢速卷扬机、JK电控高速卷扬机、JKL手控快速溜放卷扬机、2JKL手控双快溜放卷扬机、电控手控两用卷扬机、JT调速卷扬机、KDJ微型卷扬机等，仅能在地上使用，可以通过修改用于船上。它以电动机为动力，经弹性联轴节，三级封闭式齿轮减速箱，牙嵌式联轴节驱动。

卷筒，采用电磁制动。该产品通用性高、结构紧凑、体积小、重量轻、起重大、使用转移方便，被广泛应用于建筑、水利工程、林业、矿山、码头等的物料升降或平拖，还可作现代化电控自动作业线的配套设备。JM系列为齿轮减速机传动卷扬机。主要用于卷扬、拉卸、

推、拖重物。如各种大中型混凝土、钢结构及机械设备的安装和拆卸。适用于建筑安装公司、矿区、工厂的土木建筑及安装工程。

由人力或机械动力驱动卷筒、卷绕绳索来完成牵引工作的装置。

同轴卷扬机：（又叫微型卷扬机）电机与钢丝绳在同一传动轴上，轻便小巧，节省空间（其吨位包括200千克、250千克、300千克、500千克、750千克、1000千克等）。

慢速卷扬机：卷筒上的钢丝绳额定速度约 7~12m/min 的卷扬机。

快速卷扬机：卷筒上的钢丝绳额定速度约 30m/min 的卷扬机。

电动卷扬机：由电动机作为动力，通过驱动装置使卷筒回转的卷扬机。

调速卷扬机：速度控制可以调节的卷扬机。

手摇卷扬机：以人力作为动力，通过驱动装置使卷筒回转的卷扬机。

大吨位非标卷扬机：主要用于卷扬、拉卸、推、拖重物。如各种大中型混凝土、钢结构及机械设备的安装和拆卸。其结构特点是钢丝绳排列有序、有吊安装可靠、适用于码头、桥梁、港口等路桥工程及大型厂矿安装设备．就是一种利用外力（例如电动机）驱动运转，然后通过电磁制动器和抱死制动器控制其在无动力下不自由运转，同时经过电动机的带动减速后，驱动一个轮盘运转，轮盘上可以卷钢索或者其他东西。

通常提升高于30吨的卷扬机为大吨位卷扬机，生产大吨位的卷扬机技术在中国只有少数，目前最大吨位是65吨。主要细分为 JK（快速），JM、JMW（慢速），JT（调速），JKL、2JKL 手控快速等系列卷扬机，广泛应用于工矿、冶金、起重、建筑、化工、路桥、水电安装等起重行业。

常见卷扬机型号有：

（1）JK0.5-JK5 单卷筒快速卷扬机

（2）JK0.5-JK12.5 单卷筒慢速卷扬机

（3）JKL1.6-JKL5 溜放型快速卷扬机

（4）JML5、JML6、JML10 溜放型打桩用卷扬机

（5）2JK2-2JML10 双卷筒卷扬机

（6）JT800、JT700 型防爆提升卷扬机

（7）JK0.3-JK15 电控卷扬机

（8）非标卷扬机

其中 JK 表示快速卷扬机、JM 表示慢速卷扬机、JT 表示防爆卷扬机，单卷筒表示一个卷筒容纳钢丝绳，双卷筒表示两个卷筒容纳钢丝绳。

特殊卷扬机型号有：

（1）液压卷扬机

（2）变频卷扬机

（3）双筒卷扬机

（4）手刹杠杆式双制动卷扬机

（5）带限位器卷扬机

（6）双制动卷扬机

卷扬机的结构见图3-18。

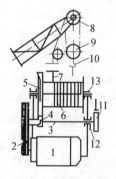

图 3-18　卷扬机结构

1—电动机；2—三角皮带；3—传动轴；
4、5—齿轮；6—卷筒；7—钢丝绳；
8—定滑轮；9—动滑轮；10—起重机吊钩；
11—制动器；12、13—轴承

卷扬机把电能经过电动机 1 转换为机械能，即电动机的转子转动输出，经三角带 2、传动轴 3、齿轮 4，5 减速后再带动卷筒 6 旋转。卷筒卷绕钢丝绳 7 并通过滑轮组 8，9，使起重机吊钩 10 提升或落下载荷 Q，把机械能转变为机械功，完成载荷的垂直运输装卸工作。

3. 钢筋弯曲机

钢筋弯曲机（图 3-19）是钢筋加工机械之一。工作机构（图 3-20）是一个在垂直轴上旋转的水平工作圆盘，把钢筋置于图中虚线位置，支承销轴固定在机床上，中心销轴和压弯销轴装在工作圆盘上，圆盘回转时便将钢筋弯曲。为了弯曲各种直径的钢筋，在工作盘上有几个孔，用以插压弯销轴，也可相应地更换不同直径的中心销轴。

图 3-19　钢筋弯曲机

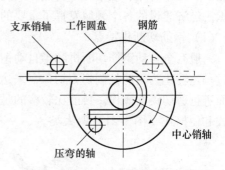

图 3-20　弯曲原理图

钢筋弯曲机属于一种对钢筋弯曲机结构的改进。本实用新型包括减速机、大齿轮、小齿轮、弯曲盘面，其特征在于结构中：双级制动电机与减速机直联作一级减速；小齿轮与大齿轮啮合作二级减速；大齿轮始终带动弯曲盘面旋转；弯曲盘面上设置有中心轴孔和若干弯曲轴孔；工作台面的定位方杠上分别设置有若干定位轴孔。由于双级制动电机与减速机直联作一级减速，输入、输出转数比准确，弯曲速度稳定、准确，且可利用电气自动控制变换速度，制动器可保证弯曲角度。利用电机的正反转，对钢筋进行双向弯曲。中心轴可替换，便于维修。可以采用智能化控制。国外品牌都是贴牌生产，很少是全套进口，据调查所知很多国外品牌都是国内生产商生产。

（1）主要技术指标见表 3-9

表 3-9　钢筋切断机的主要技术指标

型号	GW-12 型	GF16 型	GW40 型	GW50 型
弯曲钢筋直径：圆钢（Q235-A）	($\phi 4$-$\phi 12$) mm	($\phi 4$-$\phi 16$) mm	($\phi 6$-$\phi 40$) mm	($\phi 10$-$\phi 50$) mm
弯曲钢筋直径：Ⅱ级螺纹钢			($\phi 8$-$\phi 36$) mm	($\phi 1$-$\phi 40$) mm
工作圆盘直径			$\phi 345$mm	$\phi 400$mm
工作圆盘转速	20r/min	35-40r/min	5r/min，10r/min	5r/min，10r/min
电机功率	1.5kW	1.5kW	3kW	4kW

（2）注意事项

1）作业时，将钢筋需弯的一头插在转盘固定备有的间隙内，另一端紧靠机身固定并用手压紧，检查机身固定，确实安在挡住钢筋的一侧方可开动。

2）作业中严禁更换芯轴和变换角度以及调速等作业，亦不得加油或清除。

3）弯曲钢筋时，严禁加工超过机械规定的钢筋直径、根数及机械转速。

4）弯曲高硬度或低合金钢筋时，应按机械铭牌规定换标最大限制直径，并调换相应的芯。

4. 钢筋切断机

钢筋切断机是一种剪切钢筋所使用的一种工具。一般有全自动钢筋切断机和半自动钢筋切断机之分。它是钢筋加工必不可少的设备之一，它主要用于房屋建筑、桥梁、隧道、电站、大型水利等工程中对钢筋的定长切断。钢筋切断机与其他切断设备相比，具有重量轻、耗能少、工作可靠、效率高等特点，因此近年来逐步被机械加工和小型轧钢厂等广泛采用，在国民经济建设的各个领域发挥了重要的作用。

（1）钢筋切断机特点

一般有全自动钢筋切断机和半自动钢筋切断机之分。全自动的也叫电动切断机，是电能通过马达转化为动能控制切刀切口，来达到剪切钢筋效果的。而半自动的是人工控制切口，从而进行剪切钢筋操作。目前比较多的是应该属于液压钢筋切断机液压钢筋切断机又分为充电式和便携式（图3-21）两大类。

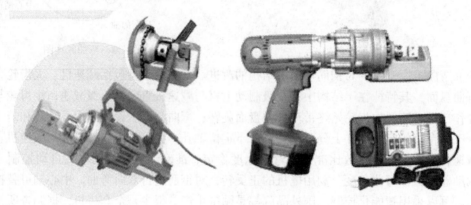

图3-21　便携式钢筋切断机

（2）钢筋切断机分类

适用于建筑工程上各种普通碳素钢、热扎圆钢、螺纹钢、扁钢、方钢的切断。

切断圆钢：（Q235-A）直径：（$\phi 6$-$\phi 40$）mm

切断扁钢最大规格：（70x15）mm

切断方钢：（Q235-A）最大规格：（32×32）mm

切断角钢最大规格：（50×50）mm

（3）钢筋切断机发展动态

国内外切断机的对比：由于切断机技术含量低、易仿造、利润不高等原因，所以厂家几十年来基本维持现状，发展不快，与国外同行相比具体有以下几方面差距。

1）国外切断机偏心轴的偏心距较大，如日本立式切断机偏心距24mm，而国内一般为17mm。看似省料，齿轮结构偏小，但给用户带来了麻烦，不易管理。因为在由切大料到切小料时，不是换刀垫就是换刀片，有时还需要转换角度。

2）国外切断机的机架都是钢板焊接结构，零部件加工精度、粗糙度尤其热处理工艺过硬，使切断机在承受过载荷、疲劳失效、磨损等方面都超过国产机器。

3）国内切断机刀片设计不合理，单螺栓固定，刀片厚度够薄，40 型和 50 型刀片厚度均为 17mm；而国外都是双螺栓固定，25~27mm 厚，因此国外刀片在受力及寿命等综合性能方面都较国内优良。

4）国内切断机每分钟切断次数少．国内一般为 28~31 次，国外要高出 15~20 次，最高高出 30 次，工作效率较高。

5）国外机型一般采用半开式结构，齿轮、轴承用油脂润滑，曲轴轴径、连杆瓦、冲切刀座、转体处用手工加稀油润滑．国内机型结构有全开、全闭、半开半闭 3 种，润滑方式有集中稀油润滑和飞溅润滑 2 种。

6）国内切断机外观质量、整机性能不尽人意；国外厂家一般都是规模生产，在技术设备上舍得投入，自动化生产水平较高，形成一套完整的质量保证加工体系。尤其对外观质量更是精益求精，外罩一次性冲压成型，油漆经烤漆喷涂处理，色泽搭配科学合理，外观看不到哪儿有焊缝、毛刺、尖角，整机光洁美观。而国内一些厂家虽然生产历史较长，但没有一家形成规模，加之设备老化，加工过程拼体力、经验，生产工艺几十年一贯制，所以外观质量粗糙、观感较差。

（二）钢筋工安全技术操作要求

1. 钢材、半成品等应按规格、品种分别堆放整齐，加工制作现场要平整，工作台稳固，照明灯具必须加网罩。

2. 拉直钢筋、卡头要卡牢。拉筋线 2m 区域内禁止行人来往。人工拉直，不准用胸、肚接触推扛，并缓慢松解，不得一次松开。

3. 展开盘圆钢筋要一次卡牢，防止回弹，切割时先用脚踩紧。

4. 多人合作运钢筋时，动作要一致，人工上下传送不得在同一垂直线上，钢筋堆放要分散、牢稳，防止倾倒或塌落。

5. 绑扎立柱、墙体钢筋，不得站在钢筋骨架上或攀登骨架上下。

6. 所需各种钢筋机械，必须制定安全技术操作要求，并认真遵守。钢筋机械的安全防护设施必须安全可靠。

（三）钢筋机械安全操作要求

1. 钢筋冷拉机械安全操作要求

（1）合理选用冷拉钢筋场地。卷扬机要用地锚固定牢固，卷扬机的钢丝绳应经封闭导向滑轮。

（2）冷拉场地在两端地锚外侧设置警戒区，并设警示标志，严禁无关人员在此停留，操作人员在操作时必须离开钢筋最少 2m。

（3）操作前必须检查冷拉夹具，滑轮拉钩、地锚必须牢固可靠，确保良好后方可作业。

（4）卷扬机操作人员必须看到指挥人员发出的信号，并待人员离开危险区时方可作业。冷拉应缓慢、均匀地进行，随时注意停车信号或见有人进入危险区时应立即停车，并稍稍放松卷扬机钢丝绳。

（5）用于控制延伸率的装置必须装设明显限位标志，并设专人负责指挥。

（6）夜间作业照明设施应设在危险区外。如必须装设在场地上空，其高度应超过 5m，灯泡应加防护罩，导线不用裸线。

（7）作业完毕，清理作业现场，切断电源后方能离开。

2. 卷扬机安全操作要求

（1）工作前必须检查钢丝绳的接头是否牢固，离合器、制动器、滑轮是否灵活可靠。

（2）操作时，司机要聚精会神，听从口令。

（3）卷扬机不得超过起重机重量。

（4）卷扬机起动或停止时，速度必须逐渐加快或减慢。

（5）钢丝绳必须在筒上排列整齐，至少应在筒上保留三圈。

（6）钢丝绳必须经常检查，不准有刺及扭绕现象。

（7）电动卷扬机在工作中要注意电动机的温度，如发现异常，应停止工作。

（8）禁止任何人跨越卷扬机在运动着的钢丝绳。

（9）卷扬机不得用于人员上下。

（10）制动器不能受潮或油污。制动器失灵时，应立即停止作业进行维修。

（11）夜间作业时，现场要有足够的照明设备。

（12）卷扬机在工作中不得进行任何维修及保养。

3. 钢筋弯曲机安全操作要求

（1）操作台面和弯曲机面要保持水平，并准备好各种芯轴及工具。

（2）按加工钢筋的直径与弯曲钢筋半径的要求，装好芯轴、成形轴、档铁轴、变档轴，芯轴直径为钢筋的 2.5 倍。

（3）启动前必须检查芯轴、档铁、转盘无损坏和裂纹，防护罩牢固可靠，经运转确认安全后方可作业。

（4）作业时将钢筋需要弯曲的插头插在固定销的间隙内，另端紧靠机身固定销，并用手压紧，检查机身固定销，确定在固定销的一侧，方可开动。

（5）作业中严禁更换芯销子和变更角度或调速等作业，亦不能加油或清扫。

（6）弯曲时，严禁超过本机规定的钢筋直径根数及机械速度。

（7）弯曲高强度钢筋时，应按机械铭牌规定换算最大值并调换相的芯轴。

（8）严禁在弯曲钢筋的作业半径和机身不设固定销的一侧站人，弯曲好的钢筋要堆放整齐，弯钩不得向上。

（9）转盘转向时，必须停稳后进行。

（10）作业完毕，清理作业现场，切断电源，锁好开关箱。

4. 钢筋切断机安全操作要求

（1）使用前必须检查切刀有无裂缝，刀架螺栓是否上紧，防灰罩是否牢固，然后用手转动皮带轮，检查齿合间隙，调整好齿轮间隙。

（2）接送台应和切刀下部保持水平，工作台的长度可根据实际确定。

（3）启动机先空转，检查传动部位及轴承运转正常后，方可作业。

（4）机械未达到正常转速时不得切料，切料时，必须使用切刀的下部，紧握钢筋对准刀口迅速送入。

（5）不得剪切直径及强度超过机械铭牌规定的钢筋。一次切断多根钢筋时，总截面积应在规定的范围内。

（6）剪切低合金钢时，应换高硬度切刀，直径应符合铭牌规定。

（7）切断短料时，手和切刀要距离1500mm以上。如手握小于9mm的钢筋时，应用套管将钢筋短头压住。

（8）运动中，严禁用手直接清除切刀附近端杂物，钢筋摆动周围内切刀附近非工作人员不得停留。

（9）发现机械转动异常，应立即停机检修。

（10）作业后，用钢刷清除切口间杂物，切断电源，锁好电源开关箱后离开。

五、电焊机安全控制技术

电焊机是将电能转换为焊接能量的焊机（图3-22）。

图 3-22　电焊机

电焊机是利用正负两极在瞬间短路时产生的高温电弧来熔化电焊条上的焊料和被焊材料，来达到使它们结合的目的。结构十分简单，就是一个大功率的变压器，电焊机一般按输出电源种类可分为两种，一种是交流电源的；一种是直流电的。系利用电感的原理做成的，电感量在接通和断开时会产生巨大的电压变化，利用正负两极在瞬间短路时产生的高压电弧来熔化电焊条上的焊料，来达到使它们结合的目的。

电焊机实际上就是具有下降外特性的变压器，将220V和380V交流电变为低压的直流电。电焊机一般按输出电源种类可分为两种，一种是交流电源的；一种是直流电的。直流的电焊机可以说是一个大功率的整流器，分正负极，交流电输入时，经变压器变压后，再由整流器整流，然后输出具有下降外特性的电源，输出端在接通和断开时会产生巨大的电压变化，两极在瞬间短路时引燃电弧，利用产生的电弧来熔化电焊条和焊材，冷却后达到使它们结合的目的。焊接变压器有自身的特点，外特性就是在焊条引燃后电压急剧下降的特性。

焊接由于灵活简单方便牢固可靠，焊接后甚至与母材同等强度的优点广乏用于各个工业领域，如航空航天，船舶，汽车，容器等。

1. 电焊机的特点

（1）电焊机优点

电焊机使用电能源，将电能瞬间转换为热能，电很普遍，电焊机适合在干燥的环境下工作，不需要太多要求，因体积小巧，操作简单，使用方便，速度较快，焊接后焊缝结实等优点广乏用于各个领域，特别对于要求强度很高的制件特实用，可以瞬间将同种金属材料（也可将异种金属连接，只是焊接方法不同）永久性的连接，焊缝经热处理后，与母材同等强度，密封很好，这给储存气体和液体容器的制造解决了密封和强度的问题。

（2）电焊机缺点

电焊机在使用的过程中焊机的周围会产生一定的磁场，电弧燃烧时会向周围产生辐射，弧光中有红外线，紫外线等光种，还有金属蒸汽和烟尘等有害物质，所以操作时必须要做足够的防护措施。焊接不适合于高碳钢的焊接，由于焊接焊缝金属结晶和偏析及氧化等过程，对于高碳钢来说焊接性能不良，焊后容易开裂，产生热裂纹和冷裂纹。低碳钢有良好的焊接性能，但过程中也要操作得当，除锈清洁方面较为烦琐，有时焊缝会出现夹渣裂纹气孔咬边等缺陷，但操作得当会降低缺陷的产生。

2. 电焊工安全技术操作规程

（1）电焊机外壳必须接地良好，其电源的装拆应由电工进行。

（2）电焊机要设单独的开关，开关应放在防雨的闸箱内，拉合时应戴手套，侧向操作。

（3）严禁在带压力的容器或管道上施焊，焊接带电的设备必须先切断电源。

（4）在密闭金属容器内焊接时，容器必须可靠接地，通风良好，并应有人监护，严禁向容器内输入氧气。

（5）焊接预热部件时，应有石棉布或挡板等隔热措施。

（6）更换移动把线时，应切断电源，并不得持把线爬梯登高。

（7）多台焊机在一起集中焊接时，焊接平台或焊件必须接地，并应有隔光板。

（8）雷雨时，应停止露天焊接作业。

（9）焊接场地周围应清除易燃易爆物品，或进行覆盖隔离。

（10）工作结束，应切断电焊机电源，并检查操作地点，确认无起火危险后，方可离开。

3. 电焊机安全操作规程

（1）电焊机应设在干燥的地方，平稳牢固，要有可靠的接地装置，接线绝缘良好。

（2）焊把不得破损，不得漏电。

（3）操作时应佩戴防护镜和手套，并站在橡胶或木板上。

（4）工棚要用防火材料搭设，棚内严禁堆放易燃易爆物品，并备灭火器材。

（5）无操作证的人员不得使用。

（6）各接线处不得裸露导线和裸露接线端子板。

（7）要有防雨防潮措施。

4. 对焊机安全操作要求

（1）对焊机应安装在室内或棚内，并有良好的接地，每台对焊机必须安装刀闸开关。

（2）操作前检查对焊机及压力机械是否灵活，夹具是否牢固。

（3）通电前必须通水，使电极及次极绕组变冷，同时检查有无漏水现象，如漏水禁止使用。

（4）焊接现场禁止堆放易燃易爆物品，现场必须配备消防器材，操作人员必须佩戴防护镜，绝缘手套及帽子，站在垫木或其他绝缘材料上，才能作业。

（5）焊接前，应根据所焊钢材的截面调整电压，禁止焊接超过对焊机规定规格的钢筋。

（6）焊机所有活动部位应定期注油，确保良好的润滑。

（7）接触器、继电器应保持清洁，冷水的温度不得超过40℃。

（8）焊接较长的钢筋时，应设支架，配合搬运人员。

（9）冬季施工室内温度不得小于8℃。用完后将机械内水吹干。

（10）工作完毕后，必须切断电源，清除切口及周围的焊渣，以确保焊机清洁，收拾好工具，清扫现场对设备进行保养。

六、搅拌机安全控制技术

混凝土搅拌机（图3-23）是把水泥、砂石骨料和水混合并拌制成混凝土混合料的机械。主要由拌筒、加料和卸料机构、供水系统、原动机、传动机构、机架和支承装置等组成。

图3-23 混凝土搅拌机

混凝土搅拌机，包括通过轴与传动机构连接的动力机构及由传动机构带动的滚筒，在滚筒筒体上装围绕滚筒筒体设置的齿圈，传动轴上设置与齿圈啮合的齿轮。本实用新型结构简单、合理，采用齿轮、齿圈啮合后，可有效克服雨雾天气时，托轮和搅拌机滚筒之间的打滑现象；采用的传动机构又可进一步保证消除托轮和搅拌机滚筒之间的打滑现象。

（一）混凝土搅拌功能

1. 使各组成成分宏观与微观上均匀。

2. 破坏水泥颗粒团聚现象，促进弥散现象的发展。

3. 破坏水泥颗粒表面的初始水化物薄膜包裹层。

4. 促使物料颗粒间碰撞摩擦，减少灰尘薄膜的影响。

5. 提高拌合料各单元体参与运动的次数和运动轨迹的交叉频率，加速匀质化。

（二）混凝土搅拌机的分类

按工作性质分间歇式（分批式）和连续式；按搅拌原理分自落式和强制式；按安装方式分固定式和移动式；按出料方式分倾翻式和非倾翻式；按拌筒结构形式分梨式、鼓筒式、双锥、圆盘立轴式和圆槽卧轴式等。

1. **按工作性质分**

（1）周期性工作搅拌机。

（2）连续性工作搅拌机。

2. **按搅拌原理分**

（1）自落式搅拌机。

（2）强制式搅拌机。

3. **按搅拌桶形状分**

（1）鼓筒式。

（2）锥式。

（3）圆盘式。

另外，搅拌机还分为裂筒式和圆槽式（即卧轴式）搅拌机。

（三）搅拌机概况

1. **自落式搅拌机**

自落式搅拌机有较长的历史，早在 20 世纪初，由蒸汽机驱动的鼓筒式混凝土搅拌机已开始出现。50 年代后，反转出料式和倾翻出料式的双锥形搅拌机以及裂筒式搅拌机等相继问世并获得发展。自落式混凝土搅拌机的拌筒内壁上有径向布置的搅拌叶片。工作时，拌筒绕其水平轴线回转，加入拌筒内的物料，被叶片提升至一定高度后，借自重下落，这样周而复始的运动，达到均匀搅拌的效果。自落式混凝土搅拌机的结构简单，一般以搅拌塑性混凝土为主。

2. **强制式搅拌机**

从 20 世纪 50 年代初兴起后，得到了迅速的发展和推广。最先出现的是圆盘立轴式强制混凝土搅拌机。这种搅拌机分为涡桨式和行星式两种。19 世纪 70 年代后，随着轻骨料的应用，出现了圆槽卧轴式强制搅拌机，它又分单卧轴式和双卧轴式两种，兼有自落和强制两种搅拌的特点。其搅拌叶片的线速度小，耐磨性好和耗能少，发展较快。强制式混凝土搅拌机拌筒内的转轴臂架上装有搅拌叶片，加入拌筒内的物料，在搅拌叶片的强力搅动下，形成交叉的物流。这种搅拌方式远比自落搅拌方式作用强烈，主要适于搅拌干硬性混凝土。

3. **连续式混凝土搅拌机**

装有螺旋状搅拌叶片，各种材料分别按配合比经连续称量后送入搅拌机内，搅拌好的混凝土从卸料端连续向外卸出。这种搅拌机的搅拌时间短，生产率高、其发展引人注目。

随着混凝土材料和施工工艺的发展，又相继出现了许多新型结构的混凝土搅拌机，如蒸汽加热式搅拌机，超临界转速搅拌机，声波搅拌机，无搅拌叶片的摇摆盘式搅拌机和二次搅拌的混凝土搅拌机等。

（四）搅拌机的维护保养

1. 保养机体的清洁，清除机体上的污物和障碍物。

2. 检查各润滑处的油料及电路和控制设备，并按要求加注润滑油。

3. 每班工作前，在搅拌筒内加水空转 1～2min，同时检查离合器和制动装置工作的可靠性。

4. 混凝土搅拌机运转过程中，应随时检听电动机，减速器，传动齿轮的噪声是否正常，温升是否过高。

5. 每班工作结束后，应认真清洗混凝土搅拌机。

（五）混凝土搅拌机的操作要求

1. 搅拌机应安置在坚实的地方，用支架或支脚筒架稳。不准以轮胎代替支撑。

2. 开动搅拌机前应检查各控制器及机件是否良好。滚筒内不得有异物。

3. 搅拌机进料斗升起时，严禁人员在料斗下通过或停留。工作完毕后应将搅拌机料斗固定好。

4. 搅拌机运转时，严禁将工具伸进滚筒内。

5. 现场检修时，应固定好搅拌机料斗，切断电源。进入搅拌机滚筒时，外面应有人监护。

（六）搅拌机的使用安全

1. 搅拌机应设置在平坦的位置，用方木垫起前后轮轴，使轮胎搁高架空，以免在开动时发生移动。

2. 搅拌机应实施二级漏电保护。电源接通后，必须仔细检查，经空车试转认为合格，方可使用。试运转时应检验拌筒转速是否合适，一般情况下，空车速度比重车（装料后）稍快2~3转，如相差较多，应调整动轮与传动轮的比例。

3. 拌筒的旋转方向应符合箭头指示方向，如不符实，应更改电机接线。

4. 检查传动离合器和制动器是否灵活可靠，钢丝绳有无损坏，轨道滑轮是否良好，周围有无障碍及各部位的润滑情况等。

5. 开机后，经常注意搅拌机各部件的运转是否正常。停机时，经常检查搅拌机叶片是否打弯，螺丝有无打落或松动。

6. 当混凝土搅拌完毕或预计停歇1h以上时，除将余料出净外，应将石子和清水倒入料筒内，开机转动，把粘在料筒上的砂浆冲洗干净后全部卸出。料筒内不得有积水，以免料筒和叶片生锈。同时还应清理搅拌筒外积灰，使机械保持清洁完好。

7. 下班后及停机不用时，应拉闸断电，并锁好开关箱，以确保安全。

（七）混凝土搅拌机操作安全技术

1. 作业场地应有良好的排水条件，机械近旁应有水源，机棚内应有良好的通风、采光及防雨、防冻设施，并不得有积水。

2. 当气温降到5℃以下时，管道、水泵、机内均应采取防冻保温措施。

3. 作业后，应及时将机内、水箱内、管道内的存料、积水放尽，并应清洁保养机械，清理工作场地，切断电源，锁好开关箱。

4. 固定式搅拌机应安装在牢固的台座上。当长期固定时，应埋置地脚螺栓；在短期使用时，应在机座上铺设木枕并找平放稳。

5. 固定式搅拌机的操纵台，应使操作人员能看到各部工作情况。电动搅拌机的操纵台，应垫上橡胶板或干燥木板。

6. 移动式搅拌机的停放位置应选择平整坚实的场地，周围应有良好的排水沟渠。就位后，应放下支腿将机架顶起达到水平位置，使轮胎离地。当使用期较长时，应将轮胎卸下妥善保管，轮轴端部用油布包扎好，并用枕木将机架垫起支牢。

7. 对需设置上料斗地坑的搅拌机，其坑口周围应垫高夯实，应防止地面水流入坑内。上料轨道架的底端支承面应夯实或铺砖，轨道架的后面应采用木料加以支承，防止作业时轨道改变。

8. 料斗放到最低位置时，在料斗与地面之间，应加一层缓冲垫木。

9. 作业前重点检查项目应符合下列要求

（1）电源电压升降幅度不超过额定值的 5%。

（2）电动机和电器元件的接线牢固，保护接零或接地电阻符合规定。

（3）各传动机构、工作装置、制动器等均紧固可靠，开式齿轮、皮带轮等均有防护罩。

（4）齿轮箱的油质、油量符合规定。

10. 作业前，应先启动搅拌机空载运转。应确认搅拌筒或叶片旋转方向与筒体上箭头所示方向一致。对反转出料的搅拌机，应使搅拌筒正、反转运转数分钟，并应无冲击抖动现象和异常噪声。

11. 作业前，应进行料斗提升试验，观察并确认离合器、制动器灵活可靠。

12. 应检查并校正供水系统的指示水量与实际水量的一致性；当误差超过 2% 时，应检查管路的漏水点，或校正节流阀。

13. 检查骨料规格并应与搅拌机性能相符，超出许可范围的不得使用。

14. 搅拌机启动后，应使搅拌筒达到正常转速后进行上料。上料时应及时加水。每次加入的拌合料不得超过搅拌机的额定容量并应减少物料粘罐现象。加料的次序应为石子→水泥→砂子，或砂子→水泥→石子。

15. 进料时，严禁将头或手伸入料斗与机架之间。运转中，严禁用手或工具伸入搅拌筒内扒料、出料。

16. 搅拌机作业时，料斗升起后，严禁任何人在料斗下停留或通过；当需要在料斗下检修或清理料坑时，应将料斗提升后用铁链或插入销锁住。

17. 向搅拌筒内加料应在运转中进行，添加新料应先将搅拌筒内原有的混凝土全部卸出后方可进行。

18. 作业中，应观察机械运转情况，当有异常或轴承温升过高等现象时，应停机检查；当需检修时，应将搅拌筒内的混凝土清除干净，然后再进行检修。

19. 加入强制式搅拌机的骨料最大粒径不得超过允许值，并应防止卡料。每次搅拌时，加入搅拌筒的物料不应超过规定的进料容量。

20. 强制式搅拌机的搅拌叶片与搅拌筒底及侧壁的间隙，应经常检查并确认符合规定。当间隙超过标准时，应及时调整。当搅拌叶片磨损超过标准时，应及时修补或更换。

21. 作业后，应对搅拌机进行全面清理；当操作人员需进入筒内时，必须切断电源或卸下熔断器，锁好开关箱，挂上"禁止合闸"标牌，并应有专人在外监护。

22. 作业后，应将料斗降落到坑底，当需升起时，应用链条或插销扣牢。

23. 冬季作业后，应将水泵、放水开关、量水器中的积水排尽。

24. 搅拌机在场内移动或远距离运输时，应将进料斗提升到上止点，用保险铁链或插销锁住。

七、气瓶安全控制技术

气瓶（图3-24）也是一种压力容器。气瓶应包括不同压力、不同容积、不同结构形式和不同材料用以贮运永久气体，液化气体和溶解气体的一次性或可重复充气的移动式的压力容器。

对压力容器的安全要求，一般讲对气瓶也是适用的。但由于气瓶在使用方面有它的特殊性，因此为保证安全，气瓶除符合压力容器的安全要求外，还要有一些特殊要求。

图3-24　气瓶

气瓶是储运式压力容器。它在生产中使用日益广泛。目前使用最多的是无缝钢瓶，其公称容积为40L，外径219mm。此外液化石油气瓶的公称容积装重有10kg、15kg、20kg、50kg等四种。溶解乙炔气瓶的公称容积有≤25L（直径200mm）、40L（直径250mm）、50L（直径250mm）、60L（直径300mm）等四种。还有公称容积为400l、800l盛装液氯0.5t、1t的焊接气瓶等。因此，从气瓶的设计、制造、使用上全面加强管理是十分必要的。

（一）气瓶的概述和分类

气瓶的分类方法很多。按气瓶充装气体的物理性质分为压缩气体气瓶、液化气体气瓶（高压液化气体、低压液化气体）；按充装气体的化学性质分为惰性气体气瓶、助燃气体气瓶、易燃气体气瓶和有毒气体气瓶；按气瓶设计压力分为高压气瓶（2940、1960、1470、1225N/cm^2）和中压气瓶（784、490、294、19698N/cm^2）；按制造材料分为钢制气瓶（不锈钢气瓶）、玻璃钢气瓶；按气瓶结构分为无缝气瓶和焊接气瓶。

1. 气瓶的结构分类

从结构上分类有无缝气瓶和焊接气瓶；从材质上分类有钢质气瓶（含不锈钢气瓶），铝合金气瓶，复合气瓶、其他材质气瓶，从充装介质上分类为永久性气体气瓶，液化气体气瓶，溶解乙炔气瓶；从公称工作压力和水压试验压力上分类有高压气瓶、低压气瓶。

2. 气瓶的容积分类

公称容积不大于1000L，用于盛装压缩气体的可重复充气而无绝热装置的移动式压力容器。常用的有氧气瓶、乙炔瓶等。车载天然气瓶：一般容积在50～140升，压力20MPa，外径325mm。现在有两种一种全钢瓶，一种环向全缠绕；缠绕瓶属于新技术，安全性更高，重量轻，缠绕层材料是玻璃纤维，气瓶主体材料30CrMo，一般改装安放在车后备箱内。

（二）液化气的充装

1. 充装计量用衡器的最大称量值不得大于气瓶实重（包括自重与装液重量）的3倍，不小于1.5倍。衡器应按有关规定，定期进行校验，并且至少在每天使用前校正一次。

2. 易燃液化气体中的氧含量达到或超过下列规定值时，禁止装瓶：

（1）乙烯中的氧含量2%（按体积计，下同）

（2）其他易燃气体中的氧含量4%。

3. 气瓶充装液化气体时，必须严格遵守下列各项：

（1）充气前必须检查确认气瓶是经过检查合格或妥善处理过的。

（2）用卡子连接代替螺纹连接进行充装时，必须认真仔细检查确认瓶阀出口螺纹与所装气体所规定的螺纹型式相符。

（3）开启瓶阀应缓缓操作，并应注意监听瓶内有无异常音响。

（4）充装易燃气体的操作过程中，禁止用扳手等金属器具敲击瓶阀或管道。

（5）在充装过程中，应随时检查气瓶各处的密封状况，瓶壁温度是否正常。发现异常时应及时妥善处理。

4. 液化石油气体的充装量不得大于所装气瓶型号中用数字表示的公称容量（以千克计）。其他液化气体的充装量不得大于气瓶的公称容积与充装系数的乘积。

5. 低压液化气体充装系数的确定，应符合下列原则：

（1）充装系数应不大于在气瓶最高使用温度下，液体密度的97%。

（2）在温度高于气瓶最高使用温度5℃时，瓶内不满液。

6. 高压液化气体充装系数的确定，应符合下列原则：

（1）瓶内气体在气瓶最高使用温度下所达到的压力不超过气瓶许用压力。

（2）在温度高于最高使用温度5℃时，瓶内气体压力不超过气瓶许用压力的20%。

7. 液化气体的充装量必须精确计量和严格控制，禁止用贮罐减量法（即根据气瓶充装前后贮罐存液量之差）来确定充装量。充装过量的气瓶，必须及时将超装的液量妥善排出。

8. 充装后的气瓶，应有专人负责，逐只进行检查。不符合要求时，应进行妥善处理。检查内容应包括：

（1）充装量是否在规定范围内。

（2）瓶阀及其与瓶口连接的密封是否良好。

（3）瓶体是否出现鼓包变形或泄漏等严重缺陷。

（4）瓶体的温度是否有异常升高的迹象。

（三）气瓶改装

1. 使用过的气瓶，严禁随意更改颜色标记，换装别种气体。

2. 使用单位需要更换气瓶盛装气体的种类时，应提出申请，由气瓶检验单位对气瓶进行改装。

3. 对低压液化气体气瓶，充气单位应先进行校验，确认换装的气体，在气瓶最高使用温度下的饱和蒸气压力不大于气瓶的许用压力后，方可进行改装。

4. 气瓶改装时，应对瓶内部进行彻底清理、检验，换装相应的附件，并按 GB 7144 气瓶颜标记的规定，更改换装气体的字样、色环和颜色标记。

（四）充装记录

1. 充气单位应由专人负责填写气瓶充装记录。记录内容至少应包括：充气日期、瓶号、室温、气瓶标记重量，装气后总重量、有无发现异常情况等。

2. 充气单位应负责妥善保管气瓶充装记录，保存时间不应小于一年。

（五）常见气瓶颜色标志（表3-10）

表3-10　常见气瓶颜色标志

充装气体名称	化学式	瓶色	字样	字色	色环
乙炔	CH≡CH	白	乙炔不可近火	大红	
氢	H_2	淡绿	氢	大红	P=20，淡黄色单环 P=30，淡黄色双环
氧	O_2	淡（酞）蓝	氧	黑	P=20，白色单环 P=30，白色双环
氮	N_2	黑	氮	淡黄	
空气		黑	空气	白	
二氧化碳	CO_2	铝白	液二氧化碳	黑	P=20，黑色单环
氨	NH_3	淡黄	液化氨	黑	
氯	Cl_2	深绿	液化氯	白	
氩	Ar	银灰	氩	深绿	
液化石油气	工业用	棕	白		P=20，白色单环 P=30，白色双环
民用		银灰	液化石油气	大红	

注：1. 色环栏内的 P 是气瓶的公称工作压力，MPa。
　　2. 民用液化石油气瓶上的字样应排成二行，"家用燃料"居中的下方为"（LPG）"。

（六）气瓶的结构及附件

工业企业常用的气瓶多是无缝钢瓶，它是由瓶体、瓶阀、瓶帽、防震圈组成。这里只介绍瓶阀、瓶帽、防震圈。

1. 瓶阀

瓶阀（图3-25）是气瓶的主要附件，是控制气瓶内气体进出的装置。瓶阀要体积小、强度高、气密性好、经久耐用、安全可靠。

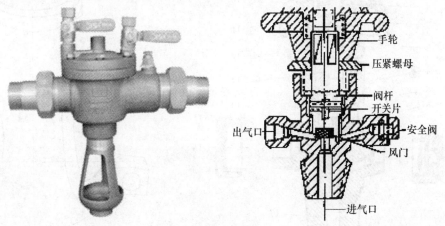

图3-25　瓶阀

制造瓶阀的材料，要根据瓶内盛装的气体来选择。一般瓶阀的材料选用黄铜或碳钢。氧气瓶多选用黄铜制造的瓶阀，因为黄铜耐氧化、导热性好，磨擦时不产生火花。而液氨容易与铜产生化学反应，因此氨瓶的瓶阀，就要选用钢制瓶阀。因铜与乙炔可形成爆炸性的乙炔铜，所以乙炔瓶要选用钢制瓶阀。

227

瓶阀主要由阀体、阀杆、阀瓣、密封件、压紧螺母、手轮以及易熔合金塞、爆破膜等组成。阀体的侧面有一个带外（或内）螺纹的出气口，用以连接充装气体的设备或减压器，用于可燃气体气瓶为左旋，用于非可燃气体气瓶为右旋。另外出气口上装有螺帽，用来保护螺纹和防灰尘、水分或油脂等进入瓶阀。阀体的另一侧装有易熔塞或爆破片。当瓶内温度、压力上升超过规定，易熔塞熔化或爆破膜爆破而泄压，防止气瓶爆炸。阀部下端是带锥形螺纹的尾部，用以和气瓶的瓶体连接。采用锥形螺纹连接，除有较好的气密性外，同时还能减小瓶内气体压力对瓶阀的作用面积，使螺纹承受的载荷降低。

瓶阀的种类较多。密封填料式瓶阀是最早使用的一种瓶阀，它的结构较简单，适用于低压液氯、液氨瓶，乙炔钢瓶的瓶阀也属于这一种。

活瓣式瓶阀，目前广泛用于压缩气体，如氧、氮、氩等高压气瓶。结构如图 3-26 所示。阀体零件均由 HPB59-1 黄铜锻压而成。阀杆是通过一个套筒或一块铁片与阀瓣连接，阀瓣上有螺纹，下部嵌有尼龙 1010 密封填料。阀体上端有六方螺母及密封垫（尼龙制），将阀杆固定在阀体中心部位，并保持气密性好。手轮是用弹簧、弹簧压帽、螺母与阀杆连接。旋转手轮使阀杆旋转。通过套筒可使阀瓣沿螺纹上升（开）或下降（关）。这种瓶阀密闭垫易磨损，但是更换方便，只要将阀瓣关闭，就可更换。

2. 瓶帽与防震圈

瓶帽的作用是保护瓶阀不受损坏。它常用钢管、可锻铸铁或球黑铸铁制造，瓶帽上开有排气孔，当瓶漏气或爆破膜破裂时，可防止瓶帽承受压力。排气孔位置对称，避免气体由一侧排出时的反作用力使气瓶倾倒。

瓶帽有两种，一种是活动瓶帽，即充气、用气时要摘下瓶帽。另一种是固定瓶帽，近几年才使用，即充气、用气时不必摘下瓶帽，它既能保护瓶阀，又防止常摘常戴瓶帽的麻烦和如图 3-27 所示。

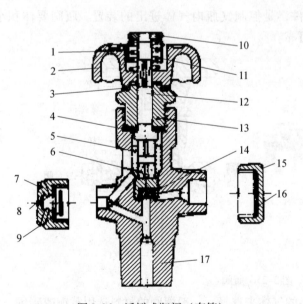

图 3-26　活瓣式瓶阀（套筒）

1—压簧盖；2—手轮；3、4、8、16—封垫；5—套筒；

6—阀瓣；7—带孔螺母；9—安全膜片；10—压帽；11—弹簧；

12—阀杆；13—压紧螺母；14—密封填料；15—螺盖；17—阀体

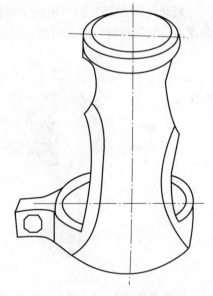

图 3-27　固定瓶帽

228

防震圈是用橡胶或塑料制成，圈厚一般不小于 25～30mm，富有弹性。一个气瓶上装设两个，当气瓶受到冲击时，能吸收能量，减少震动，同时还有保护瓶体漆层和标记的作用。

（七）气瓶的漆色和标记

1. 气瓶的漆色

为了从颜色上迅速辨别出是充装何种气体、属于哪种压力范围内的气瓶，避免在充装、运输、储存、使用和定期检验时，因为混淆不清可能发生的事故，同时也是为了保护气瓶，防止表面锈蚀，各类气瓶都要按照规定将气瓶漆色、标写气瓶名称、涂刷横条色带。气瓶的喷色刷字，新制造的气瓶由制造厂负责，使用的气瓶由专业检查单位负责。

气瓶漆色，并按图 3-28 所示标注气体名称。同一种高压液化气体，规定两个或两个以上充装系数的，应在色环下方注明该种气瓶的设计压力。字体高度不小于 80mm。

2. 气瓶的标记

打在气瓶肩部技术数据的钢印，叫作气瓶标记。其中由气瓶制造厂打的钢印叫作原始标记。由气体制造厂或专业检验单位在历次定期检验时打的钢印叫作检验标记。两种钢印标记如图 3-29 所示。

（八）气瓶的设计压力与充装量

1. 气瓶的最高使用温度

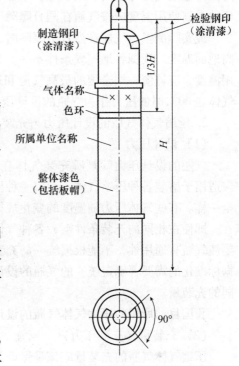

图 3-28　气瓶的漆色、标志示意图
说明：1. 字样一律采用仿宋体，字体高度一般为 80mm；
2. 色环宽度一般为 40mm。

气瓶是一种盛装容器，其最高工作压力决定于它的充装量和最高使用温度。而充装量，对于压缩气体是指它在某一充装温度下的充装压力，对液化气体是指气瓶单位容积内所装气体的重量。最高使用温度是指气瓶在充装气体以后可能达到的最高温度。

图 3-29

说明：1. 钢印必须明显清晰
2. 降压字体高度为 7～10mm，深度为 0.3～0.5mm；
3. 降压或报废的气瓶，除在检验单位的后面打上降压或报废的标志外，必须在气瓶制造厂打的设计压力标记前面打上降压或报废标记。

气体使用温度的变化，除了个别气瓶，由于所装的是易于起聚合反应的气体，在瓶内部分发生聚合、放出热量，致使瓶内气体温度升高以外，一般都是受周围环境的影响。使气瓶温度升高多是由于气瓶靠近高温热源或在烈日下曝晒。靠近高温热源是禁止的，由此所产生的温升也是无法考虑的。至于烈日下曝晒，虽然不允许，但很难避免，因此，为了安全，气瓶的最高使用温度应按气瓶在烈日曝晒下的温度考虑。

经实际测量，气瓶在烈日下曝晒时，瓶内气体的温度远远高于最高大气温度，略低于最高地面温度。我国各地气候条件不一，且气瓶又不是限定在某地区使用，所以气瓶的最高使用温度，应该统一按全国的最高气温和地温来考虑。《气瓶安全监察规程》中规定，以所装气体在60℃时的压力作为气瓶的设计压力。

2. 压缩气体气瓶的设计压力与充装量

（1）设计压力

气瓶的设计压力就是所充装气体在60℃时的压力。压缩气体气瓶是通用的盛装容器，应适用于盛装各种压缩气体，而每一种压缩气体在高压情况下，压力随温度的变化规律不完全一样。有些气体压力随温度的变化规律与理想气体的差别很大。

即使在相同的充装条件下，各种气体的温升虽然相同，而压力的增加却并不一样，所以要使气瓶有通用性，不能根据统一的充装压力分别确定各种气体气瓶的设计压力，而应该根据标准化的需要，确定统一的气瓶的设计压力系列。充装气体时，则根据不同的气体确定不同的充装量。

我国目前所用的压缩气体气瓶的设计压力有2940、1960、1470N/cm² （表压）等几种。

（2）充装量（充装压力）

压缩气体气瓶的充装量应该是保证气瓶在使用过程中可能达到的最高压力不超过它的设计压力，也就是所装的气体在60℃时的压力不应高于气瓶的设计压力。而压缩气体的充装量是以充装结束时的温度和压力计量的，因此各种压缩气体应根据气瓶的设计压力，按不同的充装温度（结束时）确定不同的充装压力。

目前我国采用的高压液化气体气瓶的设计压力为1960、1470、122.5、78.4N/cm² （表压）等几种。高压液化气体的充装量，必须保证所装入的液化气体全部气化后，在60℃下的压力不超过气瓶的设计压力。也就是说液化气体充装系数（单位容积内充装的重量）不应大于它在60℃时、压力为气瓶设计压力下的密度。

低压液化气体气瓶的设计压力等于或高于所装液化气体在60℃时的饱和蒸气压力。我国的低压液化气体气瓶的设计压力暂定为490、294、196、98N/cm²。在正常状态下气瓶内的低压液化气体是以气液两态存在。温度升高，瓶内饱和蒸气压力增大，液体膨胀，所占容积随之增大，而气体所占容积减小。温度升高到一定值后，液体可能将瓶内容积充满，甚至造成破裂事故。为了保证安全，气瓶必须按规定的充装系数充装。

（九）气瓶的使用管理

1. 气瓶充装与使用不当造成事故

气瓶的正确充装是保证气瓶安全使用的关键之一。气瓶由于充装不当而发生爆炸事故，其原因多数是氧气与可燃气体混装和充装过量。

氧气与可燃气体混装往往是原来盛装可燃气体（如氢、甲烷等）的气瓶，未经过置换、清洗等处理，而且瓶内还有余气，又用来盛装氧气，或者将原来装氧气的气瓶用来充装可燃气体，使可燃气体与氧气在瓶内发生化学反应，瓶内压力急剧升高，气瓶破裂爆炸。这种由于化学反应而发生爆炸的能量，往往要比气瓶由于承受不了瓶内气体压力而发生爆炸（物理现象爆炸）的能量大几倍至几十倍。正因为这样，再加上这种化学反应速度很快，爆炸时往往使气瓶炸成许多碎片。如某厂将一个氧气瓶临时充装氢气，但没有改装，仍保留氧气瓶的漆色，氢气用完后又充装氧气，结果在使用中发生爆炸。气瓶全部炸成碎片，碎片最大的只有150mm×100mm，且全部飞离现场，最远的飞出千余米。值得注意的是，这种气体混装的气瓶有时并不一定在充装过程中发生爆炸，而常常是在使用的时候发生爆炸。因为混合气体的爆炸需要具备一定的条件（例如配合比例等），而且这种气体在焊接时常有"回火"现象。

充装过量也是气体爆炸的常见原因，特别是盛装低压液化气体的气瓶。因为液化气体充装温度一般都比较低，如果在这种温度下充装过量的液化气体，受周围环境温度的影响，瓶内液化温度升高，迅速膨胀，产生很大压力，造成气瓶破裂爆炸。如北京某电机厂充装液氨的气瓶，在太阳下曝晒，两天后即发生爆炸。气瓶腾空飞起，落到120m以外的房顶上。爆炸后氨气弥漫，扩散到附近操作室内，并在室内发生闪爆，烧伤一名值班人员。

2. 气瓶使用不当和维护不良可以直接或间接造成爆炸事故、火灾事故或中毒事故。

在使用中将气瓶置于烈日下长时间曝晒或气瓶靠近高温热源，是气瓶爆炸的常见原因，特别是盛装低压液化气体的气瓶，如果充装过量，再加上日光曝晒，极易发生爆炸。所以这种事故多发生在夏季，且总是发生在运输或使用过程中受烈日曝晒的情况下。有时候，气瓶只局部受热，虽不至于发生爆炸，但会使气瓶上的安全泄压装置开放泄气，使瓶内可燃气体或有毒气体喷出，造成火灾或中毒事故。

气瓶操作不当常会发生着火或烧坏气瓶附件等事故。例如打开气瓶的瓶阀时，因开得太快，使减压器或管道中的压力迅速提高，温度也会大大升高，严重时会使橡胶垫圈等附件烧毁。这样的事故常有发生。

此外，盛装可燃气体气瓶的瓶阀泄漏，氧气瓶瓶阀或其他附件沾有油脂等也常常会引起着火燃烧事故。

气瓶在运输（或搬动）过程中容易受到震动或冲击，如果气瓶原来就存在一些缺陷，在这种情况下，就容易发生事故。有时还会把瓶阀撞坏或碰断，导致气瓶喷气飞离原处或喷出的可燃气体着火等事故。

（十）对充装、使用、运输气瓶的安全要求

1. 气瓶充装

气瓶充装的安全要求应包括：

（1）在充气前，要对气瓶进行严格检查。检查的内容包括：气瓶的漆色是否完好，是否与所充装气体的规定气瓶漆色一致；气瓶内是否按规定留有余气，气瓶原装气体是否与将要充装的气体一致，辨别不清时应取样化验；气瓶的安全附件是否齐全、完好；气瓶是否有鼓包、凹陷变形等缺陷；氧气瓶及强氧化剂气瓶瓶体及瓶阀处是否沾有油污；气瓶进气口的螺纹是否符合规定（可燃气体气瓶的螺纹应左旋，非可燃气体气瓶应右旋）等。

（2）采取有效措施，防止充装超量。这些措施应包括：充装压缩气体时要具体规定充装温度、充装压力，以保证气瓶在最高温度下，瓶内气压不超过气瓶的设计压力；充装液化气体时，严禁超量充装；为防止测量误差造成超装，压力表、磅秤等应按规定的适用范围选用，并定期进行校验；没有原始重量数据和标注不清的气瓶不予充装，充装量应包括气瓶内原有的余气（液），且不得用贮罐减量法（即贮罐充装气瓶前后的重量差）确定气瓶的充装量。

2. 气瓶的使用

气瓶使用应注意以下几点：

（1）防止气瓶受热升温。主要是气瓶不要在烈日下曝晒；不要靠近高温热源或火源，更不得用高压蒸汽直接喷射气瓶；瓶阀冻结时，应把气瓶移到较暖处，用温水解冻，禁止用明火烘烤。

（2）正确操作，合理使用。开瓶阀动作要慢，以防加压过快产生高温，对盛装可燃气体的气瓶更要注意；禁止用钢制工具敲击气瓶阀，以防产生火花；氧气瓶要注意不能沾污油脂；氧气瓶和可燃气瓶的减压阀不能互用；瓶阀或减压阀泄漏时不得继续使用；气瓶用到最后应留有余气，防止空气或其他气体进入气瓶引起事故。

一般压缩气体应留有剩余压力为 $19.6 \sim 29.4 N/cm^2$ 以上，液化气体应留有 $4.9 \sim 9.8 N/cm^2$ 以上。

（3）气瓶外表面的油漆作为气瓶标志和保护层，要经常保持完好；如因水压试验或其他原因，气瓶内进入水分，在装气前应进行干燥，防止腐蚀；气瓶一般不应改装其他气体，如需改装时，必须由有关单位负责放气、置换、清洗、改变漆色等。

3. 气瓶的运输

气瓶运输时应做到：

（1）防止震动或撞击。戴好防震圈和瓶帽，固定好位置，防止运输中震动滚落。禁止装卸中抛装、滑放、滚动等方法，做到轻装轻卸。

（2）防止受压或着火。气瓶运输中不得长时间在日光下曝晒，氧气瓶不得和可燃气体气瓶、其他易燃物质及油脂同车运输，随车人员不得在车上吸烟。

（十一）气瓶的储存保管

存放气瓶的仓库必须符合有关安全防火要求。首先是与其他建筑物的安全距离、与明火作业以及散发易燃气体作业场所的安全距离，都必须符合防火设计范围；气瓶库不要建筑在高压线附近；对于易燃气体气瓶仓库，电气要防爆还要考虑避雷设施；为便于气瓶装卸，仓库应设计装卸平台；仓库应是轻质屋顶的单层建筑，门窗应向外开，地面应平整而又要粗糙不滑（储存可燃气瓶、地面可用沥清水泥制成）；每座仓库储量不宜过多，盛装有毒气体气瓶或介质相互抵触的气瓶应分室加锁储存，并有通风换气设施；在附近设置防毒面具和消防器材，库房温度不应超过35℃；冬季取暖不准用火炉。为了加强管理，应建立安全出入管理制度，张贴严禁烟火标志，控制无关人员入内等。

气瓶仓库符合安全要求，为气瓶储存安全创造了条件。但是管理人员还必须严格认真地贯彻《气瓶安全监察规程》的有关规定。

1. 气瓶储存一定要按照气体性质和气瓶设计压力分类。每个气瓶都要有防震圈，瓶阀出气管端要装上帽盖，并拧上瓶帽。有底座的气瓶，应将气瓶直立于气瓶的栅栏内，并用小铁链扣住。无底座气瓶，可水平横放在带有衬垫的槽木上，以防气瓶滚动，气瓶均朝向一方，如果需要堆放，层数不得超过五层，高度不得超过1m，距离取暖设备1m以上，气瓶存放整齐，要留有通道，宽度不小于1m，便于检查与搬运。

2. 为了使先入库或临近定期技术检验的气瓶预先发出使用，应尽量将这些气瓶放在一起，并在棚栏的牌子上注明。对于盛装易于起聚合反应、规定储存期限的气瓶应注明储存期限，及时发出使用。

3. 在火热的夏季，要随时注意仓库室内温度，加强通风，保持室温在39℃以下。存放有毒气体或易燃气体气瓶的仓库，要经常检查有无渗漏，发现有渗漏的气瓶，应采取措施或送气瓶制造厂处理。

4. 加强气瓶入库和发放管理工作，认真填写入库和发放气瓶登记表，以备查。

5. 对临时存放充满气体的气瓶，一定要注意数量一般不超过五瓶，不能受日光曝晒，周围10m内严禁堆放易燃物质和使用明火作业。

八、翻斗车安全控制技术

翻斗车（图3-30）是一种特殊的料斗可倾翻的短途输送物料的车辆。车身上安装有一个"斗"状容器，可以翻转以方便卸货。

1. 翻斗车的用途

适用于建筑、水利、筑路、矿山等作混凝土、砂石、土方、煤炭、矿石等各种散装物料的短途运输，动力强劲，通常有机械回斗功能。

2. 原理和发展

由料斗和行走底架组成。料斗装在轮胎行走底架前部，借助斗内物料的重力或液压缸推力倾翻卸料。卸料按方位不同，分前翻卸料、回转卸料、侧翻卸

图 3-30　翻斗车

料、高支点卸料（卸料高度一定）和举升倾翻卸料（卸料高度可任意改变）等方式。为了适应工地道路不平，避免物料撒落，并做到卸料就位准确、迅速、操作省力，以及越野性能好和爬坡能力强，要求翻斗车行驶速度不能太快（一般最高车速在20公里/时以下）。驱动桥在前（料斗在其上方）、驾驶座在后的翻斗车适用于短途运输砂、石、灰浆、砖块、混凝土等材料。根据不同的施工作业要求，目前翻斗车正朝一机多用的方向发展，能快速换装起重、推土、装载等多种工作装置，使之具有多功能、高效率的特点。

（一）机动翻斗车司机安全操作技术基本要求

1. 严格遵守交通规则和有关规定，驾驶车辆必须证、照齐全，不准驾驶与证件不符的车辆，严禁酒后开车。

2. 发动前应将变速杆放在空档位置，并拉紧手刹车。

3. 发动后应检查各种仪表、方向机构、制动器、灯光等是否灵敏可靠，确认一切正常和周围无障碍物后，方可鸣号起步。

4. 在坡道上被迫熄火停车时，应拉紧手制动器，下坡挂倒档，上坡挂前进档，并将前后轮楔牢。

5. 机动翻斗车时速不超过 5km，车辆通过泥泞路面时，应保持低速行驶，不得急刹车。

6. 向坑槽混凝土集料斗内卸料时，应保持适当安全距离和设置档墩，以防翻车。

7. 卸料时不得起动车子，车子未停稳不得卸料。

8. 车上严禁带人，料斗内不准乘人，转弯时应减速，不得违章行车，注意来往行人。

（二）前置式翻斗车安全技术操作规程

1. 行车前检查

（1）按规定项目、标准检查车辆各部安全技术状态，尤其要检查锁紧装置是否将料斗锁牢。

（2）行车前应检查车辆行驶证、驾驶证等行车所必须的各种证件，不准无证驾车。

2. 行驶

（1）厂内翻斗车司机在行驶途中必须严格遵守各单位《厂内交通安全管理标准》和《方向盘拖拉机安全操作规程》。

（2）起步前应观察车辆四周情况，确认安全无误后鸣笛起步，在坡道上或路面不良时，一律用一档起步。

（3）厂内前翻斗车不准超载、超宽、超高运行。在狭窄环境中行驶时应注意四周的安全，转弯时注意勿发生刮碰。

（4）厂内前翻斗车装卸货物时应将车刹住，在铁路附近装卸时，必须在铁道 2m 以外停车，严禁跨轨装卸车。

（5）装载块状物品时不得有散落。载运炽热炉灰等须先浇水冷却。粘结在翻斗内壁上的物料不易倒出时，应人工清除掉，禁止利用车辆高速行驶制动的惯性卸料。

（6）厂内前翻斗车行驶时，车上严禁载人，只准走规定的通道和过道，转弯时应减速，注意过往行人。下坡时不准脱档滑行，以免急刹车时发生事故。

（7）在危险地带如坑、沟边缘以及土质松软地段卸料时，应保持适当的安全距离，设置档墩，车辆应提前减速行驶至安全挡板处倒料。车辆通过坑沟或在坑沟上部作业时，通道必须搭设牢固。

（8）厂内前翻斗车卸料后，须翻斗复位后再行驶。在翻斗起翻时，不准进行修理。必须修理时，应将翻斗掩住，采取可靠的安全措施。

（9）在有高处作业的施工现场行驶时，驾驶员须佩戴安全帽，不得驾车擅自出入安全封闭区域。

3. 收车后的保养

（1）检修车辆时，变速杆应置于空档，采取制动、掩轮等安全防护措施。

（2）检查补充润滑油、燃油等。清洁全车，检查各部螺丝锁紧情况，翻斗的锁止机件应齐全，锁止机构的开启、锁止应灵敏、可靠。

九、潜水泵安全控制技术

潜水泵（图 3-31）是泵体和电动机可浸入水中工作的排水机械，是深井提水的重要设备。使用时整个机组潜入水中工作，把地下水提取到地表。可用于生活用水、矿山抢险、工业冷却、农田灌溉、海水提升、轮船调载，还可用于喷泉景观。热水潜水泵用于温泉洗浴，还可适用于从深井中提取地下水，也可用于河流、水库、水渠等提水工程，但主要用于农田灌溉及高山区人畜用水，亦可供中央空调冷却、热泵机组、冷泵机组、城市、工厂、铁路、矿山、工地排水使用。一般流量可以达到每小时 $10m^3 \sim 650m^3$，扬程可达到 $1500m$。

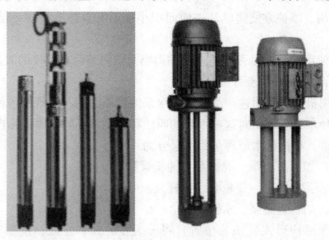

图 3-31　潜水泵

1. 潜水泵的工作原理

开泵前，吸入管和泵内必须充满液体。开泵后，叶轮高速旋转，其中的液体随着叶片一起旋转，在离心力的作用下，飞离叶轮向外射出，射出的液体在泵壳扩散室内速度逐渐变慢，压力逐渐增加，然后从泵出口，排出管流出。此时，在叶片中心处由于液体被甩向周围而形成既没有空气又没有液体的真空低压区，液池中的液体在池面大气压的作用下，经吸入管流入泵内，液体就是这样连续不断地从液池中被抽吸上来又连续不断地从排出管流出。

2. 潜水泵的基本参数

包括流量、扬程、泵转速、配套功率、额定电流、效率、出水口管径等。

潜水泵成套由控制柜，潜水电缆，扬水管，潜水电泵和潜水电机组成。

3. 潜水泵主要用途及适用范围

包括矿山抢险、建设施工排水、农业水排灌、工业水循环、城乡居民引用水供应，甚至抢险救灾等等。

4. 潜水泵的分类

就使用介质来说，潜水泵大体上可以分为清水潜水泵，污水潜水泵，海水潜水泵（有腐蚀性）三类。

5. 潜水泵的安装方式

（1）立式竖直使用，比如在一般的水井中。

（2）斜式使用，比如在矿井有斜度的巷道中。

（3）卧式使用，比如在水池中使用。

6. 井用潜水泵

井用潜水泵是电机与水泵直联体潜入水中工作的提水机具，它适用于从深井提取地下

235

水，也可用于河流、水库、水渠等提水工程：主要用于农田灌溉及高原山区的人畜用水，亦可供城市、工厂、铁路、矿山、工地供排水使用。

井用潜水泵的特点

（1）电机、水泵，潜入水中运行，安全可靠。

（2）对井管、扬水管无特殊要求（即：钢管井、灰管井、土井等均可使用）。

（3）安装、使用、维护方便简单，占地面积小、不需要建造泵房，结构简单，节约原材料。

（4）潜水电泵使用的条件是否合适，管理得当与使用寿命有直接的关系。

7. 排沙潜水泵同渣浆泵的区别

泵作为一种通用机械，其用途广泛。随着水泵的发展演变，出现了各种各样的水泵，其名称五花八门，各种水泵书籍中对这些水泵的叫法和分类都不同。因此给产品应用及推广造成了麻烦。一般来讲，根据排水原理可将水泵分为：

（1）叶轮式泵，如：离心泵、混流泵、轴流泵等、旋流泵。

（2）容积泵，如：柱塞泵、齿轮泵、镙杆泵、叶片泵等。

（3）其他类型，如：射流泵、水锤泵等。

其中叶片泵按照结构形式（轴的位置）可分为：卧式和立式；按照工作位置可分为：潜水泵和地上泵。

（一）潜水泵安全使用要点

潜水泵小巧轻便，在农村生产生活中起着重要作用，在使用中应注意以下几点。

1. 选购潜水泵时应留意其型号、流量和扬程。如选用的规格不恰当，将无法获得足够的出水量，不能发挥机组的效率。另外，还应搞清电机的旋转方向，某些类型的潜水泵正转和反转时皆可出水，但反转时出水量小、电流大，其反转会损坏电机绕组。为防止潜水泵在水下工作时漏电而引发触电事故，应装漏电保护开关。

2. 安装潜水泵时，电缆线要架空，电源线不要太长。机组下水时切勿使电缆受力，以免引起电源线断裂。潜水泵不要沉入泥中，否则会导致散热不良而烧坏电机绕组。

3. 尽量避免在低压时开机。电源电压与额定电压不可相差10%，电压过高会引起电机过热而烧坏绕组；电压过低则电机转速下降，如达不到额定转速的70%时，启动离心开关会闭合，造成启动绕组长时间通电而发热甚至烧坏绕组和电容器。不要频繁地开关电机，这是因为电泵停转时会产生回流，若立即开机，会使电机负载启动，导致启动电流过大而烧坏绕组。

4. 切莫让水泵长期超负荷运转，不要抽含沙量大的水，电泵脱水运行的时间不宜过长，以免使电机过热而烧毁。机组在作业中，操作者必须随时观察其工作电压和电流是否在铭牌上规定的数值内，若不符合应使电机停止运转，找出原因并排除故障。

5. 平时经常检查电机，如发现下盖有裂纹、橡胶密封环损坏或失效等，应及时更换或修复，以防水渗入机器。潜水泵在使用维护过程中必须注意以下几个问题。

（1）潜水泵不能脱水运转。在无水条件下试运转，时间不得超过5min。在抽水过程中，若水位不断下降时，须注意不能让泵体露出水面工作。

（2）潜水泵停机后不能马上再起动，必须等管内的存水回流完毕后才可起动。若起动后不能出水，应立即停机查明原因，排除故障。

（3）不同型号的潜水泵，应按规定的扬程使用；配套的橡胶管、铁皮管或帆布管内径应符合技术要求。

（4）潜水泵放入水中或提出水面时，必须拉住"耳攀"上的绳子，绝对不可拉拽电缆线。若要搬运、拆装或检修，应先切断电源。

（5）潜水泵的潜水深度一般为 0.5~3.0m，潜水泵在潜入水中时，应垂直吊起，不能横卧，更不能陷入泥中。

（6）潜水泵不宜频繁起动，不得用于排灌含沙量较高的水或泥浆水。使用时泵外面可用竹网或铁丝网罩住，以防止水中杂草堵塞潜水泵网格或卡住水泵叶轮。

（7）开机后，若出现叶轮倒转（此时出水量大为减少或不出水）时，应立即停机，调换电缆中三相芯线中的任意两相，使之正转出水。工作中应有专人看管，发现异常要立即停机检查。

（8）潜水泵应采用 DFA-25/330 型自动空气断路器作为控制设备。如无此种开关，也可用三相闸刀开关，但须装上 6A 的电熔丝。

（9）电源应按规定选定，若电源与水泵使用地段距离较短，接线电缆的导线截面积应适当加大，接头应尽量少，以确保正常使用的电压在 342~418V 之间。为确保安全，可在电源或水泵附近的潮湿地中埋入一根长度为 1m 以上的金属棒作为地线。

（二）潜水泵安全技术操作规程

1. 对操作人员的基本要求

（1）司机必须经过培训，考试合格，方可持证上岗。

（2）司机必须熟悉掌握水泵及排水设备的构造、性能、技术特点、动作原理及供电系统和控制原理，并要做到会使用、会保养、会排除一般性故障。

（3）司机不得随意调整更改保护装置的整定值。

（4）启动潜水泵前，要清除该水泵设备周围杂物，检查排水管路是否正常。

（5）检查闸阀和逆止阀开闭是否灵活。

（6）对检查发现的问题必须及时处理或向当班领导汇报，待处理完毕符合要求后，方可起泵。

（7）打开排水管路上的闸阀。

（8）按下水泵控制开关启动水泵。

（9）水泵运转几分钟后，检查水泵和电机声音是否正常。

（10）注意水位变化，水泵不得在无水情况下运行。

（11）水排完后应及时停泵。

2. 进入现场

（1）进入现场的水泵操作人员必须携带《安全资格操作证》和《水泵工操作证》。

（2）当班人员与上一班人员当面进行交接班，询问上一班存在的问题和当班需解决的问题。

（3）进入小水泵工作区域前，要观察小水泵开关及水仓周围有无片帮、淋皮。发现有片帮、淋皮时，用专用撬棍处理后方可进入操作现场。

3. 开泵前的准备工作

（1）检查出水胶管是否完好，吊挂是否符合标准。

（2）清除设备周围的杂物，检查出水管路是否正常，检查水泵没入水中的深度。

（3）检查闸阀是否灵活，开泵前把出水闸阀打开。

（4）检查该台水泵的 16 型开关是否完好。

4. 启泵

（1）水泵运行工顺时针转动水泵开关手柄，将手柄打到合闸位置，启动水泵。

（2）水泵运转几分钟后，检查水泵的运转平稳情况，声音是否正常。

5. 水泵运行中的注意事项

（1）随时观察水仓水位，水泵不能在无水的情况下运行。

（2）运行过程中如发生故障，应立即停泵，检查处理。

6. 停泵

（1）逆时针旋转开关手柄，使开关手柄打到分闸位置，切断水泵电源，停止水泵运转。

（2）停泵后对设备和周围环境进行一次清扫，清理水泵周围的杂物，做到文明生产。

7. 预防措施

（1）严禁带电打开开关盖和带负荷抽出或插入开关插头，以防触电和电弧烧伤。

（2）严禁将开关或插头放在地上或吊挂在有淋水的地方。

（3）设备运转时，不得用手触摸回转部件，小心衣物、身体部位不要卷入。

（4）清理水泵周围的杂物，以免堵住水泵的吸水口而导致烧泵。

8. 检修维护相关规定

（1）水泵检修人员必须经过培训取得资格证后方可进行水泵检修工作。

（2）检修时必须将该台水泵的空气开关断开，并挂"禁止合闸有人工作"警示牌，以免误启动水泵或误送电，造成人身受伤害。

（3）定期检测水泵的绝缘性能。

十、打桩机械安全控制技术

打桩机（图3-32）由桩锤、桩架及附属设备等组成。桩锤依附在桩架前部两根平行的竖直导杆（俗称龙门）之间，用提升吊钩吊升。桩架为一钢结构塔架，在其后部设有卷扬机，用以起吊桩和桩锤。桩架前面有两根导杆组成的导向架，用以控制打桩方向，使桩按照设计方位准确地贯入地层。打桩机的基本技术参数是冲击部分重量、冲击动能和冲击频率。桩锤按运动的动力来源可分为落锤、汽锤、柴油锤、液压锤等。

图 3-32　打桩机

1. 打桩机的种类

（1）落锤打桩机

桩锤是一钢质重块，由卷扬机用吊钩提升，脱钩后沿导向架自由下落而打桩。

（2）汽锤打桩机

桩锤由锤头和锤座组成，以蒸汽或压缩空气为动力，有单动汽锤和双动汽锤两种。单动汽锤以柱塞或汽缸作为锤头，蒸汽驱动锤头上升，而后任其沿锤座的导杆下落而打桩。双动汽锤一般是由加重的柱塞作为锤头，以汽缸作为锤座，蒸汽驱动锤头上升，再驱动锤头向下冲击打桩。上下往复的速度快，频率高，使桩贯入地层时发生振动，可以减少摩擦阻力，打桩效果好。双向不等作用力的差动汽锤，其锤座重量轻，有效冲击重量可相对增大，性能更好。汽锤的进排汽旋阀的换向可由人工控制，也可由装在锤头一侧并随锤头升降的凸缘操纵杆自动控制，两种方式都可以调节汽锤的冲击行程。

（3）柴油锤打桩机

主体也是由汽缸和柱塞组成，其工作原理和单缸二冲程柴油机相似，利用喷入汽缸燃烧室内的雾化柴油受高压高温后燃爆所产生的强大压力驱动锤头工作。柴油锤按其构造形式分导杆式和筒式。导杆式柴油锤以柱塞为锤座压在桩帽上，以汽缸为锤头沿两根导杆升降。打桩时，先将桩吊到桩架龙门中就位，再将柴油锤搁在桩顶，降下吊钩将汽缸吊起，又脱开吊钩让汽缸下落套入柱塞，将封闭在汽缸内的空气进行压缩，汽缸继续下落，直到缸体外的压销推压锤座上燃油泵的摇杆时，燃油泵就将油雾喷入缸内，油雾遇到燃点以上的高温气体，当即发生燃爆，爆发力向下冲击使桩下沉，向上顶推，使汽缸回升，待汽缸重新沿导杆坠落时，又开始第二次冲击循环。筒式柴油锤以汽缸作为锤座，并直接用加长了的缸筒内壁导向，省去了两根导杆，柱塞是锤头，可在汽缸中上下运动。打桩时，将锤座下部的桩帽压在桩顶上，用吊钩提升柱塞，然后脱钩往下冲击，压缩封闭在汽缸中的空气。并进行喷油、爆发、冲击、换气等工作过程。柴油锤的工作是靠压燃柴油来启动的，因此必须保证汽缸内的封闭气体达到一定的压缩比，有时在软土地层上打桩时，往往由于反作用力过小，压缩量不够而无法引燃起爆，就需要用吊钩多次吊起锤头脱钩冲击，才能起动。柴油锤的锤座上附有燃油喷射泵、油箱、冷却水箱及桩帽。柱塞和缸筒之间的活动间隙用弹性柱塞环密封。

（4）液压锤打桩机

工作原理是柴油带启动，以油液压力为动力，可按地层土质不同调整液压，以达到适当的冲击力进行打桩，是一种新型打桩机。

（一）打桩施工的一般要求

1. 打桩现场要求场地平整、坚实，高空无障碍，地下无孔洞，道路畅通，雨后不积水，并应圈定安全生产警戒区，禁止无关人员出入。

2. 司机和指挥人之间，应按事先规定的统一信号，精心指挥和谨慎操作。如指挥人员发的信号不明或违反规程时，司机应拒绝执行；但司机对任何人发来的停止信号，都应果断地采取制动或其他措施。

3. 组、拆装桩架时，严禁用千斤捆铁架料作吊环，以免滑下伤人；对孔必须用芒刺；每个螺栓都应加垫弹簧垫圈；高空拧紧或拆除螺栓时，应用呆板手，并用力要适当。

4. 起板桩架前应按规定压足配重，系好溜绳。当扳至70°以上时应稍加停歇，等拉好溜绳，垫好避震木后再扳直。

5. 安装桩锤，应将桩锤拖到龙门前2m以内再起吊；桩锤贯入龙门时应用撬棍引导，谨防轧手。

6. 走桩架时，应将桩锤降到桩架最低层搁置。

7. 吊桩时，桩上应拉好溜绳，切忌远距离斜吊，以免桩架失稳。无缆风绳时严禁侧向吊桩。

8. 桩帽制作应使顶部上下两个受力面厚薄一致，垫在桩帽与桩顶之间的垫层应恰当，使锤击平面和桩的长轴线基本垂直。安装帽应在桩身自重产生的沉降结束后再进行。

9. 必须放在桩架上的小型工具，如打锤的销子等物都应用绳子系牢在桩架上。

10. 打桩应尽量采用重锤低击和尽量不在硬土层、流沙层上停歇。

11. 打桩时，操作人员应远离正前方，以免落物伤人。

12. 严禁任何人在起板的桩架和吊起的桩头下，以及导向滑轮绳的里侧窜来窜去或进行工作。严禁任何人探身或将手臂伸入龙门架以内。

13. 打桩机的检查保养和排除故障，都应在停机后进行，尤其在锤下进行修理，必须用有足够强度的材料将桩锤支撑好。

14. 打送桩时，送桩器要与被松的桩在一条直线上。拨送桩时，卷扬机应缓缓开动，以免钢丝绳拉断或送桩弹跳伤人。

15. 桩锤起到桩架高处要有长时间的停留时，应将桩锤轻轻放在安全销或锤杠上，以免发生危险。

（二）蒸气打桩机安全技术要求

1. 给走桩架铺设的方木，接头应错开，高差不平时，应用薄板找平，确保龙门垂直；

2. 组装桩架和打桩时，桩架或底座不得置于走管两端（即桩架下对称铺设的方木不少于四根），并拉好旁缆风。

3. 如用地锚卷扬机扳桩架时，地锚应经计算，并将桩架底座合理固定，以防滑动。

4. 走桩架或桩架转向时，桩架应尽可能置于走管当中，并且预先清除路障，将走桩架的副卷扬索绕在紧靠桩架底座的走管上，其绕向应与主卷扬索一致，同时切记配合松紧缆风，以及谨防"马口"抓走管。

5. 高压蒸气胶管接头都应用双道卡子卡紧，并应用铅丝把卡互相牵牢。

6. 如送蒸气管路故障、蒸气压力消失，以及卷扬机停止工作，应将机器上的一切进气阀关闭，并把放水和放气阀打开，以防锅炉总气阀开动时，卷扬机自行转动。

7. 打桩机走到新桩位后，应及时将桩架左右两根旁缆风拉好。

8. 使用千斤顶顶桩架时，应遵守千斤顶安全和技术操作规程。

（三）柴油打桩机安全技术要求

1. 用拉杆调整螺管（松紧螺帽）调整打桩架是否垂直时，必须通过调整管内的检视孔观察。为了防止固定螺帽自行松脱，螺杆的下端应用保险螺帽固定，并在操作过程中经常进行检查。

2. 严禁汽缸体（活动部分）在悬空状态下走桩架。严禁桩架走到位后，没有固定好就起锤。

3. 起锤时应将保险销拉开，以免整个锤体被吊离桩顶，发生桩头倾倒事故。

4. 打桩时，应严格控制油门进油量，谨防汽缸冲撞吊钩，并及时松卷扬绳，以免桩锤打下时猛扭钢丝绳。

5. 打桩结束后，应将桩锤放在桩架最低层，汽缸应放在活塞座上。

（四）落锤式打桩机安全技术要求

1. 给桩架铺设的方木道路，如是单根方木道路的接头时，旁边应帮楞头，如是两根以上方木道路的接头时，其接头应交错开。

2. 桩架一般应设三根后缆风，两侧应各设一根旁缆风。

3. 桩架走到位后，应将所有托板用木楔操实，并将桩架临时固定好。

4. 拉上下钩的操作人员，应尽可能离开正前方一定距离。

5. 禁止在钩上加润滑油。

6. 桩架一般都应配备桩帽。无帽打桩加垫垫层的操作，应指定有经验的技术工人执行，并应用工具进行操作。

第四章　现场文明施工控制技术

文明是指人类所创造的财富的总和，特指精神财富，如文学、艺术、教育、科学等，也指社会发展到较高阶段表现出来的状态；是人类审美观念和文化现象的传承、发展、糅合和分化过程中所产生的生活方式、思维方式的总称；是人类开始群居并出现社会分工专业化，人类社会雏形基本形成后开始出现的一种现象；是较为丰富的物质基础上的产物，同时也是人类社会的一种基本属性。文明是人类在认识世界和改造世界的过程中所逐步形成的思想观念以及不断进化的人类本性的具体体现。

文明施工是指施工单位和施工人员遵守施工现场所在地的地方政府规定的各项政策和法规，控制噪音，安全生产，美化环境等方面的要求的行为。

文明施工一般包括：现场围挡与封闭管理、施工场地建设安全控制、材料堆放安全、现场住宿管理、现场防火、治安综合治理、施工现场标牌、生活设施安全控制、施工现场的卫生与防疫、社区服务与环境保护等内容。

第一节　安全管理

一、安全生产责任制

安全生产责任制是根据我国的安全生产方针"安全第一，预防为主，综合治理"和安全生产法规建立的各级领导、职能部门、工程技术人员、岗位操作人员在劳动生产过程中对安全生产层层负责的制度。安全生产责任制是企业岗位责任制的一个组成部分，是企业中最基本的一项安全制度，也是企业安全生产、劳动保护管理制度的核心。

实践证明，凡是建立、健全了安全生产责任制的企业，各级领导重视安全生产、劳动保护工作，切实贯彻执行党的安全生产、劳动保护方针、政策和国家的安全生产、劳动保护法规，在认真负责地组织生产的同时，积极采取措施，改善劳动条件，工伤事故和职业性疾病就会减少。反之，就会职责不清，相互推诿，而使安全生产、劳动保护工作无人负责，无法进行，工伤事故与职业病就会不断发生。

安全生产责任制是经长期的安全生产、劳动保护管理实践证明的成功制度与措施。这一制度与措施最早见于国务院 1963 年 3 月 30 日颁布的《关于加强企业生产中安全工作的几项规定》（即《五项规定》）。

《五项规定》中要求，企业的各级领导、职能部门、有关工程技术人员和生产工人，各自在生产过程中应负的安全责任，必须加以明确的规定。《五项规定》还要求：企业单位的各级领导人员在管理生产的同时，必须负责管理安全工作，认真贯彻执行国家关劳动保护的法令和制度，在计划、布置、检查、总结、评比生产的同时，计划、布置、检查、总结、评比安全工作（即"五同时"制度）；企业单位中的生产、技术、设计、供销、运输、财务等各有关专职机构，都应在各自的业务范围内，对实现安全生产的要求负责；企业单位都应根据实际情况加强劳动保护机构或专职人员的工作；企业单位各生产小组都应设置不脱产的安全生产管理员；企业职工应自觉遵守安全生产规章制度。

安全生产责任制是生产经营单位和企业岗位责任制的一个组成部分，根据"管理生产必须管安全"的原则，安全生产责任制是综合各种安全生产管理、安全操作制度，对生产经营单位和企业各级领导、各职能部门、有关工程技术人员和生产工人在生产中应负的安全责任加以明确规定的制度，《安全生产法》把建立和健全安全生产责任制作为生产经营单位和企业安全管理必须实行的一项基本制度，在第二章生产经营单位的安全生产保障第十七条第一款作了明确规定，要求生产经营单位的主要负责人要建立、健全本单位安全生产责任制，并对其负责。

生产经营单位和企业安全生产责任制的主要内容是：厂长、经理是法定代表人，是生产经营单位和企业安全生产的第一责任人，对生产经营单位和企业的安全生产负全面责任；生产经营单位和企业的各级领导和生产管理人员，在管理生产的同时，必须负责管理安全工作，在计划、布置、检查、总结、评比生产的时候，必须同时计划、布置、检查、总结、评比安全生产工作；有关的职能机构和人员，必须在自己的业务工作范围内，对实现安全生产负责；职工必须遵守以岗位责任制为主的安全生产制度，严格遵守安全生产法规、制度，不违章作业，并有权拒绝违章指挥，险情严重时有权停止作业，采取紧急防范措施。

国务院1963年发布的《关于加强企业生产中安全生产工作的几项规定》要求企业劳动保护管理必须坚持安全生产责任制度。并明确规定：企业领导（厂长、经理）对本单位劳动保护工作负全面责任（或总的责任），在管理生产的同时要管理安全生产工作，认真执行国家劳动保护的方针、政策和法规。1978年，中共中央下发的《关于认真做好劳动保护工作的通知》规定：一个企业发生伤亡事故，首先要追查厂长的责任，不能姑息迁就。由于生产经营单位和企业采取的防止伤亡事故和职业病危害的措施，常常不是哪一个职能部门就能单独完成的，需要各有关职能部门和车间相互配合，因此，没有生产经营单位和企业主要负责人对安全生产的全面负责，这些措施就难以实现。

实践证明，实行安全生产责任制有利于增加生产经营单位和企业职工的责任感和调动他们搞好安全生产的积极性。生产经营单位和企业由各个行政部门、采区、车间、班组（工段）和个人组成，各自具有本职任务或生产任务。安全不是离开生产独立存在的，是贯穿于生产整个过程之中的。只有从上到下建立起严格的安全生产责任制，责任分明，各司其职，各负其责，将法规赋予生产经营单位和企业的安全生产责任由大家来共同承担，安全工作才能形成一个整体，各类生产中的事故隐患才能及时发现和消除，从而避免或减少事故的发生。因此，许多生产经营单位和企业在实行中，按照责、权、利相结合的原则，对安全工作采用目标管理的方法，并与奖惩制度紧密结合，使生产经营单位和企业的安全工作得到了加强。这种做法是将生产安全所要达到的目标事先制定，并层层分解，落实到各部门、各班组，在规定的时间内完成或达到这个目标，在奖金或其他方面要给予奖励；若完不成目标，要扣罚奖金或给予其他处罚。在实行时，通常考虑了责、权、利统一的原则，即，权力大，所应承担的责任就重，因此在奖惩方面也要重奖、重罚，就像国务院领导所讲的那样做到有权就要负责，责权统一。

（一）安全生产教育培训制度

为确保企业的安全生产，提高全员的自我保护和保护他人意识，在员工中牢固树立"安全第一"的思想，使员工懂得安全生产的基本知识，掌握安全生产的操作技能，应制定安全生产教育培训制度。

1. 企业实行"三级"（企业、车间、班组）安全教育培训

企业的培训由安全生产管理部门组织实施，车间的培训由各车间的主要负责人组织实施，班组的培训由各班组长负责组织实施。

2. 培训计划的制定

根据企业制定的年度培训计划，由安全生产管理部门负责制定半年、季度、月培训计划；各车间、班组根据企业的培训计划，制定相应的培训计划。

3. 培训的原则

本着"要精、要管用"的原则，培训应有针对性和实效性。

4. 培训的内容

安全生产的法律法规、基本知识、管理制度、操作要求、操作技能及事故案例分析等。企业培训以安全生产的法律法规、方针政策、规定和企业的规章制度为主；车间、班组培训以安全操作要求、劳动纪律、岗位职责、工艺流程、事故案例剖析等为主；特种作业人员培训以特种设备的操作要求、特种作业人员的安全知识为主；重大危险源的相关人员培训以危险源的危险因素、现实情况、可能发生的事故、注意事项为主。

5. 培训的形式

培训可采取灵活多样的形式。如课堂学习、实地参观、实际演练、安全技能比赛、看录像、研讨交流、现场示范等。

6. 培训的学时要求

（1）高危行业主要负责人和安全管理人员的资格培训学时不得少于48学时，每年不得少于16学时。

（2）其他行业主要负责人培训不得少于24学时，每年不得少于8学时。

（3）新从业人员不得少于24学时，高危行业人员不得少于48学时。

7. 新技术、新工艺、新设备、新材料在使用前，必须进行安全教育培训；新从业人员和转岗人员在上岗前，必须进行安全教育培训，新从业人员必须经"三级"安全教育培训后方可上岗。特种作业人员必须参加有关部门的培训并取得《特种作业人员操作证》才能持证上岗。

8. 建立培训档案，实行登记存档制度。要建立培训台帐，培训结束培训计划、培训名单、课程表等有关资料存入培训档案。

（二）安全生产责任制

为认真贯彻"安全第一、预防为主"的安全生产方针，明确建筑施工安全生产责任人、技术负责人等有关管理人员及各职能部门安全生产的责任，保障生产者在施工作业中的安全和健康，应制定安全生产责任制。

安全生产责任制由企业安全科负责监督执行，各级、各部门、各项目经理部组织实施。各级管理人员安全生产责任如下：

1. 企业经理责任

（1）认真贯彻执行国家和各省、市有关安全生产的方针政策和法规、规定，掌握本企业安全生产动态，定期研究安全工作，对本企业安全生产负全面领导责任。

（2）领导编制和实施本企业中、长期整体规划及年度、特殊时期安全工作实施计划。建立健全本企业的各项安全生产管理制度及奖罚办法。

（3）建立健全安全生产的保证体系，保证安全技术措施经费的落实。

（4）领导并支持安全管理部门或人员的监督检查工作。

（5）在事故调查组的指导下，领导、组织本企业有关部门或人员，做好重大伤亡事故调查处理的具体工作和监督防范措施的制定和落实，预防事故重复发生。

2. 企业生产经营者责任

（1）对本企业安全生产工作负直接领导责任，协助分企业经理认真贯彻执行安全生产方针、政策、法规，落实本企业各项安全生产管理制度。

（2）组织实施本企业中、长期、年度、特殊时期安全工作规划、目标及实施计划，组织落实安全生产责任制及施工组织设计。

（3）参与编制和审核施工组织设计、特殊复杂工程项目或专业工程项目施工方案。审批本企业工程生产建设项目中的安全技术管理措施，制定施工生产中安全技术措施经费的使用计划。

（4）领导组织本企业的安全生产宣传教育工作，确定安全生产考核指标，领导、组织外包工队长的培训、考核与审查工作。

（5）领导组织本企业定期和不定期的安全生产检查，及时解决施工中的不安全生产问题。

（6）认真听取、采纳安全生产的合理化建议，保证本企业一图九表法、企业内部资料管理标准和安全生产保障体系正常运转。

（7）在事故调查组的指导下，组织伤亡事故的调查、分析及处理中的具体工作。

3. 企业技术经理责任

（1）贯彻执行国家和上级的安全生产方针、政策，协助企业经理做好安全方面的技术领导工作，在本企业施工安全生产中负技术领导责任。

（2）领导制定年度和季节性施工计划时，要确定指导性的安全技术方案。

（3）组织编制和审批施工组织设计、特殊复杂工程项目或专业性工程项目施工方案时，应严格审查是否具备安全技术措施及其可行性，并提出决定性意见。

（4）领导安全技术公关活动，确定劳动保护研究项目，并组织鉴定验收。

（5）对本企业使用的新材料、新技术、新工艺从技术上负责，组织审查其使用和实施过程中的安全性，组织编制或审定相应的操作要求，重大项目应组织安全技术交底工作。

（6）参加伤亡事故的调查，从技术上分析事故原因，制定防范措施。

（7）贯彻实施"一图九表"现场管理法及企业内部资料管理标准。参与文明施工安全检查，监督现场文明安全管理。

4. 安全部门责任

（1）积极贯彻和宣传上级的各项安全规章制度，并监督检查企业范围内责任制的执行情况。

（2）制定定期安全工作计划和方针目标，并负责贯彻实施。

（3）协助领导组织安全活动和检查。制定或修改安全生产管理制度，负责审查企业内部的安全操作要求，并对执行情况进行监督检查。

（4）对广大职工进行安全教育，参加特种作业人员的培训、考核，签发合格证。

（5）开展危险预知教育活动，逐级建立定期的安全生产检查活动。企业监督检查每月一次、项目经理部每周一次、班组每日一次。

（6）参加施工组织设计、会审；参加架子搭设方案、安全技术措施、文明施工措施、施工方案会审；参加生产会，掌握信息，预测事故发生的可能性。参加新建、改建、扩建工程项目的设计、审查和竣工验收。

（7）参加暂设电气工程的设计和安装验收，提出具体意见，并应监督执行。参加自制的中小型机具设备及各种设施和设备维修后在投入使用前的验收，合格后批准使用。

（8）参加一般及大、中、异型特殊手架的安装验收，及时发现问题，监督有关部门或人员解决、落实。

（9）深入基层研究不安全动态，提出改正意见，制止违章，有权停止不安全作业和罚款。

（10）协助领导监督安全保证体系的正常运转，对削弱安全管理工作的单位，要及时汇报领导，督促解决。

（11）鉴定专控劳动保护用品，并监督其使用。

（12）凡进入现场的单位或个人，安全人员有权监督其符合现场及上级的安全管理规定，发现问题立即纠正。

（13）督促班组长按规定及时领取和发放劳动保护用品，并指导工人正确使用。

（14）参加因工伤亡事故的调查，进行伤亡事故统计、分析，并按规定及时上报，对伤亡事故和重大未遂事故的责任者提出处理意见。

5. 技术部门责任

（1）认真学习、贯彻执行国家和上级有关安全技术及安全操作要求的规定，保障施工生产中的安全技术措施的制定与实施。

（2）在编制施工组织设计和专业性方案的过程中，要在每个环节中贯穿安全技术措施。对确定后的方案，若有变更，应及时组织修订。

（3）检查施工组织设计和施工方案中安全措施的实施情况，对施工中涉及安全方面的技术性问题，提出解决办法。

（4）对新技术、新材料、新工艺、必须制定相应的安全技术措施和安全操作要求。

（5）对改善劳动条件、减轻笨重体力劳动、消除噪声等方面的治理进行研究解决。

（6）参加伤亡事故和重大已发生或未遂事故中技术性问题的调查，分析事故原因，从技术上提出防范措施。

6. 组织部门责任

（1）劳资、劳保

1）对职工（含分包单位员工）进行定期的教育考核，将安全技术知识列为工人培训、考工、评级内容之一。对招收新工人（含分包单位员工）要组织入厂教育和资格审查，保证招收的人员具有一定的安全生产素质。

2）严格执行国家和省、市特种作业人员上岗作业的有关规定，适时组织特种作业人员的培训工作，并向安全部门或主管领导通报情况。

3）认真落实国家和省、市有关劳动保护的法规，严格执行有关人员的劳动保护待遇，并监督实施情况。

4）参加因工伤亡事故的调查，从用工方面分析事故原因，提出防范措施，并认真执行对事故责任者的处理意见。

（2）人事

1）根据国家和省、市有关安全生产的方针、政策及企业实际，配齐具有一定文化程度、技术和实施经验的安全干部，保证安全干部的素质。

2）组织对新调入、转业的施工、技术及管理人员的安全培训、教育工作。

3）按照国家和省、市有关规定，负责审查安全管理人员资格，有权向主管领导建议调整和补充安全监督管理人员。

4）参加因工伤亡事故的调查，认真执行对事故责任者的处理决定。

（3）教育

1）组织与施工生产有关的学习班时，要安排安全生产教育课程。

2）各专业主办的各类学习班，要设置劳动保护课程（课时应不少于总课时的1%～2%）。

3）将安全教育纳入职工培训教育计划，负责组织职工的安全技术培训和教育。

7. 生产计划部门责任

（1）在编制年、季、月生产计划时，必须树立"安全第一"的思想，组织均衡生产，保障安全工作与生产任务协调一致。对改善劳动条件、预防伤亡事故的项目必须视同生产任务，纳入生产计划优先安排。

（2）在检查生产计划实施情况的同时，要检查安全措施项目的执行情况，对施工中重要安全防护设施、设备的实施工作（如支拆脚手架、安全网等）要纳入计划，列为正式工序，给予时间保证。

（3）坚持按合理施工顺序组织生产，要充分考虑到职工的劳逸结合，认真按施工组织设计组织施工。

（4）在生产任务与安全保障发生矛盾时，必须优先解决安全工作的实施。

8. 项目经理责任

（1）对承包项目工程生产经营过程中的安全生产负全面领导责任。

（2）贯彻落实安全生产方针、政策、法规和各项规章制度，结合项目工程特点及施工全过程的情况，制定本项目部各项安全生产管理办法，或提出要求并监督其实施。

（3）在组织项目工程承包、聘用业务人员时，必须本着安全工作只能加强的原则，根据工程特点确定安全工作的管理体制和人员，并明确各业务承包人的安全责任和考核指标，支持、指导安全管理人员的工作。

（4）健全和完善用工管理手续。录用外包工队必须及时向有关部门申报，严格用工制度与管理，适时组织上岗安全教育，要对外包工队的健康与安全负责，加强劳动保护工作。

（5）组织落实施工组织设计中的安全技术措施，组织并监督项目工程施工中安全技术交底制度和设备、设施验收制度的实施。

（6）领导、组织施工现场定期的安全生产检查，发现施工生产中不安全问题时，组织制定措施，及时解决。对上级提出的安全生产与管理方面的问题，要定时、定人、定措施予以解决。

（7）发生事故后，要做好现场保护与抢救工作，及时上报；组织、配合事故的调查，认真落实制定的防范措施，吸取事故教训。

（8）对外包工队加强文明安全管理，并对其进行评定。

9. 项目技术负责人责任

（1）对项目工程生产经营中的安全生产负技术责任。

（2）贯彻、落实安全生产方针、政策，严格执行安全技术规定、规程、标准。结合项目工程特点，主持项目工程的安全技术交底和开工前的全面安全技术交底。

（3）参加或组织编制施工组织设计，编制、审查施工方案时，要制定、审查安全技术措施，保证其具有可行性与针对性，并随时检查、监督、落实。

（4）主持制定技术措施计划和季节性施工方案的同时，制定相应的安全技术措施并监督执行。及时解决执行中出现的问题。

（5）项目工程应用新材料、新技术、新工艺，要及时上报，经批准后方可实施，同时要组织上岗人员的安全技术培训、教育。认真执行相应的安全技术措施与安全操作工艺、要求，预防施工中因化学物品引起的火灾、中毒或其新工艺实施中可能造成的事故。

（6）主持安全防护设施和设备的验收。发现设备、设施的不正确情况应及时采取措施。严格控制不符合标准要求的防护设备、设施投入使用。

（7）参加每月四次的安全生产检查，对施工中存在的不安全因素，从技术方面提出整改意见和办法予以消除。

（8）贯彻实施一图九表法及企业内部资料管理标准。确保各项安全技术措施有针对性。

（9）参加、配合因工伤亡及重大未遂事故的调查，从技术上分析事故原因，提出防范措施、意见。

（10）加强外包平米包干的结构安全评定及文明施工的检查评定。

10. 项目工长、施工员责任

（1）认真执行上级有关安全生产规定，对所管辖班组（特别是外包工队）的安全生产负直接领导责任。

（2）认真执行安全技术措施及安全操作要求，针对生产任务特点，向班组（包括外包工队）进行书面安全技术交底，履行签认手续，并对规程、措施、交底要求执行情况经常检查，随时纠正作业违章行为。

（3）经常检查所管辖班组（包括外包工队）作业环境及各种设备、设施的安全状况，发现问题及时纠正解决。对重点、特殊部位的施工，必须检查作业人员及安全设备、设施技术状况是否符合安全要求，严格执行安全技术交底，落实安全技术措施，并监督其执行，做到不违章指挥。

（4）每周或不定期组织一次所管辖班组（包括外包工队）学习安全操作要求，开展安全教育活动，接受安全部门或人员的安全监督检查，及时解决提出的不安全问题。

（5）对分管工程项目应用的符合审批手续的新材料、新工艺、新技术要组织作业工人进行安全技术培训；若在施工中发现问题，立即停止使用，并上报有关部门或领导。

（6）发现因工伤亡或未遂事故要保护好现场，立即上报。

11. 项目班组长责任

（1）认真执行安全生产规章制度及安全操作要求，合理安排班组人员工作，对本班组人员在生产中的安全和健康负责。

（2）经常组织班组人员学习安全操作要求，监督班组人员正确使用个人劳保用品，不断提高自我保护能力。

（3）认真落实安全技术交底，做好班前讲话，不违章指挥、冒险蛮干，进现场戴好安全帽，高空作业系好安全带。

（4）经常检查班组作业现场安全生产状况，发现问题及时解决并上报有关领导。

（5）认真做好新工人的岗位教育。

（6）发生因工伤亡及未遂事故，保护好现场，立即上报有关领导。

12. 作业人员责任

（1）认真学习，严格执行安全技术操作要求，模范遵守安全生产规章制度。

（2）积极参加安全活动，认真执行安全交底，不违章作业，服从安全人员的指导。

（3）发扬团结友爱精神，在安全生产方面做到互相帮助、互相监督，对新工人要积极传授安全生产知识，维护一切安全设施和防护用具，做到正确使用，不准拆改。

（4）对不安全作业要积极提出意见，并有权拒绝违章指令。

（5）发生伤亡和未遂事故时，保护现场并立即上报。

（6）进入施工现场要戴好安全帽，高空作业系好安全带。

（7）有权拒绝违章指挥或检查。

13. 分包单位负责人责任

（1）认真执行安全生产的各项法规、规定、规章制度及安全操作要求，合理安排班组人员工作，对本单位人员在生产中的安全和健康负责。

（2）按制度严格履行各项劳务用工手续，做好本单位人员的岗位安全培训，经常组织学习安全操作要求，监督本单位人员遵守劳动、安全纪律，做到不违章指挥，制止违章作业。

（3）必须保持本单位人员的相对稳定，人员变更前，须事先向有关部门申报，批准后新来人员应按规定办理各种手续，并经入场和上岗安全教育后方准上岗。

（4）根据上级的交底向本单位各工种进行详细的书面安全交底，针对当天任务、作业环境等情况，做好班前安全讲话，监督其执行情况，发现问题，及时纠正、解决。

（5）参加每月四次的项目文明安全检查，检查本单位人员作业现场安全生产状况，发现问题，及时纠正，重大隐患应立即上报有关领导。

（6）发生因工伤亡及未遂事故时，保护好现场，做好伤者抢救工作，并立即上报有关领导。

（7）服从总包管理，接受总包检查，不准跨省用工及使用外地散兵游勇。

（8）特殊工种必须经培训合格，持证上岗。

二、目标管理

（一）目标管理的提出

美国管理大师德鲁克于1954年在其名著《管理实践》中最先提出了"目标管理"的概

念，其后他又提出"目标管理和自我控制"的主张。

德鲁克认为，并不是有了工作才有目标，而是相反，有了目标才能确定每个人的工作。所以"企业的使命和任务，必须转化为目标"，如果一个领域没有目标，这个领域的工作必然被忽视。因此，管理者应该通过目标对下级进行管理，当组织最高层管理者确定了组织目标后，必须对其进行有效分解，转变成各个部门以及各个人的分目标，管理者根据分目标的完成情况对下级进行考核、评价和奖惩。

（二）目标管理的应用

目标管理应用最为广泛的是在企业管理领域。企业目标可分为战略性目标、策略性目标以及方案、任务等。

一般来说，经营战略目标和高级策略目标由高级管理者制订；中级目标由中层管理者制订；初级目标由基层管理者制订；方案和任务由职工制订，并同每一个成员的应有成果相联系。自上而下的目标分解和自下而上的目标期望相结合，使经营计划的贯彻执行建立在职工的主动性、积极性的基础上，把企业职工吸引到企业经营活动中来。

目标管理方法提出以后，美国通用电气企业最先采用，并取得了明显效果。其后，在美国、西欧、日本等许多国家和地区得到迅速推广，被公认为是一种加强计划管理的先进科学管理方法。我国20世纪80年代初开始在企业中推广，目前采取的干部任期目标制、企业层层承包等，都是目标管理方法的具体运用。

（三）目标管理的特点

目标管理的具体形式各种各样，但其基本内容是一样的。所谓目标管理乃是一种程序或过程，它使组织中的上级和下级一起协商，根据组织的使命确定一定时期内组织的总目标，由此决定上、下级的责任和分目标，并把这些目标作为组织经营、评估和奖励每个单位和个人贡献的标准。

目标管理与传统管理方式相比有鲜明的特点，可概括为：

1. 重视人的因素

目标管理是一种参与的、民主的、自我控制的管理制度，也是一种把个人需求与组织目标结合起来的管理制度。在这一制度下，上级与下级的关系是平等、尊重、依赖、支持，下级在承诺目标和被授权之后是自觉、自主和自治的。

2. 建立目标锁链与目标体系

目标管理通过专门设计的过程，将组织的整体目标逐级分解，转换为各单位、各员工的分目标。从组织目标到经营单位目标，再到部门目标，最后到个人目标。在目标分解过程中，权、责、利三者已经明确，而且相互对称。这些目标方向一致，环环相扣，相互配合，形成协调统一的目标体系。只有每个人员完成了自己的分目标，整个企业的总目标才有完成的希望。

3. 重视成果

目标管理以制定目标为起点，以目标完成情况的考核为终结。工作成果是评定目标完成程度的标准，也是人事考核和奖评的依据，成为评价管理工作绩效的唯一标志。至于完成目标的具体过程、途径和方法，上级并不过多干预。所以，在目标管理制度下，监督的成分很少，而控制目标实现的能力却很强。

（四）目标管理的程序

目标管理的具体做法分三个阶段：第一阶段为目标的设置；第二阶段为实现目标过程的管理；第三阶段为测定与评价所取得的成果。

1. 目标的设置

这是目标管理最重要的阶段，第一阶段可以细分为四个步骤：

（1）高层管理预定目标

这是一个暂时的、可以改变的目标预案。即可以上级提出，再同下级讨论；也可以由下级提出，上级批准。无论哪种方式，必须共同商量决定；其次，领导必须根据企业的使命和长远战略，估计客观环境带来的机会和挑战，对本企业的优势劣势有清醒的认识。对组织应该和能够完成的目标心中有数。

（2）重新审议组织结构和职责分工

目标管理要求每一个分目标都有确定的责任主体。因此预定目标之后，需要重新审查现有组织结构，根据新的目标分解要求进行调整，明确目标责任者和协调关系。

（3）确立下级的目标

首先下级明确组织的规划和目标，然后商定下级的分目标。在讨论中上级要尊重下级，平等待人，耐心倾听下级意见，帮助下级发展一致性和支持性目标。分目标要具体量化，便于考核；分清轻重缓急，以免顾此失彼；既要有挑战性，又要有实现可能。每个员工和部门的分目标要和其他的分目标协调一致，支持本单位和组织目标的实现。

（4）权责利的统一

上级和下级就实现各项目标所需的条件以及实现目标后的奖惩事宜达成协议。分目标制定后，要授予下级相应的资源配置的权力，实现权责利的统一。由下级写成书面协议，编制目标记录卡片，整个组织汇总所有资料后，绘制出目标图。

2. 实现目标过程的管理

目标管理重视结果，强调自主、自治和自觉，并不等于领导可以放手不管，相反由于形成了目标体系，一环失误，就会牵动全局。因此领导在目标实施过程中的管理是不可缺少的。首先进行定期检查，利用双方经常接触的机会和信息反馈渠道自然地进行；其次要向下级通报进度，便于互相协调；再次要帮助下级解决工作中出现的困难问题。当出现意外、不可测事件严重影响组织目标实现时，也可以通过一定的手续，修改原定的目标。

3. 总结和评估

达到预定的期限后，下级首先进行自我评估，提交书面报告；然后上下级一起考核目标完成情况，决定奖惩；同时讨论下一阶段目标，开始新循环。如果目标没有完成，应分析原因，总结教训，切忌相互指责，以保持相互信任的气氛。

（五）目标管理的优缺点

目标管理在全世界产生很大影响，但实施中也出现许多问题，因此必须客观分析其优劣势，才能扬长避短，收到实效。

1. 目标管理的优点

（1）目标管理对组织内易于度量和分解的目标会带来良好的绩效。对于那些在技术上具有可分性的工作，由于责任、任务明确，目标管理常常会起到立竿见影的效果，而对于技术不可分的团队工作则难以实施目标管理。

（2）目标管理有助于改进组织结构的职责分工。由于组织目标的成果和责任力图划归一个职位或部门，容易发现授权不足与职责不清等缺陷。

（3）目标管理启发了自觉，调动了职工的主动性、积极性、创造性。由于强调自我控制，自我调节，将个人利益和组织利益紧密联系起来，因而提高了士气。

（4）目标管理促进了意见交流和相互了解，改善了人际关系。

2. 目标管理的缺点

在实际操作中，目标管理也存在许多明显的缺点，主要表现在：

（1）目标难以制定

组织内的许多目标难以定量化、具体化；许多团队工作在技术上不可分解；组织环境的可变因素越来越多，变化越来越快，组织的内部活动日益复杂，使组织活动的不确定性越来越大。这些都使得组织的许多活动制订数量化目标是很困难的。

（2）目标管理的哲学假设不一定都存在

目标管理理论对于人类的动机作了过分乐观的假设，实际中的人是有"机会主义本性"的，尤其在监督不力的情况下。因此许多情况下，目标管理所要求的承诺、自觉、自治气氛难以形成。

（3）目标商定可能增加管理成本

目标商定要上下沟通、统一思想，是很费时间的；每个单位、个人都关注自身目标的完成，很可能忽略了相互协作和组织目标的实现，滋长本位主义、临时观点和急功近利倾向。

（4）有时奖惩不一定都能和目标成果相配合，也很难保证公正性，从而削弱了目标管理的效果。

鉴于上述分析，在实际中推行目标管理时，除了掌握具体的方法以外，还要特别注意把握工作的性质，分析其分解和量化的可能；提高员工的职业道德水平，培养合作精神，建立健全各项规章制度，注意改进领导作风和工作方法，使目标管理的推行建立在一定的思想基础和科学管理基础上；要逐步推行，长期坚持，不断完善，从而使目标管理发挥预期的作用。

（六）目标管理的实施原则

目标管理是现代企业管理模式中比较流行、比较实用的管理方式之一。它的最大特征就是方向明确，非常有利于把整个团队的思想、行动统一到同一个目标、同一个理想上来，是企业提高工作效率、实现快速发展的有效手段之一。搞好目标管理并非一般人想象的那么简单，必须遵循以下四个原则：

1. 目标制定必须科学合理

目标管理能不能产生理想的效果、取得预期的成效，首先取决于目标的制定。科学合理的目标是目标管理的前提和基础，脱离了实际的工作目标，轻则影响工作进程和成效，重则使目标管理失去实际意义，影响企业发展大局。

2. 督促检查必须贯穿始终

目标管理，关键在管理。在目标管理的过程中，丝毫的懈怠和放任自流都可能贻害巨大。作为管理者，必须随时跟踪每一个目标的进展，发现问题及时协商、及时处理、及时采取正确的补救措施，确保目标运行方向正确、进展顺利。

3. 成本控制必须严肃认真

目标管理以目标的达成为最终目的，考核评估也是重结果轻过程。这很容易让目标责任人重视目标的实现，轻视成本的核算，特别是当目标运行遇到困难可能影响目标的适时实现时，责任人往往会采取一些应急的手段或方法，这必然导致实现目标的成本不断上升。作为管理者，在督促检查的过程当中，必须对运行成本作严格控制，既要保证目标的顺利实现，又要把成本控制在合理的范围内。因为，任何目标的实现都不是不计成本的。

4. 考核评估必须执行到位

任何一个目标的达成、项目的完成，都必须有一个严格的考核评估。考核、评估、验收工作必须选择执行力很强的人员进行，必须严格按照目标管理方案或项目管理目标，逐项进行考核并作出结论，对目标完成度高、成效显著、成绩突出的团队或个人按章奖励，对失误多、成本高、影响整体工作的团队或个人按章处罚，真正达到表彰先进、鞭策落后的目的。

（七）目标管理的类型

1. 业绩主导型目标管理和过程主导型目标管理

这是依据对目标的实现过程是否规定来区分的。目标管理的最终目的在于业绩，所以从根本上说，目标管理也称业绩管理。其实，任何管理其目的都是要提高业绩。

2. 组织目标管理和岗位目标管理

这是从目标的最终承担主体来分的。组织目标管理是一种在组织中自上而下系统设立和展开目标，从高层到低层逐渐具体化，并对组织活动进行调节和控制，谋求高效地实现目标的管理方法。

3. 成果目标管理和方针目标管理

这是依据目标的细分程度来分的。成果目标管理是以组织追求的最终成果的量化指标为中心的目标管理方法。

（八）目标管理的优越性

设置目标进行管理至少有以下优越性：

1. 说明整个组织的宗旨、方向和意义，使员工更加清楚组织的目标。

2. 因为强调结果而不是任务，因此有助于改进计划工作。

3. 管理者在自己的职位层次上工作，而不是在比其低的层次上工作。

4. 目标有助于企业把握命运，而不是只对错误做出反应。

5. 通过目标管理可以改善上下级之间的关系。

6. 目标为各个管理层评估各自的绩效提供了参考。

7. 鼓励维持短期利益与长期利益之间的平衡。

三、安全目标管理

安全目标管理是目标管理在安全管理方面的应用，它是指企业内部各个部门以至每个职工，从上到下围绕企业安全生产的总目标，层层展开各自的目标，确定行动方针，安排安全工作进度，制定实施有效的组织措施，并对安全成果严格考核的一种管理制度。安全目标管理是参与管理的一种形式，是根据企业安全工作目标来控制企业安全生产的一种民主的科学有效地管理方法，是我国施工企业实行安全管理的一项重要内容。

（一）安全目标管理的步骤

安全目标管理的实施过程可分为四个阶段，即安全管理目标的制定，建立安全目标体系，安全管理目标的实施，目标的评价与考核（图4-1）。

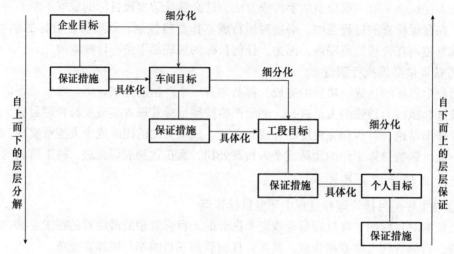

图4-1　安全目标管理的步骤

（二）安全管理目标的制定

安全管理目标是实现企业安全化的行动指南。目标管理是以各类事故及其资料为依据的一项长远管理方法，是以现代化管理为基础理论的一门综合管理技术，必须围绕施工企业生产经营目标和上级对安全生产的要求，结合施工生产的经营特点，进行科学的分析，按如下原则制定安全目标：

1. 突出重点，分清主次，不能平均分配、面面俱到

安全目标应突出重大事故、负伤频率、施工环境标准合格率等方面的指标。同时注意次要目标对重点目标的有效配合。

2. 安全目标具有先进性，即目标的适用性和挑战性

也就是说制定的目标一般略高于实施者的能力和水平，使之经过努力可以完成，应是"跳一跳，够得到"，但不能高不可攀，令人望目标兴叹；也不能低而不费力，容易达到。

3. 使目标的预期结果做到具体化、定量化、数据化

如负伤率比去年降低百分之几，以利于进行同期比较，易于检查和评价。

4. 目标要有综合性，又有实现的可能性

制定的企业安全管理目标，既要保证上级下达指标的完成，又要考虑企业各部门、各项目部及每个职工的承担目标能力，目标的高低要有针对性和实现的可能性，以利各部门、各项目部及每个职工都能接受，努力去完成。

5. 坚持安全目标与保证目标实现措施的统一性

为使目标管理具有科学性、针对性和有效性，在制定目标时必须有保证目标实现的措施，使措施为目标服务，以利于目标的实现。

254

（三）建立安全目标管理体系

安全目标管理涉及企业各个部门、各项目部及各单位，是关系安全生产全局的大问题，为此应建立安全目标管理体系。

1. 安全目标体系

安全目标体系就是安全目标的网络化、细分化，是安全目标管理的核心。它按企业管理层次由总目标、分目标、子目标构成一个自上而下的目标体系。企业所需要达到的安全目标为总目标，各项目部（职能科室）为完成企业总目标而导出的为分目标，施工队为完成项目部分目标而提出的为子目标，班组和个人为完成施工队子目标提出的为孙目标。

2. 安全目标的内容

安全管理水平提高目标，安全教育达到程度目标，伤亡事故控制目标，施工环境达标率提高目标，事故隐患整改完成率目标，现代化科学管理方法应用目标，安全标准化班组达标率目标，企业安全性评价目标，经理任职安全目标，各项安全工作目标。

为实现企业安全生产总目标，应将总目标分解到各职能部门和项目部，做到横向到边（见图 4-1），纵向到底，纵横交错，形成网络。横向到边就是把企业安全总目标分解到机关各职能部门；纵向到底就是把企业总目标由上而下按管理层次分解到项目部、施工作业队、班组直到每个职工，实现多层次安全目标体系。

（四）安全目标管理的实施

企业安全目标管理是一项长期任务，必须始终不渝地进行决策、实施、检查、整改、总结、提高的循环管理。实施目标管理要做到：

1. 要把企业的安全目标列为领导任期内的目标，作为一个企业稳定生产秩序的既定方针。

2. 要赋予安全部门一定的职权，能保证对各职能部门实施安全目标监督检查的功能和作用。

3. 要求各职能部门对自身安全工作发挥主观能动作用，自觉地对安全管理工作进行密切的配合与协调。

4. 要明确各级安全责任制，实行安全一票否决原则，以保证措施的贯彻落实。

5. 要动员人人参与管理，要有每个人的责任目标，一级抓一级，层层落实，共同保证安全目标的实施。

（五）安全目标管理的注意事项

1. 加强各级人员对安全目标管理的认识

企业领导对安全目标管理要有深刻的认识。要深入调查研究，结合本单位实际情况，制定企业的总目标，并参加全过程的管理，负责对目标实施进行指挥、协调；加强对中层和基层干部的思想教育，提高他们对安全目标管理重要性的认识和组织协调能力，这是总目标实现的重要保证；还要加强对员工的宣传教育，普及安全目标管理的基本知识与方法，充分发挥员工在目标管理中的作用。

2. 企业要有完善的系统的安全基础工作

企业安全基础工作的水平，直接关系着安全目标制定的科学性、先进性和客观性。如：

要制定可行的伤亡事故频率指标和保证措施，需要企业有完善的工伤事故管理资料和管理制度；控制作业点尘毒达标率，需要有毒、有害作业的监测数据。只有建立和健全了安全基础工作，才能建立科学的、可行的安全目标。

3. 安全目标管理需要全员参与

安全目标管理是以目标责任者为主的自主管理，是通过目标的层层分解、措施的层层落实来实现的。将目标落实到每个人身上，渗透到每个环节，使每个员工在安全管理上都承担一定的目标责任。因此，必须充分发动群众，将企业的全体员工科学地组织起来，实行全员、全过程参与，才能保证安全目标的有效实施。

4. 安全目标管理需要责、权、利相结合

实施安全目标管理时要明确员工在目标管理中的职责，没有职责的责任制只是流于形式。同时，要赋予他们在日常管理上的权力。权限的大小，应根据目标责任大小和完成任务的需要来确定。还要给予他们应得的利益。责、权、利的有机结合才能调动广大员工的积极性和持久性。

（六）安全目标管理要与其他安全管理方法相结合

安全目标管理是综合性很强的科学管理方法，它是企业安全管理的"纲"，是一定时期内企业安全管理的集中体现。在实现安全目标的过程中，要依靠和发挥各种安全管理方法的作用，如建立安全生产责任制、制定安全技术措施计划、开展安全教育和安全检查等。只有两者有机结合，才能使企业的安全管理工作做得更好。

四、施工组织设计

施工组织设计是用来指导施工项目全过程各项活动的技术、经济和组织的综合性文件，是施工技术与施工项目管理有机结合的产物，它是工程开工后施工活动能有序、高效、科学合理地进行的保证。

（一）施工组织设计的基本原则

1. 配套投产。根据建设项目的生产工艺流程，投产先后顺序要服从施工组织总设计的规划和安排，确定各单位工程开竣工期限，满足配套投产。

2. 确定重点，保证进度。

3. 建设总进度一定要留有适当的余地。

4. 重视施工准备，有预见地把各项准备工作做在工程开工的前头。

5. 选择有效的施工方法，优先采用新技术、新工艺，确保工程质量和生产安全。

6. 充分利用正式工程，节省暂设工程的开支。

7. 施工总平面图的总体布置和施工组织总设计规划应协调一致、互为补充。

（二）施工组织设计阶段

施工组织设计一般分为三个阶段：

1. 施工条件设计（或称施工组织基本概况）。

2. 施工组织总设计。

3. 各个建筑物等单位工程的施工设计。

（三）施工组织设计目录

1. 编制说明

2. 编制依据

3. 工程概况

（1）工程名称及规模

（2）工程范围及内容

（3）建筑与结构

（4）电气工程

（5）给排水工程

（6）采暖工程

（7）材料做法

（8）工期要求

（9）质量要求

（10）安全及环保要求

（11）自然条件

（12）施工条件

（13）相关单位

4. 施工总体组织及规划

（1）总体主导思路

（2）项目管理组织

（3）施工队伍部署及任务划分

（4）施工准备

（5）各部门职责

（6）施工总平面布置

（7）总体施工组织方案

（8）施工工期目标规划

（9）工程质量目标规划

（10）安全、文明施工与环保目标规划

5. 施工进度计划安排

（1）总工期计划安排

（2）工程项目阶段性目标计划

（3）施工进度计划横道图

6. 劳动力计划安排

7. 主要施工机械设备配备

8. 主要材料（设备）供应进度计划

9. 主要分部、分项工程施工方法技术及措施

257

（1）施工测量

（2）基坑（槽）土方开挖与回填

（3）基础工程施工

（4）模板工程

（5）钢筋工程

（6）混凝土工程

（7）砖砌体工程施工

（8）室内墙面、天棚装修

（9）窗安装

（10）普通地砖地面

（11）外墙外保温

（12）脚手架工程

（13）屋面防水施工

（14）卫生间防水施工

（15）抹灰

（16）乳胶漆饰面

（17）墙面贴瓷砖

（18）散水、踏步、坡道

（19）电气系统

（20）给排水、消防系统

10. 确保工程质量的技术组织措施

11. 确保工期的技术组织措施

12. 确保安全生产的技术组织措施

13. 确保文明施工的技术组织措施

14. 工程投入主要物资和施工机械设备及进场计划

15. 劳动力安排计划

16. 附录

（1）附图

（2）附表

五、分部（分项）工程安全技术交底

（一）土方开挖和回填技术交底

分项工程名称：×××土方工程　　　施工班组：瓦工班

交底人签字：　　　　　　　　　　接收人签字：

交底时间：××年×月×日

1. 施工准备

（1）基础排水

根据现场地下水位情况，基坑四周虽已采取粉喷桩挡土墙护坡挡水，但基坑底部

258

（-4.5m处）仍有地下水。本工程采用明沟配合集水坑，用φ100泥浆泵抽水，排至场外市政排水管网。待基础混凝土工程施工完毕后，集水坑、排水沟在基础范围外的用素土分层夯实，在基础范围内的用3:5砂石回填夯实。

（2）土方开挖

1）施工机械的选择

由于本工程土方量较大，为确保工期，采用一台单斗反铲挖掘机（1m³），配合4.5t自卸车运输。

2）施工顺序

本工程土方开挖本着先开挖深部（①轴-⑧轴），后开挖浅部（⑨轴-⑯轴）；先用挖掘机开挖，人工配合。预留300cm土不挖，然后用人工开挖修整至设计标高，深部-6.2m，浅部-5.2m。承台、地梁、集水井等均采用人工挖土，用塔吊吊土至基坑外装车送至弃土处，基坑四周土方均挖至粉煤灰护坡处。

3）基础土方开挖前，首先校核轴线位置，选择好平面控制桩和水准点，定出轴线位置，以此作为施工测量和工程验收的依据。

4）夜间施工时，要准备好照明设施。

5）土方开挖完毕后，基础底板、电梯井、承台侧面砌240mm厚砖胎模，地梁及其余各承台等侧面均砌120mm砖胎模，表面粉20mm厚水泥沙浆压光。

（3）回填工程

1）回填前，对基础、地下防水层、保护层等办理隐蔽验收。

2）将基坑内的杂物、积水等清理干净。

3）施工前做好水平高程的设置，在基槽边上钉水平，在基础墙面划分层线。

2. 质量要求

（1）土方开挖质量要求（表4-1、表4-2）

表4-1 土方开挖质量要求主控项目

标高（m）		允许偏差（mm）	备注
基坑、基槽		+0，-50	
挖方场地平整	人工	±30	
	机械	±50	
管沟		-50	
地面基层		-50	
长度、宽度（由设计中心线向两边量）（mm）		允许偏差（mm）	
基坑、基槽		+200，-50	
挖方场地平整	人工	+300，-100	
	机械	+500，-150	
管沟		+100	
边坡		局部需放坡处，边坡尽量放缓，确保施工正常为准	

表 4-2 土方开挖质量要求一般项目

表面平整度（mm）		允许偏差（mm）	备注
基坑、基槽		20	
挖方场地平整	人工	20	
	机械	50	
管沟		20	
基底土性		挖到设计标高后请设计单位验槽	

（2）土方回填质量要求（表4-3、表4-4）

表 4-3 土方回填质量要求主控项目

标高（m）		允许偏差（mm）	备注
基坑、基槽		−50	
挖方场地平整	人工	±30	
	机械	±50	
管沟		−50	
地面基层		−50	
分层压实系数		0.94	

表 4-4 土方回填质量要求一般项目

项目			允许偏差（mm）	备注
回填料			设计要求	
分层厚度及含水量			设计要求	
表面平整度（mm）	基坑、基槽的允许偏差		20	
	挖方场地平整允许偏差	人工	20	
		机械	30	
	管沟		20	
	地面基层		20	

3. 工艺流程

（1）土方开挖

测量放线、验线→开挖→修槽→验槽

（2）回填工程

分层回填夯实→取样实验→至设计高程

4. 操作工艺

（1）开挖

1）人工开挖浅基础、承台、地梁、集水井等

一般顺序为：测量放线→切线分层开挖→修坡、整平

挖土自上而下水平分段进行，每层0.3m左右，边挖边检查槽宽，至设计标高后，统一

进行修坡清底，相邻基坑开挖时要按照先深后浅或同时进行的原则施工。

2）机械开挖

本工程采用一台单斗反铲挖掘机（1m³）配合 4.5t 自卸车运输。

机械开挖时，要配合少量人工清土，将机械挖不到的地方运到机械作业半径内，由机械运走。机械开挖在接近槽底时，用水准仪控制标高，预留 30cm 土层由人工开挖，以防超挖。

3）开挖到距离槽底 50cm 以后，测量人员测出距槽底 50cm 处水平标志线。然后在横邦上或基坑底部钉上小木桩，清理底部土层时用它们来控制标高，根据轴线及基础轮廓检验基槽尺寸，修改边坡和基底。

4）雨季施工时要加强对边坡的保护。可适当防缓边坡或设置支撑，同时在坑外侧围以土堤或开挖水沟，防止地面水流入。冬季施工时，要防止地基受冻。

5）开挖过程中，如遇淤泥、地下障碍物等应及时通知监理及有关部门人员共同研究处理方案，并记录归档。

6）开挖好的坑壁四周 1m 范围内严禁堆放模板、钢管及其他较重物品，以防坑壁塌方。

7）注意事项

①开挖过程中，严格控制开挖尺寸，基坑底部的开挖宽度要考虑工作面的增加宽度。施工时尽量避免基底超挖，个别超挖的地方经设计单位提出方案，可用级配砂石回填。

②尽量减少对基土的扰动，若基础不能及时施工时，可预留 300mm 土层不挖，待做基础时再挖。

③开挖基坑时，有场地条件的，一次留足回填需要的好土，多余土方运到弃土处，避免二次搬运，土方严禁堆在基坑边缘。

④土方开挖时，要注意保护标准定位桩、轴线桩、标准高程桩。要防止邻近建筑物的下沉，应预先采取防护措施，并且在施工过程中进行沉降和位移观测。

⑤挖土机械不得碰撞工程桩。挖掘机、运输车轮下的路基不得直接压在围护支撑上。

⑥基坑开挖后，应进行基槽检验，必须经设计人员验槽认可后方可继续施工。

（2）土方回填

1）回填土中不得含有有机杂物，对大于 500mm 的土块一般选用含水量在 10% 左右的干净黏性土。（以手攥成团，自然落地散开为易）：若土过湿，要进行凉晒或掺入干土、白灰等处理：若土含水量偏低，可适当洒水湿润。

2）深浅基坑相连时，要先填深基坑，填至与浅基坑标高一致时，再与浅基坑一起填夯。分段填夯时，交错处做成阶梯形，上下接茬距离不小于 1.0m，基坑回填应在相对两侧或四周同时进行。

3）回填土要分层铺摊夯实。使用蛙式打夯机时每层铺土厚度为 200 ~ 250mm：人工夯实时不大于 200mm。每层至少夯击三遍，要求一夯压半夯。

4）回填房心及管沟时，先用人工将管子周围填土夯实，直到管顶 0.5m 以上时，在不损坏管道的情况下，方可用蛙式打夯机夯实。管道下方若夯填不实，易造成管道受力不均匀而折断、渗漏。

5）雨季施工时，应防止地面水流入坑内以免边坡塌方或浸泡基土。冬季施工时，每层回填土厚度比常温时减少 25%，其中冻土块体积不得超过总填土体积的 15%，且应分散，冻土块粒径不大于 15cm。

5. 施工注意事项

（1）施工时，基础墙体达到一定强度后，才能进行回填土的施工，以免对结构基础造成损坏。

（2）基础坑槽回填土前，必须清理到基础底面标高，才能回填。严禁用水浇使土下沉的"水夯法"。

（3）土虚铺过厚，夯实不够或冬期施工时冻土块较多，回造成回填土下沉，而导致地面、散水产生裂缝或下沉。

（4）回填土夯实时，表面应平整，标高应符合设计要求。

6. 安全环保措施

（1）建立健全安全生产责任制和安全保证体系，对全体施工人员进行安全教育，组织学习安全技术规定及施工设备的安全操作要求。

（2）所有人员进入工地时都必须佩戴好安全帽，系好帽带。

（3）挖土要注意围护桩的稳定性，并派专人对四围进行检查，如发现有裂缝及倾塌趋势，人员和机械要立即撤离并及时处理。开挖前首先派人将四周围护桩夹角处上下的干土块及顶部凹凸松散杂物和砖块等全部清处掉以防塌落伤人。

（4）挖土机停靠时，与围护桩的安全距离应大于回转半径，运土车也不得靠近围护桩，挖土机及运土车严禁扰动围护桩，以免影响基坑支护结构。靠近维护桩的四周预留 0.5m，采用人工挖土。

（5）配合挖土机的清底工人应在机械回转半径以外工作。如必须在回转半径内工作，应告诉司机停止机械操作，方可进行施工。

（6）基坑四周的围护栏杆必须补齐加固稳定，并设置临时上下施工楼梯，两侧应加设栏杆扶手。

（7）人工挖土，采用塔吊运输时，必须派专人指挥，塔吊司机在往下放吊筐时必须发出警号，以提醒操作人员注意。吊筐落至离地面1m左右时，操作人员必须将其扶稳停放在安全位置，并且将筐门关好。

（8）吊土方的筐必须加固，四周用木板封严，以防吊起时从缝隙中掉下土块或其他杂物伤人。

（9）施工机械、电器设备等在确定完好后方准使用，并由专人负责使用。

（10）变压器以下的所有施工线路，须采用"三相五线制"。所有用电设备必须配备国家指定的标准闸箱。

（11）施工场内一切电源、电路的安装和拆除，应由持证电工负责。电器必须严格接地接零和设置漏电保护器。现场电线、电缆必须按规定架空，严禁拖地和乱拉、乱搭。

（12）所有机械操作人员必须持证上岗。

（13）施工现场所有设备、设施、安全装置、工具配件以及个人劳动保护用品须经常检查确保完好和使用安全。

（14）在现场出入口处设置汽车冲洗台及污水沉淀池，对开出车辆进行冲洗，做到车不带泥沙出场。安排工人每天进行卫生清理，做到整洁有序，无污水，污物出口畅通，不积水，不发臭，不污染周围环境。

（15）土方开挖完毕，基础混凝土垫层施工之前，联系有关单位进行白蚁防治。

（二）地下室模板技术交底（地下室底板及墙板）

工程名称：×××　　　　　　　　施工班组：木工班

交底人：×××　　　　　　　　　交底时间：×年×月×日

交底内容：

1. 施工准备

（1）本地下室工程结构较为复杂，分人防及主楼两部分，且底标高不一致，分别为主楼 -5.7m，人防部分 -4.5m。为保证工程质量，项目部选择有施工经验、技术力量过硬的施工班组承担本工程模板的施工。

（2）项目部组织施工技术管理人员，会同模板班负责人，认真熟悉图纸，对各节点之间关系进行认真研讨，对重点部位编制详细的施工方案及质量控制措施，保证工程顺利进行。

（3）对上岗人员进行岗前培训、技术交底及三级安全教育，学习安全操作要求，提高全员的质量、安全意识及技术操作水平。经考核合格进入现场上岗。

（4）本工程采用复合木模板进行加工拼装，预制的模板根据轴线位置编号，且刷水质脱模剂后分类堆放。

（5）在已做好的混凝土垫层及砖胎模上弹出轴线、模板边线，同时测出水平标高控制线，以便及时掌握轴线、边线及标高。

（6）底板钢筋绑扎完毕，水电管线预埋结束，钢筋保护垫好，办理班组交接手续后，进行模板安装。

（7）（7）木模板（16mm 厚）木方100×50，ϕ12 穿墙止水螺栓，穿过内外混凝土墙的各种规格的钢套管，脚手架钢管，2.5 吋、3 吋、4 吋的铁钉等进场。

（8）备好电锯等施工机械，进行试运转，同时备好各种工具。

2. 质量要求

（1）模板安装

1）主控项目

①具有足够的承载能力，能可靠承受新浇混凝土的自重和侧压力，以及施工过程中所产生的荷载。

②模板应保证工程结构和构件各部分的形状、几何尺寸、标高和相互位置的正确。现浇混凝土模板安装允许偏差见表4-5。

表4-5　现浇混凝土模板安装允许偏差

项　目		允许偏差（mm）
轴线位置		5
底模上表面标高		±5
截面内部尺寸	基础	±10
	柱墙梁	+4，-5
层高垂直度	不大于5m	6
	大于5m	8
相邻两板表面高低差		2
表面平整度		5

注：检测轴线位置时，应沿纵、横两个方向测量，取其中较大值。

③涂刷模板隔离剂时，不允许沾污钢筋和混凝土接茬处。

2）一般项目

①模板制备时，尽量考虑构造简单、安拆方便、便于钢筋的绑扎、安装和混凝土浇筑、养护等。支模时应考虑拆模。

②模板的接缝平整严密、不漏浆，木模板浇水湿润，但模内不得积水。

③模板安装结束后及时把模内杂物吹洗干净。

④跨度大于4m的混凝土梁板，模板要起拱，起拱高度为跨度的1‰～3‰。

⑤固定在模板上的预埋件、预留孔洞要安装牢固，不能遗漏，检查质量时，要重点检查。预埋件和预留孔洞允许偏差见表4-6。

表4-6 预埋件和预留孔洞允许偏差

项 目		允许偏差（mm）
预埋件中心位置		3
预埋管、预留中心线位置		3
插筋	中心位置	5
	外路长度	+10.0
预埋螺栓	中心位置	2
	外路长度	+10.0
预留洞	中心位置	10.0
	尺寸	+10.0

注：检查中心位置时，应沿纵、横两个方向测量，取其中较大值。

（2）承重底模拆除

1）主控项目

底模及其支架拆除时的混凝土强度应符合设计要求（见表4-7）。

表4-7 底模拆除时的混凝土强度要求

构件类型	构件跨度（m）	达到设计抗压强度值（%）
板	≤2	≥50
	>2≤8	≥75
	>8	≥100
果、拱、壳	≤8	≥75
	>8	≥100
悬臂构件		≥100

2）一般项目

①侧模拆除时的混凝土强度应保证其表面及菱角不受损伤。

②模板拆除时，不允许对楼层形成冲击荷载。拆除的模板及支架应及时清运到指定地点，分类堆放。

3. 模板施工工艺

底板外侧模板制备与安装

264

1）底板侧模按已弹墨线就位，外侧用脚手钢管搭设吊架支撑，支撑在基坑侧壁上的钢管处，支撑处用木板垫实。

2）混凝土内外墙模板制备与安装

①先安门窗、洞口模板、与墙体钢筋固定，且同时安装预埋件及木砖等。

②找准墙边线，严格按已弹墙边线安装墙模，两侧模采用 $\Phi 12$ 止水螺栓@500（双向）对拉固定。

③采用 DN40 钢管搭设支撑架，立杆间距@600（双间），设三道水平撑（即：1800mm、3500mm、梁及板底一道）。搭设剪刀撑、斜撑。形成足够的刚度及稳定性。扣件的开口方向朝下，最上一道承重杆设置双扣件，扣件的螺栓一定要拧紧，以防承重构件下沉变形。

④墙模对拉止水螺栓在模内位置设 60mm×60mm×20mm 垫块，待墙模板拆除将止水螺栓切割，用1:2防水涂料封闭，以保证止水螺栓处不生锈、保证工程质量。

⑤模板安装矫正完毕，全面检查扣件、螺栓、支撑是否紧固、稳定。模板拼缝及下口是否严密。

4. 模板拆除施工工艺

（1）侧模拆除

一般情况下混凝土强度达到 1.2MPa 后拆除，保证表面混凝土的棱角不受损伤。

（2）承重梁、板底模拆除

接到施工技术人员书面通知才能拆除。没有施工技术人员的书面通知，任何人不得拆除承重模板及支撑架子。

（3）拆模应遵循先支后拆、后支先拆，先拆非承重的模板、后拆除承重模板；自上而下，承重支架先拆侧向支撑，后拆竖向支撑的原则。

5. 安全施工

（1）进入施工现场必须戴好安全帽。高处作业必须佩戴安全带，并应系牢。

（2）经医生检查认为不适宜高处作业的人员不得进行高处作业。

（3）禁止使用童工和年老体弱多病的人员上岗作业。

（4）热爱本职工作，努力学习，积极参加安全生产的各种活动。正确使用防护装置和防护设施，对各种防护装置、防护设施和警告、安全标志等不得随意拆除和挪动。

（5）严格执行操作要求，不得违章指挥和违章作业。对违章作业的指令有权拒绝，并有责任制止他人违章作业。

（6）遵守劳动纪律，服从领导和安全检查人员的指挥，工作时集中思想，坚守岗位，未经许可不得从事非本工种作业。严禁酒后上班，不得到禁止烟火的地方吸烟、使用明火。

（7）按照作业要求正确穿戴个人防护用品，高处作业不得穿硬底和带钉易滑的鞋，不得往下投掷物料。严禁赤脚或穿高跟鞋、拖鞋进入施工现场。

（8）工地现场严禁吸烟。吸烟者到吸烟室，违者处罚。

（三）基础混凝土技术交底

工程名称：××大厦　　　　　　施工班组：混凝土班

交底人：××　　　　　　　　　交底时间：××年×月×日

交底内容：混凝土浇筑要求

1. 工程概况

本工程位于和平路和解放路交汇处西北侧，占地 8510m²，建筑面积 42310m²，地下室 4120m²。基础底板、承台、水池、地下室外墙 C35 防水混凝土，抗渗等级 S8，内掺膨胀剂，底板混凝土 400mm 厚，电梯底 D-D，E-E 剖面为 3050mm 厚，电梯其他部位 1200mm 厚，目前钢筋已绑扎成型，具备浇筑混凝土的条件，为保证混凝土质量，编制本施工方案。

2. 施工准备

（1）配备铝合金刮杆，3m 的 6 根，2m 的 10 根，铁耙 8 把，尖锹、平锹各 30 把，木抹子 20 个，铁抹子 20 个，扫把、施工线适量。活动水管 100m。

（2）插入式振捣器 12 台，平板振动器 5 台，振动棒 25 根，配电箱 4 台，磨光机 2 台。

（3）与商品混凝土厂家签订合同，通知商品混凝土厂家准备提供混凝土的时间，商品混凝土品种、标号、数量、特殊要求等。

（4）检查机电机具是否齐全，配备专职技术工人，随时准备检修。

（5）混凝土浇筑期间，要保证水、电、照明不中断。配备水、电工跟班作业。

（6）准备塑料布 3000m²、草帘 3000m²、100℃玻璃温度计 3 根。

（7）机电器具专人预先调试，保证正常运转。

（8）与城管部门协调好、确保商品混凝土运输入场，保证混凝土顺利浇筑。

（9）混凝土固定泵的管道搭设完毕。

（10）钢筋、各专业管线埋设完毕，钢筋、模板等，预检通过。

（11）劳动力安排：120 人分两班倒换作业。

（12）检查墙、柱插筋的位置、数量，预埋件的位置、数量，预留洞位置、数量，模板接缝是否严密，支撑系统的强度、刚度是否满足要求。

3. 施工工艺

（1）基础混凝土浇筑采用先低后高、先远后近的浇筑原则，随着混凝土的浇筑，泵管及架子逐渐拆除。

（2）为防止出现温度裂缝及收缩裂缝，电梯间大体积混凝土，每层浇筑混凝土的厚度为 500mm。

（3）混凝土浇筑过程中，为了使上下层不产生冷缝，上层混凝土振捣时，在下面混凝土初凝前完成，且振捣棒插入下层混凝土 50mm。

（4）除了钢筋稠密处采用斜向振捣外，其他部位均采用垂直振捣，振点的移动距离为 300~400mm。边插点距模板 150~200mm。振点移动为"梅花型"。

（5）振捣混凝土时，要采取"快插后拔"的原则，防止上层混凝土振实后，下层混凝土气泡无法排出。振捣棒略微上下抽动，使气泡排出，振实混凝土。

（6）混凝土振捣工艺指派技术素质好、责任心强、有较多实践经验的工人操作。上下班交接部位交待清楚，以防漏振，认真做好交接班记录。

（7）混凝土振捣时，每点的振捣时间一般待混凝土表面呈现水平、不再沉落，不再出现气泡、表面泛出灰浆时，方可拔出振捣棒。振捣时间不宜过长，一般控制在表面出灰浆即可。第一遍振捣后，根据混凝土吸水情况，再回振一遍。

（8）底板浇筑至一定程度后，进行导墙混凝土的浇筑。因为墙体与底板混凝土硬化时收缩方向不一致，在接缝处易产生裂缝。

（9）混凝土底板浇筑完毕，按标高用刮杆刮平，用木抹子搓压拍实抹平，采用三次搓平压光的方法，第三遍用磨光机搓平，严禁带水搓平，最后一次搓平在终凝前结束。

（10）控制混凝土从出厂到浇筑入模的时间，一般控制在2h以内入模。

4. 质量要求

（1）严格控制混凝土坍落度，一般控制在140mm±10mm以内，过大、过小拒收。

（2）严格控制混凝土标高，在柱钢筋上用水平仪测出水平标高，根据标高拉线用尺测量或用水平仪跟班检测标高。

（3）浇筑混凝土导墙时，严格控制标高，保证导墙上表面平整，混凝土到钢板止水带一半位置。

（4）混凝土浇筑完毕及时盖上防水塑料布，电梯井部位在防水布上加盖三层草帘保温，以防温差太大，产生裂缝。

（5）混凝土原材料由商品混凝土厂家自行控制质量，混凝土进场前提供所用质量保证资料，复试报告，混凝土配合比及相关资料，经业主、监理、施工单位检查合格，混凝土进场使用。

（6）混凝土施工过程中，混凝土强度及抗渗试块由混凝土厂家现场按规定留置、送试验室进行标准养护。同时留设同条件养护混凝土试块9组（第一施工段），位置现场定，及时记录编号。

（7）混凝土浇筑完毕，终凝后5h进行浇水养护，浇水的次数以表面保持潮湿为准。

（8）混凝土浇筑过程中，如遇停电等特殊情况，设临时垂直施工缝，位置设置在跨内1/3处。

（9）现浇混凝土结构尺寸允许偏差（见表4-8）

表4-8　现浇混凝土结构尺寸允许偏差

项　目			允许偏差（mm）
轴线位置	基础		15
	独立基础		10
	墙、柱、梁		8
	剪力墙		5
垂直度	层高	≤5m	8
		>5m	10
	全高（H）		$H/1000$ 且 ≤30
标高	层高		±10
	全高		±30
电梯井	截面尺寸		+8，−5
	井筒长、宽对定位中心线		+25，0
	井筒全高（H）垂直度		$H/1000$ 且 ≤30
	表面平整度		8
预埋设施中心线位置	预埋件		10
	预埋螺栓		5
	预埋管		5
预留洞中心线位置			15

注：检查轴线、中心线位置时，应沿纵、横两个方向量测，并取其中的较大值。

5. 大体积混凝土防裂措施

（1）选用普通硅酸盐水泥。

（2）选用 5～31.5mm 的碎石，含泥量不大于 1%，泥块含量不大于 0.25%。

（3）选用中粗砂，含泥量不大于 3%，泥块含量不大于 0.5%。

（4）掺和料、膨胀剂由厂家试验室选定。

（5）坍落度控制在 140mm 左右，控制在 ±10mm。

（6）混凝土初凝时间控制在 6～8h、终凝控制在初凝后 2～3h。

（7）控制混凝土内外温差、表面与外界温差，防止混凝土表面急剧冷却，采用混凝土表面保温措施，混凝土表面覆盖塑料布，再铺盖三层草帘保温。

（8）电梯间 D-D、E-E 剖面采用 2φ40 钢管，加工成 S 状，预埋在混凝土中，上下各距 500mm 左右处，当温差超 25℃时，通水降温。

（9）测温孔用 φ20 钢管制作，钢管底部用铁板焊接封闭，露出混凝土表面 100mm。

6. 混凝土浇筑方法见图 4-2

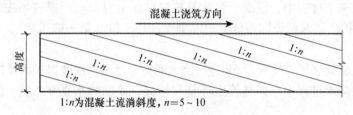

图 4-2　400 厚底板混凝土浇筑示意图

（1）400 厚混凝土底板

（2）混凝土浇筑方向，工艺流程及泵车布置简图（图 4-3）

图 4-3　混凝土泵布置示意图

7. 安全环保施工措施

（1）振捣工戴绝缘手套，穿胶鞋防护。

（2）底板混凝土浇筑过程中，木工、钢筋工配专员跟班作业，发现问题及时解决。

（3）振捣混凝土时采用低噪声振捣棒，振捣时不要碰到钢筋及模板。混凝土车等候进场时须熄火，减少噪声扰民。

（4）现场设置洗车水源和沉淀池，混凝土罐车出场时冲洗干净，保证市政道路清洁。

沉淀后的清水重复利用。

（5）泵管架子要与钢筋分开，保证泵管振动不影响混凝土质量及钢筋移位。

（6）进入施工现场必须戴好安全帽，高处作业必须系安全带。

（7）严格执行操作要求，不得违章作业，对违章作业的指令有权拒绝，并制止他人违章作业。

（8）遵守劳动纪律，服从领导和安全检查人员的指挥，工作时集中思想、坚守岗位，未经许可不得从事非本工种作业。

（9）严禁酒后作业，工地严禁吸烟。

（10）按作业要求，正确穿戴防护用品，高处作业不得穿硬底和带钉易滑的鞋。不允许往下投掷物料。工地严禁穿高跟鞋、拖鞋或赤脚。

（四）塔吊拆装施工安全技术交底

1. 施工企业单位必须有建设行政主管部门颁发的拆装资质证书和特殊工种上岗证书，作业时必须安排专业安全人员现场监护，否则不准上岗作业。

2. 拆装前应按照出厂说明的有关规定，必须提供专业施工方案及安全技术措施，需经企业技术负责人审批签字盖章。

3. 安装前应对起重机械的各结构、各部位、结构焊接、重要部位螺栓、销轴、卷扬机和钢绳索、钓钩、吊具以及电气设备线路等进行检查，将隐患排除于安装之前。

4. 对顶升液压系统的液压缸和油管、顶升套架结构、导向轮、顶撑脚（爬爪）等应进行彻底检查，及时处理存在的问题。

5. 作业人员所使用的工具、安全带、安全帽必须使用合格材料。

6. 安装作业中配备的所有机械设备必须状态良好，技术性能应保证拆装作业中的安全需要。

7. 安全监督岗的设置及安全技术措施的贯彻落实必须达到要求，方可进行安装作业。

8. 安装作业应在白天进行。当遇大风、浓雾和雨雪等恶劣天气时应停止作业。

9. 所有参加安装的人员必须按照作业方案，遵守安装工艺和操作要求，听从指挥。如发现指挥信号不清或有错误时，应停止作业，待联系清楚后再进行作业。

10. 安装人员进入工作现场时应正确穿戴安全防护用品，高处作业时必须系好安全带。认真执行安装工艺和操作要求，当发现异常情况或疑难问题时，必须向技术负责人反映，不得自行其是，应防止处理不当而造成事故。

11. 采用高强螺栓连接的结构应有质量合格的试验证明，否则不得使用。连接螺栓时应采用扭矩扳手或专用扳手，并应按照安装的技术要求拧紧。

12. 安装过程中当遇到天气剧变或突然停电、机械设备发生故障等意外情况，短时间不能恢复作业时，必须使已安装的部位达到稳定状态并固定牢靠，经检查确认无隐患后方可停止作业。

13. 安装起重机时，必须将大车缓冲止挡器和限位开关碰块安装牢固、可靠，并应将各部位的栏杆、平台、护圈等安全防护装置装齐。

14. 升标准节时必须有专人指挥、专人照看电源、专人操作液压系统、专人装紧螺栓。非作业人员不得登上顶升套架的操作平台。操作室内只准一人操作，必须听从指挥信号。

15. 升降作业时，如突然遇到四级及以上风时，必须立即停止，并紧固上下塔身各连接螺栓。

16. 升降时，顶升撑脚（爬爪）就位后，应插上安全销，方可进行下一动作。

17. 升降完毕后，应将各部位的连接栓按规定紧固，液压操纵杆回到中间位置，并切断液压升降机构电源。

18. 整机安装完毕后，必须进行整机技术检验和调整，各机构动作应正确、平稳、无异声响、动作可靠、各安全装置灵敏有效。在无荷载情况下，塔身和基础平面的垂直度允许偏差为4‰。经检验合格后，填写检验记录，经技术负责人审查签证后，方可交付使用。

19. 在进场安装的过程中必须按照相关技术规定的要求及以上条款进行操作，如违者造成一切后果自负。

交底人：＿＿＿×××＿＿＿（　　　　）

接底人：＿＿×××　×××　×××＿＿

六、安全检查

（一）施工现场安全检查制度

1. 总体要求

（1）为了贯彻"安全第一、预防为主"的安全生产方针，提高电力建设安全施工管理水平，保障职工在劳动过程中的安全和健康，促进电力建设事业的发展，根据国家有关安全生产的规定，结合电力建设具体情况，制定本规定。

（2）企业必须认真贯彻执行国家有关安全生产的方针、政策、法令、法规和本规定。应遵循电力建设的客观规律，严格按基建程序和合理工期组织施工。

（3）企业必须贯彻"管生产必须管安全"的原则，做到在计划、布置、检查、总结、评比施工工作的同时，计划、布置、检查、总结、评比安全工作。

（4）经理是企业安全施工的第一责任者。应努力改善职工劳动条件，消除事故隐患，关心职工生活，注意劳逸结合，在保证职工安全和健康的前提下组织和领导施工。

（5）安全施工应实行科学管理。依靠科技进步，完善安全设施，强化安全教育，提高职工安全技术素质，逐步做到对事故进行预测、预控。

（6）安全施工，人人有责。企业应不断强化以各级安全施工第一责任者为核心的安全施工责任制。各职能部门应在各自主管业务范围内对安全施工负责，并接受安全监察部门的监督和指导。

2. 安全施工职责

（1）总经理职责

1）总经理是本系统安全生产（施工）的第一责任者，对本企业系统的安全生产（施工）和本规定的执行，以及本企业系统各级安全生产（施工）责任制的建立、健全与贯彻落实负全面领导责任。

2）认真执行国家有关安全生产的方针、政策、法令、法规和上级有关规定，并负责组织贯彻落实。

3）直接领导或委托行政副职领导本企业安全监察部门。对本企业安全监察机构和所属施工企业安全监察机构的建立和健全负责。

4）必须将安全工作列入本企业重要议事日程，定期主持召开安全情况分析会，听取安全监察部门的汇报，协调解决安全工作中存在的重大问题。

5）审定企业年度安全工作目标计划。主持企业安全工作会议，部署安全生产（施工）工作。

6）确保安全技术措施经费和反事故措施经费的及时提取和使用。积极采取措施，为职工创造符合国家规定的劳动安全卫生条件。

7）确保企业和所属企业安全奖励专用基金的建立和使用。对安全工作做到重奖重罚。

8）深入施工企业，检查、指导安全工作，及时解决检查中发现的重大问题。

9）组织并主持重大伤亡事故的调查处理工作。负责审批"重大伤亡事故调查报告书"。

（2）企业基建副总经理职责

1）协助总经理分管基建施工安全工作，并对基建安全施工负直接领导责任。

2）认真执行国家有关安全生产的方针、政策、法令、法规和上级有关规定，并负责在本企业基建系统中组织贯彻落实。

3）审定基建年度安全工作目标计划。主持基建安全工作会议，部署基建安全施工工作。

4）确保安全技术措施经费的及时提取和使用。积极采取措施，促使施工企业做到安全施工、文明施工。

5）参加企业定期召开的安全情况分析会。每月至少听取一次主管基建安全监察部门的工作汇报，及时解决安全工作中存在的问题。

6）会同生产副总经理组织、协调有关安全的教育培训、竞赛评比、经验交流、表彰奖励等活动。

7）经常深入施工企业，专门检查、指导安全工作。

8）组织或主持安全施工大检查和施工企业之间的互查，及时解决检查中发现的重大问题。

9）在新建、改建或扩建工程建设中，负责按照国家有关劳动安全卫生设施与主体工程同时设计、同时施工、同时投产（简称"三同时"）的规定，组织贯彻落实。

10）主持或参加施工企业重大伤亡事故的调查处理工作。负责审批施工企业的"职工死亡事故调查报告书"。

（3）企业总工程师、总经济师、总会计师应对各自分管业务范围内的安全施工工作负责，并督促分管处室认真履行安全施工职责。

（4）企业基建管理部门职责

1）认真贯彻执行国家有关安全生产的方针、政策、法令、法规和上级有关规定。在管理电力建设工程项目的同时，负责管理安全施工和文明施工工作，并承担相应的安全施工、文明施工责任。

2）督促与指导工程建设单位和施工单位做好现场施工管理工作，确保现场建立起正常的安全施工秩序，及时协调解决工程建设中出现的威胁安全施工的重大问题。

3）在组织审查施工组织设计时，必须同时审查"安全施工、文明施工措施"。

4）协助企业总工程师指导与帮助施工企业的技术系统认真履行其安全施工职责。

5）在安排基建工程任务以及与工程建设单位和施工企业签订的工程承发包合同中，必须有安全施工的要求和奖罚规定。

6) 必须按电力工业部电建〔1994〕768号文《关于在电力工程概算中计列安全措施补助费等项费用的通知》的规定,确保电力工程安全措施补助费的计列与提取。

7) 在组织或参加工程招投标工作及确定工程主要施工单位时,必须组织对施工单位的施工资质和安全资质进行审查。

8) 参加基建安全工作会议;参加基建安全大检查和施工企业之间的互查;参加职工死亡事故的调查处理工作。

9) 负责组织本企业系统施工企业大型施工机械的技术检验和安全管理工作。

(5) 工程建设单位职责

1) 建设单位应对工程建设过程中的安全施工和文明施工负全面的监督、管理责任。

2) 认真贯彻执行国家有关安全生产的方针、政策、法令、法规和上级有关规定。负责制定工程建设的安全施工、文明施工规划和经济制约措施,并认真执行。

3) 建设单位的行政正职应对工程的安全施工负领导责任。负责组建由各施工承包单位领导参加的安全施工委员会,并担任主任委员,主持开展工作。

4) 建设单位必须设置专职安全监察机构或专职安全监察人员,负责组织、协调、管理工程建设中的安全施工、文明施工。

5) 建设单位在招标文件中或选用施工承包单位时,必须提出明确的施工资质等级和安全施工要求,并严格审查施工承包单位的安全资质。

6) 参加审查施工承包单位施工组织设计中的"安全施工、文明施工措施",并督促执行。

7) 负责向施工承包单位提供符合建设安全工作规程所规定的安全施工基础条件。协助施工单位按基建程序和施工程序施工。协调解决各施工单位在交叉作业中存在的安全施工、文明施工问题。

8) 负责按照有关规定,将概算中计列的安全措施补助费合理分配到各电建施工单位,但分配方案必须先报请主管上级(企业)安全监察部门审核同意后,方可实施。

9) 监督检查施工承包单位对其分包单位的安全管理。对安全施工、文明施工严重失控的施工单位,有权责令其停工整顿。

10) 负责组织有各施工承包单位参加的联合安全大检查,及时消除事故隐患,协调解决存在的问题。

11) 严格施工现场总平面管理,确保现场文明施工。

12) 组织现场施工单位之间开展安全施工、文明施工竞赛评比活动;总结、交流安全施工、文明施工经验;表彰奖励安全施工、文明施工先进单位。

13) 负责做好自营工程项目的安全施工管理。确保自营工程安全施工管理全面达到电力建设安全工作规程和本规定的有关要求,并承担施工总承包单位的安全施工责任。

14) 参加施工单位死亡事故的调查分析。及时了解现场各施工单位发生的事故情况,印发事故通报,吸取事故教训,改进安全施工管理工作。

15) 负责向主管企业上报"建设工程职工伤亡事故月(年)报表"。

(6) 企业经理、主管施工副经理职责

1) 企业经理是本企业安全施工的第一责任者,对本企业的安全施工负全面领导责任。

主管施工副经理对本企业的安全施工负直接领导责任。

2）认真贯彻执行国家有关安全生产的方针、政策、法令、法规和上级有关规定，并负责组织贯彻落实。

3）必须将安全施工、文明施工列入本企业重要议事日程，定期研究安全工作。

4）经理主持本企业安全生产委员会的工作。直接领导本企业安全监察部门，并对本企业及下属单位安全监察机构的建立健全负责。

5）审定企业年度安全施工目标计划。主持企业安全工作会议，总结、推广安全施工、文明施工经验，部署企业安全施工和文明施工工作。

6）审批企业安全技术措施计划，确保本企业安全技术措施经费的提取和使用。

7）确保企业及下属单位安全奖励专用基金的建立和使用。负责组织制定安全施工与经济挂钩的实施办法，做到对安全工作重奖重罚。

8）组织并主持企业安全大检查，及时研究解决安全施工、文明施工中存在的问题。

9）按"三不放过"（事故原因不清楚不放过，事故责任者和应受教育者没有受到教育不放过，没有采取防范措施不放过）的原则，参加或组织死亡事故的调查处理工作。负责预防事故重复发生的措施和对事故责任者处理意见的落实。审批"重伤事故调查报告书"。

（7）企业总工程师（副总工程师）职责

1）总工程师对本企业的安全技术工作负全面领导责任。

2）认真贯彻执行国家有关安全生产的方针、政策、法令、法规和上级有关规定。

3）组织编制并审核企业年度安全技术措施计划。

4）组织安全工作规程和安全施工管理规定的学习、考试及取证工作。组织安全技术教育和特种作业人员的培训、取证工作。

5）组织编制并审查施工组织设计中的"安全施工、文明施工措施"。组织编制各工程施工项目安全施工措施分类（重大、重要、一般）编制、审批的程序。负责审批程序中规定的重大施工项目的安全施工措施。

6）审批技术革新及施工新技术、新工艺中的安全施工措施。

7）组织安全设施的研制及推行工作。

8）参加企业安全大检查。组织对频发性事故原因的分析，解决施工中存在的重大安全技术问题。

9）参加死亡事故的调查处理工作。参加事故的技术鉴定及技术性防范措施的审定。

（8）企业副经理及总经济师、总会计师（含副职）应对其分管业务范围内的安全施工工作负责，并督促分管科室认真履行其安全施工职责。

（9）分企业（工程处）经理（主任）职责

1）经理（主任）是本单位安全施工的第一责任者，对本单位的安全施工负全面领导责任。直接领导本单位安全监察部门的工作。

2）认真贯彻执行国家有关安全生产的方针、政策、法令、法规和上级有关规定，并负责组织制定贯彻实施办法。

3）主持本单位安全生产委员会的工作。组织并主持本单位安全工作例会，及时解决安全施工、文明施工及职业危害中存在的问题。

4）审定本单位安全施工目标计划。总结、推广安全施工、文明施工经验。

5）确保安全技术措施经费的提取和使用。将安全技术措施计划与施工计划一起安排下达，并列为计划完成的考核指标。

6）确保本单位安全奖励专用基金的建立和使用，贯彻实施安全施工与经济挂钩的管理办法。

7）确保承发包合同中有安全施工的要求和奖罚的规定，并严格按合同执行。

8）组织并参加本单位的安全施工大检查。

9）按"三不放过"的原则，组织并主持重伤事故的调查处理工作。参加死亡事故的调查处理工作。

（10）分企业（工程处）主管施工副经理（副主任）职责

1）对本单位的安全施工负直接领导责任。

2）认真贯彻执行国家有关安全生产的方针、政策、法令、法规和上级有关规定。领导和协调各职能部门对安全施工、文明施工的管理。

3）负责组织安全施工的教育工作。

4）负责组织对跨工地施工项目开工前的安全施工条件进行检查与落实。对重大的危险性施工项目，应亲临现场监督施工。

5）组织并参加安全施工大检查，组织实施整改措施，及时消除事故隐患。

6）组织对频发性事故原因的分析，督促防范措施的落实。

7）负责组织实施并协调对分包单位的安全管理工作。在与分包单位签订承发包合同前，必须组织对其进行安全资质的审查。

8）负责实施安全施工与经济挂钩的管理办法。

9）参加重伤、死亡事故的调查处理工作。负责组织防范措施的贯彻执行。

（11）分企业（工程处）副经理（副主任）应对其分管业务范围内的安全施工工作负责，并督促分管部门认真履行其安全施工职责。

（12）分企业（工程处）总工程师（副总工程师）职责

1）对本单位的安全技术工作负全面领导责任。

2）认真贯彻执行国家有关安全生产的方针、政策、法令、法规和上级有关规定。

3）负责组织安全工作规程和安全施工管理规定的学习、考试与取证工作。负责组织安全技术教育和特种作业人员的培训、取证工作。

4）负责组织编制施工组织设计中的"安全施工、文明施工措施"。负责组织编制和审批重大施工项目的安全施工措施；审批安全施工作业票；对重大施工项目和办理安全施工作业票的项目的施工，应亲临现场监督指导。

5）督促施工管理部门做好施工现场的文明施工工作。

6）组织编制年度安全技术措施计划。

7）组织技术革新及施工新技术、新工艺中安全施工措施的编制、审核和报批。

8）参加安全施工大检查，负责解决存在的安全技术问题。

9）负责组织安全设施的研制及推行工作。

10）参加重伤、死亡事故的调查处理工作。提出技术性防范措施。

（13）工地主任（副主任）职责

1）工地主任是本工地安全施工的第一责任者，对本工地的安全施工负直接领导责任。

2）认真贯彻执行国家有关安全生产的方针、政策、法令、法规和上级有关规定。

3）在计划、布置、检查、总结、评比施工任务的同时，把安全工作贯穿到每个施工环节，在确保安全的前提下组织施工。

4）认真贯彻执行上级编制的安全施工措施。负责组织编制本工地的安全施工措施，经批准后组织实施。

5）负责组织对跨班（组）施工项目开工前的安全施工条件进行检查与落实。对重要的施工项目，应亲临现场监督施工。

6）按时提出本工地安全技术措施计划项目，经上级批准后负责组织实施。

7）指导本工地专职安全员的工作。充分支持安全监察部门和安全监察人员履行职责。

8）负责本工地职工的安全教育。认真组织与检查每周一次的安全日活动。

9）负责组织每月一次的安全施工检查与整改。严格遵守文明施工的规定，确保在本工地施工范围内做到文明施工。

10）认真执行安全施工与经济挂钩的管理办法，严肃查处违章违纪行为。

11）负责对分包单位的施工项目进行安全监督与指导。

12）组织并主持轻伤事故和记录事故中严重未遂事故的调查分析。提出对事故责任者的处理意见。

（14）工地专责工程师（技术负责人）职责

1）负责本工地的安全技术工作。

2）组织并主持安全工作规程和安全施工管理规定的学习与考试。组织并进行安全技术教育工作。

3）负责编制专业施工组织设计中安全施工、文明施工措施和重要工程项目的安全施工措施。办理重要工程项目安全施工作业票的报审并亲自进行交底。

4）负责布置、检查、指导班（组）技术员编制分项工程的安全施工措施和交底工作。督促检查班（组）技术员按规定填写安全施工作业票。

5）从技术方面指导和支持本工地专职安全员的工作。

6）组织编制本工地技术革新和施工新技术、新工艺中的安全施工措施。

7）组织安全设施的研制和推行工作。

8）负责对分包单位施工的项目进行安全施工技术上的监督与指导。

9）参加本工地的安全施工检查，解决存在的安全技术问题。

10）参加轻伤事故和记录事故中严重未遂事故的调查分析，提出防范事故措施。

（15）班（组）长职责

1）班（组）长是本班（组）安全施工的第一责任者，对本班（组）人员在施工过程中的安全和健康负责。

2）负责组织实施班（组）安全施工管理目标。

3）负责组织本班（组）人员学习与执行上级有关安全施工的规程、规定和措施，带头遵章守纪，及时纠正并查处违章违纪行为。

4）认真组织每周一次的安全日活动，及时总结与布置班（组）安全工作，并作好安全活动记录。

5）认真进行每天的班前安全讲话（站班会）和班后安全小结。

6）经常检查（每天不少于一次）施工场所的安全情况，确保本班（组）人员在施工中正确使用劳动防护用品、用具。

7）负责进行新入厂人员的第三级安全教育和变换工种人员的岗位安全教育。

8）在工程项目开工前，负责组织本班（组）参加施工的人员接受安全交底并签字，对未签字的人员，不得安排参加该项目的施工。

9）负责本班（组）施工项目开工前的安全施工条件的检查与落实。对危险作业的施工点，必须设安全监护人。

10）督促本班（组）人员进行文明施工，收工时及时整理作业场所。

11）贯彻实施安全施工与经济挂钩的管理办法，做到奖罚严明。

12）组织本班（组）人员分析事故原因，吸取教训，及时改进班（组）安全工作。

（16）班（组）技术员职责

1）负责本班（组）的安全技术工作。

2）协助班（组）长组织本班（组）人员学习与执行上级有关安全施工的规程、规定和措施。

3）负责一般施工项目安全施工措施的编制和安全施工作业票的填写以及交底工作，并监督检查措施的执行情况。

4）协助班（组）长进行本班（组）施工场所的安全检查和施工项目开工前安全施工条件的检查。

5）参加本班（组）的事故调查分析，协助班（组）长填报"职工伤亡事故登记表"。

（17）工人安全施工责任

1）认真学习并自觉执行安全施工的有关规定、规程和措施，不违章作业。

2）正确使用、维护和保管所使用的工器具及劳动防护用品、用具，并在使用前进行检查。

3）不操作自己不熟悉的或非本专业使用的机械、设备及工器具。

4）施工项目开工前，认真接受安全施工措施交底，并在交底书上签字。

5）作业前检查工作场所，做好安全措施，以确保不伤害自己，不伤害他人，不被他人伤害。下班前及时清理整顿现场。

6）施工中发现不安全问题应妥善处理或向上级报告，爱护安全设施，不乱拆乱动。

7）认真参加安全活动，积极提出改进安全工作的合理化建议。帮助新工人提高安全意识和操作水平。

8）对无安全施工措施和未经安全交底的施工项目，有权拒绝施工并可越级上告。有权制止他人违章；有权拒绝违章指挥；对危害生命安全和身体健康的行为，有权提出批评、检举和控告。

9）尊重和支持安全监察人员的工作，服从安全监察人员的监督与指导。

10）发生人身事故时应立即抢救伤者，保护事故现场并及时报告；调查事故时必须如实反映情况；分析事故时应积极提出改进意见和防范措施。

（18）施工、技术管理部门职责

1）在组织、管理施工及进行施工调度的同时，必须把施工安全放在首位，负责做好安全施工、文明施工工作。

2）在编制施工组织设计和施工方案的同时，组织编制安全施工、文明施工措施，并在施工中组织贯彻落实。

3）负责现场文明施工的规划、管理及验评工作。

4）在施工调度会上，检查、汇报和安排安全施工、文明施工工作。

5）参加有关安全技术措施计划项目的审查。负责进行安全技术及安全设施的研制开发工作。

6）参加有关安全施工方面的标准、规定、规程的制订和审查。

7）在推广和采用新技术、新工艺、新材料和新设备时，应组织制订安全操作要求，并负责组织培训。

8）参加安全施工大检查，参加重伤、死亡事故的调查处理工作。

9）对企业自身基建中的新建、扩建、改建、挖潜及革新项目，必须按国家有关劳动保护、工业卫生标准的规定，做到劳动安全卫生设施与主体工程"三同时"。

（19）计划、预算管理部门职责

1）在进行施工计划、预算定额管理的同时，必须把施工安全放在首位，负责安排有关施工安全工作。

2）在编制年度施工计划时，应组织编制安全技术措施计划，并做到与施工计划同时下达，同等考核。应确保安全技术措施计划经费的开支，并做到专款专用。

3）在编制、安排施工计划及工程施工综合进度时，应根据工程施工和季节性施工特点以及均衡循序作业的要求，安排做好必要的安全措施平衡配套工作。

4）在工程施工实行施工任务单时，施工任务单无安全措施或未经安全监察部门审查签字，不得签发，项目完工未经安全监察部门审核，不得结算。

5）在签订工程承包合同或外包工程项目时，必须有安全施工、文明施工的明确要求和奖罚规定，并经安全监察部门审核同意后，方可签约。

6）在招用分包单位时，必须会同安全监察部门审查其安全资质。不合格者，严禁录用。

7）对于录用的分包单位，必须预留其施工管理费的百分之三十，作为安全施工的保证金，待分包项目完工并经安全监察部门审核后予以结算。

8）在检查、总结施工计划完成情况时，同时检查、总结安全施工情况。

（20）施工机械管理部门职责

1）认真贯彻执行上级有关施工机械管理和电力建设安全工作规程的有关规定，负责做好施工机械用、管、修过程中的安全监督、管理工作。

2）负责组织编制施工机械安全操作要求；负责组织机械操作工的安全技术教育、培训、考试及取证工作。

3）负责大、中型施工机械新装、拆装、改装的安全施工措施的审查和作业过程中的监督。组织施工机械的定期技术检验和性能试验。参加大、中型起重机械的负荷试验工作。

4）参与安全技术措施计划中施工机械项目的审查，并负责项目完成后的检查、验收工作。

5）贯彻落实安全奖惩办法。组织制定施工机械安全与经济挂钩的实施细则，并督促执行。

6）定期进行施工机械安全大检查，及时解决存在的问题。

7）负责施工机械事故的调查、分析、统计、报告工作。

（21）人事、劳资部门职责

1）经常深入现场调查了解工人劳动条件，负责解决劳动保护制度和职工保健中存在的问题。

2）负责组织新入厂人员的三级安全教育培训工作。凡未经企业（分企业、工程处）级安全教育培训并取得合格证者，不得分配上岗工作。

3）负责组织职工及新入厂人员的身体健康检查；负责组织有毒有害作业工种人员的职业病普查工作。

4）负责安排调换工种职工进行新岗位安全技术教育培训及考试工作。

5）认真贯彻落实安全奖惩办法，确保安全奖励专用基金的提取和建立。

6）在职工晋级、评奖时，应把安全施工情况作为考评重要内容之一。

7）必须严格执行有关临时工安全管理的规定。在签订计划外用工合同时，应明确有关安全条款的要求。

8）参加重伤、死亡事故的调查处理工作。参加医务劳动鉴定委员会的工作。

（22）保卫部门职责

1）认真贯彻执行国家有关防火工作的方针、政策、法令、法规和上级有关规定。组织制定防火防爆安全责任制及管理实施细则。负责做好本单位和现场防火防爆安全监督、管理工作。

2）负责消防器材的合理配置和维护管理，确保消防设施随时处于完好状态。

3）负责剧毒、易爆及放射性等危险物品的安全管理与监督。

4）认真贯彻"以防为主，防消结合"的原则，利用各种形式开展防火、防爆安全宣传教育；负责专业消防人员和义务消防人员的训练；建立健全防火安全网络；明确现场消防紧急联络体制。

5）负责对爆破物资的采购、运输、储存、领退等工作进行安全监督、检查。负责组织爆破工的培训、取证工作。

6）参加安全施工大检查。

7）负责组织节日前后和定期的防火、防爆专业性安全检查，及时解决存在的问题。

8）组织制定防火安全与经济挂钩的实施细则，并督促执行。

9）参加重伤、死亡事故的调查处理工作。

10）负责组织火灾、爆炸、中毒等事故的调查分析。负责火灾事故的统计上报工作。

（23）材料、设备供应部门职责

1）认真贯彻执行国家和上级有关仓储物资及危险品安全管理的有关规定，并负责制订具体实施细则。

2）负责现场施工所需安全工器具的供应、保管工作，并确保采购的物品符合安全使用要求。

3）负责安全技术措施计划所需物资和安全防护器材的采购供应工作，并确保采购的物料符合安全使用要求。

4）组织仓库管理人员认真学习有关危险品保管的专业安全知识；严格执行危险品发

放、领用签字手续；负责做好剧毒、易燃、易爆物品的安全管理工作。

5）严格执行防火安全责任制，负责做好物资仓库的防火安全工作。

（24）财务部门职责

1）确保劳动保护专项费用的开支。负责按已批准的安全技术措施计划和劳动保护用品购置计划的需求，及时提供资金。

2）负责建立安全奖励专用基金，及时承付安全监察部门提出的安全奖励用款计划。

（25）教育培训部门职责

1）应将安全技术知识教育纳入全员技术培训计划，并在进行职工技术考核时，同时进行安全技术考核。

2）负责组织特种作业人员的技术培训和考试。

（26）医务部门职责

1）负责新入厂人员的体检和职工的定期体检以及高处作业人员的体检。对有职业禁忌症和职业病者，应及时提出处理意见。

2）及时做好工伤人员的抢救和医护，并负责组织鉴定伤情。

3）参加医务劳动鉴定委员会工作。负责对工伤致残人员提出鉴定性意见。

4）负责宣传普及心肺复苏等各种急救知识，并协助工地设置急救设备。

5）负责夏季防暑降温药物的供应。

（27）劳动保护用品采购、发放部门职责

1）确保劳动保护用品符合安全使用要求。不合格产品，严禁采购入库。

2）会同安全监察部门定期对劳动保护用品进行试验和鉴定。

3. 安全监察机构及职责

（1）健全安全监察（以下简称安监）机构，强化安监工作

1）企业必须设专人（不得少于3人）或专门机构负责管理基建安全工作。

2）电力建设企业及其分企业（工程处）必须分别设置专职的安监机构。

3）工地必须设专职安全员。班组应设兼职安全员。

4）管理性电力建设企业安监机构人员不得少于5人。现场性电力建设企业安监机构人员，应按企业职工总数的千分之三配备，但不得少于5人，并另设专人负责分包单位的安全管理。企业安监机构的人员中应有半数以上为工程技术人员。

5）分企业（工程处）安监机构的人员，应按现场职工总数的千分之三配备，但不得少于5人，并另设专人负责分包单位的安全管理。安监人员中应有一定比例的工程技术人员。

6）各级安监机构在人员配备上，应充分兼顾土建、热机、电气、起重、送电、变电等专业安全管理的需要。

7）专职安监人员必须具备5年以上的施工现场经历，具有较高的业务管理素质和高中以上的文化水平，工作认真，作风正派，忠于职守。

8）专职安监人员应按国家及部有关规定，评定工程系列技术职称（含工人技师）。

9）安监人员属生产人员。专职安监人员应享受基建、施工技术管理部门人员的同等待遇。工地专职安全员应享受工地班长以上的待遇。

10）专职安监人员应经隶属上级安监部门培训、考核，持证上岗；安监机构负责人的任免和调动应事先征得上级安监部门的同意。

11）安监机构应有完善的宣传、教育设备和必备的监察工具。如安监车辆、照像、录像、摄像、传真、通信、录音、计算机、有毒有害气体测试、风力测定等设备及工具。

（2）企业安监机构（基建）及其人员职责

1）认真贯彻执行国家有关安全生产的方针、政策、法令、法规和上级有关规定。制订有关实施细则，协助领导组织和推动基建施工安全工作。

2）制订企业基建安全工作年度计划，经审定后组织贯彻落实。

3）按部关于安全管理标准化和安全设施标准化的要求，监督检查施工企业安全管理工作及现场安全施工状况，督促解决存在的问题。

4）负责对施工企业、工程建设单位进行安全考核、评比和奖惩。

5）监督、检查电力工程概算中计列的安技措施补助费的及时提取、合理分配与正确使用。

6）协助领导组织定期的安全大检查，对发现的问题负责督促整改。

7）协助企业领导组织召开基建安全工作会议；定期组织召开安全管理专业会议；总结、交流、布置安全施工管理工作。

8）负责组织施工企业、工程建设单位专职安监人员的培训、考核及取证工作。

9）参加工程初步设计和施工组织总设计的审查。

10）参加施工企业职工死亡事故的调查处理工作。负责全企业基建施工人身伤亡事故的统计、分析和上报。

11）建立健全安全管理台帐，实行微机管理。

（3）企业安监部门职责

1）认真贯彻执行国家有关安全生产的方针、政策、法令、法规和上级有关规定，协助领导组织和推动施工中的安全工作。

2）制订企业安全施工管理制度实施细则，经审定后监督执行。

3）制订企业年度安全工作目标计划，经审定后组织贯彻落实。

4）监督、检查分企业（工程处）安全施工管理和年度安全工作目标计划执行情况。

5）督促分企业（工程处）按时编制年度安全技术措施计划，并监督、检查实施情况。

6）组织安全工作规程和安全施工管理规定的学习、考试及取证工作。

7）协助企业经理组织召开企业安全工作会议；负责组织召开安全管理专业会议。

8）参加施工组织设计审查和重大施工项目安全施工措施的审查。

9）深入施工现场检查安全施工情况，协助解决问题。有权制止和处罚违章作业及违章指挥行为；遇有特别紧急的不安全情况时，有权指令先行停止施工，并报告领导及时处理。

10）协助企业领导定期组织并参加安全大检查，督促有关部门及时解决发现的问题。

11）组织开展安全施工的宣传教育工作。协助有关部门开展安全施工竞赛活动。

12）负责组织专职安监人员的培训、考核和取证工作。

13）制订安全奖惩办法，对安全工作实行重奖重罚。

14）参加重伤、死亡事故的调查处理工作。参加重大施工机械、火灾、交通事故的调查分析。负责人身伤亡事故的统计、分析和上报。

15）督促有关部门做好劳逸结合和女工保护工作。

16）对企业所属多种经营企业的安全工作进行监督、检查，实行归口管理。

（4）分企业（工程处）安监部门职责

1）认真贯彻执行国家有关安全生产的方针、政策、法令、法规和上级有关规定，协助领导组织和推动施工中的安全工作。

2）制订分企业（工程处）年度安全工作目标计划，经审定后组织贯彻落实。

3）汇总年度安全技术措施计划，经批准后督促实施。

4）组织开展安全施工的宣传教育工作。组织安全工作规程和安全施工管理规定的学习、考试及取证工作。负责对新入厂人员进行一级安全教育。

5）协助分企业经理工程处主任组织召开分企业（工程处）安全工作会议。总结和推广安全施工经验。

6）参加现场生产调度会，及时检查、布置施工中的安全工作，协调解决存在的问题。

7）审查施工组织设计、专业施工组织设计和单位工程、重大施工项目、危险性作业以及特殊作业的安全施工措施；审查安全施工作业票；并监督措施的执行。

8）组织有关部门研究制订防止职业中毒和职业病的措施；审查施工防尘防毒措施；并对措施的执行情况进行监督检查。

9）深入施工现场掌握安全施工动态，协助解决问题。有权制止和处罚违章作业及违章指挥行为；对严重危及人身安全的施工，有权指令先行停止施工，并立即报告领导研究处理。

10）协助领导定期组织并参加安全大检查，对查出的问题，按"三定"（定人、定时间、定项目）原则督促整改。

11）负责组织安全网络活动；定期召开安全员工作例会。监督、检查工地和有关部门安全工作。指导班组进行安全建设。

12）组织编制特殊劳动防护用品、用具使用计划。督促和协助有关部门做好职业保健、防暑降温和劳动防护用品、用具的采购、发放以及定期试验、鉴定工作。负责审批劳保制度规定外的劳动防护用品和特殊劳动防护用品。

4. 安全技术措施计划和安全

（1）安全技术措施计划

1）施工企业在编制年度施工、技术计划的同时，必须按照国家和部有关规定及安全施工的实际需要，编制年度安全技术措施计划。

2）安全技术措施计划编制的范围，应符合国家颁发的《安全技术措施计划的项目总名称表》的项目，包括以改善劳动条件，防止工伤事故，预防职业病和职业中毒为目的的一切安全技术措施、工业卫生技术措施和辅助设施，以及安全宣传教育，安全技术科研试验所需器材、设备、书刊、声像带等。

3）安全技术措施经费，按国家现行规定办理，由安监部门掌握，专款专用。所需设备、材料，应列入企业物资、技术供应计划，优先安排供应。

4）安全技术措施计划经企业主管领导审批后，应与施工计划同等下达，同等考核。各有关工地、部门，必须在所管辖的施工、业务范围内对安全技术措施计划项目的按期完成负责。

（2）安全施工措施

1）一切施工活动必须有安全施工措施，并在施工前进行交底。无措施或未交底，严禁布置施工。

2）一般施工项目的安全施工措施须经工地专责工程师审查批准，由班（组）技术员交底后执行。

3）重要临时设施、重要施工工序、特殊作业、季节性施工、多工种交叉等施工项目的安全施工措施须经施工技术、安监等部门审查、总工程师批准，由班（组）技术员或工地专责工程师交底后执行。

4）重大的起重、运输作业，特殊高处作业及带电作业等危险性作业项目的安全施工措施及施工方案，须经施工技术和安监等部门审查，并办理安全施工作业票，经总工程师批准，由工地专责工程师交底后执行。

5）工程技术人员在编制安全施工措施时，必须明确指出该项施工的主要危险点，并应符合以下要求：

①针对工程的结构特点可能给施工人员带来的危害，从技术上采取措施，消除危险。

②针对施工所选用的机械、工器具可能给施工人员带来的不安全因素，从技术措施上加以控制。

③针对所采用的有害人体健康或有爆炸、易燃危险的特殊材料的使用特点，从工业卫生和技术措施上加以防护。

④针对施工场地及周围环境有可能给施工人员或他人以及材料、设备运输带来的危险，从技术措施上加以控制，消除危险。

6）经技术负责人或总工程师审批签字后的安全施工措施，必须严格贯彻执行。未经措施审批人同意，任何人无权更改。

7）对无措施或未经交底即施工和不认真执行措施或擅自更改措施的行为，一经检查发现，应对责任人进行严肃查处。对造成严重后果的，应给予行政处分，直至追究刑事责任。

8）对相同施工项目的重复施工，技术人员应重新报批安全施工措施，重新进行安全交底。

（二）安全检查形式和内容

1. 定期安全检查

（1）检查内容及检查时间

1）总公司（主管局）每半年一次，普遍检查。

2）工程公司（处）每季一次，普遍检查。

3）工程队（车间）每月一次，普遍检查。

4）元旦、春节、"五一"、"十一"前，普遍检查。

（2）参加部门或人员

由各级主管施工的领导、工长、班组长主持，安全技术部门或安全员组织，施工技术、劳动工资、机械动力、保卫、供应、行政福利等部门参加，工会、共青团配合。

2. 季节性安全检查

（1）检查内容及检查时间

1）防传染病检查，一般在春季。

2）防暑降温、防风、防汛、防雷、防触电、防倒塌、防淹溺检查，一般在夏季。

3）防火检查，一般在防火期，全年。

4）防寒、防冰冻检查，一般在冬季。

（2）参加部门或人员

由各级主管施工的领导、工长、班组长主持，安全技术部门或安全员组织、施工技术、劳动工资、机械动力、保卫、供应、行政福利等部门参加，工会、共青团配合。

3. 临时性安全检查

（1）检查内容及检查时间

施工高峰期、机构和人员重大变动期、职工大批探亲前后、分散施工离开基地之前、工伤事故和事故发生后，上级临时安排的检查。

（2）参加部门或人员

由安全技术部门主持，施工技术、劳动工资、机械动力、保卫、供应、行政福利等部门参加，工会、共青团配合。

4. 专业性安全检查

（1）检查内容及检查时间

压力容器、焊接工具、起重设备、电气设备、高空作业、吊装、深坑、支模、拆除、爆破、车辆、易燃易爆、尘毒、噪声、辐射、污染等。

（2）参加部门或人员

由安全技术部门主持，安全管理人员及有关人员参加。

5. 群众性安全检查

（1）检查内容及检查时间

安全技术操作、安全防护装置、安全防护用品、违章作业、违章指挥、安全隐患、安全纪律。

（2）参加部门或人员

由工长、班组长、安全员组成。

6. 安全管理检查

（1）检查内容及检查时间

规划、制度、措施、责任制、原始记录、台账、图表、资料、表报、总结、分析、档案等以及安全网点和安全管理小组活动。

（2）参加部门或人员

由安全技术部门组织进行。

（三）施工现场安全检查八看

1. 看现场三光、五净、两畅通

（1）"三光"即工具机械要擦光，材料堆底要用光，运输道路要清光。

（2）"五净"即下脚边料要拣净，砖头灰浆要用净，脚手架下要干净，现场材料要用净，水泥纸带要倒净。

（3）"两畅通"即道路和排水畅通。

2. 看电线及电器设备

（1）临时电线不破皮。

（2）一般"三火一零"四趟线。

（3）架线杆要直，不准以树或金属物代替。

（4）线距在地面4m以上。

（5）防水线不准有死弯，并必须绝缘良好。

（6）行灯36V，金属器内照明12V电压，手持电动机具的电源闸箱要装触电保护器，同时要戴绝缘手套。

（7）电器开关闸箱需有盖、上锁；所有机电设备和电闸箱要接地或接零。

3. 看机械设备

（1）防护罩齐全有效。

（2）传动装置整洁润滑。

（3）刹车灵敏可靠。

（4）坚持专人专机。

（5）起重吊装设备的缆风绳必须牢固，不准以树、脚手架、墙体代替地锚。

（6）绳索要合乎规格。

4. 看高空作业

（1）正确使用"三件宝"，蹬高要系安全带。

（2）上下交叉作业要隔离，进入现场戴安全帽。

（3）3m以上挂安全网。

（4）上下架子设梯道。

（5）遇6级以上大风应停止起重和高空作业。

5. 看脚手架

（1）材料要符合要求。

（2）搭设应牢固可靠。

（3）升高后要绑防护栏杆，挂安全网最好有护身，兜底两层。

（4）脚手板要够宽。

（5）严防探头板。

（6）板上堆料不准超重，雨、雪后更要仔细检查，并采取有效的防滑措施。

6. 看五口

楼梯口、电梯口、预留洞口、通道口和地坑口必须有防护设施，夜间设红灯示警。

7. 看防火防爆

（1）要设消防器材。

（2）易爆品及油库要单设并有专人管理。

（3）氧气瓶、乙炔罐和明火三者之间相距不小于10m。

（4）木工棚、油漆库中易燃品要分类堆放，严禁明火。

（5）木片、刨花、草绳、草袋和废纸，应集中并及时运走。

8. 看劳保用品

（1）工作服及劳保用品要整洁，要合理穿戴。

（2）工地内不准赤脚、穿拖鞋或高跟鞋，空作业不准穿硬底或带钉易滑的鞋靴。

（3）电工要穿绝缘鞋。

（4）熬运沥青等应按防毒要求使用劳保用品。

（四）检查记录（表4-9）

表4-9　施工现场安全检查表

项目	序号	检查内容	结果
施工管理	1	施工现场布置合理，危险作业有安全措施和负责人	
	2	有安全值班人员	
施工人员	3	穿戴好安全保护用品和正确使用防护用品	
	4	在工作期间，不准穿拖鞋、高跟鞋，不准干与工作无关事情	
	5	特殊工种持证上岗	
	6	不准酒后上班	
	7	不准任意拆除和挪动各种防护装置、设施、标志	
	8	在禁止烟火的区域内不准吸烟、动用明火等	
	9	非施工人员和无关人员不得进入施工现场	
场地	10	材料和设施堆放整齐、稳固、不乱堆乱放	
	11	废物、废渣及时清理，不乱丢乱扔	
	12	露天场地夏季设防暑降温凉棚，冬季设取暖棚	
	13	尘毒作业有防护措施，禁止打干钻	
	14	排水良好，平坦无积水	
	15	照明足够	
危险区域	16	悬崖、深沟、边坡、临空面、临水面边缘有栏杆或明显警告标示	
	17	孔、井口、等加盖或围栏，或有明显标志	
	18	洞口、高边坡、危岩等处有专人检查，及时处理危石或设置安全挡墙、防护棚等	
	19	滑坡体、泥石流区域进行定期专人监测，发现异常及时报告处理	
	20	多层作业有隔离防护设施和专人监护	
	21	洞内作业有专人检查处理危石并保持通风良好、支护可靠	
道路	22	路基可靠、路面平整、不积水、不乱堆材、废料，保持畅通	
	23	通道、桥梁、平台、扶梯牢固、临空面有扶手栏杆	
	24	横跨路面的电线、设施不影响施工、器材和人员通过	
	25	影响交通的作业有专人监护	
	26	倒料、出渣地段平坦，临空边缘有车挡	
	27	冬季、霜雪冰冻期间有防滑措施	
	28	危险地段有明显的警告标志和防护设施	
机电设备	29	施工机械设备运行状态良好，技术指标清楚，制动装置可靠	
	30	裸露的传动部位有防护装置	
	31	机电设备基础可靠，大型机械四周和行走、升降、转动的构件有明显颜色标志	
	32	作业空间不许架设高压线并与原高压线保持足够距离	
	33	高压电缆绝缘可靠，临时用电线路布置合理，不准乱拉乱接	
	34	变压器有围栏，挂明显警告标志	
易燃易爆场所	35	施工区域不准设炸药库、油库	
	36	氧气瓶、电石桶单独存放于安全地带，远离火源5m以上	
	37	易燃易爆物品使用的影响区内，禁止烟火	
	38	有足够的消防器材	
临时房屋	39	基础稳定，房屋牢固	
	40	不准建在泥石流、洪水、滑坡、滚石等施工危险区域内	
	41	有可靠的防火措施	
评定		安全　基本安全　危险　立即停工	

七、安全教育

（一）安全教育管理制度

安全生产是建筑业最重要的必不可少的一环。安全生产与广大职工的利益息息相关。为了让广大职工提高和加强在作业中的自我安全防范能力，少出安全事故，尽可能不出事故，特作如下规定：

1. 新工人入场安全教育制度

（1）新工人入场必须由工程承包人领队，先到经理部报到，携带工人名单、身份证复印件、三张一寸照片，并逐一查对身份证是否与本人相符，禁止冒名顶替。工人名单由经理部汇总后发有关部门。

（2）质安部对全体新工人必须进行入场安全教育。安全教育主要内容：

①贯彻党和国家关于施工安全的方针、政策、法令的规定。

②安全管理规定。

③机电及各工种的技术操作要求。

④施工生产中的危险区域在安全工作中的经验教训及预防措施。

⑤尘毒危害的防护。

⑥执行入伍教育、现场教育、岗位教育三级安全教育制度。经安全、职能考试合格后方能录用。接受教育者人人均需签名报到，不得遗漏。如有遗漏要进行补课。未接受教育及考试不及格者，不得安排上班。

2. 特殊工种工人必须参加主管部门的培训班，经考试合格后持证上岗。严禁无证上岗作业。

3. 在工作及中途不得随意更换人员。如需换人，须经项目经理部同意，新进场人员到经理部报到，接受安全教育。违犯此条者一经查出，按人数计，每人罚款200元。此款由工程承包人承担。如出现安全事故，公司概不负责，由承包人自己解决。

（二）生产过程中安全教育

1. 经过质安部进行安全入场教育的工人，由质安部将名单交工长查对核实，工长方能接收安排工作。工长交待工作任务的同时，必须交待安全，有针对性地再次提高工人的安全生产知识和防范能力。工长在交待安全生产的时候，亦应签到点名，必须人人参加。

2. 工长交待安全生产时间为每周星期一早晨上班前。交待本周工作任务的同时交待安全生产注意事项和遵守的规定。内容由工长口头宣讲、书面交待、班组长签字。工人必须个个参加听讲，工长要查对有否更换人员。

3. 工长随时检查现场安全防护情况。如发现不安全因素，应及时采取措施，把不安全隐患消除在事故发生之前。

4. 班组长每天对本组组员交待任务的同时，亦必须交待安全。着重交待当天任务范围内所涉及的安全工作注意事项。不属本工种工作范围内的事，切忌出手搭、拆或操作，并作好安全交待记录。

（三）安全教育的内容

1. 基本教育内容

（1）安全思想教育

1）提高对安全生产重要意义的认识，增强关心人、保护人的责任感教育

2）党和国家安全生产劳动保护方针、政策教育

3）安全与生产辩证关系教育

4）职业道德教育

（2）安全纪律教育

1）企业的规章制度、劳动纪律、职工守则

2）安全生产奖惩条例

（3）安全知识教育

1）施工生产一般流程，主要施工方法

2）施工生产危险区域及其安全防护的基本知识和安全生产注意事项

3）工种、岗位安全生产知识和注意事项

4）典型事故案例介绍与分析

5）消防器材使用和个人防护用品使用知识

6）事故、灾害的预防措施及紧急情况下的自救知识和现场保护、抢救知识

（4）安全技能教育

1）本岗位、工种的专业安全技能知识

2）安全生产技术、劳动卫生和安全操作要求

（5）安全法制教育

1）安全生产法律法规、行政法规

2）生产责任制度及奖罚条例

2. 各类培训的内容

（1）新工人安全教育

1）参加人

新参加工作的合同工、临时工、学徒工、民工、实习生、代培人员等。

2）教育内容

①企业要进行安全生产、法律法规教育，主要学习《宪法》、《刑法》、《建筑法》、《消防法》等有关条款；国务院《关于加强安全生产工作的通知》、《建筑安装工程安全技术规程》等有关内容；行政主管部门颁布的有关安全生产的规章制度；本企业的规章制度及安全注意事项。

②事故发生的一般规律及典型事故案例。

③预防事故的基本知识，急救措施。

④项目经理部还要重点教育下述内容

a. 施工安全生产基本知识。

b. 本项目工程特点、施工条件、安全生产状况及安全生产制度。

c. 防护用品发放标准及防护用具使用的基本知识。

d. 施工现场中危险部位及防范措施。

e. 防火、防毒、防尘、防塌方、防爆知识及紧急情况下安全处置和安全疏散知识。

⑤班组长应主持班组的安全教育

a. 本班组、工种（特殊作业）作业特点和安全技术操作要求。

b. 班组安全活动制度及纪律和安全基本知识。

c. 爱护和正确使用安全防护装置（设施）及个人防护用品。

d. 本岗位易发生事故的不安全因素及防范措施。

e. 本岗位的作业环境及使用的机械设备、工具安全要求。

（2）特种作业人员安全教育

1）参加人

从事电气、锅炉司炉、压力容器、起重机械、焊接、爆破、车辆驾驶、轮机操作、船舶驾驶、登高架设、瓦斯检验等工种的操作人员以及从事尘毒危害作业人员。

2）教育内容

①必须经国家规定的有关部门进行安全教育和安全技术培训，并经考核合格取得操作证者，方准独立作业，所持证件资格须按国家有关规定定期复审。

②一般的安全知识、安全技术教育。

③重点进行本工种、本岗位安全知识、安全生产技能的教育。

④重点进行尘毒危害的识别、防治知识、防治技术等方面的安全教育。

（3）变换工种安全教育

1）参加人

改变工种或调换工作岗位的人员及从事新操作法的人员。

2）教育内容

①改变工种安全教育时间不少于4h，考核合格方可上岗。

②新工作岗位的工作性质、职责和安全知识。

③各种机具设备及安全防护设施的性能和作用。

④新工种、新操作法安全技术操作要求。

⑤新岗位容易发生事故及有毒有害的地方的注意事项和预防措施。

（4）各级干部安全教育

1）参加人

组织指挥生产的领导：项目经理、总工程师、技术负责人、施工队长、有关职能部门负责人。

2）教育内容

①定期轮训，提高安全意识、安全管理水平和政策水平。

②熟悉掌握安全生产知识、安全技术业务知识、安全法规制度等。

③熟悉本岗位的安全生产责任职责。

④处理及调查工伤事故的规定、程序。

（四）各类安全教育档案

1.《建筑业企业职工安全教育档案》是记录职工在企业接受安全培训教育时的档案材料，建筑施工企业所有的职工（包括临时用工人员），必须一人一册。职工在本企业调动时，其教育档案随本人转移。

2.《建筑业企业职工安全教育档案》由企业安全管理部门统一管理。

3. 根据建设部《建筑业企业职工安全培训教育暂行规定》要求，建筑业企业职工每年必须接受一次专门的安全培训。

（1）企业法定代表人、项目经理每年接受安全培训的时间，不得少于 30 学时。

（2）企业专职安全管理人员除按照《建筑企事业单位关键岗位持证上岗管理规定》的要求，取得岗位合格证书并持证上岗外，每年还必须接受安全专业技术业务培训，时间不得少于 40 学时。

（3）企业其他管理人员和技术人员每年接受安全培训的时间，不得少于 20 学时。

（4）企业的特种作业人员，在通过专业技术培训并取得岗位操作证后，每年仍须接受有针对性的安全培训，时间不得少于 20 学时。

（5）企业其他职工每年接受安全培训的时间，不得少于 15 学时。

（6）企业待岗、转岗的职工，在重新上岗前，必须接受一次安全培训，时间不得少于 20 学时。

4. 建筑业企业新进场的工人，必须接受公司、项目（或工区、工程处、施工队）、班组的三级安全培训教育，经考核合格者，方能上岗。

（1）公司安全培训教育的主要内容是：国家和地方有关安全生产的方针、政策、法律、法规、标准、规定、规程和企业的安全规章制度等，培训教育的时间不得少于 15 学时。

（2）项目安全培训教育的主要内容是：工地安全制度、施工现场环境、工程施工特点及可能存在的不安全因素等。培训教育的时间不得少于 15 学时。

（3）班组安全培训教育的主要内容是：本工种的安全操作要求、事故案例剖析、劳动纪律和岗位讲评等，培训教育的时间不得少于 20 学时。

5. 需持安全管理人员上岗证的人员包括企业法定代表人、分管安全生产的经理、总工程师、分公司经理（工程处处长）、项目经理、安全处（科）长及专（兼）职安全员、安全资料管理员等。

6. 经常性安全教育。包括季节性、节假日前后和临时性的安全教育（如春季开工前、安全周和开展的安全无事故活动等）。

7. 《建筑业企业职工安全教育档案》必须贴职工本人一寸免冠照片一张。

8. 各项教育由主讲人和受教育人签字生效。

9. 职工三级安全教育登记（表 4-10）

表 4-10　职工三级安全教育登记表

姓名		性别		年龄	
家庭住址					
身份证号码			进公司、工地时间		
三级教育名称	内容				教育时间
公司级	国家和地方有关安全生产的方针、政策、法规、标准、规定、规程和企业的安全规章制度等				
项目部级	工地安全制度、施工现场环境、工程施工特点及可能存在的不安全因素等				
班组级	本工种的安全操作要求、事故案例剖析、劳动纪律和岗位讲评等				
备注	附身份证复印件				

10. 安全教育记录（表4-11）

表 4-11　安全教育记录

教育类别：　　　　　　　　教育课时：　　　　　　　　　　　　　年　　月　　日

单位名称		主讲单位（部门）		主讲人	
工程名称		受教育单位（部门）		人数	

教育内容：

记录人：

参加对象

（签名）：

注：教育类别分：新进现场工人的进场安全教育、变换工种、操作要求和技能、经常性、季节性、节假日等类

八、班前安全活动

为了清除隐患、杜绝安全事故发生、确保安全文明施工，各班组长每天上班前要对本班组施工人员根据不同工种、不同作业环境、不同作业项目的要求，进行班前安全讲话和安全技术交底，强调安全文明施工。班后对当天的作业项目进行检查，总结所存在的安全问题，做好安全活动纪录，提出整改措施。工地安全员不定时抽查班前安全活动，领导并监督班组长搞好安全施工。

（一）班前安全活动制度

1. 班长、工长、施工员、项目经理、分公司经理对所管工程的安全生产员直接负责。

2. 建立班前安全活动至关重要，安全教育的目的是把这些"虽然知道，但不按照去做"的人，把那些"不负责任，马马虎虎"的人教育成"认真负责，谨慎细心"的人。

3. 班前安全态度的养成是一项十分艰苦、耐心、复杂的教育活动，它贯穿于安全教育、安全生产的全过程。因此，施工员、项目经理、车间主任（分公司经理）在班前安全活动中须做到：

（1）组织实施安全技术措施，进行安全技术交底。

（2）对施工现场搭设的架子和施工安装的电器、机械设备等安全防护装置，都要组织验收，合格后方可使用。

（3）不违章指挥。

（4）组织工人学习安全操作要求，教育工人不违章作业。

（5）认真消除事故隐患，发生工伤事故立即上报，保护现场，参加调查处理。

4. 班组长要模范遵守安全生产规章制度，领导本班组安全作业

（1）班前会上安排生产任务时，要认真进行安全交底，严格执行本工程安全操作要求，有权拒绝违章指挥。

（2）班前要对所使用的机器、设备、防护用品及作业环境进行安全检查，发现问题立即采取改进措施，及时消除事故隐患。

（3）组织班组开展安全活动，开好班前安全生产会，做好收工前的安全检查，组织一周的安全讲评工作。

（4）发生工伤事故要立即组织抢救，保护好现场并向工长报告。

5. 工人是安全生产的直接责任人，必须做到：

（1）认真学习并严格执行，掌握安全技术操作要求，自觉遵守安全生产规章制度。

（2）积极参加安全活动，认真执行安全技术交底，不违章作业，不违反劳动纪律，服从安全人员的指导。

（3）发扬团结友好精神，在安全生产方面，做到互相帮助，互相监督。对新工人要积极传授安全生产知识，维护一切安全设施和防护工具，做到正确使用不准拆改。

（4）对不安全作业要敢于提出意见，并有权拒绝违章指令；发生伤亡事故和未遂事故时，要保护现场立即上报。

（二）班前活动安全档案目录

1. 班前安全活动制度

2. 安全例会制度

3. 班前安全活动记录

4. 项目部安全例会记录

5. 专职安全员工作日志

（三）班前活动档案内容

制定班前安全活动制度的基本内容为：

1. 每个项目施工前，工地负责人应向施工班组进行安全技术交底，并讲述有关注意事项。

2. 班组长必须天天在上岗前进行详细的安全作业检查。

3. 对检查出的较大隐患应立即通知管理部门进行整改。

4. 应参加与本组施工安全有关防护设施的验收。

5. 班组长自身不得违章指挥，告诫班组人员不得违章作业。

项目部安全例会应每周一次，通过安全例会提高大家对安全工作的重视，找出安全工作中存在的问题，并加以解决。

九、特种作业持证上岗

（一）特种作业人员持证上岗制度

《建设工程安全生产管理条例》第二十五条规定：垂直运输机械作业人员、起重机械安装拆卸工、爆破作业人员、起重信号工、登高架设作业人员等特种作业人员，必须按照国家有关规定经过专门的安全作业培训，并取得特种作业操作资格证书后，方可上岗作业。

对于特种作业人员的范围，国务院有关部门作过一些规定。1999 年 7 月 12 日前国家经贸委发布的《特种作业人员安全技术培训考核管理办法》明确特种作业包括：电工作业；金属焊接切割作业；起重机械（含电梯）作业；企业内机动车辆驾驶；登高架设作业；锅炉作业（含水质化验）；压力容器操作；制冷作业；爆破作业；矿山通风作业（含瓦斯检验）；矿山排水作业（含尾矿坝作业）；由省、自治区、直辖市安全生产综合管理部门或国务院行业主管部门提出，并经国家经济贸易委员会批准的其他作业。随着新材料、新工艺、新技术的应用和推广，特种作业人员的范围也随之发生变化，特别是在建设工程施工过程中，一些作业岗位的危险程度在逐步加大，频繁出现安全事故，对在这些岗位上作业的人员，也需要进行特别的教育培训。如垂直运输机械作业人员、安装拆卸工、起重信号工等，都应当列为特种作业人员。

特种作业人员必须按照国家有关规定经过专门的安全作业培训，并取得特种作业操作资格证书后，方可上岗作业。专门的安全作业培训，是指由有关主管部门组织的专门针对特种作业人员的培训，也就是特种作业人员在独立上岗作业前，必须进行与本工种相适应的、专门的安全技术理论学习和实际操作训练。经培训考核合格，取得特种作业操作资格证书后，才能上岗作业。特种作业操作资格证书在全国范围内有效，离开特种作业岗位一定时间后，应当按照规定重新进行实际操作考核，经确认合格后方可上岗作业。对于未经培训考核，即从事特种作业的，条例第六十二条规定了行政处罚；造成重大安全事故，构成犯罪的，对直接责任人员，依照刑法的有关规定追究刑事责任。

1. 特种作业定义

根据《特种作业人员安全技术培训考核管理办法》（1999 年 7 月 12 日国家经济贸易委员会第 13 号令）规定，特种作业是指容易发生人员伤亡事故，对操作者本人、他人及周围设施的安全有重大危害的作业。

2. 特种作业人员具备的条件

（1）年龄满 18 岁。

（2）身体健康、无妨碍从事相应工种作业的疾病和生理缺陷。

（3）初中以上文化程度，具备相应工程的安全技术知识，参加国家规定的安全技术理论和实际操作考核并成绩合格。

（4）符合相应工种作业特点需要的其他条件。

3. 培训内容

（1）安全技术理论。

（2）实际操作技能。

4. 考核、发证

（1）特种作业操作证由国家经济贸易委员会制作，并由当地安全生产综合管理部门负责签发。

（2）特种作业操作证，每两年复审一次。连续从事本工种 10 年以上的，经用人单位进行知识更新教育后，复审时间可延长至每四年一次。

（3）离开特种作业岗位达 6 个月以上的特种作业人员，应当重新进行实际操作考核，经确认合格后方可上岗作业。

（二）特种作业人员管理制度

为了加强特种作业人员（电工、架子工、起重工、司炉工、压力容器操作工、电气焊工、驾驶员等工种）的安全管理，确保操作者本人和他人的安全特制定本制度。

1. 要对特种作业人员统一集中管理，配备专业管理人员，并由专职安全员监督检查。

2. 要筛选思想好、责任心强、热爱本职工作遵守纪律、服从指挥、事事按照安全技术规定办事的两年以上工龄的人员从事特种作业。

3. 要在每年年初对特种作业人员进行整顿，凡是年龄较大、不服从管理、违章蛮干、专业性技术较差或造成未遂事故和已形成事故者，及时调整另行安排普通工种。

4. 对所配备的特种作业人员必须经有关部门培训，持证业岗，并由安全教育部门每年组织一次专业性的安全技术培训，不断提高安全技术水平。

5. 要建立特种作业人员档案，建立登记卡，实行一人一卡。

6. 严禁特种作业人员无证上岗，或酒后上岗。

7. 特种作业人员要坚持每月停产半天进行安全知识学习，学习规章制度及安全技术操作要求，进行事故分析，自我总结经验教训，不断提高安全技术操作水平。

8. 要对特种作业人员上岗前进行安全技术交底，无安全技术交底不得上岗作业，上岗后严格实施安全措施。

9. 要坚持上下岗安全检查制度，及时排除一切不安全因素，创造良好的安全生产环境。

10. 严格执行验收制度，通过验收，确保合格后，验收手续由验收人员签字交付使用。

11. 上岗后不准看书，不得擅离工作岗位，不准与他人闲谈，要精心操作。

12. 要与其他工种积极配合，不违章作业，不违反劳动纪律，拒绝违章指挥，确保安全生产。

十、工伤事故处理

（一）对事故的认识

1. 事故的概念

事故是指人们在进行有目的的活动过程中，突然发生的违背人们意志的不幸事件。它的发生，可能迫使有目的的活动暂时地或者永久地停止下来；其后果，可能造成人员伤亡，或者财产损失（环境污染），也可能两种后果同时产生。

在人们活动的过程中（包括日常生活、工作和社会活动等）经常会遇到各种各样大大小小的意外事件，如伤害事故、生产事故、火灾事故、交通事故、中毒事故、淹溺事故、触电事故等。

还有如洪水、台风、地震、海啸等不可抗拒的自然灾害与事故。这些对人类的安全构成了严重的威胁。危险始终存在于人类生活、劳动或生产之中，在人类活动的各个方面都有发生事故的可能性。

在生产或劳动过程中发生的事故或与生产过程有关的事故，简称为生产事故（包括生产过程中发生的设备事故、火灾事故、交通事故、人身伤害事故、工（死）亡事故、职业中毒事故和所有与生产有关的事故）。

2. 事故隐患

事故隐患泛指生产系统中可导致事故发生的人的不安全行为、物的不安全状态和管理上的缺陷。

根据《重大事故隐患管理规定》（劳部发〔1995〕322号），重大事故隐患是指可能导致重大人身伤亡或者重大经济损失的事故隐患。

3. 事故的特性

事故也同世界上任何事物一样，具有其自己的特性或规律。只有了解了事故的特性或规律，才能采取有效的措施或方法，进行预防和减少事故及其造成的各方面的损失。一般地说，事故具有以下三个重要特性或规律。

（1）事故的因果性

所谓事故的因果性，是指一切事故的发生，都是由于事故各方面的原因相互作用的结果。也就是说，绝对不会无缘无故地发生事故。大多数事故的原因都是可以认识的。事故给人们造成的直接伤害或财产损失的原因是比较容易掌握或找到的，这是因为它所产生的后果是显而易见的。但是比较复杂的事故，要找出究竟为何原因又是经过何种过程而造成这样的后果，并非是一件容易的事，因为很多事故的形成是由于有各种因素同时存在，并且它们之间存在相互制约的关系。当然，有极少的事故，由于受到当今科学、技术水平的限制，可能暂时分析不出原因。但实际上原因是客观存在的，这就是事故的因果性。事故的因果性表明事故的发生是有其规律的必然性事件。

所以，事故发生后，深入剖析其事故的根源，研究事故的因果关系，根据找出的事故因果性制定事故的防范措施，防止同类事故重演或发生是非常重要的。

（2）事故的偶然性

事故是由于客观存在某种不安全因素的随着时间进程而产生某些意外情况而显现的一种现象。所以，事故的发生是随机的，即事故具有偶然性。

然而，事故的偶然性寓于必然性之中。用一定的科学手段或事故的统计方法，就可以找出事故发生的近似规律。这就是从事故的偶然性中找出必然性和认识事故发生的规律性。了解了这一点，也就明白倘若生产过程中存在着不安全因素（危险因素或事故隐患），如果不能及时治理或整改，则必然要发生事故。至于何时发生何种事故，则是偶然的事情。

所以，科学的安全管理，就应该及时消除生产中的不安全因素或事故隐患；就是根据事故的必然性规律消除事故的偶然性。

（3）事故的潜伏性

在一般的情况下，事故都是突然发生的。事故尚未发生或造成损失之前，似乎一切都处于"正常"和"平静"状态。但是，这并不意味着不会发生事故。只要存在事故隐患或潜在的危险因素（不安全因素），没有被认识或未被重视或进行整改，随着时间的推移，一旦条件成熟（被人的不安全行为触发或其他的因素而触发），就会显现而酿成事故，这就是事故的潜伏性。

事故的潜伏性还说明一个最重要问题，就是说事故具有一定的预兆性，因为事故潜伏，即已经存在了，在等待一定的时机或条件爆发，这"等待"的过程就有可能发出一种预兆。大量的事故调查和实践证明，事故在发生之前都是有预兆发出的（有的是长时间的，有的是瞬间的），可惜很少被人们认识或捕捉。

所以，安全管理中的安全检查、检测与监控，就是寻找事故的潜藏性或潜伏性和事故预兆，从而全面地根除事故，保证生产或人们的生活正常进行。

（二）事故的预防

1. 建立建筑工地重大危险源的公示和跟踪整改制度

（1）加强现场巡视，对可能影响安全生产的重大危险源进行辨识，并进行登记，掌握重大危险源的数量和分布状况，经常性地公示重大危险源名录、整改措施及治理情况。

（2）重大危险源登记的主要内容应包括：工程名称、危险源类别、地段部位、联系人、联系方式、重大危险源可能造成的危害、施工安全主要措施和应急预案。

2. 严禁"三违"

所谓"三违"是施工过程中的违章指挥、违章作业、违反劳动纪律。

对人的不安全行为，要严禁"三违"，加强教育，搞好传、帮、带，加强现场巡视，严格检查处罚，慢慢地懂得规矩，懂得安全。

3. 淘汰落后技术，采用新技术

淘汰落后的技术、工艺，适度提高工程施工安全设防标准，从而提升施工安全技术与管理水平，降低施工安全风险。如过街人行通道、大型地下管沟可采用顶管技术等。

制定和实行施工现场大型施工机械安装、运行、拆卸和外架工程安装的检验检测、维护保养、验收制度。

4. 事故应急救援预案

项目经理部应在工程开工前按照公司管理标准《生产安全事故应急救援预案》及一体

化程序文件的要求，编制相应的事故应急救援预案，成立由安全、工程、技术、物资设备、办公室和保卫人员组成的生产安全事故应急救援小组，明确成员职责分工。

（1）制定应急预案

对不良自然环境条件中的危险源要制定有针对性的应急预案，并选定适当时机进行演练，做到人人心中有数，遇到情况不慌不乱，从容应对。

（2）进行绩效考评

制定和实施项目施工安全承诺和现场安全管理绩效考评制度，确保安全投入，形成施工安全长效机制。

（3）应急救援人员

要求各专业项目部配备义务救援人员不得少于5人。

（4）救援装备

配备足量的救援装备，基本装备有：安全帽、安全带、安全网、护目镜、防尘口罩、架梯、木板床、担架、急救箱等；专用装备有：应急灯、电工工具、铁锹、撬杠、钢丝绳、卡环、千斤顶、吊车、自备小车、对讲机、电话、灭火器等，填写《应急设备清单》。

（5）应急处置记录

重大事故发生时，应由项目经理部立即启动《应急救援预案》，最大限度降低事故损失，同时按规定报告填写《应急情况（事故）处理记录》。

（三）事故的调查处理

1. 事故报告

（1）施工现场无论发生大小工伤事故，事故单位都必须在15min内口头或电话报告项目经理部安全监督检查站。

（2）安全监督检查站对重伤以上事故应立即组织抢救和保护好事故现场，同时须在4小时内将事故发生的时间、地点、人员伤亡情况及简要经过电话报告公司安全处，在24小时内报告当地政府主管部门。并于当月25日前按规定要求如实填写《伤亡事故月报表》，向公司安全处递交书面报告。

2. 事故调查责任

（1）轻、重伤事故，由事故所在项目经理部和事故单位的领导负责组织有关部门人员参加的事故调查组对事故进行调查分析。

（2）死亡事故，由公司安全处会同有关部门以及事故单位相关人员组成事故调查组对事故进行调查分析。

（3）重大死亡事故，由公司安全处、集团公司会同省、市安全生产主管部门事故调查组对事故进行调查分析。

3. 事故调查的程序

（1）组织事故调查组，按照"四不放过"的原则明确任务和分工。

（2）收集物证和证人材料，或进行必要的技术鉴定和实验。

（3）查清事故经过，分析事故原因，提出防范措施。

（4）明确事故责任，提出对事故责任人员的处理意见。

（5）填写事故调查报告书。

事故调查组有权向发生事故的单位及有关人员了解事故情况和索取有关资料，任何单位和个人不得拒绝。

4. 事故处理

（1）轻、重伤事故的处理由事故所在项目经理部和事故单位依据本企业《安全事故行政责任追究规定》的文件规定对有关责任人员提出处理意见，轻伤事故在 30 个工作日内，重伤事故在 90 个工作日内报企业安全部门审批结案。

（2）死亡事故的处理由企业安全部门依据国家有关规定和企业《安全事故行政责任追究规定》的文件对有关责任人员和责任单位提出处理意见，提请企业安全委员会讨论决定后，报政府主管部门审批处理结果。

（3）对下列情况，将视情节对有关人员给予从重处罚：

1）对安全事故隐瞒不报、虚报、故意拖延报告的。

2）在事故调查中，隐瞒事故真相、弄虚作假、擅自处理或包庇事故责任者的。

3）事故发生后，不积极组织抢救，造成事故损失扩大的。

（4）必须严格执行"四不放过"的原则，即：

1）事故原因不查清不放过。

2）事故责任者和群众没有受到教育不放过。

3）事故责任者（含单位领导）未受到处理不放过。

4）没有制定出预防同类重复事故发生的措施不放过。

十一、安全标志

根据国家标准规定，用以表示、表达特定的安全信息、意思的安全色颜色、图形和符号，叫安全标志。

安全标志是由安全色、几何图形和图形符号构成，用以表达特定的安全信息。安全标志必须符合国家现行标准《安全标志》的要求。

（一）安全标志的类别

安全标志分为禁止标志、警告标志、指令标志、提示标志四类。

（二）安全标志的符号及含义

1. 禁止标志

（1）禁止标志是不准或制止人们的某种行动的标志。

（2）禁止标志的几何图形是带斜杠的圆环。

（3）禁止标志图形的具体参数

1）外径 $d_1 = 0.025L$；内径 $d_2 = 0.8d_1$。

2）斜杠宽 $c = 0.08d_1$；斜杠与水平线的夹角 $\alpha = 45°$；L 为观察距离。

（4）禁止标志的几何图形是带斜杠的圆环，其中圆环与斜杠相连，用红色；图形符号用黑色，背景用白色。

（5）我国规定的禁止标志共有 28 个，其中与电力相关的如：禁放易燃物、禁止吸烟、禁止通行、禁止烟火、禁止用水灭火、禁带火种、禁止启机、修理时禁止转动、运转时禁止加油、禁止跨越、禁止乘车、禁止攀登等（见图4-4）。

图 4-4　禁止标志

2. 警告标志

（1）警告标志的含义是警告人们可能发生的危险。

（2）警告标志的几何图形是黑色的正三角形、黑色符号和黄色背景。

（3）我国规定的警告标志共有 30 个，其中与电力相关的如：注意安全、当心触电、当心爆炸、当心火灾、当心腐蚀、当心中毒、当心机械伤人、当心伤手、当心吊物、当心扎脚、当心落物、当心坠落、当心车辆、当心弧光、当心冒顶、当心瓦斯、当心塌方、当心坑洞、当心电离辐射、当心裂变物质、当心激光、当心微波、当心滑跌等（见图 4-5）。

图 4-5　警告标志

3. 指令标志

（1）含义是必须要遵守的意思。

（2）几何图形是圆形。

（3）图形的具体参数如下：

直径 $d = 0.025L$；L 为观察距离。

（4）指令标志的几何图形是圆形，蓝色背景，白色图形符号。

（5）指令标志共有 15 个，其中与电力相关的如：必须戴安全帽、必须穿防护鞋、必须系安全带、必须戴防护眼镜、必须戴防毒面具、必须戴护耳器、必须戴防护手套、必须穿防护服等。（见图 4-6）

图 4-6　指令标志

4. 提示标志

（1）提示标志的含义是示意目标的方向。

（2）提示标志的几何图形是方形，绿、红色背景，白色图形符号及文字。

（3）提示标志共有 13 个，其中一般提示标志（绿色背景）的 6 个，如：安全通道、太平门等；消防设备提示标志（红色背景）有 7 个：消防警铃、火警电话、地下消火栓、地上消火栓、消防水带、灭火器、消防水泵结合器（见图 4-7）。

图 4-7　提示标志

5. 补充标志

（1）补充标志是对前述四种标志的补充说明，以防误解。

（2）补充标志分为横写和竖写两种。横写的为长方形，写在标志的下方，可以和标志连在一起，也可以分开；竖写的写在标志杆上部。

（3）补充标志的颜色：竖写的，均为白底黑字，横写的，用于禁止标志的用红底白字，用于警告标志的用白底黑字，用带指令标志的用蓝底白字（见图 4-8）。

（4）补充标志的规定见表 4-12。

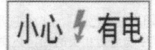

图 4-8 补充标志

表 4-12 补充标志的规定

补充标志的写法	横写	竖写	
背景	禁止标志—红色	警告标志—白色	指令标志—蓝色
文字颜色	禁止标志—白色	警告标志—黑色	指令标志—白色
字体	粗等线体	粗等线体	
部位	在标志的下方，可以和标志连在一起，也可以分开	在标志杆的上部	
形状、尺寸	长方形	长 500mm	

（三）安全标志的尺寸

1. 安全标志的尺寸按下式推算：

$$A \geq L2/2000$$

式中　A——安全标志的面积，m^2；

　　　L——最大观察距离，m。

注：式中的面积系指几何图形本身的面积。

2. 安全标志的圆形直径最大不得超过 400mm，三角形的边长最大不得超过 500mm，长方形的短边最大不得超过 285mm。

3. 道路上用的标志，可按实际情况酌情放大。

（四）衬底色

安全标志都应自带衬底色，用与安全标志颜色相应的对比色，其衬底的边宽最小为 2mm，最大为 6mm。

（五）安全标志牌的制作

1. 安全标志牌必须根据本标准的制作图来制作。

2. 安全标志牌应用坚固耐用的材料制作，如金属板、塑料板、木板等。也可直接画在墙壁或机具上。标志牌应无毛刺和洞孔。

3. 有触电危险场所的标志牌，应当使用绝缘材料制作。

4. 销售的标志牌必须由北京市劳动保护科学研究所检验许可后方可生产、销售。

5. 标志杆的颜色应和安全标志相一致。

（六）安全标志的悬挂

1. 安全标志牌的设置位置

"安全标志牌"应设置在与安全有关的醒目地点和明亮的环境中，使大家能清楚地看到它表示的内容，以便采取适当的预防准备或措施。

（1）安全标志牌应设在醒目、与安全有关的地方，并使人们看到后有足够的时间来注意它所表示的内容。

（2）不宜设在门、窗、架等可移动的物体上，以免这些物体位置移动后看不见安全标志。

2. 要注重"安全标志牌"的针对性

安全标志的内容要和环境实际相适应，避免内容和环境不一致。如："禁止攀登"标志，应悬挂在不允许攀登的危险地点（龙门架、外脚手架及有坍塌危险的地点）；"禁止抛物"标志应悬挂在抛物会伤人的地点如高处作业、深沟（坑）边等。

3. 注意悬挂高度

"安全标志牌"的悬挂高度，应尽量和人眼的视线高度一致，使人平视可见。一般情况距地面高度不宜小于2m。标志牌的平面与视线的夹角应接近90°。如果是大型的巨幅安全标语、口号，应视句子的长短、字形的大小及悬挂的位置，结合现场的实际确定。

4. 注意"安全标志牌"的端正度

不论是附着式、悬挂式或者柱式的安全标志，均应当讲究其端正度，不要歪斜。

5. 重视"安全标志牌"的牢固度

各种"安全标志牌"，不论是附着式、悬挂式均应当确保其有相当的牢固度。悬挂式要用钉子钉牢，柱式要和支架有牢固的连接，防止大风刮落造成事故。

6. 经常保持"安全标志牌"的整洁度

现场全体人员都应当爱护"安全标志牌"，尽量避免被混凝土浆等污染，以免影响标志牌的清晰度。如被污染应及时擦干净，这样使人们既能看清标志的内容，又能体现施工现场的文明、卫生，给场容增添优美感。

（七）要经常检查和维修

"安全标志牌"常年挂在建筑工地的露天地方，难免遭受各种自然现象的侵袭，发生变形、裂缝、褪色等现象，因此需经常检查、维修和更换。一般情况，若是一年内可以竣工的小工程，如宿舍楼、办公楼、教学楼等，只维修可以不更换；如果是施工周期长的大型建筑或者群体建筑项目，需两年或更长时间才能竣工的，就要视其情况每半年或一年维修更换一次，使各种安全标志永远处于醒目、清洁、美观和牢固的状态。

第二节　文明施工

一、现场围挡与封闭管理

（一）砌筑围墙的安全技术

1. 建筑工地围墙的设计与构造要求

建筑工地的围墙是现场封闭施工的重要措施，是安全文明施工的主要设施之一（见图4-9）。建筑工地的围墙、大门及门房都由施工单位的工程技术人员自行设计，自行施工。因此，必须对此有足够的认识。

建筑工地围墙一般由基础、墙身（包括构造柱）、大门及门房组成。基础可以用毛石砌筑，也可以用普通砖砌筑。墙身可以用普通砖砌筑，也可以用砌块砌筑。

图4-9　建筑工地围墙

（1）建筑工地围墙的设计

1）建筑工地围墙的位置

建筑工地围墙是临时设施，一般工程完工以后予以拆除，使用期一般为一年以内，最长一般不超过3年。可以建筑在规划红线的位置。如果施工场地宽松，可以从规划红线退后3m砌筑。

所谓的规划红线，是政府规划部门在批准建设用地时用红粗线表示的批准了的建设用地标志线。因此，建筑工地围墙不能设在红线以外。

2）建筑工地围墙基础及构造

①毛石基础及构造

毛石基础是用乱毛石或平毛石与水泥混合砂浆或水泥砂浆砌成。乱毛石是指形状不规则的石块；平毛石是指形状不规则，但有两个平面大致平行的石块。

毛石基础可作墙下条形基础或柱下独立基础。

毛石基础按其断面形状有矩形、梯形和阶梯形等。基础顶面宽度应比墙基底面宽度大200mm；基础底面宽度依设计计算而定。梯形基础坡角应大于60°。阶梯形基础每阶高不小于400mm，每阶挑出宽度不大于200mm，见图4-10。

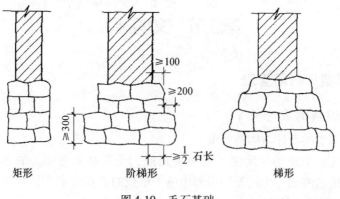

图4-10　毛石基础

②砖基础及构造

砖基础是用烧结普通砖和或水泥砂浆砌筑而成。砖的强度等级应不低于 MU10，砂浆强度等级应不低于 M5。

砖基础有条形基础和独立基础。条形基础一般设在砖墙下，独立基础一般设在砖柱下。

普通砖基础由墙基和大放脚两部分组成。墙基与墙身同厚，大放脚即墙基下面的扩大部分，有等高式和间隔式两种。等高式大放脚是两皮一收，每收一次两边各收进 1/4 砖长；间隔式大放脚是两皮一收与一皮一收相间隔，每收一次两边各收进 1/4 砖长，见图 4-11。

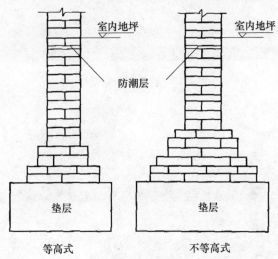

图 4-11 砖基础剖面

大放脚的底宽应根据设计而定。大放脚各皮的宽度应为半砖长的整倍数（包括灰缝）。

在大放脚下面为基础垫层，垫层一般用灰土、碎砖三合土或混凝土等。

在墙基顶面应设防潮层，防潮层宜用 1:2.5（质量比）水泥砂浆加适量防水剂铺设，其厚度一般为 20mm，位置在底层室内地面以下 60mm 处。

3）建筑工地围墙及构造

①高度

建筑工地围墙的高度一般为 2 ~ 2.5m。如果当地政府部门有要求，则按要求的高度砌筑，若没有特殊要求可以按地面以上 2m 砌筑。由于建筑工地地形起伏变化较大，一般可以随着地形变化砌筑。

②厚度

如果用普通砖砌筑，一般采用 24 墙；如果用砌块砌筑，则可以适当增减其厚度。

③扶壁柱

一般每隔 4 ~ 5m 设置一道扶壁柱，在转角处和有高度变化处应加设扶壁柱。

用普通砖砌筑的建筑工地围墙，扶壁柱应为 370mm × 370mm；用砌块砌筑时，扶壁柱的尺寸可以为 1.5 倍墙厚。扶壁柱处的基础也必须与扶壁柱（图 4-12）相对应。

4）建筑工地围墙盖顶（图 4-13）

建筑工地围墙盖顶可以有多种设计，但必须满足下列要求：

①必须将砖缝盖住，不能让雨水冲刷；

②至少挑出墙面 60mm，且有一定的斜度；

③盖顶砖上部用20~40mm厚水泥砂浆覆盖；

④美观要求。

图4-12 建筑围墙扶壁柱

图4-13 建筑围墙及盖顶

（2）建筑工地大门洞口设计

1）建筑工地大门宽度

建筑工地的大门一般为5~7m，这样才能保证进出方便。

2）建筑工地大门门柱

建筑工地大门一般为铁门，重量较大，门柱尺寸一般为600mm×600mm至900mm×900mm，用水泥砂浆牢砌。砌筑后必须养护一周以上方可上大门（图4-14）。

图4-14 建筑围墙大门

3）建筑工地门房

建筑工地门房既是施工现场的安全保卫重地，也是文明施工的紧要关口，必须24小时有人值班，因此必须有一定的活动空间（出入登记处、值班人员休息处），还应有厕所，以确保值班人员不离岗。此外还应设置进出车辆的冲洗设施，以确保进出车辆不带泥上路。

建筑工地门房一般为单层建筑，面积以10m²左右为宜。可以用普通砖砌筑，也可以用砌块砌筑。但现在采用更多的是活动板房（见图4-15）。

图4-15　建筑工地门房

4）建筑工地大门地面

建筑工地大门地面应设置冲洗进出车辆用的水沟、水槽（图4-16）。

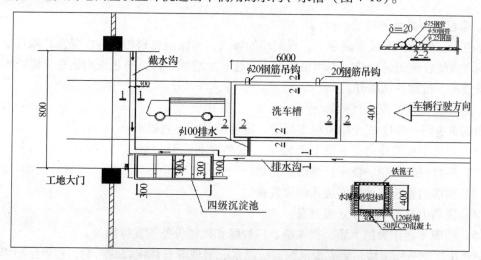

图4-16　洗车槽及沉淀池做法示意图

2. 建筑工地围墙的砌筑

（1）在原土地面上砌筑围墙时，基础开挖深度应不小于400mm。施工顺序为：先用M5水泥砂浆砌筑两层500mm宽砖基础→收台砌一层370mm→砌筑500mm高的240mm宽实心砖砌体→M1黏土砂浆砌筑240mm空斗墙M5→水泥砂浆围墙压顶。

（2）在松软的地面上，砌筑围墙时，基础开挖深度应不小于500mm。施工顺序为：基

305

槽底部进行打夯→M5 水泥砂浆砌筑四层 500mm 宽砖基础→收台砌一层 370mm 砖→砌筑 1000mm 高的 240mm 实心砖砌体→M1 黏土砂浆砌筑 240mm 空斗墙→M5 水泥砂浆压顶。

（3）在林带边和植被边砌筑围墙时，首先要考虑林带浇水和绿化微喷的影响，基础深度应不小于 600mm。施工顺序为：先浇注 500mm 宽 200mm 厚 C10 混凝土→M5 水泥砂浆砌筑 100mm 高的 240mm 实心墙→M1 粘土砂浆砌筑 240mm 空斗墙→M5 水泥砂浆压顶。砌筑完毕近林带和植被一侧的围墙，墙面立即用 M5 防水砂浆抹面。

（4）围墙砌筑时，砖垛的间距必须按照规定要求设置，一般为 3~3.6m 设一个砖垛；在砌筑空斗墙时，必须按照"五斗一眠"进行砌筑，以确保围墙整体的稳定性。另外一点需要注意的是，砌筑好的围墙一侧严禁堆土、堆放砂石料或其他建筑材料。

（二）彩钢板围墙的安全技术（图 4-17）

1. 彩钢板围墙材料

彩色压型钢板，是以冷轧钢板、热镀锌钢板为基板，经过表面脱脂、磷化、铬酸盐处理后，涂上有机涂料经烘烤而制成钢板，再经过专门压型制成各种形式的轻型板材（图 4-18）。

图 4-17　彩钢板围墙

图 4-18　彩色钢板

2. 彩色压型钢板的构造

彩色压型钢板具有轻质高强、美观耐用的特点，与保温材料相结合，保温、隔音效果良好，安装方便，施工速度快，不污染环境；与建筑物连成一体，彩色压型钢板又能产生巨大的蒙皮效应，抗震性能极好。

3. 彩钢板围墙的安全性验算

根据 JGJ 59—2011 安全检查标准规定，围墙应符合下列要求：

（1）市区主要道路高度不低于 2.5m，一般路段不低于 1.8m；

（2）围墙材料坚固、稳定、整洁、美观；

（3）围墙沿建筑工地四周边连续设置；

（4）围墙上口要平，外立面要直；

（5）围墙不能作为挡土墙、挡水墙、广告牌和机械设备的支撑墙等。

彩色压型钢板作围墙，要克服风荷载、洪水、滑坡等自然灾害的影响；彩色压型钢板的尺寸、形状要适合围墙需要。

彩色压型钢板本身具有美观、整洁的特点，作围墙时，在坚固、稳定方面，需进行安全验算。

（1）确定荷载

彩色压型钢板围墙对洪水、滑坡等荷载不具有抵抗能力，和其他材料围墙一样，需另外采取措施。现只对风荷载进行考虑，按下列公式计算：

$$W_k = \beta_z \mu_s \mu_z W_0 \qquad (4-1)$$

式中　W_k——风荷载标准值，kN/m^2；

β_z——Z 高度处的风振系数；

μ_s——风荷载体形系数；

μ_z——风压高度变化系数；

W_0——基本风压，kN/m^2。

1）基本风压 W_0 的确定

以当地比较空旷平坦地面上离地 10m 高处统计所得的 30 年一遇 10min 平均最大风速 v_0（m/s）为标准，按 $W_0 = v_0^2/1600$ 确定，但不得小于 $2.5kN/m^2$。

查表得：$W_0 = 0.35kN/m^2$

2）风压高度变化系数 μ_z 的确定

风压高度变化系数，根据地面粗糙度类别，按 B 类（中小城市郊区），离地高度 5m 范围确定。

查表得：$\mu_z = 0.8$

3）风荷载体形系数 μ_s 的确定

房屋和构筑物的风荷载体形系数，按独立墙壁及围墙确定。

查表得：$\mu_s = 1.3$

4）风振系数 β_z 的确定

$$\beta_z = 1 + \xi_r \psi_z / \mu_z \qquad (4-2)$$

对于高度大于 30m，且高宽比大于 1.5 的房屋结构，据规定查表得：

$$\beta_z = 0.364 kN/m^2$$

（2）强度验算

1）彩钢板强度验算

彩钢板最大均布荷载 $0.364kN/m^2$，风荷载通过钢板将压力传递到受压翼缘，根据《冷弯薄壁型钢结构技术规定》（GB 50018—2002）规定，压型钢板的强度和挠度可按受弯构件计算。选用 YB-9 型彩钢板，宽度 1.15m，厚度 0.4m，高度 50mm。彩钢板所受最大弯矩：

$$M_{max} = 1/8 q l2 = 541.6 N \cdot m$$

根据彩钢板型式特点，截面抵抗矩 $M_{max} = 9.8cm^3$，彩钢板所受的应力强度 σ 为

$$\sigma = M_{max}/W_{max} = 55.3 MPa < [\sigma]$$

$[\sigma]$ 为彩钢板的许用应力强度 160MPa，强度验算合格。

2）彩钢板挠度验算

根据彩钢板受力模型，其挠度按下列公式验算：

$$y_{max} = 5q_{14}/(384EI) \qquad (4-3)$$

式中　y_{max}——彩钢板最大挠度；

q——彩钢板风荷载，364kN/m；

l——彩钢板受力宽度，$1.15m \times 2$；

E——抗压弹性模量，$200GN/m^2$；

I——惯性矩，查表得 $24.5cm^4$。

计算结果，$y_{max} = 0.54m/200 < 1/200$，符合规定要求。

（3）围墙构件规格确定

彩钢板荷载通过两侧翼缘，传递到围墙边框上，围墙边框将荷载加到立柱上。围墙边框用槽钢制成，边框强度足以承受荷载，立柱采用无缝钢管，现确定立柱的规格，按围墙高度1.8m计算。

立柱所受最大弯距经计算为884.4N·m，钢管的许用弯曲应力为160MPa，计算出钢管的截面抵抗矩为5.526cm³按照《结构用无缝钢管》（GB 8162—2008）要求，考虑安全系数，选用ϕ64mm、厚度为4.0mm的无缝钢管（$W_{max} = 7.32cm^3$）。钢管与地表用固定连接。

（4）彩钢板围墙的施工方法

1）施工准备

摸清工程场地情况，如地形、运输道路、邻近建筑物、地下埋设物、地面障碍物等，绘出施工总平面图，在施工区域内设置临时性或永久性排水沟，将地面水排走，或疏通至原有排水、泄洪系统，使场地不积水；为防止洪水、雨水对工地的影响，在必要的地方修筑挡水坝阻水。

2）确定围墙的位置

根据工程规模、工期长短、施工力量安排等，修建临时性生产和生活设施，布置好材料堆放场地、临时道路，定出围墙位置和工地大门。

3）安装彩钢板围墙构件

根据确定出的彩钢板围墙位置，每间隔3m安放一个底座，每个底座用φ54mm的钢管嵌入表土400mm深左右，上部钢管兼作立柱。在底座上固定彩钢板围墙底槽，底槽用小型槽钢制成。彩钢板围墙边框和立柱连成一体。底座每隔50m用混凝土灌注一个。拐角处和大门口的底座用混凝土灌注，也可用预埋件代替。

4）安装彩钢板

彩钢板依序装进边框，彩钢板之间的搭接要严密，合口要紧，彩钢板的厚度要和边框搭配合适。

5）彩钢板围墙质量验收

彩钢板围墙施工完毕后，要经专业技术人员按照国家有关标准检查验收，验收合格后交工地管理人员接管。平时，由工地门卫进行日常检查，发现问题，及时汇报处理。

（5）彩钢板围墙的应用效果

应用彩钢板作围墙，使工地围墙美观、整洁，做到了围墙坚固、稳定，改变了过去建筑工地存在的工地不围挡，现场布局不执行平面布置，垃圾乱堆乱倒，污水横流等"脏"、"乱"、"差"的状况，工地变为施工企业的文明窗口。使用彩钢板围墙，提高了工地的安全管理文明施工的水平，从而提高了建筑企业的综合形象。

二、施工场地建设安全控制

（一）一般规定

1. 工地应铺设整齐且宽度足够的硬化道路，不积水、不堆放构件、材料，保持经常畅通。

2. 行人、车辆运输频繁的交叉路口，应悬挂安全指示标牌，在火车道口两侧应设落杆。

3. 各种料具应按照总平面图规定的位置，按品种、分规格堆放整齐。在建工程内部各楼层，应随完工随清理，拆除的模板、料具应码放整齐。

4. 在天然光线不足的作业场地、通道及用电设备的开关箱处，应设置足够的照明设备。

5. 工地应将施工作业区与生活区分开设置。

（二）施工总平面图管理

1. 施工现场的平面布置与划分

施工现场的平面布置图是施工组织设计的重要组成部分，必须科学合理地规划，绘制出施工现场平面布置图，在施工实施阶段按照施工总平面图要求，设置道路、组织排水、搭建临时设施、堆放物料和设置机械设备等。

2. 施工总平面图编制的依据

（1）工程所在地区的原始资料，包括建设、勘察、设计单位提供的资料。

（2）原有和拟建建筑工程的位置和尺寸。

（3）施工方案、施工进度和资源需要计划。

（4）全部施工设施建造方案。

（5）建设单位可提供的房屋和其他设施。

3. 施工平面布置原则

（1）尽量利用原有建筑物，也可以提前施工建筑物以提前使用；如仍满足不了需要，再建临时设施。施工平面应满足施工要求，场内道路畅通，运输方便，各种材料能按计划分期分批进场，充分利用场地。

（2）结合现场实际情况进行统筹安排，材料尽量靠近使用地点，减少二次搬运。

1）平面布置要适应施工生产的需要，并做到规模适宜，分区明显，顺序流畅，方便施工。

2）平面布置应设在正式工程的边缘，不得占用正式工程位置。

3）应靠近交通道路，以方便运输，减少修路成本。

4）平面布置要注意排洪、排渍，不得选用危害职工安全的场地。

（3）现场布置紧凑，减少施工用地。

（4）在保证施工顺利进行的条件下，尽可能减少临时设施的搭设，尽可能利用施工现场附近的原有建筑物作为施工临时设施。

（5）临时设施的布置，应便于工人生产和生活，办公用房靠近施工现场，福利设施应在生活区范围之内。

（6）平面图布置应符合安全、消防、环境保护的要求。

4. 施工总平面图的管理要求

（1）施工总平面图的设计由项目技术部门负责设计，项目技术负责人审核，项目各部门会审后项目经理批准后实施。

（2）施工总平面的日常管理由项目工程部门负责，主管领导为项目分管生产的副经理。

（3）施工总平面图应随着项目施工的不同阶段按阶段计划进行调整、修改和补充，做到图实相符，并有见证资料。

（4）总平面图的设计要有质量管理意识。

（5）总平面图要求内容齐全，清晰醒目。

5. 施工现场功能区域划分要求

施工现场按照功能可划分为施工作业区、辅助作业区、材料堆放区和办公生活区。施工现场的办公生活区应当与作业区分开设置，并保持安全距离。办公生活区应当设置于在建建筑物坠落半径之外，与作业区之间设置防护措施，进行明显的划分隔离，以免人员误入危险区域；办公生活区如果设置在在建建筑物坠落半径之内，必须采取可靠的防砸措施。功能区的规划设置时还应考虑交通、水电、消防和卫生、环保等因素。

这里的生活区是指建设工程作业人员集中居住、生活的场所，包括施工现场以内和施工现场以外独立设置的生活区。施工现场以外独立设置的生活区是指施工现场内无条件建立生活区，在施工现场以外搭设的用于作业人员居住生活的临时用房或者集中居住的生活基地。

6. 项目现场施工总平面图的主要内容

（1）标明已建及拟建的永久性房屋、构筑物、运输道路及循环走道。

（2）标明施工用的临时水管线、电力线和照明线、变压器及配电间、现场危险品及仓库的位置。

（3）土建工程还应标明

1）混凝土、砂浆搅拌机及塔吊、卷扬机、木工机械的平面位置。

2）石灰膏、纸筋灰、粉煤灰储存池及构件、钢筋等位置。

（4）安装工程还应标明

1）钢结构和油罐的铆焊预制场、压力容器的现场组焊场、工艺管线的管焊预制场、冷换设备或热设备的试压场区、阀门试压场区、电气和仪表的试验校验室、电气和仪表的预制场区。

2）施工平台、配电盘、水源点的平面位置。

3）施工机械的平面摆放位置及棚设，大型工装的现场摆放位置。

4）起重桅杆与卷扬机，锚坑与拖拉绳的平面位置，起重机索具的现场临时存放区。

5）大型塔器及设备进现场后平面摆放位置。

6）钢材（板材、型材、管材）、电线电缆等材料的现场存放区，预制的或顾客供货的成品、半成品放置区。

（5）标明生活区及行政设施的平面位置及其结构型式。

（6）其他应该标明的内容。

7. 临时建筑、设施

（1）临时建筑物的设计应符合《建筑结构可靠度设计统一标准》（GB 50068—2001）、《建筑结构荷载规范》（GB 50009—2012）的规定。临时建筑物使用年限规定为 5 年

（2）临时办公用房、宿舍、食堂、厕所等建筑物结构重要性系数 $\gamma_0 = 1.0$。工地非危险品仓库等建筑物结构重要性系数 $\gamma_0 = 0.9$，工地危险品仓库按相关规定设计。

（3）临时建筑及设施设计可不考虑地震作用。

（三）项目现场场容管理标准

1. 施工现场"三通一平"管理标准

（1）施工用水。按施工平面布置图规定的位置设置并加强管理，定期检查与维护，防

止施工用水的跑、冒、滴、漏。

（2）施工用电

1）项目现场临时电力线路架空线必须设在专用电杆（水泥杆、木杆）上，严禁架设在树和脚手架上，架空线应装设横担和绝缘子，其规格、线间距、档距应符合架空线路要求。

2）支线架设和现场照明。配电箱引入引出线应有套管，电线上进下出不混乱。大容量电箱上进线加滴水弯。支线绝缘好、无老化、破损和漏电，支线应沿墙或电杆架空敷设，并用绝缘子固定。过道电线可采用硬质护套管埋地并作标记，室外支线应用橡皮线架空，接头不受拉力并符合绝缘要求。现场照明一般采用220V电压；危险、潮湿场所和金属容器内的照明及手持照明灯具，应采用符合要求的安全电压。照明导线应用绝缘子固定，严禁使用花线或塑料胶质线，导线不得随地拖拉或绑在脚手架上。照明灯具的金属外壳必须接地或接零，单相回路内的照明开关箱必须装设漏电保护器。室外照明灯具距地面不得低于3m，室内距地面不得低2.4m。碘钨灯应固定架设，保证安全。

3）电箱（配电箱、开关箱）：电箱应有门、锁、色标和统一编号，电箱内开关电器必须完整无损，接地正确，各类接触装置灵敏可靠，绝缘良好，无积灰、杂物，箱体不得歪斜，电箱的安装高度和绝缘材料等均应符合规定，电箱内应设置漏电保护器，选用合理的额定漏电动作电流进行分级配合。配电箱内设总熔丝、分熔丝、分开关，动力和照明分别设置，开关电器应与配电线或开关箱一一对应配合，作分路设置，以确保专路专控。总开关电器与分路开关电器的预定值、动作整定值相适应，熔丝应和用电设备的实际负荷相匹配。金属外壳电箱应作接地或接零保护，开关箱与用电设备实行一机一闸一保险。

（3）施工道路。按施工平面布置图规定的道路走向和路面要求施工，路面要坚实平整，做到下雨不积水，雨后能通车。加强施工道路的日常管理，不得在施工道路上乱放材料、构件和其他杂品，保证施工道路的畅通；横跨施工道路的电力线路和管道要符合规定的高度，保证工程大件运输的通行。

（4）施工场地。要做到平整或基本平整，要有足够的排水沟道，保证足够的排雨水能力，做到雨天不积水或少积水，雨后马上可施工。加强施工场地上的材料、设备、构件、半成品等工程材料的有序管理，方便施工，提高工效。

2. 土建工程场容管理标准

（1）现场土建工程用材料必须按施工平面布置图定置堆放，砂石材料、砖类按规定堆放整齐，怕潮、怕晒的材料必须按规定要求存放或入库保管。

（2）灰池要挂有标志牌，池口随用随清，渣脚不乱倒；砂子石子、砖类随用随清底脚；钢筋堆放必须按品种、规格堆放整齐，挂有标志牌，现场使用后多余的钢筋不得乱放，应及时清理归堆，结构阶段结束后，及时转移。

（3）现场制品、钢木门窗、铁器、混凝土构件、半成品和成品，要严格按指定位置堆放，堆放时必须按品种、规格分别堆放，还必须按制品的特性存放保管，无损坏，有收、发、存保管制度，混凝土构件堆放时，楞木垫头上下对齐、平稳，堆高不超12块。

（4）现场有条件的一般应设材料存放临时仓库和设备材料仓库，要符合封闭式要求，有专人负责管理。

（5）大模板必须成对面放稳，角度正确，严禁用钢模板铺垫道路；施工用的脚手架管、跳板、高凳、砖夹子等不得乱堆乱放，现场无散失、散落的扣件、配件等。

（6）混凝土砂浆的运输通道上和建筑物周边的落地灰和砂浆要每天坚持清除，施工现场的碎砖头，也要坚持每天清除，保证作业场地的干净整洁。

3. 安装工程场容管理标准

（1）现场安装工程用材料、半成品、配件、通用设备、非标设备等应按施工平面布置图的指定位置进行定置堆放。各种材料、半成品、设备要做到有序排列，堆放整齐。

（2）进入安装现场的不同类别、不同规格、不同材质的钢材要分别堆放，摆放整齐，有标志移植，各种状态标识符合要求，防止混用或错用。

（3）设备到货开箱检查后，要重新将包装箱封闭好，防止雨水浸入。设备出库安装后，包装箱随机配件要退库，保证不丢件，保持施工现场整洁、不凌乱。

（4）阀门到货后要分类别、分规格存放。阀门试压场地要设置三个区：未试压区、试压合格区、试压不合格区；每个区的阀门要分类别、分规格、整齐地排放。

（5）冷换设备试压区，要做到：冷换设备按规格大小排列，试压泵和试压管线、充洗管线排列整齐，方便使用，场地要挖好排水沟道，保证排水方便，场地不存水。

（6）施工用的脚手架管、架杆、跳板、高凳、扣件、配件枕木等不得乱堆乱放，现场无散失、散落的扣件、配件和枕木。

（7）现场安装用施工设备应按施工平面图指定的位置放置。大型施工设备（如20t卷扬机）应搭设防雨棚，防雨棚要坚固、规矩、整齐、美观；电焊机要全部进电焊机房，电焊机房内配电线路整齐，无破损，闸刀开关盒要齐全，电焊机房地板平整、干净、无杂物；电焊机房外表无破损，油漆无脱落，门窗完整。

（8）电焊把线、小型电动工具的电源胶皮线、临时照明线、火焊的氧气带和乙炔带、临时供水的胶皮管等要做到摆放合理、相对集中、有序排列，禁止乱扯、乱拉和乱挂。电焊把线的胶皮要无破漏，禁止电焊把线与起重用钢丝绳交叉在一起。

（9）现场安装使用后多余的边角余料：能够使用的应该分类分规格摆放在现场的指定位置，并做好标记移植；无法再使用的应每天清理送入废料箱或指定位置，然后集中送到废料场。

（10）施工现场的电焊条头、药皮等应每天清扫，倒在指定的地方，保证施工现场的干净和整洁。

（11）现场班组休息室、工具房、氧气房和乙炔房，应按施工平面布置图的要求整齐排列，外表完整无破损，油漆无脱落，门帘完好玻璃无损坏。休息室内地板干净无尘土，工具用具摆放整齐；室内墙上工种操作要求、图表挂放整齐。

（四）项目现场临时设施搭设标准

1. 临时施工道路设计标准及要求

（1）临时道路（简易公路技术要求）

（2）修临时道路原则，可根据现场实际尽量就地取材，而且要考虑雨天是否行车，否则路修好下雨不能通车影响较大。

（3）路面要高于自然地面20cm，两侧路边要设置排水沟。

2. 施工现场设施设计标准及要求

（1）料场场地地坪应比四周地坪略高，根据存放材料的不同种类设计不同的基础，同

312

时应保证材料的装卸车和运输的方便。

（2）成品、半成品堆放场地应在施工区域布置。

（3）电焊机应全部放进电焊机房内，其他电动设备和机械设备应搭设防雨棚。新制作电焊机房、工具房必须按照工程管理部统一规定的图纸制作。

3. 施工现场临时供水和排水标准及要求

（1）供水管线优先采用环形管网布置，主干线一般不宜小于$\phi 45mm$，采用埋地敷设或明设。采用埋地敷设时，深度要在冻土层以下，且不小于 50cm，管线采用焊管沥青防腐，计量表、阀井、池齐全。

（2）排水优先采用明沟，必要时可埋设混凝土管或铸铁管、坡度在 5‰~8‰，排放地点要符合市政环卫有关要求。

（3）安装工程用水、试压用水、管线及设备试压用水，一般是以容积大小来计算，乘以损耗系数。损耗系数一般为 1.15，由于在试压过程中工期要求较紧，管径的选择和水的流速，要满足一定时间内流量的需要。

4. 施工现场临时供电设计标准及要求

（1）高压配电应符合 GBJ Z82—1084 的要求，变电间应选择在场地一角的安全处，防雷、雨设施齐全。

（2）电力线路敷设以架空线为好，若采用电缆应埋入地下。铺黄砂用红砖覆盖后再回填土至平地坪。沿走向打好红白色的标志桩或填写隐蔽工程记录表明平面位置，架空线应设在道路或围墙的一侧。

（3）选择电源必须考虑的因素

1）工程的工程量与进度安排要求；

2）各施工阶段电力的需用量；

3）施工现场占地面积大小；

4）用电设备在现场分布及距电源靠近情况；

5）现有电器设备情况。

5. 钢平台的铺设要求

（1）钢平台应以$\phi 273mm$ 螺纹钢管调平后，铺设$\delta = 14 ~18mm$ 的碳钢板，上层$\phi 273mm$螺纹钢管的间距在 1m~1.5m 之间。

（2）型钢平台根据工程的具体要求，可设计钢管平台、槽钢平台和工字钢平台。

（3）平台所在地坪及平台周围 5~8m 范围的地坪应作压实处理，此部分的地坪应略高于其它处的地坪。

（五）场容管理其他规定

1. 项目经理部应结合施工条件，按照施工方案和施工进度计划的要求，认真进行施工平面图的规划、设计、布置、使用，并按施工的不同时间分段实施并随时修订和管理。

2. 施工现场要妥善加以维护，应根据施工期限的长短和施工场所地理位置的要求设置临时或半永久性围墙。

3. 施工现场应保持秩序，在指定地点堆放垃圾，每日进行清理。

4. 施工现场应消除粉尘，减少噪声。

5. 施工现场应设置必要的告示和标志，进行必要的绿化布置。

（六）季节施工要求

1. 工地应该按照作业条件针对季节性施工的特点，制定相应的安全技术措施。

2. 雨季施工应考虑施工作业的防雨、排水及防雷措施。如雨天挖坑槽、露天使用的电气设备、爆破作业遇雷电天气以及沿河流域的工地做好防洪准备，傍山的施工现场做好防滑坡塌方的工作和做好临时设施及脚手架等的防强风措施。雷雨季节到来之前，应对现场防雷装置的完好情况进行检查，防止雷击伤害。

3. 冬期施工应采取防滑、防冻措施。作业区附近所应设置的休息处所和职工生活区休息处所中，一切取暖设施应符合防火和防煤气中毒的要求；对采用蓄热法浇筑混凝土的现场应有防火措施。

4. 遇六级以上（含六级）强风、大雪、浓雾等恶劣气候，严禁露天起重吊装和高处作业。

三、材料堆放安全

（一）施工现场材料管理制度

1. 根据工程平面总布置图的规划，确立现场材料的贮存位置和堆放面积，各种材料要避免混放和掺进杂物。

2. 材料进场前，材料员要清理现场并做好准备工作。

3. 材料进场后，材料员及相关人员根据采购合同、技术资料等进货凭证，做好进场物资的验收工作，填写《收料单》，并记入《材料明细账》，需试验的由材料员及时通知试验员送检。

4. 现场材料应堆放成方成垛，分批分类摆放整齐，并垫高加盖，按材料性质分别采取防火、防潮、防晒、防雨等保护措施。

5. 材料员对现场材料应按《产品标识和可追溯性管理规定》挂牌标识，并注意保护标识。

6. 材料员按"先进先出"原则定额发料，并记入《材料明细账》。

7. 材料员定期对现场材料进行检查，发现问题及时报告项目负责人，采取纠正措施。

8. 废旧材料要统一存放，统一回收。

9. 加强现场保卫工作，防止破坏和偷盗事故发生。

10. 常用现场材料的贮存要求

（1）砂

在贮存过程中应防止离析和混入杂质，并按产地、种类和规格分别堆放。

（2）石

在贮存过程中应防止颗粒离析和混入杂质，并按产地、种类和规格分别堆放。堆料高度不宜超过5m。但对单粒级或最大粒径不超过20mm的连续粒级、堆料高度可增加到10m。

（3）轻集料

在贮存过程中不得受潮和混入杂物，不同种类和密度等级二轻集料应分别贮存。

（4）钢材

要按品种、规格分类放置，并要垫高以防受潮锈蚀，雨季要覆盖。

（5）砖及砌块

1）应按不同品种、规格、标号分别堆放，堆放场地要坚实、平坦、便于排水。

2）中型砌块应布置在起重设备的回转半径范围内，堆垛量应经常保持半个楼层的配套砌块量。

3）砌块应上下皮交叉、垂直堆放，顶面两皮叠成阶梯形，堆高一般不超过3m，空心砌块堆放时孔洞口应朝下。

4）堆垛要求稳固，并便于计数，堆垛后，可用白灰在砖垛上做好标记，注明数量，以利保管、使用。

（6）防水卷材

一般以立放保管，其高度不超过两层，应避免雨淋、日晒、受潮并注意通风，远离热源；氯化聚乙烯防水卷材应平放，贮存高度以平放5个卷材高度为限。

（7）保温隔热材料

不得露天存放，须按不同种类规格分别堆放，定量保管，堆放地面必须平整、干燥，以保证堆垛稳固、不潮。

（二）施工现场设备管理制度

为了加强施工现场机械设备的安全管理，确保机械设备的安全运行和职工的人身安全，特制定本制度。

1. 施工现场必须健全机械设备安全管理体制，完善机械设备安全责任制，各级人员应负责机械设备的安全管理，施工负责人及安全管理人员应负责机械设备的监督检查。

2. 机械设备操作人员必须身体健康，熟悉各自操作的机械设备性能，并经有关部门培训考核合格后持证上岗。

3. 在非生产时间内，未经项目负责人批准，任何人不得擅自动用机械设备。

4. 机管和操作人员必须相对稳定。操作人员必须做好机械设备的例行保养工作，确保机械设备的正常运行。

5. 新购或改装机械设备，必须经公司有关部门验收，制定安全技术操作要求后，方可投入使用。

6. 经过大修理的机械设备，必须经公司有关部门验收合格后，方可投入使用。

7. 施工现场的大型机械设备（塔吊、施工升降机等）必须由具备专业资质的单位进行安装、拆除。安装后必须经项目部、公司有关部门和建委及安监局认可的有关部门验收合格后，方可挂牌使用。

8. 塔吊、施工升降机的加节，必须由具备专业资质的单位进行，并经项目部和公司有关部门验收合格后，方可使用。

9. 施工现场的中、小型机械设备，必须由项目部有关人员进行验收合格后，方可挂牌使用。

10. 机械设备严禁超负荷及带病使用，在运行中严禁保养和修理。

11. 机械设备必须严格执行定机、定人、定岗位制度。

12. 各种机械设备的使用必须遵守项目部、公司和上级部门的有关规定、规程及制度。

（三）施工现场材料堆放及防火

1. 工地的地面，有条件的可做混凝土地面，无条件的可采用其他硬化地面的措施，使现场地面平整坚实。但像搅拌机棚内等处易积水的地方，应做水泥地面和有良好的排水措施。

2. 施工场地应有循环干道，且保持经常畅通，不堆放构件、材料，道路应平整坚实，无大面积积水。

3. 施工场地应有良好的排水设施，保证排水畅通。

4. 工程施工的废水、泥浆应经流水槽或管道流到工地集水池统一沉淀处理，不得随意排放和污染施工区域以外的河道、路面。

5. 施工现场的管道不能有跑、冒、滴、漏或大面积积水现象。

6. 施工现场禁止吸烟以防发生危险。应该按照工程情况设置固定的吸烟室或吸烟处，吸烟室应远离危险区并设必要的灭火器材。

7. 工地应尽量做到绿化，尤其在市区主要路段的工地应该首先做到。

（四）材料堆放管理

根据现场实际情况及进度情况，合理安排材料进场，对材料进行进场验收，抽检抽样，并报检于甲方、设计单位。整理分类，根据施工组织平面布置图指定位置归类堆放于不同场地。

1. 专门库房，妥善存放

建筑材料应存放于符合要求的专门材料库房，否则会降低使用寿命。如钢材、水泥等材料，应避免潮湿、雨淋。钢材（及制作成品）堆放在潮湿的地方会很快被氧化锈蚀，影响使用寿命；水泥受潮或被雨水冲淋后不能使用。

2. 标志清楚，分类存放

建筑工地所用材料较多，同种材料有诸多规格，比如钢材从直径几毫米到几十毫米有几十个品种，又有圆钢和带钢之别；水泥有标号高低不同，又有带 R 与不带 R、硅酸盐、矿渣、立窑、旋窑之别，建筑物的不同浇灌部位，其设计标号是有差别的，绝不能错用、混用。

3. 材料发放

对于到场材料，清验造册登记，严格按照施工进度凭材料出库单发放使用，并且需对发放材料进行追踪，避免材料丢失。特别是要对型材下料这一环节严格控制。对于材料库存量，库管员务必及时整理盘点，并注意对各材料分类堆放。易燃品、防潮品均需采取相应的保护措施。

另外，不论是项目经理部、分公司还是项目部，仓库物资发放都要实行先进先出的原则，项目部的物资耗用应结合分部、分项工程的核算，严格实行限额/定额领料制度，在施工前必须由项目施工人员开签限额领料单，限额领料单必须按栏目要求填写，不可缺项。对贵重和用量较大的物品，可以根据使用情况，凭领料小票多次发放。对易破损物品，材料员在发放时需作较详细的验交，并由领用双方在凭证上签字认可。

四、现场住宿管理

（一）生活设施

1. 施工现场应设置符合卫生要求的厕所，有条件的应设水冲式厕所，厕所应有专人负责管理。

2. 建筑物内和施工现场应保持卫生，不准随地大小便。高层建筑施工时，可隔几层设置移动式简易的厕所，以切实解决施工人员的实际问题。

3. 食堂建筑、食堂卫生必须符合有关卫生要求。如炊事员必须有卫生防疫部门颁发的体检合格证，生熟食应分别存放，食堂炊事人员穿白色工作服，食堂卫生定期检查等。

4. 食堂应在明显处张挂卫生责任制并落实到人。

5. 施工现场作业人员应能喝到符合卫生要求的白开水。有固定的盛水容器和有专人管理。

6. 施工现场应按作业人员的数量设置足够使用的淋浴设施，淋浴室在寒冷季节应有暖气、热水，淋浴室应有管理制度和专人管理。

7. 生活垃圾应及时清理，集中运送装入容器，不能与施工垃圾混放，并设专人管理。

（二）现场住宿

1. 施工现场必须将施工作业区与生活区严格分开不能混用。在建工程内不得兼作宿舍，因为在施工区内住宿会带来各种危险，如落物伤人，触电或内洞口、临边防护不严而造成事故。如两班作业时，施工噪声影响工人的休息。

2. 施工作业区与办公区及生活区应有明显的划分，有隔离和安全防护措施，防止发生事故。

3. 寒冷地区冬季住宿应有保暖措施和防煤气中毒的措施。炉火应统一设置，有专人管理并有岗位责任制。

4. 炎热季节宿舍应有消暑和防蚊虫叮咬措施，保证施工人员有充足的睡眠。

5. 宿舍内床铺及各种生活用品放置整齐，室内应限定人数，有安全通道，宿舍门向外开，被褥叠放整齐、干净，室内无异味。

6. 宿舍外周围环境卫生好，不乱泼乱倒，应设污物桶、污水池，房屋周围道路平整，室内照明灯具低于 2.4m 时，采用 36V 安全电压，不准在 36V 电线上晾衣服。

五、现场防火

（一）现场防火理由

建筑工地的消防管理是一个被人们容易遗忘的角落，一旦发生火灾，就会迅速蔓延，形成大面积燃烧，造成巨大的经济损失。

1. 可燃、易燃材料多

建筑工地有许多临时建筑，如工棚、仓库、食堂等，这些建筑较多地采用竹子、木材、油毡等可燃材料，建筑耐火等级低；另外，施工的脚手架和安全防护物也常用可燃材料作成；同时由于施工需要，施工现场存放和使用大量油毡、木材、油漆、塑料制品及装饰、装修材料等可燃易燃物品。

2. 火源、热源多

（1）做饭、熬沥青需使用明火，且易产生飞火。

（2）电焊、气焊作业时产生的熔珠，如遇可燃物易产生阴燃。

（3）施工现场用电量大，临时线路多，布置凌乱时易短路打火。

（4）生石灰遇水发热，形成高温热源。

上述火源、热源若管理不善，与可燃物接触，就极易引发火灾。

3. 消防条件差

（1）不重视防火工作。

（2）建筑施工工地一般缺乏消防水源和消防设施、器材，道路条件差，障碍物多，一旦发生火灾，严重影响火灾的扑救。

（3）建筑物本身的消防设施未建成，无防火、防烟分隔，火灾极易蔓延。

（4）建筑施工周期短，变化大，单位大都存在临时观念，不重视消防工作。

（5）工地人员流动性强，作业分散，落实消防安全工作难度大。

因此，必须注重现场防火工作。

（二）现场消防管理制度

1. 认真贯彻执行《中华人民共和国消防条例》和有关消防法规，加强防火安全管理，保证生产中防火安全。

2. 建立消防组织。项目经理部以项目经理为组长，项目副经理为副组长，由项目技术人员、保管员、施工班组长等为成员，成立项目消防领导小组，为项目消防安全建立组织保证。

3. 项目部消防器材、设备由公司统一购置管理，保证每个工地、仓库等部位和生产重要环节必须有足够的消防器材。消防器材的设置：消防器材为灭火器、水桶、铁锹、钩子、斧子、砂子等要配备齐全，要根据不同的易燃、易爆物品配置不同类型的灭火器。

4. 在下述易发生火灾的场地必须设置适宜的灭火器材

（1）木工加工制作及木材堆放场地。

（2）易燃易爆库房部位。

（3）电气焊操作的地点。

（4）职工食堂及宿舍。

（5）沥青熬制地点。

5. 施工现场要设置灭火水源，水压、水源要满足要求。

6. 施工现场的道路在易发生火灾的地方，消防车必须能顺利通过。

7. 工地负责消防人员必须熟悉消防知识，能熟练地使用消防器材工具。

8. 一旦工地发生火灾，工地要迅速向当地消防队报警，并报告公司，并立即组织工地职工扑灭火灾，防止火灾蔓延。

9. 工地上易发生火灾的地方，要设置醒目的"严禁烟火"标牌。

10. 现场要有明显的防火宣传标志，并在规定的部位设置消防器材。

11. 电工、焊工从事电器设备安装和电气焊切割作业，要有操作证。动火前，要消除附近易燃物，配备看火人员和灭火用具。

12. 施工材料的存放、保管，应符合防火安全要求，库房应用非燃材料支搭。易燃、易爆物品要专库储存，分类单独存放，保持通风。用火符合防火规定，不准在工程内、库内调配油漆、稀料。

13. 施工现场严禁吸烟，违者罚款。

14. 氧气瓶、乙炔瓶工作间距不小于5m，两瓶同明火作业距离不小于10m。

15. 木工棚内严禁吸烟和明火作业，要及时清理废料（刨花、锯末、木屑），每天下班前必须清扫干净，备置足够的灭火器材。

16. 食堂炉灶必须设计火门或隔挡，防止火喷出点燃可燃物。炉灶1m内不得存有易燃物品，以保证炉灶周围的整洁和安全。

17. 炉灰渣放到安全地点。严格检查是否有红火灰渣，如有应及时浇灭，严禁乱堆乱放。

18. 宿舍内保持清洁卫生，不准存放易燃可燃液体、易爆物品和大量的可燃物品。严禁使用电炉取暖、做饭，不准在床上躺着吸烟。

19. 督促检查与处罚。公司配合项目部要每月检查一次各工地的消防情况，并作记录存档。如发现火灾隐患，要立即下发整改通知书，跟踪检查。对屡教不改，致使酿成火灾，并造成损失的要酌情给予行政或经济处罚。

20. 消防器材不能挪作他用，违者视情节给予批评或按《中华人民共和国治安管理处罚条列》给予处罚。

21. 工地项目经理负责安全防火工作，要将防火工作列入施工管理计划。

22. 经常对职工进行防火教育。施工现场作业场所禁止吸烟，吸烟要到吸烟室。违者视情节给予批评或经济处罚。

23. 对于30m以上高层建筑施工，要随层做消防水源管道，用2″立管，设加压泵，每层留有消防水源接口，加压泵必须单独敷设电源。

24. 工地电动机设备必须设专人检查，发现问题及时修理。不准在高压线下面搭设临时建筑物或堆放可燃材料，以免引起火灾。

25. 进入冬季施工，对工地上的各种火源要加强管理。动用和增减各种生产生活用火设施必须经项目经理部消防人员批准。不得在建筑物内随意点火取暖。

26. 凡明火作业，要严格执行动火审批手续，工作前由用火班向项目部消防负责人提出申请，经有关人员检查现场和防火措施，作好技术交底后，方可发给"准用动火证"。作业后要严格检查现场，防止留下火种隐患。

27. 专兼职消防员定期对本片消防器材进行维修保养，保证消防器材性能良好。

28. 公司每半年对兼职消防员进行一次专业训练，专兼职消防员对义务消防小组成员每季度进行一次业务培训，并经常向职工进行上岗前、在岗中的消防知识教育。

29. 凡公安消防部门提出的火险隐患，能整改的必须马上保质保量近期整改，对一时因故不能马上整改的，必须有应急措施，如无正当理由逾期不改者，要追究有关人员或有关领导的责任。

30. 把安全防火列入生产会议内容，分析防火工作形势，通报防火工作情况，针对不同季节、生产情况确定防火重点。

31. 周一为安全防火教育日，总结一周的防火工作情况，组织职工学习防火知识。

32. 凡对安全防火工作有特殊贡献的，经领导批准给予精神和物质奖励。

33. 凡在火警、火灾事故中报警早、救火有功者，核实后给予一定奖励。

34. 对违反操作要求和失职而造成火警、火灾事故的主要责任者，要依据情节后果按有关规定给予适当处罚，年终不能评为先进生产（工作）者。

35. 对发生火警事故的单位，对直接领导也同样根据情节后果给予适当处罚，年终不能评为先进工作者。

（三）施工现场动火审批制度

1. 施工现场的动火作业首先要分清一、二、三级动火范围。

2. 动火作业前，必须办理动火许可证审批手续，动火许可手续按一、二、三级动火进行审批。

（1）一级动火作业由所在单位行政负责人填写动火申请表：编制安全技术措施方案，报公司保卫部门及消防部门审批后，方可动火。

（2）二级动火作业由所在工地、车间的负责人填写动火申请表，编制安全技术措施方案，报本单位主管部门审查批准后，方可动火。

（3）三级动火作业由所在班组填写动火申请表，经工地、车间负责人及主管人员审查批准后，方可动火。

3. 在禁火区、危险区域内动用明火的，除办理动火许可手续外，还必须落实安全、可靠的防火、防爆措施，并确认无火险隐患和危险性。

4. 焊、割作业者，必须是经过专业培训，持有特殊工种操作证、动火许可证方可上岗，并严格遵守焊割"十不烧"的规定。

5. 动用明火作业区域必须配备充足的灭火器材和指派专人对动火作业区域进行监护，明确职责，手持灭火器进行监护。

6. 施工现场的动火作业必须做到"二证一器一监护"。

（四）建筑工地防火细则

1. 各建筑施工部门必须实行逐级防火责任制，确定相应的领导人员负责工地的消防安全工作。各施工部门应该将消防工作纳入施工组织设计和施工管理计划，使防火与生产密切结合，以保证有效地贯彻防火措施。

2. 普遍建立义务消防组织，在工地消防负责人的领导下，进行防火与灭火工作，根据工作需要和成员的具体条件加以适当分工，建立必要的会议、汇报、防火检查、学习训练等制度，不断提高业务能力。离城市消防队较远、规模较大的工地，应该建立专职消防队。

3. 发动群众和依靠职工做好消防工作，经常向职工有计划地进行防火教育，使其自觉地遵守防火制度和安全操作要求；必要时应该运用鸣放、辩论、整改的办法，发动职工揭发和堵塞火险漏洞，确保工地防火安全。新招收的职工必须经过防火教育后，才能进行工作。

4. 必须发动职工根据生产操作的特点，制定相应的防火制度公约及必要的安全操作要求。

5. 应该逐级定期进行防火检查，发现火险问题，必须及时研究解决。

6. 施工现场应当划分出用火作业区、易燃可燃材料场、仓库区、易燃废品临时集中站和生活福利区等区域。

7. 木材干燥室和烤木池，应该设置在独立的场地上，不要设置在施工现场。

8. 防火间距中，不应当堆放易燃和可燃物质。

9. 木材堆垛的面积不要过大，堆与堆之间应该保持一定的距离。

10. 施工现场应当有车辆的通行道路，其宽度应该不小于 3.5m。当道路的宽度仅能供一辆汽车通行时，应该在适当地点修建回转车场。

11. 施工现场的水源地，要筑有消防车驶进的道路。如果不可能修建出入通道时，应当在水源旁边铺砌消防车停放和回转的空场。

12. 卸运或堆放建筑材料时，不能堵塞道路交通。在消防车必须通过的道路上铺设地下管道或者电缆期间，应当采取保证车辆畅通的措施。

13. 施工现场的道路夜间应当有照明设备。

14. 安装和使用电气设备，应当注意下列事项：

（1）安装和修理电气设备，必须由电工人员进行。新设、增设的电气设备，应当经过主管部门或人员检查合格后，才可以通电使用。

（2）电线杆要架设牢固，不准作其他用途。电线应当用瓷珠、瓷夹架设整齐，防止与其他物品接触。电线与锅炉、炉灶、暖气设备和金属烟囱等，都应当保持适当的距离。

（3）各种电气设备或线路，不应超过安全负荷，并且要接头牢靠、绝缘良好和装有合格的保险设备。

（4）电气设备和线路应当经常检查，发现可能引起火花、短路、发热和绝缘损坏等情况时，必须立即修理。

（5）当电线穿过墙壁、地板、芦席或与其他物体接触时，应当在电线上套有瓷管或玻璃管等加以隔绝。

（6）在贮存易燃液体、可燃气瓶及电石桶的库房内，敷设的照明线路应当用金属套管，并应采用防爆型灯具。如采用一般灯具时，应安装在玻璃窗的外面。电灯开关应该安装在库房外面。

（7）混凝土电气加热应当在有经验的电气人员经常指导下进行；电极及其他加热混凝土的导线裸出部分，不要用可燃结构作其支持物。上述加热部件、带电压的混凝土或土壤加热地点，不要堆置可燃材料，并且要用栏杆围护并设置警告标志。

（8）电气设备在工作结束时应当切断电源。

（9）不要使用纸、布或其他可燃材料做成没有骨架的灯罩；灯泡距可燃物应当保持一定的距离。

（10）在高压线下面不要搭设临时性建筑物或堆放可燃材料。

（11）变（配）电室应该保持清洁、干燥。变电室要有良好的通风；配电室内禁止吸烟、生火及保存与配电无关的物品。

15. 采暖、加热和使用明火，应当注意下列事项：

（1）各种生产、生活用火的设置、移动和增减，应当经过工地负责人或领导指定的消防人员审查批准。

（2）明火和具有火灾危险性的操作，应该与易燃、可燃和爆炸物品保持一定的距离，并且要根据具体情况采取必要的消防安全措施。

（3）在木质地板上装设火炉时，必须设有隔热炉垫；火炉及其烟囱应当与可燃物之间保持适当距离，在金属烟囱穿过可燃结构的部位应当用隔热材料隔离。

（4）在没有拆除外脚手架的房屋内，一般不要安设火炉。如果必须安设时，火炉烟囱要伸出脚手架不小于70cm，烟囱与脚手架之间的距离不小于25cm。

（5）锅炉房的屋面和墙壁，应该用非燃烧材料或难燃烧材料建造；锅炉顶距可燃屋顶最近部分要保持必要的安全距离。

（6）各种炉子的烟囱靠近易燃、可燃物时，应当安设防火帽。

（7）锅炉、火炉及其烟囱在使用期间，要定期清除烟灰，并要经常进行检查，保持其完好无损。

（8）锅炉上的水位计、安全阀、气压表等安全设备，应当经常检查，保证完好有效。

（9）禁止使用易燃或可燃液体生炉子。

（10）炽热炉灰，应当及时浇灭后倒在安全地点。

（11）以木片、刨花、柴草等作燃料的炊事炉灶，在烧火时要有人看管，灶前不要堆放大量燃料。

（12）炉灶使用完毕后，应当将炉门闭妥或将炉火熄灭。

（13）锅炉房内、火炉近旁不要堆放易燃物品。无人看管时，不要在锅炉或火炉近旁烘烤衣物和其他可燃物品。

（14）进行烘烤或加热操作时，必须严格遵守操作要求；装入锅内的熬炼材料不要过满，以免沸腾时溢出，并且要在工作地点附近备有相应的灭火工具。

（15）表面温度超过100℃的暖气管道，距可燃结构应当不小于5cm。可燃材料不能作上述管道的保温层或支持物。

（16）采用锯末、生石灰保温时，其配合比例应当经过试验鉴定，证明确实没有自燃危险后，才可使用。

16. 施工现场禁止吸烟，吸烟应该在吸烟室或者在安全地点。

17. 运输、储存和使用易燃和易爆物品，应当注意下列事项：

（1）保管和使用化学易燃易爆物品，必须建立严格的收发、登记、回收和检查制度，切实作到限额领料，活完料净。

（2）收发、储存、运输和使用爆炸物品，必须由懂得爆炸物品常识的人进行，并要有专门的技术人员负责组织和指导安全操作。装卸爆炸物品，要轻放轻拿；运输爆炸物品，要包装严密，放置稳固。

（3）禁止在爆炸物品库房内或库外附近地方点火和吸烟，不要把容易引起爆炸的物品带入库房内，无关人员禁止进入爆炸物品库房。

（4）运输、储存和使用气瓶时，应当放置稳固，防止冲撞、敲击和强烈震动。

（5）气瓶不要在阳光下暴晒，在有明火的地点不要排除瓶内气体。

（6）气瓶内的气体没有放尽以前或者瓶内具有爆炸危险的混合气体时，不应当修理阀门。

（7）防止油类落在氧气瓶上，带有油类的物品不要接触氧气瓶及其零件。

（8）易燃和可燃液体仓库，应该设置在地势较低的地方；电石库应该设置在地势较高和干燥的地点。

（9）储存有自燃危险的物品库房，要有良好的通风；废油棉纱、油手套、沾油工作服等物品，应当及时进行处理或者妥善保管。

18. 生石灰不要与易燃或可燃材料放在一起，并且防止水分的侵入。

19. 施工现场、加工作业场所和材料堆置场内的易燃、可燃杂物，应该及时进行清理，做到下班后清场。

20. 焊接、切割工作应注意下列事项：

（1）氧气和乙炔气瓶应该分别放置，并保持一定的间距。在气瓶和橡皮管未安装牢固前，不要进行焊接和切割工作。

（2）乙炔发生器要有防止回火的安全装置。

（3）乙炔发生器及其配件、输送导管等冻结时，可以用热水或蒸汽进行解冻，不要使用明火加热或用可能发生火花的工具敲打。

（4）测定气体导管及其分配装置有无漏气现象时，应该用肥皂水，不要用明火。

（5）进行气焊或气割工作时，应该用乙炔将导管内的空气排除后，才可以点燃喷嘴。

（6）在地面进行焊接或切割工作时，应当与可燃物和可燃结构保持适当的距离，或者用非燃烧材料隔开；在高空进行焊接或切割工作时，下面的脚手架要用铁丝绑扎，并要事先将下面的可燃物移走，或者采用非燃烧材料的隔板遮盖，在操作部位的下方设置火星接收盘或喷水等措施。必要时还要派人看守。

（7）在制作、加工或储存易燃易爆物品的房间内，不能进行焊接和切割工作。

（8）储存过易燃、可燃液体及其他易燃物品的容器，在危险状态没有消除以前，不能进行焊接或切割工作。

（9）操作乙炔发生器和电石桶时，应该使用不能发生火花的工具，在乙炔发生器上不能装有纯铜的配件。

（10）赤热的喷嘴、电焊扒手以及焊条头等，禁止放在可燃物上。

（11）工作完毕以后，应当把乙炔发生器中所有的电石及其残渣清除，并要排除其内腔和其他部分的气体。清除的残渣应当倒入土坑内埋掉。

21. 建筑工地要设有足够供应消防用水的给水管道或蓄水池，在较大较高的建筑工程中，其内部要设有消防给水管网，保证水枪的充实水柱达到工程的最高最远处。

22. 建筑工地应当设置必要的通讯、报警设备；特别重要的工程或部位，最好与公安消防队安设直通电话。

23. 临时性的建筑物、仓库以及正在修建的建（构）筑物，都应该设置适当种类和数量的灭火工具。消防设备和灭火工具，要布置在明显和便于取用的地点。在寒冷季节应对消防水池、消火栓和灭火机等作好防冻工作。

24. 消防工具要有专人管理，并定期进行检查和试验，确保完备好用。

25. 消防管道的修理或停水，应该通知消防队后才能进行。

（五）建筑工地重点工种作业防火注意事项

建筑工地是一个多工种密集型立体交叉混合作业的施工场地，尤其在工程施工的高峰期间，明火作业多，作业工种多，施工方法又各有不同，因而就出现不同的火灾隐患，假如疏于治理，极易引发工地火灾。建筑工地火灾和其他火灾一样，都是由人的不安全因素与物的不安全因素所带来的必然结果。做好以下几个重点工种作业时的防火安全工作，对预防建筑工地火灾可以起到事半功倍的作用。

1. 建筑焊工的作业防火

焊工分为电、气焊两种，是利用电能或化学能转化为热能对金属进行加热的熔接方法。电、气焊引起火灾的主要原因是在焊接、切割的操作过中，由于思想麻痹、操作不当，制度不严，防火措施不落实造成的。因此，要预防由于焊工作业引发火灾，建筑焊工应做好以下几个方面的工作：

（1）作业前要明确作业任务，认真了解作业环境，划出动火的危险区域，并设立明显标志，移走作业范围内的一切可燃与易燃、易爆物品。对不能移走的上述物品，要采取可靠的防火保护措施。在风速较大的时候作业时，要注重风力、风向的影响，派专人监护作业，防止大风把火星吹到四周的可燃、易燃物品上。作业结束时，一定要将全部火星扑灭后方可离开现场。

（2）维修、装修旧建筑物过程中使用电、气焊时，作业前要注重检查焊接部位的墙体、楼板构造和隐蔽工程部位的情况。对于墙体和楼板上存在的孔洞裂缝，导热金属构件、管道等设备要采取相应的防火保护措施，防止火星落入这些部位留下火种，或是通过金属导热造成火灾。

（3）在室内、容器内作业或切割各种容器时，作业前必须认真仔细地对作业环境的情况调查清楚，必要时要取样分析。

（4）作业前要仔细检查管道和焊具是否漏气，以防氧气或乙炔在室内或容器内大量聚集引起火灾。作业时，电、气焊的乙炔发生器、氧瓶、电焊机等相关设备都不能放置在室内。室内作业要保持空气流通，严禁用氧气通入作业室内的方法来调节空气。

2. 建筑木工的作业防火

建筑工程从施工预备到工程竣工，要使用大量的木材，如建筑模板的制作、建筑装修等。木材属可燃物，燃点较低，尤其是在木材的加工过程中会产生大量锯末、刨花、木屑和木粉，这些物质比起木材来更易被点燃，因此木工作业时应注重以下几个问题：

（1）作业现场要严禁动用明火，禁止工人在现场吸烟，并设置明显的禁止吸烟标志。在作业现场范围内不得堆放其他无关的易燃易爆物品。木工个人工具箱严禁存放油料和易燃易爆物品。

（2）作业时要对电气设备加强经常性检查，发现短路、打火和线路绝缘老化破坏等情况要及时找电工维修，要随时清扫作业现场的锯末、刨花、木屑和木粉，防止由于上述物质遮盖电机设备而引发火灾。

（3）粘接木材所用的胶水应在单独的房间里熬制，用完后要及时把炉子的火熄灭。

（4）木工作业时要严格遵守建筑工地治理条件的规定。下班时应把作业现场清扫干净，木料要堆放整洁，锯末、刨花、木屑和木粉要堆放到指定地点，并且注意不应堆放过多，存放时间不宜过长，以防自燃起火。

3. 建筑电工的作业防火

建筑工地用电量大，临时电气线路多，若是忽视建筑电工的防火安全工作，则必然会引发电气火灾。在施工过程中，建筑电工应采取以下三个方面的预防措施来防止电气火灾。

（1）预防电气短路的措施：建筑工地的临时线路都必须采用绝缘导线，导线绝缘性要符合电路电压要求。导线与导线、导线与墙体及吊顶间应符合规定的安装间距。保险丝要按要求选用。

（2）预防过负荷造成火灾的措施：导线截面要根据用电负荷选用，不得随意在用电线路上乱拉乱接，增加线路的用电负荷。要定期检查线路负荷增减情况，去掉过多的用电设备和新增线路，或是根据生产程序和需要，采用先控制后使用的办法，定出用电时间表。

324

（3）预防电火花和电弧产生的措施：裸露导线间或导体与接地装置间应留有足够的间距，导线接地要牢固。保持导线支撑物完整良好，防止布线过松。要经常检查导线的绝缘电阻是否能满足应有的绝缘强度。保险器或开关要安装在不燃的基座上，并用不燃箱盒保护。电工不应带电安装和修理电气设备。

4. 油漆工作业防火

因为油漆工作业所使用的材料都是易燃、易爆的化学材料，因此，无论是油漆的作业现场还是临时存放的库房，都要规定禁止动用明火。在室内作业时，一定要注意保持室内通风良好，夜间作业时所使用的照明设备必须是防爆型的。禁止在作业现场吸烟，其他动用明火作业的工种要远在 10m 以外。

5. 沥青作业防火

石油沥青是一种燃点和闪点都比较低的易燃化学材料，主要用于建筑物的防水和防潮工程。建筑工地沥青作业的火灾危险性表现在沥青的熬制和冷底子油配制与施工的过程中。

（1）沥青熬制过程中的防火：沥青熬制作业点应布置在远离建筑物和材料堆放地的下风方向，炉灶防雨棚不得采用易燃材料搭建，炉灶四周严禁放置易燃、易爆物品。沥青熬制时应派有经验的工人现场负责，严守工作岗位，严格按照操作熬制。熬制沥青时要随时注意温度的变化，在脱水将要完时，应放慢升温速度。当沥青熬到由白烟转为黄烟时要立即停止加热。锅炉四周应适当配置锅盖、沙子、灭火器等防火和灭火器材。假如发现沥青起火，立即用锅盖封闭油锅，切断电源，立即使用沙子或灭火器扑灭火苗，禁止用浇水的方法灭火。

（2）冷底子油配制与施工过程中的防火：配制冷底子油时禁止用铁棒搅拌，以防碰出火星。要严格把握沥青温度，当发现冒出大量蓝烟时，应立即停止加入沥青。凡是配制、储存、涂刷冷底子油的场所都要设专人监护，要严禁烟火，禁止在四周进行电、气焊或其他明火作业。

6. 仓库保管人员的防火管理措施

（1）禁止吸烟，任何人不准携带火种入库。

（2）不准在库房内使用电熨斗、电烙铁、电炉等电热器具和液化气、煤气。

（3）不准在库房内设置办公室和工作间。

（4）不准在库房内架设临时电线和使用 60W 以上的白炽灯，使用镇流器的灯具应将镇流器安装在库房外。

（5）不准在库房内存放使用过的油棉纱、油手套等物品。

（6）要将堆放的物资留出"五距"，即顶距——货垛距屋顶的距离；灯距——货垛顶部距灯的距离；墙距——货垛与库房内墙的距离；柱距——货垛与柱子的距离；垛距——垛与垛之间的防火距离。留出这"五距"可防止外部火灾蔓延和库内一旦发生火灾，便于疏散，减少不必要的损失。

（7）要认真检查物资堆放安全情况，离开仓库时切断电源，并关闭门窗。

（8）要牢记《仓库防火安全治理规则》，知晓储存物资的性质和防火灭火知识，要按其性质、包装、消防方法的不同，以及低温、常温、密封条件的不同，分别存放，性质相抵触的不得混存。

（9）发现火灾后能熟练使用灭火器材，及时灭火。

（10）在露天存放一般可燃物品时，要注意：堆垛之间、垛与建筑物之间、垛与马路、铁路之间的距离，要符合《建筑设计防火规定》的有关规定；还应注意：架空线下面不能堆物，并保持一定的水平距离；货垛距围墙应保持安全距离；及时清除杂草、落叶和其他可燃物。

7. 大型停车库防火设计及消防管理

据统计，我国城市汽车保有量已突破 2000 万辆。这么多车辆要有停靠场所，而我国城市停车位普遍短缺，居民小区、商业区、商务区、医院等地的停车位全线告急。以北京市为例，大大小小的街道、胡同、小区草坪、路边、小区门口都被划为停车位，密密麻麻地停满了小汽车，占据了居民的活动空间和有限绿地，更有甚者占据了消防通道，造成严重的消防安全隐患。过去不是问题的停车问题，随着人口增长、车辆增多、土地减少，已成为一个棘手的社会问题。

在新建的车库中大型车库增长较快。据统计，2004 年 100 至 500 个泊位的中、大型车库占 33%，较 2002 年增长 63%；500 个泊位以上的超大型车库占 3%。大型汽车库解决了不少停车难问题，但它的消防安全治理不能忽视。

在消防上大型汽车库有以下特点：一是大型汽车库停放车辆多，一旦发生火灾，极易火烧连营，后果惨重；二是大型汽车库自然排烟窗口少，如发生火灾烟气难以排出，造成人员疏散和灭火困难；三是大型汽车库一般设置在高层民用住宅或大型公共建筑下方，由于汽车库火灾荷载大，发生火灾后长时间燃烧会威胁到上方高层住宅或公共建筑，造成巨大经济损失和人员伤亡；四是一些建筑物的重要设备控制中心，如变电所、消防控制室、消防水泵房等，大多数设在大型地下汽车库内，如发生火灾会对这些防控设备的正常运行构成严重威胁。

在建或将要建设大型车库时，应注意以下几点：

（1）设计时要考虑人员疏散

车库防火设计规定中规定"汽车库、修车库的每个防火分区内，其人员安全出口不应少于两个"。然而，大多数汽车库却用了变通手法，即在每个防火分区有一个人员出入口的情况下，几个防火分区共用一个出入口，还有个别地下汽车库自身没有独立的人员疏散出口，完全依靠地上建筑的疏散楼梯，这不符合规定要求，人为扩大了疏散距离，造成安全隐患。

（2）设计要有利于汽车疏散

大型汽车库大多停放小汽车，按照每辆车 $30m^2$ 停放面积计算，一个车库停放 100 辆汽车，那么这个车库应该设两个汽车疏散出入口。如今，由于设置汽车疏散出入口影响地上绿化和设施布置，又不方便日常治理，因此很多建设单位采取的做法是：一个防火分区只设一个出入口，有的防火分区连一个出入口也不能保证。一旦发生火灾，随着疏散通道处卷帘门关闭，防火分区的汽车疏散出口将无法使用，部分汽车将无法从车库内疏散出来。

（3）设计时注意车库喷淋与消火栓管线问题

车库内使用的喷淋系统，以湿式和预作用式喷淋为主，由于考虑到工程造价，我国车库以湿式喷淋系统居多。由于室内消火栓管线在正常情况下是充水的，冬季应采取保温措施，因为一旦消火栓管线冻裂，将会造成重大的财产损失。机械式停车泊位自 2000 年以来得到了快速发展，年平均增长率超过 50% 按照规定要求，机械式停车库应在车位上方逐层设置喷淋。但现在一些车库因工期问题，部分车位并未设置，即便设置，其设置方式、位置也与规定要求不符。

（4）车库内自动消防设施的维护与保养

大型车库内的火灾自动报警系统、喷淋系统、补风、排烟系统以及防火卷帘门等具有消防联动功能的自动消防设备，在日常都应该注意维护和保养。目前，许多车库的火灾报警探测器没有定期清洗、维护，个别车库卷帘门、送风、排烟风机疏于治理，甚至常年处于断电状态，成了一种摆设。假如自动消防设施缺乏定期维护和保养，在火灾发生时，就难以发挥作用。另外，部分地下车库内设置有水泵房、配电室等设备用房，在火灾发生时，这些设备用房仍需坚持工作，但有的地下车库中水泵房等重要设备用房的应急照明设置照度不足，达不到正常照明要求，且疏散通道阻塞，造成火灾状态下人员不能到达这些重要部位，在这些部位的工作人员也难以及时疏散。

（六）直击雷工程施工安全措施

1. 施工人员进入现场前，负责工程的项目经理必须对其进行安全教育，并宣讲甲方要求的各种注意事项。分组施工时，每组施工人员必须保证四人以上，且分工明确，并设专职安全员看护、监督。

2. 所有施工人员应持证上岗，统一着装，并佩戴胸卡，进入现场必须戴安全帽，屋面作业时必须系好安全带，并检查安全带是否安全有效，有无破损，必须使用合格安全带。

3. 安全带必须固定在牢固的建筑物上，并且有专人看护。

4. 施工队安全负责人必须在现场监护，严禁违章作业或损害甲方利益。

5. 施工现场材料堆放整洁，分类、分规格标识清楚，不占用施工道路和作业区。必须按平面图布置搭设临设施，布置电焊机具，堆放扁钢、角钢以及各种材料，使之井然有序。

6. 管网保护措施。对施工现场内已安装到位的各种管道，要主动向建设单位了解管道位置及标高，把握管道走向，分析是否与本工程相互交叉。查清管道位置后，在距管道中心两侧各500mm距离，各钉一排木桩，并油漆标记，作为管道保护边线，施工时尽量不要在保护线内开挖、通行载重汽车。沟槽开挖时，在管道四周轻挖慢进，并挖空一段、支撑一段，确保管道安全。当施工管网与已有管网存在相交时，协调设计方案，更改管道走向或坡度。现场内的所有市政管网、管线等采取围、盖、挡等措施加以保护。

7. 避雷网（带）施工前应检查工作面是否平整，脚手架是否牢固，有无探头板，并绑牢后方可施工。

8. 避雷网（带）钢筋用大绳由地面运至屋顶，必须先检查大绳有无破损，必须有可靠拉力，方可使用，并且工人拉动时不能有勒手的感觉。

9. 垂直运输时，大绳与圆钢必须绑扎牢固，检查是否有其他工种在四周施工，必须在无其他工种施工和无闲杂人员时，才可施工。垂直运输前应先清理现场，保证有效工作面，并设防护栏，设专人看护防止闲杂人员进入运输场地。看护人必须高度警惕密切观察四周情况。

10. 避雷网（带、针）安装属高空施工危险作业。如屋面为斜屋面挂瓦，光滑不易站立；如为平面屋顶，但楼层较高，阳台盖板窄小。因此，高空作业安全措施对施工安全极为重要，应逐级进行安全技术教育及交底，落实所有安全技术措施和人身防护用品，未经落实不得进行施工。

11. 高空作业所需料具、设备等根据施工进度随用随运，禁止超负载乱堆乱放。

12. 高空作业人员必须经过专业技术培训及专业考试合格，持上岗证并须体检合格。

13. 高空作业人员所用的工具应随时放入工具袋内，严禁高空相互抛掷传递。

14. 遇四级以上大风或雷雨、浓雾、雨季施工和冬季下霜时禁止高空作业。

15. 在进行上、下立体交叉作业时首先必须具有一定的左、右方向的安全间隔距离。不能确实保证此距离时，应设置能防止下落物伤害下方人员的防护层。

（七）施工现场灭火器材配备

1. 灭火器材重点配置点

在下面易发生火灾的场地必须设置适宜的灭火器材：

（1）木工加工制作及木材堆放场地。

（2）易燃易爆库房部位。

（3）电气焊操作的地点。

（4）职工食堂及宿舍房。

（5）沥青熬制地点。

2. 安全灭火器的报废年限

灭火器也有使用期。一个失去效应的灭火器是没有灭火作用的。从出厂日期算起，达到如下年限的必须报废：

手提式化学泡沫灭火器——5年；

手提式酸碱灭火器——5年；

手提式清水灭火器——6年；

手提式干粉灭火器（贮气瓶式）——8年；

手提贮压式干粉灭火器——10年；

手提式1211灭火器——10年；

手提式二氧化碳灭火器——12年；

推车式化学泡沫灭火器——8年；

推车式干粉灭火器（贮气瓶式）——10年；

推车贮压式干粉灭火器——12年；

推车式1211灭火器——10年；

推车式二氧化碳灭火器——12年。

灭火器应每年至少进行一次维护检查。应报废的灭火器或贮气瓶，必须在筒身或瓶体上打孔，并且用不干胶贴上"报废"的明显标志，内容如下："报废"二字，字体最小为25mm×25mm；报废年、月；维修单位名称；检验员签章。

3. 干粉灭火器材的操作与使用

（1）干粉灭火器

干粉灭火器是利用氮气作动力，将干粉从喷嘴内喷出，形成一股雾状粉流，射向燃烧物质灭火。用于扑救液体和气体火灾，对固体火灾则不适用。多用干粉又称ABC干粉，可用于扑救固体、液体和气体火灾。

（2）使用方法

1）在使用时，首先取下干粉灭火器（图4-19）。

2）将灭火器提到起火地点（图4-20）。

3）放下灭火器，拔出保险销（图4-21）。

❶右手握着压把，左手托着灭火器底部，轻轻地取下灭火器。

❷右手提着灭火器到现场。

❸除掉铅封

图4-19　取下灭火器　　　　图4-20　奔赴现场　　　　　图4-21　拔出保险销

4）一只手握住喇叭筒根部的手柄，另一只手紧握启闭阀的压把（图4-22）。

5）对没有喷射软管的二氧化碳灭火器，应把喇叭筒往上扳70°～90°。使用时，不能直接用手抓住喇叭筒外壁或金属连接管，防止手被冻伤（图4-23）。

❹左手握着喷管，右手提着压把。

❻在距火焰2m的地方，右手用力压下压把，左手拿着喷管左右摆动，喷射干粉复盖整个燃区烧

图4-22　　　　　　　　　　　　　　图4-23

6）在使用二氧化碳灭火器时，在室外使用的，应选择上风方向喷射；在室内窄小空间使用的，灭火后操作者应迅速离开，以防窒息。

4. 预防灭火器发生爆炸

灭火器一般是由筒体、器头、喷嘴等部件组成，借助驱动压力将所充装的灭火剂喷出，达到灭火的目的。灭火器的筒体一般由1.2至1.5mm的钢板焊接成，所能承受的压力有几兆帕，有的高达20MPa。

灭火器是用来灭火的，如保管和操作不当，也能发生爆炸。应注意下述事项以避免灭火器爆炸伤人。

（1）二氧化碳、卤代烷、贮压式干粉灭火器不能存放在高温的地方，避免其发生物理性爆炸。

（2）使用后的灭火器严禁擅自拆装，防止存在故障的灭火器在拆装的过程中发生爆炸，应送到具有维修资格的单位灌装维修。

（3）假如灭火器锈蚀严重或者筒体变形，或者已达到报废的年限，应立即停止使用，送维修单位处理。

（4）严禁将灭火器当作废铁卖出。对报废的灭火器应按压力容器的治理规定，在筒体上打孔。

（5）灭火器在搬动的过程中应轻拿轻放，以免发生碰撞变形后爆炸。

六、施工现场治安综合治理

（一）施工现场治安要求

1. 施工现场应在生活区内适当设置工人业余学习和娱乐场所以使劳动后的人员能有合理的休息方式。

2. 施工现场应建立治安保卫制度和责任分工并有专人负责检查落实情况。

3. 治安保卫工作不但是保证施工现场安全的重要工作，也是社会安定所必需，应该措施得力，效果明显。

（二）治安综合治理目标管理责任制

1. 责任目标

（1）单位党政领导高度重视治安综合治理工作。

1）分公司（项目部）成立综合治理领导小组，半年和年终各作一次书面情况汇报。

2）有落实治安综合治理责任目标的具体规划和措施（以报综治办的材料为准），治理效果明显。

3）把综合治理工作真正纳入单位的议事日程，做到和生产经营同部署、同检查、同总结、同奖惩。

（2）各级组织积极参与治安综合治理。

1）党政工团对综合治理工作的职责和任务明确，能积极配合。齐抓共管的整体作用较好，单位综合治理工作开展得较全面。

2）各单位治保会、义务消防队组织健全，能充分发挥作用并形成群防群治网络。

（3）职工队伍稳定，内部职工违法犯罪得到有效控制。

1）开展普法教育活动，职工法制观念普遍增强，不发生内部职工酗酒闹事、打架斗殴、赌博、吸毒、卖淫嫖娼、制黄贩黄、偷盗国家和他人财物、参与"法轮功"邪教组织等违法犯罪行为。

2）反腐倡廉，廉洁自律，防止贪污、行贿受贿违法犯罪案件的发生。

3）积极疏导调解各种内部矛盾和纠纷，防止处理不当而导致矛盾激化。

4）做好深入细致的思想政治工作，不出现群体性的集体上访、游行、闹事、罢工等事件。

（4）无影响大、后果严重的案件和事故。

1）无恶性、重大政治影响事件发生。

2）无超过3000元以上直接经济损失的安全责任事故。

3）无因管理不善而发生的各类案件和治安灾害事故。

（5）重点要害部门安全无事故，不发生案件。

1）大型设备、仓库、油库、雷管、炸药、导火索等易燃易爆物品管理严格，不发生被盗、丢失和其他事件。

2）发生案件及时报告，并积极配合公安机关侦查破案。

（6）开展创建"治安模范工地"活动，保持施工现场、后方基地管理有序，治安状况良好。

1）开展创建"治安模范工地"活动，搞好路地联防，不发生聚众哄抢工程物资案件。

2）正确处理路地矛盾，不发生严重干扰施工生产造成重大经济损失和引起人员伤亡的案件。

3）施工现场管理有序，工点治安环境良好。

（7）健全临时用工管理制度，加强使用外部劳务管理。

1）坚持对民工"先审后用"，"谁介绍谁负责"，"谁使用谁管理"的原则，把好民工进入关，无民工违法犯罪。

2）用工使用前须验明"外出人员就业登记卡"和地方公安机关及劳动部门办理的"暂住证"和"外来人员就业证"，不使用无上述证件的外来人员。

3）成建制的民工队伍，内部治安保卫组织健全，有专人负责治安保卫工作。

（8）重视消防工作。

1）全年无火灾事故。

2）防火部位消防器材齐全，有防火措施。

3）有义务消防组织。

2. 考核标准

（1）年终以八项责任目标为标准，由综治委办公室牵头，全面考核，对重点单位每半年考核一次。

（2）考核主要听取汇报，汇总材料（数据），抽查台账，是否按政治工作程序文件运作、评议等方式进行全面衡量，综合评分。

（3）根据考核标准，实行百分制，达到90分以上的（含90分）为优秀单位，予以奖励兑现；70分~89分为合格单位，不奖不罚，69分以下为不合格单位，予以处罚。

3. 奖惩办法

（1）评为当年综合治理先进单位的给予单位奖励3000元，党政主管各奖励500元；合格单位不奖不罚；对不合格单位根据公司规定对单位和党政主管领导予以处罚，并通报全公司。

（2）对考核不及格单位实行综合治理一票否决制，单位不得参加当年一切评先、评奖，取消主管责任人当年的评先、评奖、晋职晋级资格。

（3）公司全年综合治理工作实现"三无"目标和要求，根据公司有关规定对综治委成员予以奖励，单位报上一级表彰。

（4）单位发生重大以上责任事故或发生各类案件故意隐瞒不报的，取消当年评奖资格。

（5）由于外部因素引发的案件，不影响单位的评比。

七、施工现场标牌

（一）项目现场设置"五牌一图"

1. 工程概况牌，其规格为高 2m，宽度 3m，离地面距离 1m。工程概况牌内容见表4-13。

表4-13　工程概况

工程名称			
施工单位	名称		
	主管部门		
	经济类型		
	企业资质等级		
	安全资格证编号		
	安全报监表编号		
建设单位		勘察单位	
设计单位		监理单位	
安全监督单位		质量监督单位	
材料检测检验单位		建筑面积	
层数		高度（m）	
结构类型		基础类型	
工程造价（万元）		工程地点	
开工日期		计划竣工日期	

2. 管理人员名单及监督电话牌，其规格为高 2m，宽 3m，离地面距离 1m。内容见表4-14。

表4-14　管理人员名单及监督电话

管理人员	姓名	各工种负责人	姓名
项目经理		瓦工	
项目技术负责人		钢筋工	
施工员		木工	
技术员		架子工	
安全员		电工	
质检员		起重工	
预算员		机械操作工	
材料员		电焊工	
安全资料员			
施工单位电话		建设单位电话	
安全监督部门电话			

3. 消防保卫（防火责任）牌，其规格为高 2m，宽 3m，离地面距离 1m。内容见表 4-15。

表4-15 消防保卫牌

一、积极开展法制、防火安全教育，提高政治思想水平，做好施工现场管理工作。
二、负责工地内部治安管理，做好防偷、防盗、防火、防破坏事故"四防安全保卫工作"，发现重大问题，及时向公司处反映。
三、组织以项目经理为首的义务消防队，队员不少于 3~5 人。
四、建立项目内使用明火和明火作业审批制度，严禁工棚（住宿）区使用电炉及电器取暖器等。
五、每半年至少进行一次消防器具、消防安全意识检查，发现问题及时处理，结合工地实际情况，制定各工种消防灭火措施。
六、加强工地值班巡逻，在本施工范围内经常督促检查，配备足够的消防器材，在易燃易爆区域实行专人负责。
七、及时签订各级防火责任制，职责明确，共同管理。
八、施工现场不得打架斗殴，不得从事盗窃、窝赃、销赃、赌博等违法犯罪活动。
九、凡在施工现场暂住人员，应当按有关规定办理居住手续。
十、根据督查情况，利用黑板报或其他宣传手段鼓励先进，鞭策后进，强化消防保卫管理，杜绝各类事故发生。
××建筑工程公司

4. 安全生产牌，其规格为高 2m，宽 3m，离地面距离 1m。内容见表 4-16。

表4-16 安全生产牌

一、进入施工现场必须遵守各项安全生产规章制度。
二、进入现场，必须戴好安全帽，扣好帽带，并正确使用个人劳动保护用品。
三、2m 以上的高处、悬空作业，无安全设施的，必须戴好安全带、扣好保险钩。
四、机操女工必须戴压发防护帽。不准带小孩进入施工现场。
五、施工现场不准赤脚、不准穿拖鞋、高跟鞋、喇叭裤。高处作业不准穿硬底或带钉易滑的鞋靴。
六、操作前不准喝酒。不准在施工现场打闹。
七、非有关操作人员不准进入危险区域。
八、不是电气和机械班组的人员，严禁使用和玩弄机电设备。
九、未经施工负责人批准，不准任意拆除防护设施及安全装置。
十、不准从高处向下抛掷任何材料工具等物件。
凡违反上述纪律，按规定给予处罚。
××建筑工程公司

5. 文明施工牌，其规格为高 2m，宽 3m，离地面距离 1m。内容见表 4-17。

表4-17 文明施工牌

一、工地四周应按规定设置围挡，大门口处设置企业标志，悬挂"五牌一图"，实行封闭式管理。
二、建立门卫制度，进入施工现场必须持证上岗。
三、施工场地四周道路畅通，地面应当硬化、排水、排污设施有效，无积水现象，温暖季节有绿化布置。
四、材料、构件、机具应按总平面图布局堆放，要有条有理，料堆应挂上名称、品种、规格等标牌。
五、施工现场的落地灰、砖头等建筑垃圾要做到天天清扫，垃圾堆放应整齐，标明名称品种。
六、施工作业区与办公、生活区要分开，在建工程不能兼作住宿。

七、宿舍内门窗洁净，地面无垃圾，厕所卫生有专人负责打扫，保持地面清洁无积水。

八、生活区设施必须齐全有效。应当设置学习和娱乐场所，提供卫生健康的饮用水，有文明卫生公约，有急救措施。

九、食堂人员持健康证上岗，工作时穿戴统一的工作服、工作帽，搞好食堂内部卫生。

十、爱护公物，对场内一切公共设施不得任意损坏，注意成品及半成品的保护。

××建筑工程公司

6. 施工总平面图，其规格为高2m，宽3m，离地面距离1m，内容见图4-24。

施工总平面布置图，比例合适，内容齐全。

项目现场"五牌一图"应固定设置在项目现场内主要进出口处，图牌处不乱扔堆杂物，保持清洁。

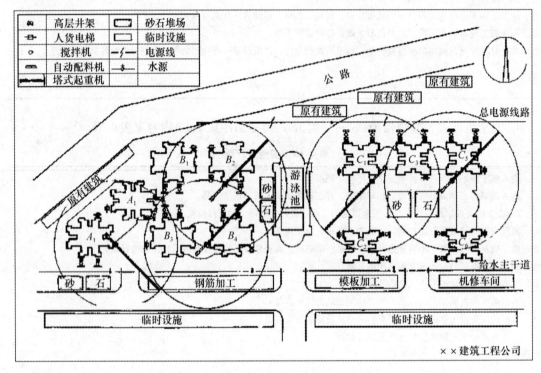

图 4-24　施工现场平面布置图

(二) 现场其他系统标志标准

1. 办公室标志

办公室职能部门和岗位名称标牌要统一制作，规定为300mm×120mm，镶嵌在办公室门正上方或作为侧牌悬挂于门边。

2. 项目组织机构图

悬挂于施工现场会议室或项目经理办公室，规格为1100mm×800mm。

3. 质量保证体系图

悬挂于施工现场会议室或质量部门办公室，规格为1100mm×800mm。

4. 工程技术管理体系图

悬挂于施工现场会议室或技术部门办公室，规格为1100mm×800mm。

5. 安全管理网络图

悬挂于施工现场会议室或安全部门办公室，规格为1100mm×800mm。

6. 管理（岗位）职责

悬挂于相关管理人员办公室，规格为400mm×520mm。

7. 班组作业人员岗位责任制

悬挂于相关工程队（班组）办公室或休息室，规格为400mm×520mm。

8. 天气情况记录表

悬挂于施工现场会议室或工程管理部门办公室，规格为1100mm×800mm。

9. 施工计划进度表

悬挂于施工现场会议室或工程管理部门办公室，规格为1100mm×800mm。

10. 设备铭牌、安全操作要求牌等，见《施工现场设备管理实施细则》中的具体规定

11. 其他安全标志见《施工现场安全生产管理实施细则》中的具体规定。

（三）警示标牌的布置与悬挂

施工现场应当根据工程特点及施工的不同阶段，有针对性地设置、悬挂安全标志。

1. 安全标志的定义

（1）安全警示标志是指提醒人们注意的各种标牌、文字、符号以及灯光等。一般来说，安全警示标志包括安全色和安全标志。安全警示标志应当明显，便于作业人员识别。如果是灯光标志，要求明亮显眼；如果是文字图形标志，则要求明确易懂。

（2）根据《安全色》（GB 2893—2008）规定，安全色是表达安全信息含义的颜色，安全色分为红、黄、蓝、绿四种颜色，分别表示禁止、警告、指令和提示。

（3）根据《安全标志》（GB 2894—2008）规定，安全标志是用于表达特定信息的标志，由图形符号、安全色、几何图形（边框）或文字组成。安全标志分禁止标志、警告标志、指令标志和提示标志。安全警示标志的图形、尺寸、颜色、文字说明和制作材料等，均应符合国家标准规定。

2. 设置悬挂安全标志的意义

施工现场施工机械、机具种类多，高空与交叉作业多，临时设施多，不安全因素多，作业环境复杂，属于危险因素较大的作业场所，容易造成人身伤亡事故。在施工现场的危险部位和有关设备、设施上设置安全警示标志，是为了提醒、警示进入施工现场的管理人员、作业人员和有关人员，要时刻认识到所处环境的危险性，随时保持清醒和警惕，避免事故发生。

3. 安全标志平面布置图

施工单位应当根据工程项目的规模、施工现场的环境、工程结构形式以及设备、机具的位置等情况，确定危险部位，有针对性地设置安全标志。施工现场应绘制安全标志布置总平面图，根据施工不同阶段的施工特点，组织人员有针对性地进行设置、悬挂或增减。安全标志设置位置的平面图，是重要的安全工作内业资料之一，当一张图不能表明时可以分层表明或分层绘制。安全标志设置位置的平面图应由绘制人员签名，项目负责人审批。

4. 安全标志的设置与悬挂

根据国家有关规定，施工现场入口处、施工起重机械、临时用电设施、脚手架、出入通

道口、楼梯口、电梯井口、孔洞口、桥梁口、隧道口、基坑边沿、爆破物及有害危险气体和液体存放处等属于危险部位，应当设置明显的安全警示标志。安全警示标志的类型、数量应当根据危险部位的性质不同，设置不同的安全警示标志。如：在爆破物及有害危险气体和液体存放处设置禁止烟火、禁止吸烟等禁止标志；在施工机具旁设置当心触电、当心伤手等警告标志；在施工现场入口处设置必须戴安全帽等指令标志；在通道口处设置安全通道等指示标志；在施工现场的沟、坎、深坑等处，夜间要设红灯示警。

安全标志设置后应当进行统计记录，并填写施工现场安全标志登记表。

八、生活设施安全控制

（一）临时设施的范围

临时设施是指在施工现场生产、生活用的各类办公、宿舍、食堂、厕所、盥洗间、淋浴间、开水房、活动室、工具棚、料库及其他临时性建筑。

（二）规划设计要求

临时设施建造前，建筑施工单位要根据投标时的总平面布置示意图和施工现场实际情况及有关标准规定，合理规划，认真组织专业人员进行临时设施的设计和施工。设计方案和施工应符合以下要求：

1. 临时设施的设计和建造应当与施工现场总平面布置图相吻合。

2. 《设计方案》应当由施工企业专业技术人员编制，经企业技术负责人审批、监理工程师审查后实施。

3. 临时设施的设计应达到安全、卫生要求，不得设在易受污染的区域，建筑结构应坚固耐用，易于维修，易于保持清洁和避免有害动物的侵入。

4. 设计建筑工地的临时食堂应远离厕所、垃圾站、有毒有害场所等污染源的地方，应当保证食堂的安全。食品加工要严格执行国家卫生部门的有关规定和标准。

5. 宿舍内应保证有必要的生活空间，室内净高不得小于2.4m，通道宽度不得小于1.0m，每间常规面积的宿舍，居住人数不得超过16人。

（三）临时设施的施工

1. 临时设施建设，可利用施工现场原有的安全的固定建筑，也可以自建。自建的临时设施使用的材料可根据实际情况确定，但必须确保临时设施的结构安全和其他方面的安全。

2. 临时设施的宿舍不得设置在高压线下，不得在挡土墙下、围墙下、傍山沿河地区、雨季易发生滑坡泥石流地段等处，也不得设置在沟边、崖边、江河岸边、泄洪道旁、强风口处、高墙下、已建斜坡和高切坡附近等影响安全的地点，要充分考虑周边水文、地质情况，以确保安全可靠。

3. 临时宿舍不得设置在尚未竣工的建筑物内。

4. 临时设施的宿舍选址应设在在建建筑物的坠落半径之外。如因场地所限局部位于坠落半径之内的，必须进行技术论证，提出可靠防护措施。如无法确保安全或场地不具备搭设条件的，应外借场地搭设或租房安置。现场生活区应实行封闭管理，与作业区、周边居民区保持有效隔离。

5. 生活、办公设施应当与周边堆放的建筑材料、设备、建筑垃圾、施工围墙以及毗邻建筑保持足够的安全距离。

6. 施工现场的临时宿舍必须设置可开启式窗户。有条件的地方，厕所应为水冲式，化粪池应做抗渗处理。

7. 有条件的宿舍区应设置排水暗沟，经排污批准后与市政管线连接。

8. 严禁在外电架空线路正下方搭设作业棚、建造生活设施。

9. 临时设施必须符合防火要求。

（四）组装式临时活动房屋施工要求

1. 施工单位使用组装式临时活动房屋的，必须有出厂合格证或检测合格证书。施工单位自建临时设施选用的材料应符合安全使用和环境卫生标准。

2. 出租或销售装配式活动房屋的单位在施工现场进行安装或拆除作业时，应与建筑施工单位签订合同，明确双方责任。建设或拆除前应编制建设或拆除方案，方案应经总监理工程师审查后方可实施，实施过程中应接受建筑施工单位的安全监督管理。监理单位应按照相应规定、标准要求对其进行监理，发现隐患时应及时要求安装或拆除单位进行整改。

3. 自建临时设施（含出租、购买装配式活动房屋）应在工程开工前建成。

4. 自建临时设施（含出租、购买装配式活动房屋），建筑施工单位在建设完成后，应及时组织施工单位内部有关部门进行验收，未经验收或验收不合格的临时设施不得投入使用。

5. 建筑施工企业自行建设或拆除临时设施，应组织专业班组进行建设或拆除，施工过程中应安排专业技术人员监督指导。

（五）基本制度和职责

1. 施工总包单位对宿舍等生活设施管理负总责。对依法分包的，应在分包合同中载明宿舍等生活设施的管理条款，明确各自责任。

2. 施工现场应建立生活设施管理制度和日常检查、考核制度，并落实专（兼）职治安、防火和卫生管理责任人。

3. 建立健全临时设施的消防安全和防范制度。

4. 建立卫生值日、定期清扫、消毒和垃圾及时清运制度，根据工程实际设置一定数量的专职保洁员，负责卫生清扫和保洁。生活区应采取灭鼠、蚊、蝇、蟑螂等措施，并应定期投放和喷洒药物。

（六）临时设施的运行管理

1. 施工作业区内不得设置小卖部、小吃部等设施。严禁使用钢管、三合板、竹片、毛竹、彩条布等材料搭设简易工棚。

2. 为方便职工确需设置小卖部的，小卖部必须设在生活区，并纳入施工单位项目部的后勤管理。小卖部的设置应与施工现场临时设施共同设计、共同施工。

3. 宿舍内应统一配置清扫工具、电灯等必要的生活设施。

4. 宿舍用电应当设置独立的漏电、短路保护器和足够数量的安全插座，明线必须套管。宿舍内电器设备安装和电源线的配置，必须由专职电工操作。不允许私搭乱接。宿舍内（包括值班室）严禁用煤气灶、煤油炉、电饭煲、热得快、电炒锅、电炉等器具。

5. 宿舍区应设置开水炉、电热水器或饮用水保温桶等。

6. 在有条件的情况下，宿舍区应设置文体活动室，配备电视机、书报、杂志等文体活动设施、用品。

7. 保持临时设施宿舍周围的卫生和环境整洁安全，配备必要的消防器材。

8. 生活区应设置密闭式垃圾站（或容器），不得有污水、散乱垃圾等蚊蝇孳生地。生活垃圾与施工垃圾应分类堆放。

（七）监督管理

1. 建设单位（业主）对建筑工程施工现场临时设施的设计、施工、质量安全等有监督管理的义务。

2. 建筑施工现场的监理单位和监理员有义务和责任对建筑施工现场的临时设施的规划、设计、施工进行监督和管理。

3. 建设单位（业主）和建筑施工单位违规建造临时设施的，各级建设行政主管部门及受委托的质量监督机构有权下达对不符合要求的临时设施进行整改和强制拆除重建的通知。

4. 因建筑施工单位违规搭设临时设施，或不按有关技术规定要求和有关行政监督部门的要求进行整改的，由此而造成的事故由建筑施工单位、监理单位、建设单位共同负责。

5. 建筑施工单位在施工现场建造的临时设施的设计、施工与布置是否安全、符合规定、合理，将作为评比雪莲杯、样板工程的一项重要依据。

（八）职工宿舍

1. 宿舍应当选择在通风、干燥的位置，防止雨水、污水流入。

2. 不得在尚未竣工建筑物内设置员工集体宿舍。

3. 宿舍必须设置可开启式窗户，设置外开门。

4. 宿舍内应保证有必要的生活空间，室内净高不得小于2.4m，通道宽度不得小于0.9m，每间宿舍居住人员不应超过16人。

5. 宿舍内的单人铺不得超过2层，严禁使用通铺，床铺应高于地面0.3m，人均床铺面积不得小于1.9m×0.9m，床铺间距不得小于0.3m。

6. 宿舍内应设置生活用品专柜，有条件的宿舍宜设置生活用品储藏室；宿舍内严禁存放施工材料、施工机具和其他杂物。

7. 宿舍周围应当搞好环境卫生，应设置垃圾桶、鞋柜或鞋架，生活区内应为作业人员提供晾晒衣物的场地，房屋外应道路平整，晚间有充足的照明。

8. 寒冷地区冬季宿舍应有保暖措施、防煤气中毒措施，火炉应当统一设置、管理，炎热季节应有消暑和防蚊虫叮咬措施。

9. 应当制定宿舍管理使用责任制，轮流负责卫生和使用管理或安排专人管理。

（九）食堂

1. 食堂应当选择在通风、干燥的位置，防止雨水、污水流入，应当保持环境卫生，远离厕所、垃圾站、有毒有害场所等污染源的地方，装修材料必须符合环保、消防要求。

2. 食堂应设置独立的制作间、储藏间。

3. 食堂应配备必要的排风设施和冷藏设施，安装纱门纱窗，室内不得有蚊蝇，门下方应设不低于0.2m的防鼠挡板。

4. 食堂的燃气罐应单独设置存放间，存放间应通风良好并严禁存放其他物品。

5. 食堂制作间灶台及其周边应贴瓷砖，瓷砖的高度不宜小于1.5m；地面应做硬化和防滑处理，按规定设置污水排放设施。

6. 食堂制作间的刀、盆、案板等炊具必须生熟分开，食品必须有遮盖，遮盖物品应有正反面标识，炊具宜存放在封闭的橱柜内。

7. 食堂内应有存放各种佐料和副食的密闭器皿，并应有标识，粮食存放台距墙和地面应大于 0.2m。

8. 食堂外应设置密闭式泔水桶，并应及时清运，保持清洁。

9. 应当制定并在食堂张挂食堂卫生责任制，责任落实到人，加强管理。

（十）厕所

1. 厕所大小应根据施工现场作业人员的数量设置。

2. 高层建筑施工超过 8 层以后，每隔四层宜设置临时厕所。

3. 施工现场应设置水冲式或移动式厕所，厕所地面应硬化，门窗齐全。蹲坑间宜设置隔板，隔板高度不宜低于 0.9m。

4. 厕所应设专人负责，定时进行清扫、冲刷、消毒，防止蚊蝇孳生，化粪池应及时清掏。

九、施工现场的卫生与防疫

（一）一般要求

1. 较大工地应设医务室，有专职医生值班。一般工地无条件设医务室的，应有保健药箱及一般常用药品，并有医生巡回医疗。

2. 为适应临时发生的意外伤害，现场应备有急救器材（如担架等）以便及时抢救，不扩大伤势。

3. 施工现场应有经培训合格的急救人员，懂得一般急救处理知识。

4. 为保障作业人员健康，应在流行病发季节及平时定期开展卫生防病的宣传教育。

（二）卫生保健

1. 施工现场应设置保健卫生室，配备保健药箱、常用药及绷带、止血带、颈托、担架等急救器材，小型工程可以用办公用房兼做保健卫生室。

2. 施工现场应当配备兼职或专职急救人员，处理伤员，负责职工保健，对生活卫生进行监督，定期检查食堂、饮食等卫生情况。

3. 针对季节性流行病、传染病等，利用板报等形式向职工介绍防病的知识和方法，做好对职工卫生防病的宣传教育工作。

4. 当施工现场作业人员发生法定传染病、食物中毒、急性职业中毒时，必须在 2 小时内向事故发生所在地建设行政主管部门和卫生防疫部门报告，并应积极配合调查处理。

5. 现场施工人员患有法定的传染病或病源携带者时，应及时进行隔离，并由卫生防疫部门进行处置。

（三）保洁

办公区和生活区应设专职或兼职保洁员，负责卫生清扫和保洁，应有灭鼠、蚊、蝇、蟑螂等措施，并应定期投放和喷洒药物。

（四）食堂卫生

1. 食堂必须有卫生许可证。

2. 炊事人员必须持有身体健康证，上岗应穿戴洁净的工作服、工作帽和口罩，并应保持个人卫生。

3. 炊具、餐具和饮水器具必须及时清洗消毒。

4. 必须加强食品、原料的进货管理，做好进货登记，严禁购买无照、无证商贩经营的食品和原料，施工现场的食堂严禁出售变质食品。

十、社区服务与环境保护

（一）社区服务简介

当前，随着我国经济成分、生活方式、社会组织形式和就业形式的日益多样化，越来越多的"单位人"转为"社会人"，大量退休人员、下岗失业人员和流动人员进入社区，社区居民群众的物质、文化、生活需求日益呈现出多样化、多层次的趋势，经济社会的发展和居民群众的多方面需要给社区服务提出了新的更高的要求。加强和改进社区服务工作有利于扩大党的执政基础、体现政府的施政宗旨；有利于扩大就业、解决社会问题、化解社会矛盾、促进社会和谐；有利于不断满足居民群众需求、提高人民生活质量、促进人的全面发展。

当前要重点开展好的社区服务是：面向群众的便民利民服务，面向特殊群体的社会救助、社会福利和优抚保障服务，面向下岗失业人员的再就业服务和社会保障服务。社区服务是我国改革开放以来探索的一条贴近基层、服务居民的社会化服务新路子。

（二）社区服务的特征

1. 社区服务不只是一些社会自发性和志愿性的服务活动，而且是有指导、有组织、有系统的服务体系。

2. 社区服务不是一般的社会服务产业，它与经营性的社会服务业是有区别的。

3. 社区服务不是仅由少数人参与的为其他人提供服务的社会活动，它是以社区全体居民的参与为基础，以自助与互助相结合的社会公益活动。

（三）社区服务的作用

1. 对社区物质文明与精神文明建设有着很大的推动作用。

2. 可以使社区成员拥有更多的公共服务、社会福利和闲暇时间，让人们从沉重的家务劳动中解放出来，提高人们的生活质量。

3. 可以使人们更集中精力从事生产劳动和其他社会活动，创造出更多的社会财富。

4. 通过群众广泛参与，会培养出一种高尚的社会道德与社会风气。

5. 有利于增强人们的主体意识、协作意识、法纪意识和文化意识，有利于提高人的素质。

（四）社区服务发展现状

自1986年民政部倡导社区服务以来，社区服务已从最初探索社会福利社会办和职工福利对社会开放，向社会生活更广泛的领域拓展和延伸，这对于促进经济发展、社会安定和人民生活质量的提高，发挥了重要作用。

340

1. 社区服务范围和内容得到拓展

目前，社区服务的项目和内容已基本涵盖广大居民物质生活和精神生活的各个领域，服务内容由10多项发展到200多项，包括妇女、儿童、老年人、残疾人、青壮年人和优抚对象、驻社区单位等各类群体，社区卫生、社区文化、社区环境、社区治安、社区保障等服务项目普遍展开，多种便民生活服务圈不断涌现，社区居民需求得到不同程度的满足。尤其是伴随着市场经济体制的建立，一些社区服务企业开始为社区内居民和单位提供送餐、存车、物业管理等后勤社会化服务，开辟了社区服务业发展的新领域。目前初步构筑起以社会救助为基础的集家政服务、物业管理、职业中介、心理咨询、健康保健等内容于一体的综合服务体系。

2. 服务设施和网络初具规模

目前，我国有城区852个，街道6152个，社区79947个。各城区、街道普遍建立了社区服务中心，各居民委员会大都建立了社区服务站，形成了区、街道、居委会三级社区服务网络，极大地方便了居民的生活。目前，我国已建成社区服务中心8479个，各类社区服务设施19.5万个，便民利民网点66.5万个。2001年至2003年，各级民政部门通过实施"星光计划"，筹集134.8亿元在全国城镇建立起了3.2万个老年活动之家，有效地改善了为老人服务的条件。目前全国40%的社区组织服务用房已达到100m² 以上，87%的社区有社区服务中心（站），93%的社区有劳动保障所（站），80%的社区有警务室，85%的社区建有卫生服务站（点），70%的社区有图书室。初步形成了以社区服务中心为纽带，广泛联系各类社区服务企业、服务人员的社区服务网络。

3. 吸纳就业和维护社会稳定的作用突出

各城区、街道和社区以社区服务为载体，认真做好社区就业岗位开发、社区再就业服务和城市居民最低生活保障工作，加快社区服务业的发展，推动社区再就业工作融入到社区，服务到社区，落实到社区，促进社区再就业工作与社区建设同步发展。积极拓宽社会就业门路，引导和帮助更多的下岗失业人员在社区服务领域实现再就业。特别是一批大中型工业企业通过剥离后勤服务、利用闲置资源、兴办社区服务实体等，实现了人员分流，增加了职工收入，极大地促进了社会的稳定。

4. 改进了社区服务的方式和方法

全国许多地方在街道层面开展"一站式"服务，为居民提供便捷优质的办事服务。一些地方还加大了政府购买服务的力度，在社区配备了劳动保障、计划生育、卫生保洁、社会治安等协管员，使社区服务的社会效益明显增强。许多城市社区还建立了阳光超市、慈善超市、扶贫超市等扶贫帮困载体，积极为社区困难群体排忧解难。一些地方已经开始把计算机信息网络技术应用于社区服务，一些地方的城区和街道普遍建立了信息网络平台，并与社区居委会的社区服务站实现联网，为广大社区居民提供优质快捷的服务。目前，全国60%的城区建有社区管理服务信息网络，提高了社区服务的效率和质量。

（五）施工现场社区服务要求

1. 不扰民施工

（1）施工现场应当建立不扰民措施，有责任人管理和检查。应当与周围社区定期联系，听取意见，对合理意见应当及时采纳处理。工作应当有记录。

（2）应针对施工工艺设置防尘和防噪声设施，做到不超标（施工现场噪声规定不超过85分贝）。

（3）按当地规定，在允许的施工时间之外必须施工时，应有主管部门批准手续，并作好周围工作。

2. 防治大气污染

（1）宜采取措施使施工现场硬化，其中主要道路、料场、生活办公区域必须进行硬化处理，土方应集中堆放。裸露的场地和集中堆放的土方应采取覆盖、固化或绿化等措施。

（2）使用密目式安全网对在建建筑物、构筑物进行封闭，防止施工过程中扬尘。

1）拆除旧有建筑物时，应采用隔离、洒水等措施防止扬尘，并应在规定期限内将废弃物清理完毕。

2）不得在施工现场熔融沥青，严禁在施工现场焚烧含有有毒、有害化学成分的装饰废料、油毡、油漆、垃圾等各类废弃物。

（3）运输土方、渣土和施工垃圾应采用密闭式运输车辆或采取覆盖措施。

（4）施工现场出入口处应采取保证车辆清洁的措施。

（5）施工现场应根据风力和大气湿度的具体情况，进行土方回填、转运作业。

（6）水泥和其他易飞扬的细颗粒建筑材料应密闭存放，砂石等散料应采取覆盖措施。

（7）施工现场混凝土搅拌场所应采取封闭、降尘措施。

（8）建筑物内施工垃圾的清运，应采用专用封闭式容器吊运或传送，严禁凌空抛撒。

（9）施工现场应设置密闭式垃圾站，施工垃圾、生活垃圾应分类存放，并及时清运出场。

（10）城区、旅游景点、疗养区、重点文物保护地及人口密集区的施工现场应使用清洁能源。

（11）施工现场的机械设备、车辆的尾气排放应符合国家环保排放标准要求。

3. 防治水污染

（1）施工现场应设置排水沟及沉淀池，现场废水不得直接排入市政污水管网和河流。

（2）现场存放的油料、化学溶剂等应设有专门的库房，地面应进行防渗漏处理。

（3）食堂应设置隔油池，并应及时清理。

（4）厕所的化粪池应进行抗渗处理。

（5）食堂、盥洗室、淋浴间的下水管线应设置隔离网，并应与市政污水管线连接，保证排水通畅。

4. 防治施工噪声污染

（1）施工现场应按照现行国家标准《建筑施工场界噪声限值》（GB/T 12523—2011）制定降噪措施，并应对施工现场的噪声值进行监测和记录。

（2）施工现场的强噪声设备宜设置在远离居民区的一侧。

（3）对因生产工艺要求或其他特殊需要，确需在22时至次日6时期间进行强噪声施工的，施工前建设单位和施工单位应到有关部门提出申请，经批准后方可进行夜间施工，并公告附近居民。

（4）夜间运输材料的车辆进入施工现场时，严禁鸣笛，装卸材料应做到轻拿轻放。

（5）对产生噪声和振动的施工机械、机具的使用，应当采取消声、吸声、隔声等措施有效控制和降低噪声。

5. 防治施工照明污染

夜间施工严格按照建设行政主管部门和有关部门的规定执行，对施工照明器具的种类、灯光亮度加以严格控制，特别是在城市市区居民居住区内，减少施工照明对城市居民的干扰。

6. 防治施工固体废弃物污染

施工车辆运输砂石、土方、渣土和建筑垃圾，应采取密封、覆盖措施，避免泄露、遗撒，并按指定地点倾卸，防止固体废物污染环境。

（六）环境保护的相关法律法规

国家关于保护和改善环境，防治污染的法律、法规主要有：《环境保护法》、《大气污染防治法》、《固体废物污染环境防治法》、《环境噪声污染防治法》等，施工单位在施工时应当自觉遵守。

参考文献

[1] 于殿宝编著. 事故预测预防. (第一版) [M]. 北京：人民交通出版社，2007.

[2] 邓学才编著. 施工组织设计的编制与实施. (第一版) [M]. 北京：中国建材工业出版社，2006.

[3] 陶红林主编. 建筑结构 [M]. 北京：化学工业出版社，2002.

[4] 房屋建筑工程管理与实务编委会编写. 房屋建筑工程管理与实务 [M]. 北京：中国建筑工业出版社 2004.

[5] 施岚青主编. 一、二级注册结构工程师专业考试. 北京：中国建筑工业出版社，2001.

[6] 林明清. 劳动保护词典. 北京：科学技术文献出版社，1988.

[7] 陈宝智. 系统安全评价与预测 [M]. 北京；冶金工业出版社，2005.

[8] 罗云，吕海燕，白福利. 事故分析预测与事故管理 [M]. 北京：化学工业出版社，2006.

[9] 肖爱民. 梅宏晏，唐紫荣. 事故管理 [M]. 北京：冶金工业出版社，1990.

[10] 隋鹏程，陈宝智，隋旭. 安全原理. 北京：化学工业出版社，2005.

[11] 安全生产监察编写组. 安全生产监察 [M]. 北京：化学工业出版社，2006.

[12] 国家煤炭工业局编. 矿工井下避灾 [M]. 北京：煤炭工业出版社，2004.

[13] 劳动部矿山安全卫生监察局编. 矿山事故调查与处理 [M]. 北京：劳动人事出版社，1990.

[14] 国家安全生产监督管理总局矿山救援指挥中心编. 矿山事故应急救援战例及分析 [M]. 北京：煤炭工业出版社，2006.

[15] 王树玉. 煤矿五大灾害事故分析和防治对策 [M]. 徐州：中国矿业大学出版社，2006.

[16] 樊运晓. 应急救援预案编制实务 [M]. 北京：化学工业出版社，2006.

[17] 刘宏. 职业安全管理 [M]. 北京：化学工业出版社. 2004.

[18] 吴穹，许开立. 安全管理学 [M]. 北京：煤炭工业出版社. 2006.

[19] 孙华山. 安全生产风险管理 [M]. 北京：化学工业出版社，2006.

[20] 全国建筑企业项目经理培训教材编写委员会. 施工项目质量与安全管理 [M]. 北京：中国建筑工业出版社，2002.

[21] 广州市建筑集团有限公司. 实用建筑施工安全手册 [M]. 北京：中国建筑工业出版社，1999.

[22] 李世蓉，兰定筠. 建筑工程安全生产管理条例实施指南 [M]. 北京：中国建筑工业出版社，2004.

[23] 全国一级建造师执业资格考试用书编写委员会. 建设工程项目管理 [M]. 北京：中国建筑工业出版社，2004.

[24] 杨文柱. 建筑安全工程 [M]. 北京：机械工业出版社，2004.

[25] 钱仲候，张公绪. 质量专业理论与实务（中级）[M]. 北京：中国人事出版社，2001.

[26] 丁士昭. 建设工程项目管理 [M]. 北京：中国建筑工业出版社，2004.

[27] 李坤宅. 建筑施工安全资料手册 [M]. 北京：中国建筑工业出版社，2003.